"十三五"江苏省高等学校重点教材（2020-2-171）

灾害风险分析方法及应用

巩在武　蔡　玫　吉中会　等◎编著

科学出版社

北　京

内 容 简 介

灾害风险科学在灾害系统分析、灾害数据建模等方面，常遇到方法与技术上的困惑。迄今为止，关于灾害风险分析方法较完整的工具与论著较少。本书按照基础理论—数据分析—模型构建—案例分析的流程系统阐述灾害风险分析问题，特别注重兼顾风险建模原理及应用案例的系统讲解，是一部系统阐述灾害风险分析及其数学建模的工具书。本书的出版将弥补灾害风险科学在数学建模方面不完备的缺憾。

本书既可以作为经济、管理、地学类高年级本科生、研究生学习风险分析、风险评估、风险建模的教材，也可以作为风险分析方向研究者的方法参考书。还可以作为从事风险分析、评估、评价、咨询及服务等工作的工程师、研究人员及政府管理部门的参考书。

图书在版编目（CIP）数据

灾害风险分析方法及应用/巩在武等编著．—北京：科学出版社，2022.12

ISBN 978-7-03-070004-9

Ⅰ．①灾…　Ⅱ．①巩…　Ⅲ．①灾害管理-风险管理-研究　Ⅳ．①X4

中国版本图书馆 CIP 数据核字（2021）第 203572 号

责任编辑：陈会迎 / 责任校对：王晓茜
责任印制：张　伟 / 封面设计：有道设计

科学出版社 出版
北京东黄城根北街 16 号
邮政编码：100717
http://www.sciencep.com
北京虎彩文化传播有限公司 印刷
科学出版社发行　各地新华书店经销
*
2022 年 12 月第　一　版　开本：720 × 1000　1/16
2022 年 12 月第一次印刷　印张：26 3/4
字数：560 000

定价：258.00 元

（如有印装质量问题，我社负责调换）

前　言

灾害风险评估是管理科学、经济学、地球科学等学科关注的科学前沿问题，是未来地球研究计划的热点，也是每一次联合国政府间气候变化专门委员会（Intergovernmental Panel on Climate Change，IPCC）报告的重点之一。20 世纪 90 年代，西方发达国家已进入了综合风险管理的时代。国际科学理事会（International Council for Science，ICSU）于 2008 年正式提出了一个关于灾害风险综合研究的科学计划。2005 年，联合国的国际减灾战略将目标定为减轻灾害风险。习近平关于灾害风险评估的论述中指出，要“从减少灾害损失向减轻灾害风险转变”，“全面提升全社会抵御自然灾害的综合防范能力”[①]。

2013 年出版的马文•拉桑德教授的《风险评估：理论、方法与应用》是风险分析教科书的上乘之作。随后，我国学者连续出版了《灾害风险科学》《气象经济学》《气象工程管理》《风险管理》一系列专著型教材，初步覆盖了灾害科学、风险管理等灾害风险学科的基本内容。可靠的风险分析方法需建立在数据分析的基础上，然而，灾害风险科学在灾害系统分析、灾害数据建模等方面，常遇到方法与技术上的困惑。迄今为止，关于灾害风险分析方法较完整的工具与论著较少。

从管理科学角度，可靠的灾害风险分析需要建立在对致灾因子、孕灾环境、承灾体、灾情等要素的大数据分析的基础上，灾害风险分析需着重解决即将发生什么灾害，发生的可能性有多大，后果是什么等问题。但是，灾害风险分析面临的数据问题要么是数据量不够，小样本、贫信息；要么是海量数据，大样本、贫信息。灾害风险分析既需要常规的数学建模、系统分析方法，又需要能处理不确定性信息的决策分析工具。传统的数理统计工具、计量方法、优化与预测决策技术，不断创新发展的灰色系统理论、不确定理论及智能算法等为灾害风险分析建模提供了坚实的基础。

巩在武教授领衔的本教材编写团队具有扎实的数理功底，较丰富的风险评估行业（气象）经验。《灾害风险分析方法及应用》专著型教材编写团队，正是基于以上理论与基础，分别从聚类分析、模式识别、预测决策、优化、计量、数据包络分析、灰色系统理论、不确定系统、专家决策支持系统等定量分析角度，按照基础理论—数据分析—模型构建—案例分析的流程系统阐述了灾害风险分析问

---

① 《习近平谈防灾减灾：从源头上防范 把问题解决在萌芽之时》，https://m.gmw.cn/baijia/2020-05/11/33820878.html [2020-05-11]。

题，进而形成了灾害管理与管理科学、经济学的交叉学科教材。本书的出版将弥补灾害风险科学在数学建模方面不完备的缺憾。

本书的另外一个重要特色是，教材编写团队采用真实的数据进行分析，为学习者提供了规范的灾害风险数学建模流程，并提供了相应的模型算法步骤；同时作者也可以为从事本教科书教学工作的教师及自学学生提供帮助。在条件合适的情况下，科学出版社也愿意为本教材的网络课程提供推介。

本书主编：巩在武（全书框架结构设计）、蔡玫（第 1、3 章）、吉中会（第 2、14、16 章）。参与本书编写的有谢婉莹（第 3 章）、胡泽文（第 4 章）、刘霞（第 5 章）、丁龙（第 6 章）、侯磊（第 7 章）、闫书丽（第 8、11 章）、许微（第 9 章）、武良鹏（第 10 章）、熊萍萍（第 12 章）、杨光（第 13 章）、胡森（第 15 章）。

另外，感谢张瑶佳、马秀娟、徐艳鑫、赵一照、阳佳琦、周祎、宋环环、宋客、黄海川、李奥庆、王雅、简兴莲、洪元元、王秋寒同学对本书的撰写与校正提供的帮助。本书编撰过程中引用了大量参考文献，在此对文献的作者表示感谢。

本书的研究工作得到了国家自然科学基金项目（71971121，71871121，71701105，71801085）、江苏高校哲学社会科学研究重大项目（2018 SJZDA038，2020SJZDA076）、国家社会科学基金青年项目（20CTQ031）的资助。由于作者水平有限，书中还存有诸多不足，恳请广大读者给予批评指正。

作　者

2021 年 8 月 8 日

目　　录

第一篇　基本理论篇

第 1 章　背景介绍……3
1.1　简介……3
1.2　风险管理的基本原理……12
1.3　灾害风险决策……22
1.4　灾害风险分类……32
1.5　灾害风险管理与应急管理……37
专业术语……46
本章习题……47
参考文献……47
第 2 章　灾害风险分析的基本概念及原理……50
2.1　风险分析与概率论（事件、概率、频率）……50
2.2　风险分析与不确定性……53
2.3　灾害风险分析的常用方法……54
2.4　灾害风险分析的相关术语……55
2.5　案例分析：中国 $PM_{2.5}$ 危害的综合风险分析……63
专业术语……67
本章习题……68
参考文献……68
第 3 章　灾害风险测量与评价……70
3.1　风险指标……70
3.2　风险矩阵……75
3.3　可接受风险准则……85
3.4　风险度量……97
3.5　风险控制……111
专业术语……117
本章习题……117
参考文献……118

第 4 章　灾害风险分析数据 …… 120
4.1　灾害风险数据类型 …… 120
4.2　数据分析方法 …… 132
专业术语 …… 135
本章习题 …… 136
参考文献 …… 136
第 5 章　灾害系统 …… 138
5.1　灾害系统定义、构成及分类 …… 138
5.2　灾害系统复杂性 …… 140
5.3　灾害链 …… 145
专业术语 …… 155
本章习题 …… 156
参考文献 …… 156

第二篇　灾害风险评估数学模型篇

第 6 章　聚类分析 …… 161
6.1　基础理论 …… 161
6.2　聚类分析建模 …… 165
6.3　基于灰色聚类和层次分析法的交通气象灾害评估分析 …… 196
专业术语 …… 202
本章习题 …… 202
参考文献 …… 202
第 7 章　模式识别 …… 203
7.1　基础理论 …… 203
7.2　模式识别技术 …… 208
7.3　基于模式识别的灾害风险建模案例分析 …… 222
专业术语 …… 227
本章习题 …… 228
参考文献 …… 229
第 8 章　时间序列分析 …… 230
8.1　基础理论 …… 230
8.2　时间序列建模 …… 232
8.3　基于时间序列预测的灾害风险建模案例分析 …… 252
专业术语 …… 256

本章习题 …… 256
参考文献 …… 256
第 9 章　非线性优化 …… 258
9.1　基础理论 …… 258
9.2　非线性规划建模 …… 260
9.3　基于最优化理论的灾害风险建模案例分析 …… 272
专业术语 …… 276
本章习题 …… 277
参考文献 …… 278
第 10 章　数据包络分析 …… 279
10.1　基础理论 …… 279
10.2　数据包络分析建模 …… 280
10.3　基于数据包络分析的灾害风险建模案例分析 …… 294
专业术语 …… 297
本章习题 …… 298
参考文献 …… 298
第 11 章　多属性决策 …… 299
11.1　基础理论 …… 299
11.2　多属性决策建模 …… 301
11.3　基于多属性决策的灾害风险建模案例分析 …… 317
专业术语 …… 320
本章习题 …… 320
参考文献 …… 321
第 12 章　灰色系统理论与方法 …… 323
12.1　灰色系统建模 …… 323
12.2　基于灰色系统的灾害风险建模案例分析 …… 336
专业术语 …… 339
本章习题 …… 339
参考文献 …… 340
第 13 章　不确定系统 …… 341
13.1　基础理论 …… 341
13.2　不确定系统建模 …… 344
13.3　不确定风险分析 …… 346
13.4　基于不确定理论的应急物资配送问题案例分析 …… 351
专业术语 …… 356

本章习题 ………………………………………………………… 356
参考文献 ………………………………………………………… 357

第三篇　灾害风险决策支持与管理篇

第 14 章　灾害风险区划与地图 ………………………………… 361
14.1　基础理论 ………………………………………………… 361
14.2　灾害风险区划 …………………………………………… 363
14.3　灾害风险地图 …………………………………………… 371
14.4　灾害风险地图集 ………………………………………… 376
14.5　案例分析：北京市暴雨洪涝灾害风险区划及地图 ……… 379
专业术语 ………………………………………………………… 383
本章习题 ………………………………………………………… 383
参考文献 ………………………………………………………… 383
第 15 章　系统仿真 ……………………………………………… 386
15.1　基础理论 ………………………………………………… 386
15.2　系统仿真技术 …………………………………………… 393
15.3　基于 Agent 仿真的飓风疏散出行案例分析 ……………… 403
专业术语 ………………………………………………………… 409
本章习题 ………………………………………………………… 409
参考文献 ………………………………………………………… 409
第 16 章　综合风险管理 ………………………………………… 410
16.1　基本概念及特点 ………………………………………… 410
16.2　体系构想及推进思路 …………………………………… 412
16.3　综合风险管理架构 ……………………………………… 414
16.4　综合风险管理过程 ……………………………………… 416
专业术语 ………………………………………………………… 417
本章习题 ………………………………………………………… 417
参考文献 ………………………………………………………… 417

第一篇　基本理论篇

第1章 背 景 介 绍

学习目标

- 理解灾害的自然属性与社会属性
- 熟悉灾害风险管理的基本原理
- 掌握灾害风险分析的四个环节
- 掌握灾害风险管理和应急管理的区别
- 了解灾害风险管理和应急管理的发展历程
- 熟悉自然灾害应急管理和气象灾害应急管理的流程

1.1 简　　介

1.1.1 问题的提出

在不同的文化和不同的历史阶段，人类对自然的认知不尽相同。有人认为应该征服自然，也有人认为应该顺应自然，不管以什么样的态度来面对自然，自人类诞生起，就必须要努力地与大自然带来的各种灾害相处。飓风、地震、海啸和疾病都对人类造成过毁灭性的打击，其中很多自然灾害改变了人类的历史，如庞贝古城的毁灭、黑死病的肆虐。

《全球风险报告（2020）》预测了未来10年的全球环境风险点，包括造成财产损失、基础设施损坏及人命丧失等重大损害的极端气候事件；政府及企业采取的应对气候变化的措施未见成效；人为环境破坏及伴随而来的灾难，包括土壤破坏及放射性污染扩散等；生物多样性丧失及生态系统崩溃（陆地和海洋）对环境带来的不可逆后果，人类赖以生存的自然资源严重枯竭；地震、海啸、火山喷发及地磁暴等重大自然灾害频发。这些风险点反映出人类社会与自然之间复杂的互动。人与自然的混合环境给灾害风险管理带来了挑战。现在的灾害，大多不是单纯的自然灾害，而是具有显著的人类特征，受社会环境和经济影响。受灾情况因地区工业化和现有的社会制度而异，不同的社会对灾难的敏感程度不同（史培军，2002）。

如何认识未来越来越复杂的人与自然的交互作用带来的灾害，更新灾害管理的相关理论以适应时代变化；如何评估这些灾害给人类社会带来的影响，提高灾害预警的精确度，夯实防灾减灾的第一道防线；如何把灾害风险管理工作理论化，形成系统、科学的灾害风险评估知识体系，已经成为各国政府和理论界面对的重大课题。我们需要以正确的灾害风险分析理论为工具，以先进的灾害风险管理理念为依据，谋求社会经济的可持续发展。

近一百年，是人类历史上自然灾害活动特别强烈、破坏损失尤其严重的时期之一。世界每年有 20%～50%的人口遭受暴雨、洪水、干旱、飓风、风暴潮、地震、火山等自然灾害的威胁。

2005 年 8 月，由于堤坝防洪标准偏低、财政支持不足，飓风“卡特里娜”引起的洪水淹没了新奥尔良大部分地区，造成近 2000 人死亡，成千上万人流离失所。

2008 年 5 月，“纳尔吉斯”热带风暴席卷缅甸南部，由此产生的风暴和洪水摧毁了伊洛瓦底江三角洲大部分地区。这次灾难及随后暴发的疾病，加之政府反应的不积极（起先缅甸政府拒绝救援机构入境救助灾民），造成了近 14 万人死亡。

2011 年 3 月，福岛核电站泄漏事件刚发生时，核事故评级只有 5 级，而后因为处理不当，升为 7 级，此前唯一一个 7 级事故是切尔诺贝利核电站的爆炸，那是核电时代以来最大的事故。

2011 年，东非发生了 60 年来最严重的旱灾，在灾难发生前有过诸多预警信号，但都没有引起各国政府的注意，最终导致数十万人因缺乏食物和饮用水而死亡。

2019 年，澳大利亚经历了史上最严重的火灾季。在澳大利亚，炎热、干燥的环境助长大火，这并不是什么新鲜事。然而，澳大利亚联邦政府处置不当，造成至少 15 人丧生，数百所房屋被摧毁，数万平方公里的土地过火。

2019 年新型冠状病毒肺炎（简称新冠肺炎）疫情引起全球巨变，人类面临前所未有的公共卫生危机。2020 年 3 月中旬，我国疫情应对取得初步成功，然而欧美国家因风险意识不足、应对延迟，浪费了中国创造的控制新冠肺炎疫情的窗口期，成为世界疫情中心。美国早期的抗疫策略也因对疫情风险预估的严重不足而失败，导致疫情暴发，十天之内美股暴发了 23 年来四次跌熔断，恐慌情绪蔓延全球。剑桥大学贾奇商学院风险研究中心预测新冠肺炎大流行在五年内可能会给全球经济造成 82 万亿美元的损失。

…………

每一件灾难事故的背后都有因果，我们需要寻求看不到的事情后面真正的因果。例如，福岛核电站泄漏事件，如果说起因的地震海啸是天灾，那么接下来的一系列不当的应急处置就可以说是人祸了。在冷却系统瘫痪，且无法第一时间修复的情况下，东京电力公司的工程师建议，立即注入大量含硼海水来强行冷却核反应堆，以避免事故扩大，但东京电力公司的领导们迟迟下不了决心。直到 20 多个小时后，才执行了这一补救措施，但已经错过了最佳救援时间。2011 年 3 月

28日，检测数据显示，福岛核泄漏已经达到切尔诺贝利核电站事故的污染水平，而3月12日日本原子能安全和保安院将福岛第一核电站核泄漏事故的等级定为4级，18日将等级从4级提高为5级。日本的做法是：再等等看。福岛核电站事故，并非单纯的天灾，而是天灾和人祸的叠加。

自然灾害作为重要的可能损害之源，历来是各类风险管理研究的重要对象，引起了国内外防灾减灾领域的普遍关注。而现在人为灾害越来越多，如自然资源衰竭灾害、环境污染灾害、火灾、交通灾害、人口过剩灾害及核灾害。由于这些灾害的多样性、不可预知性和破坏性，全世界的人类都置身于巨大的风险之中。防范、应对和消除灾害的影响，不是一个国家、一个地区的责任，而是全人类的责任。例如，新冠肺炎引发的传染病疫情，超出了传统安全风险管理的认知。这个世界虽然没有世界性的战争，但是很多国家的国际航班数量却急剧下降、国际贸易急剧下降，出现了逆全球化的趋势。2021年，日本政府决定将福岛第一核电站对海洋环境有害的核废水排放入海。随后，一家来自德国的海洋科学研究机构对核污水的扩散速度和影响进行了计算模拟，结果显示：从排放之日起57天内，放射性物质将扩散至太平洋大半区域，3年后美国和加拿大就将受到核污染的影响，10年后蔓延全球海域。至暗时刻，没有一个人能幸免于难。

在面对多种自然风险或灾害带来的不利后果时，传统的自然灾害管理重视灾害暴发后的应对和恢复，而轻视对灾害的预测与预防工作。“风险永远走在人类进步的前面”（薛澜，2020），事实证明，风险管理是防范、化解重大危机的最有效手段。防灾减灾体系建设也需要以正确的灾害风险分析为基本依据，需要用风险的理念认识和管理灾害，以最大限度地减轻灾害的影响。习近平做出判断“同自然灾害抗争是人类生存发展的永恒课题”，“人类对自然规律的认知没有止境，防灾减灾、抗灾救灾是人类生存发展的永恒课题”[①]。为了全面提高国家综合防灾减灾救灾的能力，要建立高效科学的自然灾害防治体系。

从1999年开始，联合国减灾行动计划由原来的国际减灾10年计划调整为联合国国际减灾战略（United Nations International Strategy for Disaster Reduction，UNISDR）计划，重视科学技术的广泛应用，重视降低人类社会系统应对灾害的脆弱性，建立安全世界。在比利时布鲁塞尔举行的第一届世界风险大会（World Congress on Risk 2003）指出对灾害的研究要有两个方面的转变：一是从重视自然致灾因子（如地震、洪水、沙尘暴、台风等）转向重视环境致灾因子（如各种环境公害事件、公共卫生事件）；二是从重视灾害分析转向重视风险管理和风险传播

① 《习近平谈防灾减灾抗灾救灾：人类生存发展的永恒课题》，http://cpc.people.com.cn/xuexi/n1/2019/0512/c385474-31079703.html[2019-05-12]。

研究（史培军等，2005）。联合国也强调：防灾减灾应从目前的灾后和危机发生后的反应文化向灾前的预防文化转变。2016 年，习近平在关于灾害风险评估的论述中指出，要“从减少灾害损失向减轻灾害风险转变”[①]。要想实现这些观念上的转变就需要用科学的灾害风险评估方法来解决工作中遇到的实际问题。

1.1.2　灾害与风险

1. 灾害的属性

灾害包括自然灾害、技术灾害和社会灾害等，灾害是致灾因子与人类社会脆弱性共同作用的结果。自然灾害与人类社会的存在无关，但是技术灾害和社会灾害等则与人类社会的选择有关。最早人类认识灾害就是从自然灾害开始的。人类历史上曾经认为灾害是某种超自然力量导致的结果。例如，世界上不同的文明都有对洪水的记载，华夏民族有大禹治水的传说，西方有诺亚方舟的传说。世界各地通过口头传播、民间传说、历史记载、绘画表现和神话来传承他们关于毁灭性自然灾害的故事。

但是自然现象并不必然导致灾害。地震或引起洪水的降水等，如果发生在无人居住的茫茫戈壁，就不会给人类社会造成损失了。资料显示全球陆地上大约有五百多座活火山，海底更是有数万座活火山。地球上每年都有不同规模与程度的火山喷发，但是造成庞贝古城消失的火山喷发成了记入人类历史的灾害，而海底的火山活动则只是自然现象，大多都没有影响到人类的活动。灾害发生时，社区或社会功能将被严重打乱，涉及广泛的人员、物资、经济或环境。可以将灾害进一步定义为：某一地区内部演化或外部作用造成的，对人类生命、财产造成危害，以致超过该地区承受能力，进而丧失全部或部分功能的自然-社会现象。灾害的影响包括生命的丧失、伤病及其他对人的身体、精神和社会福利造成的负面影响，还包括财物的损坏、资产的损毁、服务功能的丧失、社会和经济的混乱及环境的退化。

因此，我们可以从自然属性和社会属性两方面来分析灾害。

（1）自然属性是对自然界事物的外貌、规律、现象及特征的本质的描述说明，是不随个人意识和社会意识的变化而变化的客观存在，有着很多客观规律。

（2）社会属性是一定区域经济基础下事物本身固有的、不可缺少的性质与上层建筑的结合体，是随着自然社会的变化而形成的自然形态。

自然属性与社会属性是一个统一的整体。灾害的自然属性离不开其社会属性。

① 《习近平谈防灾减灾：从源头上防范 把问题解决在萌芽之时》，https://m.gmw.cn/baijia/2020-05/11/33820878.html [2020-05-11]。

同样强度的地震，发生在人口密集的区域，会造成巨大的人员伤亡和财产损失，被视为自然灾害；而发生在荒无人烟的地区，对人类的生命财产不构成危害，它就只是自然现象。灾害的社会属性也离不开其自然属性，没有自然属性的内容，就构成不了灾害的形式。二者又是相互制约的，灾害社会属性的不断变化必然使灾害管理活动具有不同的性质。灾害的社会属性会随着人类社会的发展，变得越来越显著。

2. 风险社会

风险管理起源于美国，其产生的根本原因是美国在 20 世纪 30 年代经济的不景气、社会政治的变动及科技的进步；直接原因则是美国 1948 年钢铁业大罢工与 1953 年通用汽车公司自动变速装置火灾事件，这两个事件一起构成了风险管理发展史上的标志性事件，促使风险管理蓬勃发展。20 世纪 50 年代，风险管理作为一门独立的管理学科被提出，并逐渐形成了全球性的风险管理活动。20 世纪 70 年代，风险管理的概念、原理和实践传播到世界各地，这是社会生产力和科学技术发展到一定阶段的必然产物，风险管理的发展也积极地推动着人类文明的演变和进化过程（佟瑞鹏，2015）。

随着科学技术的高速发展和全球化的发展，人类社会已经开始进入一个“风险社会”时代。现代风险在本质、表现形式和影响范围上与传统风险相比已经有了很大的不同，它从制度上和文化上改变了传统社会的运行逻辑。

《风险社会》（*Risk Society*）（贝克，2018）一书中，首次提出了风险社会的概念。1999 年贝克又出版了《世界风险社会》（*World Risk Society*），指出：现代社会的风险是世界性、全球化的，因此，风险社会实质上就是一个世界风险社会。近年来，越来越多的人开始注意到贝克所提出的风险社会的概念，并认为他的观点从特定的角度把握了现代社会的本质，为我们更好地理解当前的社会并制定相应的制度和政策提供了独特的参考价值。

贝克指出风险本身并不是危险（danger）或灾难（disaster），而是一种危险和灾难的可能性。风险在人类社会中一直存在，但它在现代社会中的表现与过去已经有了本质的不同。现代风险已经在很大程度上改变了社会的运行逻辑，从而使传统的现代化社会变成了一个新的风险社会。例如，从社会制度的层面上来说，风险社会中社会不平等的机制已经有了根本的变化。如果说在传统的现代化社会中，社会不平等主要表现为一种收入和财富的不平等的话，那么在风险社会中，现代风险——特别是环境风险、核技术风险、化学污染风险等——对社会成员的影响是平均化分布的，一旦空气或水受到大面积污染，每一个社会成员都会不可避免地受到波及。

在风险社会中风险具有的特点总结如下。

（1）内生性。伴随着人类的决策与行为，风险是各种社会制度，尤其是工业制度、法律制度、技术和应用科学等正常运行的共同结果。自然“人化”程度的提高，使得风险的内生性特点更加明显。

（2）延展性。风险的空间影响是全球性的，突破了地理边界和社会文化边界的限制；风险的时间影响是持续的，可以影响到后代。

（3）不确定性。尽管风险增加了，但并不意味着我们生活的世界不安全了，只是随着我们知识的增加，我们对风险的不确定性有了更加深刻的认识。

（4）多维性。不同的个体从不同的角度会对风险产生不同的认知结果，我们要通过提高现代性的反思能力来构建应对风险的新机制。

3. 灾害与风险的关系

当前对灾害与风险的研究都高度重视人类活动在灾害与风险形成中的作用机制，并将二者的研究紧密结合起来。灾害研究重视人类行为在区域灾害形成过程中的驱动力机制，而风险研究则重视人类行为在区域风险形成过程中的抑制机制。人类社会和自然环境这两大耦合系统仍然是灾害与风险研究的重点和前沿。辨析自然驱动力和人文驱动力对研究系统风险的指导作用，充分认识人为活动对耦合系统的影响，探究基于关键要素阈值的风险性评估，是今后研究的难点。

1.1.3 灾害风险分析的主要问题

1. 三个问题

风险管理是指在有风险的环境里把风险可能造成的不良影响减至最低的管理过程。在灾害背景下，人们如何做出科学的风险决策？人类将灾害风险或灾害损失降为最低是正确的决策吗？根据管理学和经济学原理，任何个人、组织或政府不计成本、不切实际地把大量的资源用于防灾减灾是否正确？显然不正确，风险成本最低原则才是灾害风险管理的最终原则。可持续发展的本质是在接受一定风险水平下的自然、科学技术、经济、社会协调发展。今后的研究需要把全球变化科学与灾害科学相联系，把可持续发展科学与风险科学相联系，把区域安全建设与风险管理体系的形成紧密结合起来，以完善未来基于可持续发展的风险管理体系。

根据联合国对灾害风险的定义[式（1-1）]，影响自然灾害风险程度的因素包括致灾因子、承灾体及应急能力。定义如下：

$$\text{风险} = \frac{\text{致灾因子} \times \text{承灾体（脆弱性，暴露性）}}{\text{应急能力}} \tag{1-1}$$

在该定义中，承灾体是直接受到灾害影响和损害的人类社会主体，主要包括人类本身和社会发展的各个方面，如工业、农业、能源、建筑业、交通、通信、教育、文化、娱乐，各种减灾工程设施和生产、生活服务设施，以及人们所积累起来的各类财富等。致灾因子是自然或人为环境中，能够对人类的生命、财产或各种活动产生不利影响并造成灾害的罕见或极端的事件。应急能力即对突发事件的应急管理能力，指的是实体能胜任突发事件应急管理的能力，代表了具有公共管理和服务职责的实体对突发事件的应对和事后恢复的能力。

灾害风险与人类社会长期共存，随着减灾防灾理念的日益深化，人们对灾害风险的认知与决策行为的研究成为灾害风险分析的重要议题。社会公众作为承灾体，同时也是减灾政策和措施的具体执行者，他们对于灾害风险的认知水平将直接影响其灾害应急决策行为，进而影响其在灾害中的受损情况。但总体来看，目前，灾害风险认知与决策行为中基础科学问题的研究既不能满足应用需要，也没有形成体系。因此，有必要加强对灾害风险认知与决策行为的研究，完善相应的理论体系。

进行灾害风险分析的目的是回答下列三个主要问题（Kaplan and Garick，1981）。

问题 1：会发生什么问题？

我们必须识别出潜在的危险事件，因为这类事件会危害我们希望保护的资产。我们要保护的是人类本身和社会发展的各个方面，如工业、农业、能源、建筑业、交通、通信、教育、文化、娱乐，各种减灾工程设施和生产、生活服务设施，以及人们所积累起来的各类财富等。

问题 2：发生问题的可能性有多大？

对发生问题的可能性的描述有两种方法，一种是定性的描述，另一种是定量的概率或者频率。根据问题 1 中识别出的危险事件的种类或性质，选用一种合适的方法描述可能性。因果分析，即识别出可能导致危险事件的根本原因（也就是危害或者威胁），将成为确定危险事件发生可能性的一个必要环节。研究致灾因子论的学者认为影响灾害风险大小的主要因素是致灾因子的危险性，他们提出危险性大小受致灾因子的灾变可能性大小 P（possibility）和变异强度 M（magnitude）两方面的综合影响，表示为：$H=f(M,P)$。致灾因子的危险性越高，灾害风险越大（史培军等，2005）。随着区域人口和经济的增长，灾害风险的大小与承灾体的特性之间的关系越来越密切。另外，风险载体的易损性水平对于灾害风险的大小也具有重要的影响。并且，在某种致灾因子的作用下承灾体的易损性越低，则该承灾体遭受损失的可能性越小，相应地，其所承载的来自该致灾因子的灾害风险就可能越小。

问题 3：后果是什么？

在回答完了问题 1、问题 2 后，我们需要识别出潜在的危险事件对我们想要保护的对象产生的负面影响。例如，2020 年的新冠肺炎疫情中，最早在印度被发现的变异毒株——德尔塔毒株的传播力更强，根据世界卫生组织（World Health Organization，WHO）截至 2021 年 8 月 17 日的数据，德尔塔已经扩散至全球 148 个国家和地区。国际货币基金组织（International Monetary Fund，IMF）在 2021 年 7 月 29 日《世界经济展望报告》的更新内容中指出："像德尔塔这样具有高传染性的新冠病毒变异毒株可能会给全球经济带来长期影响。"随着减灾风险理念的日益深化，政府及其他公共机构在突发事件的事前预防、事发应对、事中处置和事后恢复过程中，应该通过建立必要的应对机制，采取一系列的必要措施，应用科学、技术、规划与管理等手段，努力将还在引发的后果降到最低。

2. 灾害风险的本质（属性）

灾害风险具有复杂多样性的特点。同种灾害对于不同的社会系统结构，其风险性质和强度可能不同；对于同一社会系统结构，不同灾害所产生的风险性质和强度也不同。同时，社会系统结构中承灾体的脆弱性具有可变性，这些都使得综合灾害风险变得复杂多样。此外，灾害风险又具有某些共同的特征。

（1）灾害风险的普遍性与恒久性。灾害系统是天文系统、地球系统和人类社会系统的物质运动的一种特殊形式，而这些系统的物质运动具有普遍性与恒久性，因此灾害在天地生系统中普遍存在、不断发生，直至永恒。灾害风险的普遍性与恒久性在实质上是一致的，都是指灾害风险的发生从某种意义上来说具有一定的必然性。这种必然性在时间序列上表现为恒久性，在空间序列上表现为普遍性。灾害风险的普遍性与恒久性在客观上要求人们充分认识到灾害的发生在许多情况下都是不可避免的，迫使人们持之以恒地与灾害做斗争。

（2）灾害风险的多样性与差异性。世界上的灾害是多种多样的，其在形成的原因与机理、过程、方式与后果及其影响所及的时空范围等方面都存在着极大的差异，这决定了灾害风险的多样性与差异性。即使是同一种灾害，其风险形成的原因、过程及后果在不同的时空范围内也是不同的，具有明显的多样性和差异性。成因相同或相似的灾害风险可以有不同的后果。灾害风险的多样性与差异性是造成自然灾害风险复杂性与高度不确定性的一个重要因素。

（3）灾害风险的全球性与区域性。灾害风险的全球性是指灾害在全球每一个角落都可能发生，有人类居住的任何一块地方都有可能受到灾害的袭击。灾害风险的区域性是指灾害发生范围的局限性。从空间分布上看，任何一种灾害风险的范围都是有限的。灾害风险的区域性与全球性并不矛盾，无论是单灾种风险，还是综合灾害风险都具有区域性特征和全球性规律。研究灾害风险的区域性是认识灾害风险的一条重要途径，因为不同灾害风险的区域性特征与其形成的原因、机理和过程紧密相关。

（4）灾害风险的不确定性和可预测性。灾害的发生及其要素（发生的时间、地点、强度、范围等）通常是不能事先确定或不能精确地确定的，这就是灾害风险的不确定性。灾害风险的不确定性主要源自人们对灾害系统的阶段性认识的能力不足。但是，灾害风险本身的发生、发展过程是具有一定的规律性的，所以灾害风险在一定程度上是可以预测的，即不是完全随机的。只是由于人类目前对各种灾害机理还不完全了解，不能准确把握一切时刻、一切地区各种灾害的形成与发展过程，所以灾害风险对人类而言才具有随机性。

灾害风险在一定程度上具有可预测性的原因是灾害风险本身具有一定的规律性，并且常常有一些前兆。例如，自然灾害地震在发生地裂和地陷前，地中会首先冒烟、冒气，并发出雷鸣般的声音，或地面产生变形。有一些种类的地震的震前异常现象较多，如地磁变化，地下水温突变，动物行为异常，产生地声、地气、地光、地变形等。前兆实质上也是各种各样的物质运动，因此是可以研究和掌握的。正是利用灾害的前兆，人们在与灾害做斗争的历史上已经多次成功地对灾害的发生做出了预测。如果人类对于灾害风险毫无认识，即使灾害前兆客观存在着，灾害风险对于人类来说也是完全随机的、不可知的、无法预测的。相反，如果人类社会的科学技术已经发展到了这样一个水平，即对于各种灾害的成因、机理与过程都能彻底地了解，则可及时对各种灾害风险做出预测、预报。

（5）灾害风险的迁移性、滞后性与周期性。灾害风险的迁移性是指发生于甲地的灾害能对乙地产生后果；灾害风险的滞后性是指灾害发生后，其后果不一定全部立即显现出来，有些后果可能会在一段时间之后才能显现出来；灾害风险的周期性是指同一种灾害会在同一地方反复出现。

（6）灾害风险后果的双重性。灾害风险的后果具有双重性，即对人类社会来说，某些灾害既能产生破坏性作用，也能产生有利的作用。某些灾害有可能增加社会物质财富，改善人类的生态环境和生活环境，甚至增强人类生命的安全性。例如，地震，作为地壳运动中最为凶猛的灾变过程，可以使人类经过上百年苦心经营建立起来的城市毁于一旦，使成千上万的生命消亡于瞬间，是一种危险性极大的灾害；但是，地震也有有利的一面，它可以使深埋于地下的矿藏和贵重元素上移到人类可以开采的地表与地面层。

对于灾害风险分析而言，灾害风险最主要的特点是系统的不确定性。因此只有抓住这个特点，风险管理才有意义。

1.1.4 全书体系介绍

全书共分为三篇，第一篇基本理论篇，第二篇灾害风险评估数学模型篇，第三篇灾害风险决策支持与管理篇。

第一篇共 5 章，对灾害风险分析的主要概念、原理和方法进行了全面的介绍。章节内容如下：第 1 章介绍风险管理的基本原理、灾害风险决策、灾害风险分类和灾害风险与应急管理；第 2 章主要介绍灾害风险分析的基本概念及原理；第 3

章讨论与量化风险相关的问题并定义几个风险矩阵，给出风险测量与评价的工具方法；第 4 章讨论灾害风险数据的类型与分析方法；第 5 章从系统的角度分析灾害的特征，特别讨论了灾害链的概念和特征。

第二篇共 8 章，讨论融合了人工智能、知识管理、地理信息系统、建模理论、仿真等多种技术的灾害风险预测与评估方法。章节内容如下：第 6 章讨论聚类分析在灾害风险评估中的应用；第 7 章讨论模式识别在灾害风险评估中的应用；第 8 章讨论时间序列分析在灾害风险评估中的应用；第 9 章讨论数学优化模型在灾害风险评估中的应用；第 10 章讨论数据包络分析在灾害风险评估中的应用；第 11 章讨论灾害风险评估中的多属性决策问题；第 12 章介绍在样本小、信息贫乏的情景下，灰色系统理论如何应用于风险评估建模；第 13 章基于不确定系统讨论风险建模问题。为了让读者对这些模型有直观的了解，第二篇的每一章都安排了一个应用该章模型解决实际问题的案例。

第三篇共 3 章，针对灾害风险评估在决策支持与风险管理中的应用展开讨论。章节内容如下：第 14 章介绍灾害风险区划与地图的相关概念和应用；第 15 章介绍系统仿真技术在灾害风险评估方面的应用；第 16 章介绍由各类学科共同架构的灾害综合风险管理在灾害信息共享、协助政府制定减灾决策、对国民进行防灾教育并处理紧急灾情等方面发挥的作用。

1.2　风险管理的基本原理

1.2.1　灾害风险分析

1. 风险分析的定义

风险分析是风险研究的核心内容，同时也是进行风险评估、风险评价和风险管理的基础。风险分析是指研究风险存在的原因、过程、强度和形式（黄崇福，2012）。从某种意义上说，风险分析是一种主动的方法，其目的是避免可能发生的事故，或减轻事故带来的不利后果。

风险分析的重点是从风险源开始推演风险发生的情景，其主要内容包括风险源识别、可能性分析及后果分析。风险源识别是风险分析过程中的第一道程序，它指识别潜在的危险事件，与系统相关的风险源及其影响范围，是风险分析的基础工作，决定了分析过程的整体方向。可能性分析是对风险进行量化的过程，指从基本元素着手，对风险进行演绎分析，进行不确定情境下的量化分析。后果分析则需要识别所有危险事件可能引起的潜在后果或损失。下面将从自然灾害和人为灾害两个方面进行灾害风险分析。

2. 自然灾害风险分析的基本原理

自然灾害是自然界和人类社会两个系统相互作用产生的复杂现象，是一个由致灾因子、孕灾环境和承灾体组成的复杂系统（仪垂祥和史培军，1995）。联合国国际减灾战略将自然灾害风险定义为：自然或人为灾害与承灾体的脆弱性之间相互作用而导致的有害结果或预料损失（死亡和受伤的人数、财产、生活、中断的经济活动、破坏的环境等）发生的可能性。

对自然灾害进行风险分析实际上是一个利用数学模型对物理系统进行量化的过程，基于此我们可以给出自然灾害风险分析的基本原理，即考虑到自然灾害系统的模糊性和动态变化性等特征，对可能给生命、财产、环境等带来威胁的致灾因子及承灾体脆弱性进行不确定情境下的量化分析，从而对灾害可能引起的潜在后果或损失进行分析。

自然灾害风险分析的主要内容包括致灾因子风险分析、承灾体易损性评价、灾情损失评估（季云和佘远国，2012）。致灾因子风险分析是指研究给定地理区域一定时间段内各种强度的致灾因子发生的可能性。承灾体易损性评价是指根据给定的致灾因子强度来推算承灾体的破坏程度。灾情损失评估是指评估风险区一定时间段内可能发生的一系列不同强度的自然灾害给风险区造成的可能后果或损失，这些损失包括直接经济损失、人员伤亡损失、间接经济损失等。

3. 人为灾害风险分析的基本原理

目前，人们对人为灾害的概念还缺乏统一的认识，因而人为灾害风险亦尚未有统一定义。人为灾害及风险的内涵既要强调致灾因子中人为的主导作用，也要注重对各承灾体所造成的损伤大小。同时，人为灾害及风险的内涵应与国家有关法规衔接。本书根据前人研究的相关结果，认为人为灾害风险是指人类不恰当的政策、规划、设计或建设等行为导致的人为的或自然的灾害可能产生的不利后果。根据人为灾害的类型，可以将人为灾害风险分为社会灾害风险、经济灾害风险、行为灾害风险等。斯科特在《风险社会与风险文化》一文中根据风险的诱因，将风险分为外部风险和人为风险，论述了这两种风险的分类，将其划分为三个基本类型：①社会政治风险，包括社会结构酝酿的风险，这种风险往往起源于社会内部结构的不正常、不稳定，以及不遵守制度和规范的人，通常还包括人类暴力和暴行所造成的风险，这种暴力和暴行起源于社会内部犯罪者的犯罪行为及与社会外部的军事敌人所进行的战争；②经济风险，包括对经济发展构成的威胁和经济运作失误酿成的风险；③自然风险，包括对自然和人类社会造成的生态威胁和科学技术迅猛发展带来的副作用及负面效应酿成的风险。这种基于风险诱因的分类，将人从自然灾害风险中分离了出来，也影响了后来学者的进一步研究（拉什和王武龙，2002）。

4. 灾害风险分析的四个环节

灾害系统是由致灾因子、孕灾环境和承灾体组成的复杂系统，自然灾害风险分析也是一项系统性的工作，包括致灾因子风险分析、承灾体易损性评价、灾情损失评估。

灾害风险的存在需要具备以下三个条件。

（1）必须存在致灾因子，可以向周围释放巨大的致灾力量。例如，威力巨大的台风、暴雨、洪涝等。

（2）必须有暴露在致灾因子影响范围内的承灾体。例如，房屋、人员等。

（3）必须存在伤亡和损失的可能性。

灾害风险分析的基本原理指出，灾害风险分析是对致灾因子、承灾体进行不确定情境下的量化分析，从而对可能造成的损失和后果进行分析，因此一个全面的风险分析必须能综合表述这些内容，并考虑到相应的不确定性。

灾害风险分析的四个环节为致灾因子分析、承灾体输入分析、承灾体输出分析及社会系统分析，如图 1-1 所示。

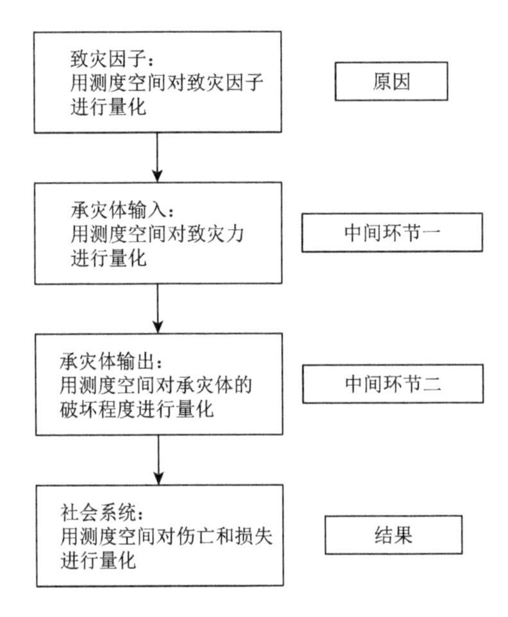

图 1-1　灾害风险分析的四个环节（黄崇福，2006）

对致灾因子的分析属于原因环节，主要是对致灾因子发生的可能性进行分析，一般用概率分布或可能性-概率分布来表示估计的结果。

对承灾体的分析属于中间环节。首先，进行承灾体输入分析，根据识别出的灾害打击力和暴露的承灾体的环境参数，计算出该承灾体将面对的环境致灾力。其次，进行承灾体输出分析，依据上一阶段求出的致灾力及承灾体参数，求承灾体与承灾体的破坏程度之间的关系。

对社会系统的分析属于结果环节，主要工作是识别承灾体的破坏程度和损失程度之间的关系，以便根据一系列社会性参数（如人口密度、承灾体价值等）计算承灾体将面对的损失，这个损失是一个多维变量，通常包括死亡人数、受伤人数、损失金额等。

综上所述，自然灾害风险分析的最终目的就是研究出某种模型，由致灾因子发生的可能性、环境致灾力、某承灾体的破坏程度和将面临的损失计算出某承灾体发生某一损失的可能性。对于一个由 n 个承灾体组成的区域，需要进行一些合成运算，以得出该区域内某一损失发生的可能性。

1.2.2 灾害风险评估

1. 风险评估的定义

风险评估的目的是通过对风险发生的可能性及其后果的分析，判断系统是否安全，从而寻找有效的防范措施，以构建综合的安全保障体系。风险评估包括风险分析和风险评价，风险分析的具体定义在 1.2.1 节中已经给出。简单来说，风险评估的过程是先由风险分析得出量化的结果，再基于此进行风险评价，然后根据得到的结果来进一步决定是否采取相应的措施。

自然灾害风险评估是指通过风险分析的手段，对尚未发生的自然灾害的致灾因子强度、承灾体损失程度进行评定和估计，以确定有效的防范措施（李金锋等，2005）。就自然灾害风险评估的灾种类型而言，主要涉及洪水、滑坡、台风、干旱、地震、风暴潮等自然灾害。根据评估灾种的数量，可以将自然灾害风险评估分为单灾种风险评估和多灾种风险评估。

2. 风险评估技术分类

灾害风险评估是一门正在发展中的学科，随着其研究的不断深入，评估技术也日渐丰富并日趋定量化。依据结果性质、难易程度可对风险评估技术进行如下分类（佟瑞鹏，2015）。

1）依据结果性质分类

定性结果：头脑风暴法、德尔菲法、情景分析、检查表、预先危险分析、危险与可操作性分析、危害分析与关键控制点、结构化/半结构化访谈、业务影响分析、潜在通路分析、根本原因分析等。

定量结果：保护层分析法、人因可靠性分析、风险指数、蝶形图分析法、层次分析法、在险值法、均值-方差模型、资本资产定价模型、FN（frequency-number）曲线、马尔可夫分析法、蒙特卡罗模拟法、贝叶斯分析、LEC（likelihood，exposure and consequence）评价法、联合概率分析等。

综合结果：失效模式与影响分析、风险矩阵、因果分析、故障树分析、事件树分析、决策树分析等。

2）依据难易程度分类

简单：检查表、头脑风暴法及结构化访谈。

中等：德尔菲法、情景分析、预先危险分析、失效模式与影响分析、危害分析与关键控制点、保护层分析法、风险矩阵、人因可靠性分析、以可靠性为中心维修、业务影响分析、根本原因分析、潜在通路分析、风险指数、故障树分析、事件树分析、决策树分析、蝶形图分析法、均值-方差模型、FN 曲线、LEC 评价法、联合概率分析。

复杂：危险与可操作性分析、因果分析、在险值法、资本资产定价模型、马尔可夫分析法、贝叶斯分析、蒙特卡罗模拟法。

3. 典型的灾害风险评估技术

常见的灾害风险评估技术有德尔菲法、危险与可操作性分析、危害分析与关键控制点、人因可靠性分析、层次分析法、蒙特卡罗模拟法、失效模式与影响分析、风险矩阵、事件树分析等，下面重点介绍几种常用的技术。

1）危害分析与关键控制点

危害分析与关键控制点（hazard analysis and critical control point，HACCP）是一种科学、系统的预防性质量控制体系，它为识别系统中各相关部分的风险并采取必要的控制措施提供了一个分析框架，以避免可能出现的危险。

20 世纪 60 年代，美国宇航局太空计划最早应用了 HACCP 体系，随后该体系在国际上得到了广泛的应用，逐渐拓展到各个领域（张曾莲，2017）。HACCP 的精髓是通过对过程的控制而不是通过检查最终结果来尽量降低风险。目前，HACCP 正逐渐从一种管理手段演变为一种管理模式或管理体系。

HACCP 的七个原理如下（赵玉华，2004）。

（1）危害分析与预防措施。对整个流程进行危害分析，列出整个过程中可能发生的显著危害的步骤表，进行危害评估，并描述预防措施。

（2）确定关键控制点（critical control point，CCP）。危害分析期间确定的每一个显著的危害，必须由一个或多个 CCP 来控制，只有这些点作为显著的危害而被控制时才认为其是 CCP。

（3）建立关键限值。确定好 CCP 后，必须对每一个有关 CCP 的预防建立关键限值（关键限值是与一个 CCP 相联系的每个预防措施都必须满足的标准）。

（4）CCP 监控。根据关键限值的标准，建立 CCP 监控要求，根据监控结果进行调整。监控的内容应包括监控的目的与监控计划。

（5）纠正措施。对 CCP 进行监控，发现关键限值发生偏差时，要采取纠正措施。

（6）建立有效的记录保持程序。

（7）验证程序。除了监控的方法之外，必须制定程序来验证 HACCP 体系运作的正确性。验证要素包括：确认、CCP 验证活动、体系有效运行的验证。验证程序的正确制定和执行是 HACCP 计划成功实施的基础。

HACCP 的优点包括以下几点。

（1）其结构化的过程提供了质量控制及识别和降低风险的归档证据。

（2）它可以识别人为因素带来的危险及如何在引入点或随后对这些危险进行控制。

HACCP 的局限性包括：对风险识别的要求较高，HACCP 要求识别危险、界定危险代表的风险，并认识危险作为输入数据的意义，同时也需要确定相应的控制措施。若等到控制参数超过了规定的限值时才采取行动，可能已经错过了最佳的控制时机（张曾莲，2017）。

2）危险与可操作性分析

危险与可操作性分析（hazard and operability study，HAZOP）是一种用于识别工艺设计缺陷、工艺过程危害和操作性问题的结构化及系统分析方法。此方法被广泛应用于识别人员、设备、环境及组织目标所面临的风险。HAZOP 是一种基于危险和可操作性分析的定性方法，该方法通常由一支多专业团队通过多次会议进行。HAZOP 团队通过考虑当前结果与预期结果之间的偏差及所处的环境条件等来分析可能的原因和失效模式。

HAZOP 方法最初被应用于化学工艺系统的风险评估。目前该技术的应用已拓展到其他类型的系统及复杂的操作中，包括机械及电子系统、程序、软件系统，甚至包括组织变更及法律合同的设计及评审。HAZOP 的优点包括以下几点。

（1）为系统地、彻底地分析系统、过程或程序提供了有效的方法。

（2）涉及多个专业团队，包括那些拥有实际操作经验的人员及那些必须采取处理行动的人员。

（3）形成了解决方案和风险应对行动方案。

（4）适用于各种系统、过程及程序。

（5）有机会对人为错误的原因及结果进行清晰的分析。

HAZOP 的缺点包括以下几点。

（1）很耗时，且成本较高。

（2）对软件或系统/过程及程序规范的要求较高。

（3）讨论可能集中在设计细节上，而不是集中在宽泛的问题上。

（4）对设计人员的专业知识要求很高，专业人员在寻找设计问题的过程中很难保证完全客观（张曾莲，2017）。

3）失效模式与影响分析

失效模式与影响分析（failure mode and effect analysis，FMEA）是一种归纳方法，其特点是从系统中某要素的故障开始逐级分析其原因、影响及需要采取的应对措施，被广泛应用于风险评估之中（张曾莲，2017）。它通过分析系统内部各个要素的失效模式推断其对整个系统的影响，考虑如何才能避免或减少损失。

FMEA 方法在使用时需要有关系统要素的充分信息，以便对各要素出现问题的方式进行详细的分析。对于灾害风险评估，这些信息可能包括以下几点。

（1）正在分析的系统及要素的详细构成。

（2）了解系统各组成部分的功能。

（3）可能影响系统运行过程及环境参数的详细信息。

（4）对特定灾害发生后果的了解。

（5）有关灾害的历史信息。

输入上述信息，FMEA 的输出结果有失效模式、失效机制及其对各组成部分或系统或过程的影响的清单，同时还可以包括有关灾害发生的原因及其对整个系统的影响方面的信息。

FMEA 广泛用于人力、设备和系统失效模式，它通过识别系统内各要素的失效模式及原因和对系统的影响，以可读性较强的形式表现出来。同时，FMEA 也存在一定的局限性，它只能识别单个失效模式，无法同时识别多个失效模式，并且研究工作较为耗时、开支较大（张曾莲，2017）。

4）人因可靠性分析

人因可靠性分析（human reliability analysis，HRA）是以分析、预测、减少与预防人的失误为研究核心，以行为科学、认知科学、信息处理和系统分析、概率统计等理论为基础，对人的可靠性进行分析和评价的新兴学科。HRA 可以用来对系统中人的可能性失误对系统运行的影响做出评价（高佳和黄祥瑞，1999）。HRA 可作为定性或定量使用。如作为定性方法使用，HRA 可识别潜在的人为错误及其原因，降低人为错误发生的可能性；如作为定量方法使用，HRA 可以为故障树分析或其他技术的人为错误提供基础数据。

HRA 可以分为问题界定、人物分析、人为错误分析、错误表述、错误筛查、量化、影响程度评估、减少错误及记录这几个步骤。首先，明确系统中存在的人为活动，以及可能出现的错误和错误的补救方法。其次，将这些错误与其他事项或环境整合起来，从而对整个系统发生错误的概率进行计算量化，并筛查不需要进行细致量化的错误。最后，对错误进行影响程度评估，分析如何提高人因可靠性并记录在案。

HRA 提供了一种正式机制，它在系统相关风险评估之中考虑了人因错误，这样的分析有利于降低人为错误导致灾害发生的可能性。但人的复杂性和多变性也会加大分析的难度，并且 HRA 较难处理决策不当等造成的局部失效（张曾莲，2017）。

1.2.3 灾害风险管理

1. 风险管理流程

1）风险管理的定义

风险管理是一门新兴学科，其主要研究对象是风险的发生规律及风险的控制技术。风险管理早期强调的是工程技术风险管理，但从 20 世纪 70 年代末开始，社会科学家开始探讨有关社会可接受风险的问题，特别是 2000 年以来，风险管理的理论与实践得到了前所未有的发展和创新，并且得到了广泛的应用。

2）风险管理的基本流程

目前比较权威的并且应用较为广泛的风险管理流程是国际标准化组织（International Organization for Standardization，ISO）颁布的风险管理国际标准，其给出的基本流程如图 1-2 所示，该标准将风险管理流程划分为：明确环境信息、风险识别、风险分析、风险评价和风险应对五个阶段。同时，该流程还包括贯穿于风险管理每个阶段的沟通和协调，以及包含于风险管理流程各个方面的监测和评审。

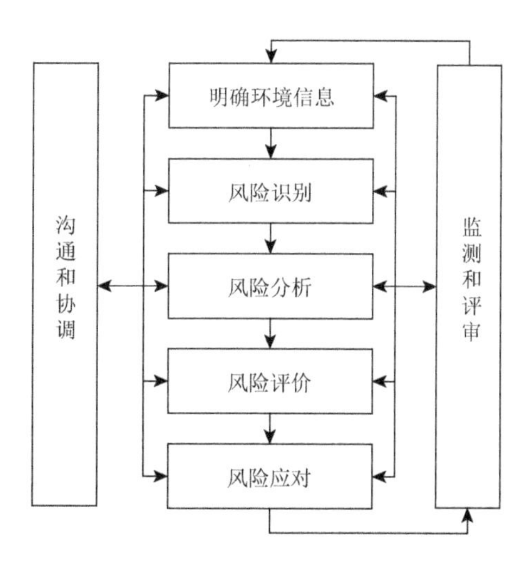

图 1-2 风险管理的基本流程

2. 灾害风险管理的基本内容

灾害风险管理是当前灾害管理的核心和热点，贯穿于灾害的全过程，它包括灾前降低灾害风险阶段、灾中应急阶段和灾后恢复重建阶段中的风险管理。因此，基于灾害风险理论的风险管理的基本内容可以从以下六个方面来描述：灾害监测、灾害预警、灾害设防、灾害救助、灾区恢复及灾区重建（黄崇福，2012）。

1）灾害监测中的风险管理

灾害监测中的风险管理是指国家、地区及地方各级组织，依赖各种专门的仪器和设备，尤其是卫星和计算机系统，对风险指标进行观测、记录、比较，以起到灾前预警、灾中跟踪、灾后评估的作用。其主要内容包括绘制并及时更新各种风险区划图。例如，地震危险性区划图、不同频率洪水的淹没范围图等。

除此之外，我们还需要关注灾害监测系统的可靠性和局限性。由于地域、时效及精度受限等原因，人们并不能随心所欲地使用灾害监测系统获得所需要的信息，因此，对于灾害的监测需要有前瞻性，即充分地考虑各种不确定性，做好监测失效后的补救准备。

2）灾害预警中的风险管理

在得到监测信息并对其进行分析后，需要对灾害进行预警，灾害预警中的风险管理包括以下三个主体：监测信息、预警技术及社会反应。通过监测系统获得的信息是灾害预警的基础，只有认真对其进行分析，及时捕捉异常，才能提高灾害预警的成功率。通过灾害机理研究和经验总结形成的预警技术是灾害预警的工具，但它也总是有一定的局限性，因此既要有效地利用预警技术，又不能过分盲信或否定预警技术。

预警发布后的社会反应是灾害预警的产物。大灾来临前的必要准备能有效降低灾害造成的各种损失，但是，错误的预警会引起社会恐慌，导致一系列社会和经济问题。权衡预警的得失也是风险决策前的基本工作。

正视监测信息的不完整性，降低预警技术的局限性带来的负面效应，预先评估社会对灾害预警的反应是灾害预警中的风险管理的重要内容。

3）灾害设防中的风险管理

灾害设防包括工程性设防和非工程性设防。无论何种类型，都需要投入，如何使设防适应风险水平和经济条件，是灾害设防中的风险管理的主要内容。工程性设防中涉及的风险水平主要由风险区划图来提供。但目前，自然灾害的不确定性导致人们无法在可控误差范围内准确地估计出自然灾害的风险，因此基于不可靠风险信息的设防，人们常采取分别对待的策略。例如，对于核电站等高敏感性设施，需提高其设防标准；对于乡村民居，人们倾向于适中的设防标准。同时，自然灾害还存在着动态性的特点，由于它可能随着时间而变化，因而永久性的设防工程常常难以担负重任。如何用动态风险的观点进行设防，是灾害设防中的风险管理研究的一个重要方向。

4）灾害救助中的风险管理

灾害救助环节的风险管理是为了提高灾害救助的成效，应对灾后的不确定性，为救助物资的分配、调度等工作提供决策支持。例如，灾后传染病风险的评估与优先干预，通过迅速建立传染病的监测、预警系统，及时评估灾区疫情的传播风险及防控形势，可以为后续的卫生防病工作提供借鉴和参考。本环节的风险管理的内容可以简述为“灾前有基础，救前先评估，救后善总结”。

在大多数自然灾害发生后，灾害救助最需要的信息是灾区人员分布及建筑物质量等数据，因此灾前有风险意识地进行调查，能为风险管理打下良好的基础。灾害救助涉及的因素包括救助对象、救助资源和救助环境。这三大因素均存在不同程度的不确定性，为了使救助资源发挥最大作用，在行动前需开展必要的评估，提出合理的救助方案。在救助工作完成后，要善于总结，提高后续救助工作的效率。

传统的灾害救助主要是针对需求对象进行资源调配，这是一个按既定目标分配资源的过程，灾害救助中的风险管理追求的是在不确定的条件下提高救助资源的利用率。

5）灾区恢复中的风险管理

在灾区恢复的过程中，应在开展恢复工作的同时进行风险评估，这样可以避免恢复工作可能留下的安全隐患；在废墟清理和废物管理的过程中，要充分考虑将来环境的变化，避免掩埋废物不当可能带来的风险；要充分认识医疗废物和危险废物的危害，避免重建后的污染问题。

在恢复和临时搭建必要的生活设施时，要分析过渡期的不确定性和临时设施的可靠性，既需要确保满足临时所需，又不能造成过多的浪费，更不应给今后的重建工作或重建后的生活带来不利影响。

在灾区恢复过程中，预防重大传染病的工作是一项典型的风险管理，应做好各类疫情防控工作，降低风险水平。

6）灾区重建中的风险管理

灾区重建的首要任务是更新重建区的风险水平，并尽可能考虑多灾种的综合风险，据此合理地规划重建。

（1）对建筑物或设施的维修或重建需要基于各类检测或评估技术，但由于技术、时间等不确定因素，难以确定维修或重建对象是否满足相关条件，因此，需要有合理的风险管理手段降低风险。

（2）在大灾后，居民对设防标准的要求普遍较高，如何既满足民众要求，又不一味地提高设防标准，是重要的风险管理问题。

（3）如何协调好重建资金和时间，在有限的资金和有限的时间内解决重建中的不确定因素，并评估可能的负面影响，是灾区重建工作中的风险管理任务。

3. 灾害风险管理的研究对象

1）从灾前、灾中、灾后的角度分析研究对象

灾害风险管理是从风险管理的角度来研究灾害问题，现阶段灾害风险管理在理论和实践上更强调综合灾害风险管理的思想，即包括灾前、灾中、灾后的全部过程。灾前包括风险识别、度量、评估和评价，还包括风险降低、应急响应等内容；灾中需要减轻损失；灾后恢复重建（于汐和唐彦东，2017）。

2）从社会属性的角度分析研究对象

灾害风险管理是一门交叉性的综合学科，它广泛地吸收了风险管理、安全科学、灾害学和社会学等学科的知识，并在此基础上扩展了已有学科的研究内涵和外延。它一方面拓展了灾害科学的内容；另一方面也使管理学在战略和前瞻的基础上得到了应用和发展，增强了其在灾害背景下对社会和人类行为的决策解释力。这在人类认识灾害风险，评估、评价、控制及转移灾害风险，保护社会安全与维持经济的可持续发展中发挥了极大的作用，在社会发展中具有重大的理论与现实意义（于汐和唐彦东，2017）。

1.3 灾害风险决策

1.3.1 风险决策

1. 风险决策的目标

决策是指管理主体为了实现某种目标而对未来一定时期内有关活动的原则、方法、技术、途径等拟定备选方案，并从各种备选方案中做出选择的活动（黄崇福，2012）。备选方案是供选用的行动措施的集合；拟定备选方案是决策过程中的核心环节。

常规的风险决策描述的是如何在不确定的环境下进行选择，属于决策问题的一种，它是指在风险损失发生之前或之后，综合考虑风险变化、预期收益及相应的成本代价和其他各种因素，从两个以上不确定的决策结果中做出最优选择。风险决策往往和突发事件密不可分，无论是突发的地震、洪水、泥石流等自然灾害，还是爆炸、火灾等人为事故，事件发生后我们都要力争在短时间内做出科学高效的决策以最大限度地控制事态的发展，降低事故损失。

2. 风险决策的过程

灾害风险决策是一个复杂的过程，它贯穿于决策活动的各个阶段，由管理主体实施。随着对突发事件应急管理工作的重视和工作的开展，我国各级政府、组织、企业等逐步制定了应对各类突发事件的应急预案，必要时为决策者提供指导，节约宝贵时间。

风险决策的制定与实施一般遵循以下程序。

1）确定风险管理目标

管理目标是依据管理主体需要解决的问题提出的。目标的确定，须从实际出发，因人、因事、因时而异。以最小的成本获得最大的安全保障是风险管理的总目标，也是风险决策必须遵循的基本原则。

防灾减灾部门依据国家法律、法规，并根据可用资源、基本组织框架等，确定工作方针、减灾目标、长远减灾规划等，从而提出检测、预警、应急的目标等。例如，灾后 24h 内把救灾物资送到灾民手中，就是民政部门应急管理的一个具体目标。

2）搜集、分析风险信息

根据风险管理目标，通过各种途径和渠道，收集当前灾害风险的数据资料和相关信息，并对其进行整理和分析。显然，收集到的资料和信息越多、越可靠，通过分析对灾害状态的认识和对未来情景的预判就越准确。但由于时间和信息搜集成本等问题，资料和信息的搜集难以做到全面且准确，适当即可。同时风险信息需要跟踪搜集，以便于及时调整决策方案。

3）制订风险管理备选方案

在搜集到一定程度的信息和情报后，以要解决的问题为目标，对其进行科学的分析和计算，并以此为依据制订出几个可行方案，供决策者选择。

4）选择风险管理最优方案

选择风险管理最优方案，就是在制订出的若干可行的备选方案中选定一个最佳方案。这是决策的最后阶段，也是最关键的一环。由于管理系统的复杂性，决策者越来越难以选出最优方案，更多的时候是根据现实情形，尽可能考虑各方利益，权衡利弊后选出当下最满意的方案。

通常情况下，风险决策是按照上述四个阶段的顺序进行的，但有时也会使整个管理决策过程的阶段发生逆转或互相穿插、包容。例如，在拟定规避水灾风险的备选方案时，发现水灾风险的情报、信息资料不完备，这时就需要补充新的水文资料和气象数据；有时也可能在最后审定备选方案时，产生新的分支问题，提出了新的设想，这时也需要进一步收集相关情报和信息资料，重新审定最后方案。但是，作为管理决策的总过程来说，按以上四个阶段进行较妥。

需强调的是，并非第四阶段才是管理决策，事实上，管理决策贯穿于每个阶段。即便是在情报、信息资料的搜集阶段，也存在管理决策。比如，面对大量的情报、信息资料，需要进行大量的数据整理、分析、取舍等，这里面就有管理决策。

3. 灾害风险管理中的决策问题

灾害风险管理任重而道远。在时间紧迫、人力物力资源有限、信息不完备的条件下，在各种利益交织的环境中，尽可能地实现“正确分析、科学预警、按需设防、高效救助、稳健恢复、科学重建”的目标，就是灾害风险管理中的决策问题。

1）正确分析

只有对灾害风险进行正确的分析，才有可能合理解决灾害风险管理中的决策问题。正确分析的基本原则是：实事求是地描述自然灾害系统，原原本本地使用相关数据，恰如其分地采用相关模型。对没有认识清楚的机理，不必用过多的人为假设来掩饰；对监测得到的数据，要杜绝各种主观意图导致的修改；采用的风险分析模型，要与所分析的系统和获得的数据相匹配。灾害风险分析的核心是尽可能地了解不完备信息背后的世界。正确的风险分析，将使我们能够提前把握未来的不利事件，为风险管理提供科学依据。

2）科学预警

为了实现对灾害的科学预警，主要的决策问题是确定信息披露程度。科学预警的基本原则是：内外有别，分别对待。

对于重大的、近期的灾害风险的预警，相关部门应该宁可信其有，不可信其无，多加小心无大错。然而对于普通民众来说，如果主管部门没有较为确切可靠的判断，不宜轻易发布预警，否则会造成无谓的损失。此时的风险决策，主要是比较预警与不预警的期望损失，两者取其轻。当灾害风险不能以概率要素表达，无法计算数学期望时，只能以适当的经验推理代之。

对于中长期预警，风险区划图是有力的参考依据。根据内外有别的原则，重要部门使用软风险区划图，工业和民用部门使用专业风险区划图，普通民众使用基本风险区划图。中长期预警的风险决策，主要是确定风险区划图是否达到发布标准。若可靠度足够高，则依其进行的管理将有利于防灾减灾；若可靠度太低，必然会误导管理，难以达到防灾减灾的目的。

3）按需设防

按需设防是指根据风险水平和防灾减灾需要设防，其主要的决策问题是充分考虑风险评估的不准确性，根据风险控制的目标，确定设防参数（黄崇福，2012）。不准确性指标的量化和风险控制目标的确定，会极大地影响决策结果。只有采用适当的决策模型，才能优化决策，为合理设防提供依据。

不准确性，并不等同于不确定性。我们可以用概率分布来描述风险中的随机不确定性，用模糊集来描述风险中的模糊不确定性。风险评估的不准确性是指评估结果的可信度。如果数据可靠且丰富，又采用了合理的评估模型，则评估结果的可信度高；否则可信度将大打折扣。由可信度的高低，能够大概判断评估误差，这为调整评估结果提供了重要依据。

决策模型须与风险评估的不准确性和控制目标的形式相适应。根据反精确原理（李金峰等，2005）容易推知，如果风险评估的可信度不高，或控制目标由模糊集表达，则决策模型应该相对粗糙；否则可以精细一些。

按需设防的风险决策可采取定性与定量相结合的方式进行，即用定量方法给出决策可选范围，再根据设防经验选定决策值。

4）高效救助

救助风险管理旨在降低救助失败的风险，提高救助效率。其主要的决策问题是在信息不完备和时间紧迫的条件下快速判断各种救助方案失败的风险，从而选出较好的救助方案。救助风险管理的基本原则是：快速收集各种信息资料，及时调用行动型应急预案，锁定一系列救助目标，以风险决策的方式选定救助目标和行动方案。

实际上，灾害救助是技术性很强的工作，面临着许多不确定因素。只有充分认识到灾害信息的不完备性可能给救助工作带来的不利影响，尽可能用好宝贵的信息和先进的技术，才可能在复杂而困难的环境下多救人。

5）稳健恢复

灾区恢复中的风险管理旨在维护社会秩序，规避不当安置和清理的风险，实现平稳过渡。其主要的决策问题是确定灾民安置的模式、废墟清理的方案和生活设施恢复的程序。其基本原则是：充分考虑灾民心理承受力的不确定性和灾区环境因素，以风险决策的方式选定安置模式；充分考虑待清理物的风险源特性和可能的负面影响，采用环境风险评估等方法进行评估，并依此决策出清理方案；充分考虑临时性生活设施的不稳定性和连带后果，采用非常规的恢复程序和管理方法安置灾民。

6）科学重建

为了实现灾区重建的目标，主要的决策问题是确定指导思想和重建规划。其基本原则是：指导思想要明确、可行；重建规划要充分考虑相关条件并适度超前。“以人为本，尊重自然”是根本，同时根据区域特点、经济发展水平等，经过充分论证，提出重建的指导思想。关于重建规划，应该分宏观、社区、个体等层次，要充分考虑当地的自然灾害史和各种潜在的致灾因子，借助区域规划优化算法，使重建投入充分发挥作用。

重建的风险管理，既要最大限度地避免重建后灾难再次发生，又要使灾区重建后有相当的生产力。其主要的决策问题是更新设防标准和设防技术，在规划中协调生活和生产。由于重建中涉及许多不确定因素，而且重建通常不可逆，所以提高重建中的风险决策水平非常重要。

1.3.2 决策模型机理

1. 决策的代表理论

面对风险管理中的决策问题，我们需要了解和掌握决策理论、决策的影响因素、决策方法及决策准则，这样才能做出最优决策。

决策的代表理论有古典决策理论、行为决策理论和当代决策理论。

古典决策理论把决策者在决策过程中的行为看作是完全理性的，它认为决策的目的是让组织获得最大的经济效益。在其盛行的20世纪初到20世纪50年代期间，大多数经济学家认为，决策者的个人偏好系统允许他们在备选方案中做出选择；他们知道全部可行的备选方案；在进行复杂的计算决定选择哪个备选方案时，他们的能力不受限制（肖更生和刘安民，2002）。

古典决策理论学派的代表人物西蒙在《管理行为》一书中指出，理性的和经济的标准都无法确切地说明管理的决策过程，进而提出了有限理性标准和满意度原则（周三多等，2009）。除经济因素外，影响决策者决策的还有其个人的行为表现，如情感、态度、动机及经验等。在决策过程中，决策者的行为并不是完全理性的，而是有限理性的。

行为决策理论抨击了把决策视为定量方法和固定步骤的片面性，它主张把决策视为一种文化现象。除了西蒙的有限理性模式，林德布洛姆的渐进决策模式也向完全理性模式提出了挑战（周三多等，2009）。林德布洛姆认为决策过程应是一个渐进的过程，而不应大起大落。

继古典决策理论和行为决策理论之后，决策理论又进一步发展，产生了当代决策理论。当代决策理论的核心内容是：决策贯穿于整个管理过程，决策程序就是整个管理过程。组织是由决策者及其下属共同组成的系统。整个决策过程包括：研究组织的内外环境；确定组织目标；设计达到该目标的可行性方案；比较和评估方案，确定最优方案；实施方案；追踪检查和控制。

2. 影响风险决策的因素

风险决策问题存在于各种灾害事件甚至是我们的生活中，想要正确决策，就必须明确不同因素对风险决策的影响及作用机理。

王家远等（2014）在总结风险决策及其影响因素时提出，风险决策的影响因素主要可归纳为两大类：一类是与决策个体的特质高度相关的个人主观因素，如决策者的风险感知、对风险的态度等；另一类是与决策问题所在的环境有关的客观因素。李藏和原雨霖（2016）也从风险决策的个体主观因素和任务特征因素两个方面对影响风险决策的因素进行了总结。

综合来看，影响风险决策的因素主要包括两个方面，即外部因素和个体内部因素。

外部因素主要包括两个方面的内容，即决策任务特征和决策环境特征。决策任务特征主要包括风险概率、任务的紧迫性与重要性、问题的表征方式和任务情境。比如，决策涉及的问题对组织来说异常紧迫，这样的决策被称为时间敏感型决策，对决策速度的要求远高于对决策质量的要求。决策环境特征指的是决策者所处的决策环境会对其决策产生影响，如社会环境、组织文化等。

影响风险决策的个体内部因素主要包括三个方面：个体的风险感知（risk perception）、风险倾向（risk tendency）和情绪（emotion）。传统的风险决策大多基于"理性人假设"，即认为决策者在选择方案时遵循主观效用最大化的原则。然而，决策并不总是纯理性的行为，情绪、情感、个性特征、内外部环境等因素往往致使很多决策者在有限理性下做出选择（Jani，2011；Simon et al.，2000）。从本质上说，理性人假设只从逻辑推理的角度考虑了最佳方案的选择，却忽视了决策者的主观因素在风险决策中的重要作用，这些主观因素综合体现为决策者对决策所持的态度。

风险感知被定义为个体对一种情况的风险程度的评估，包括对情况不确定性程度的概率估计、对不确定性的可控程度的概率估计及对二者评估的准确性的概率估计（Bettman，1973）。风险感知主要受感知追求和框架效应（framing effect）的影响。框架效应是决策者风险感知的一个重要影响因素，它是指同一个问题，用积极和消极不同的方式来描述，会对决策者产生不同的影响。

风险倾向被定义为个人当前承担或避免风险的倾向，它被概念化为个体特征，可以随着时间的推移而改变，因此是决策者的一个内部属性。个体的风险倾向会受先前的决策结果的影响，先前所做的相关风险决策越成功，其风险倾向就越高；反之，风险倾向就越低。在实际的管理工作中，大多数决策问题都属于一种非零点决策，过去的决策总会影响现在的决策，决策者必须考虑过去的决策对现在的持续影响。

过去传统的决策理论认为个体在决策过程中是理性的，因而在风险决策中，情绪对个体的影响往往被人们忽视。但是，随着决策研究的不断深入，研究者认识到情绪在决策过程中对决策者同样起到很重要的影响作用。

3. 决策的类型

根据决策条件的性质，可以将决策分为确定型决策、不确定型决策和风险决策。如果决策过程的结果完全由决策者所采取的行动决定，这种情况下的决策被称为确定型决策；如果人们只知道会出现若干种可能的结果，但不知道每种结果出现的概率有多大，这种情况下的决策被称为（严格）不确定型决策；如果人们既知道可能的结果，又知道每种结果出现的概率，即可以通过概率分布来量化不确定性，这种情况下的决策通常被称为风险决策。无论是不确定型问题还是风险型问题，都需要根据某种准则来选择决策规则，使结果达到最优或满意，这种准则就称为决策准则。

确定型决策主要使用运筹规划、盈亏平衡分析、敏感性分析等数学分析方法。不确定型决策可以采用悲观准则、乐观准则、最大最小后悔值准则、等概率准则等具有主观色彩的方法，转化成风险决策来解决。而风险决策主要是采取基于期望损失（效用）最小准则的数学方法来解决。

4. 决策的准则

在《决策理论与方法》一书中，岳超源基于期望效用理论提出了风险决策问题的准则，主要包括最大可能值准则、贝叶斯准则、伯努利准则、E-V（mean-variance，均值-方差）准则、不完全信息情况下的决策准则、优势原则与随机性决策规则等（岳超源，2003）。在灾害风险决策中，一般要遵循期望损失最小原则、期望损失效用最小原则、经济最优（风险成本最小）原则，同时还要满足社会可接受风险标准原则。

（1）数学期望最大原则，对于损失风险则是期望损失最小原则。

（2）期望效用最大原则，对于损失风险则是期望损失效用最小原则。

（3）风险成本最小原则，风险降低的成本和预期经济损失减少之和最小原则。

（4）满足社会可接受风险标准原则，选择那些将风险降低到社会可接受风险水平以下的方案或措施。

5. 灾害风险决策的方法

灾害风险决策方法的选择决定了风险分析所需资料的详细程度、风险模型的使用情况和分析结果的可靠性，是灾害风险研究的核心内容之一，直接关系到风险分析的成败，进而关系到决策的成败。当前风险决策方法主要有定量分析方法和定性分析方法及定量和定性混合的分析方法。

定性分析方法通常通过问卷调查、会议讨论、人员访谈，以及对当前的策略和相关文档进行复查的形式进行数据收集和风险分析，带有一定的主观性，常常需要凭借专业咨询人员的直觉和经验，或是业界的惯例和标准，为资产价值、威胁、脆弱性等风险相关要素的大小或高低程度定性分级，如低、中、高三级等。

通过这样的方法，对风险的各个分析要素赋值后，我们可以定性地区分这些风险的严重等级，避免了复杂的赋值过程，简单且易于操作。定性分析方法的详细内容会在后面章节进行介绍。

与定量分析方法相比，定性分析方法的准确性虽然稍好但精确度不够，所以需要通过定量分析方法来对风险进行准确的定义和分级。定量分析方法就是用直观的数据来显示风险的程度。风险决策的定量分析方法主要有期望损失法、概率统计法和情景模拟法三类。

1）基于概率风险的分析方法

灾害风险分析的基本数学手段是概率统计方法。凡是由概率统计方法推断出来的风险结论，都称为概率风险。大多数情况下，基于概率风险的分析方法是对已发生事件的大量数据进行统计处理，并以此估计相关事件发生的概率（黄崇福，2011）。目前主要使用的方法包括一次二阶矩法、蒙特卡罗法、重现期法、贝叶斯法、事件树法、故障树法等，其中蒙特卡罗法最为常用，多用于地震灾害、洪水灾害的研究（李琼，2012；马玉宏和赵桂峰，2008；Benito et al.，2004）。蒙特卡罗法也称统计模拟法，是一种统计试验方法，根据各影响因素的随机分布模式，采用随机数来解决计算问题，从大量数值计算结果中求得概率，从而给出一个估计的近似风险值（黄崇福，2012）。该方法可以考虑各种影响因素，无论何种情形都能得到计算结果，且计算结果精确度较高。

2）基于期望损失的分析方法

一些学者认为风险大小可以表达为期望损失值。基于期望损失的风险分析方法是目前使用最多、应用最广泛的方法，包括多因子加权评价法、模糊综合评判法、人工神经网络法、地理信息叠加法、层次分析法、灰色关联分析法等。由于这些方法都或多或少地存在一些缺点，因此实际应用中经常有学者将多种方法组合起来应用（Sun et al.，2014；齐信等，2012）。从灾害种类来看，几乎所有的灾害都需要利用指标体系来进行灾害风险分析，但无论哪种指标体系，在微观空间尺度应用时，都会因资料来源和精度的限制而使应用效果大打折扣。因此，指标体系方法主要适用于中观空间尺度的灾害风险分析。

3）基于风险情景的分析方法

黄崇福认为，风险是自然事件或力量为主因导致的未来不利事件（黄崇福等，2010）；情景是对某类灾害风险的描述，从事件背景、发生概率和可能后果三方面进行。

情景模拟法首先根据不同概率的灾害事件的强度参数模拟灾害情景，进行危险性分析，确定受灾区域范围内的主要承灾体并进行价值估算，完成暴露性分析；然后根据脆弱性衡量承灾体承受一定强度的灾害时的损失程度；最后将受灾区域内所有承灾体的损失程度之和作为该区域在当前灾害情景下的灾害损失，不同概率事件下的灾害损失即为该区域面临灾害的风险（刘希林和尚志海，2014）。灾害情景模拟下的风险研究，能以较高的精度反映灾害事件的影响范围和程度，展示灾害风险的空间分布特征，同时能解决风险研究中样本较少的问题，还能对风险研究中的概率、不确定性等进行定量表达。基于风险情景的分析方法已成为灾害风险模拟的主要手段之一。

总之，随着风险管理的发展，越来越多的数理方法被用于风险管理决策，但是它们在实际应用中也存在一定的局限性。比如，灾情数据通常难以获取；定量分析所赋予的各种数据的准确性并不可靠，个人主观性较强；对样本的要求很高，计算过程复杂，难度大；数据处理结果不稳定，同类结果可比性较差；等等。

所以，目前最常用的分析方法一般还是定量和定性相结合的方法，对那些可以明确赋值的要素直接赋予数值，对难以赋值的要素使用定性方法，这样不仅更清晰地分析了单位资产的风险情况，也极大地简化了分析过程，加快了分析进度。

风险决策方法的选取取决于风险分析的情景。灾害风险分析的核心是力图从根本上弄清灾害风险的形成机制，找到灾害风险的合理表达途径，并使得风险分析的结果通过可靠性检验，最终服务于灾害风险管理，帮助制定最优决策。

1.3.3 利益相关者

1. 利益相关者的界定

利益相关者是指与决策事项有利益关系，受重大决策实施影响，并能影响项目能否顺利实施的个人或群体。直接利益相关者一般包括：受重大决策影响的居民、商铺、机关及企事业单位，尤其是其中的低收入人群和弱势群体；属地党委政府和基层组织、单位；项目规划设计、建设及检测等相关的企业法人、社会机构。

Mitchell（1997）根据合法性、权力性、紧急性这三个属性提出了一个行之有效的利益相关者的界定方法——米切尔评分法。米切尔评分法的可操作性极大地推动了利益相关者理论的推广与应用，并逐步成为利益相关者的界定和分类中最常用的方法。在灾害风险管理过程中，要成为利益相关者，至少要符合上述其中一条属性，即要么对灾害管理主体拥有合法的索取权；要么能够紧急地引起管理者的关注；要么能够对风险管理的决策行为施加压力。灾害风险管理的利益相关者就是能够对灾害风险管理的实施效果产生重大影响的机构、组织或个人，其行为目的在于规避灾害风险、减小灾害损失及维护社区稳定。

在中国，计划经济时期，政府作为唯一的主体渗透到灾害风险管理工作的各个层面，1978年以后，这种一体化的危机管理机制一度失灵，于是，1983年全国民政会议之后，政府赋予了社区一定程度的权力，但政府仍然是灾害风险管理及灾害应对的主导力量，社区的力量仍然相对薄弱。从现代减灾系统工程理论（国家科委全国重大自然灾害综合研究组，1994）的提出到综合自然灾害风险管理模式（张继权等，2005）的构建，我国经历了大约15年的时间，从理论到实践实现了质的飞跃，主要包括：实现了从传统的“灾后救援”机制到“预防为主，防治结合”的上游管理机制的转变；形成了从国家到地方基本的灾害响应体系。这一阶段，市场机制的完善，社会的壮大，都为灾害风险管理注入了新的力量，为实现灾害风险管理的公共治理奠定了基础。

屈锡华等（2009）曾提出，社区在灾害面前是极为脆弱的，具体表现在：社区面对灾难的风险性大，即灾难对社区的威胁程度高；社区对灾难的敏感性低，即社区内的个人或组织对灾难的反应速度慢；社区面对灾难的抵抗力差，即社区承受灾难破坏的能力低；社区的灾后恢复力弱，即社区在灾后的复原能力低。

作为社会的基本单元，社区在灾害风险管理中发挥着不可取代的作用。对于灾害的风险管理，政府固然责无旁贷，但是只有社区居民认识了风险并积极参与减灾备灾，采取有效的管理措施，才能从根本上将人员和财产的损失降到最低。以社区为本的灾害风险管理（community-based disaster risk management，CBDRM）就是本着这一理念提出的，就是为了降低易损性和提升能力。受灾社区积极参与灾害风险的鉴别、分析、处置、监测和评估意味着人们处在灾害风险管理活动决策制定和实施的核心位置。

实施以社区为本的灾害风险管理模式，清除了传统灾害风险管理的弊端，显著减少了生命和财产的损失，降低了灾害管理成本，同时提高了整个社区的灾害应对能力。因此，我国的灾害风险管理体制从传统的“政府主导”的一维模式向以受灾社区为本的“政府引导，市场合作，社会参与”的多维模式进行过渡和转变是科学的、正确的。

灾害管理工作是一项注重时效性和预防性的工作。灾害风险管理要求管理主体能够及时、高效和精准地发现问题并解决问题，这与网格化管理的功能不谋而合。城市网格化管理是运用数字化、信息化手段，以街道、社区、网格为区域范围，以事件为管理内容，以处置单位为责任人，通过城市网格化管理信息平台，实现市区联动、资源共享的一种城市管理新模式（吴蔚，2020）。它将被动应对问题的管理模式转变为主动发现问题和解决问题的管理模式，管理手段的数字化也保证了管理的敏捷、精确和高效。近年来，伴随着社区网格化的发展，基层综合防灾减灾的能力日益提升。

2. 利益相关者的分类

进行风险决策时，需要考虑各个利益相关者的诉求，这些利益相关者大致可以分为三类。

（1）社会群体。社会群体即公众，包括个人、家庭、社区及各种非政府组织（non-governmental organization，NGO）。

个人和家庭作为主要的灾害承受者，他们更多考虑的是个人的生命健康安全，以及个人的经济损失，较少考虑风险对于社会和环境的影响，因此，在风险管理决策过程中，他们更关注的是个人风险而非社会公共风险。

社区作为防灾减灾的基本单元，是现代社会防灾减灾的重要环节。社区参与灾害风险管理的意义，不仅在于减少灾害造成的损失，更重要的是，通过参与管理和应对的实践，培育社区的自治能力。

非政府组织包括企业、媒体、民间社团在内的各种非政府力量。随着社会的不断发展和壮大，其参与灾害风险管理的程度也在不断加深，成了灾害应对中最积极的一支力量。

（2）政府群体。作为自然灾害风险管理最重要的参与者之一，其行为涉及灾害风险管理周期的各个环节和阶段，包括法律政策的制定、灾害防控高新技术的研发和应用、灾前预防、灾害紧急救援、灾后恢复和重建等。它是整个现代综合灾害风险管理的核心。

政府作为社会资源的分配者和协调者，其所考虑的因素更加综合。政府不仅要考虑个人或者小团体的利益，还要考虑社会作为一个整体的利益，协调个体利益和集体利益、短期利益与长期利益之间的矛盾，协调个体理性，最终达到集体理性的最大化。

（3）经济群体。随着各国市场化程度的加深，市场分担的巨灾损失的份额也在逐渐增大。经济群体，或者说企业因为负责组织商品和服务的流通，所以当灾害来临时，除常规社会财产损失外，还有业务中断导致的收益受损。

社会、政府和经济群体所占据的社会资源不同，其经济水平和技术水平也不同，因此这三者应对风险的能力也存在很大的差异。增加风险控制的投入可以降低风险，然而投入的成本受多种因素的制约，过多的投入会给社会资源的使用带来压力。这就需要客观、科学的标尺为决策提供依据，在行动方案与风险，以及降低风险的代价之间谋求一个平衡点，这个平衡点就是可接受风险水平，也就是可接受风险标准值。

1.4　灾害风险分类

灾害风险分类是灾害风险管理必需的一项基础性的研究工作，基于灾害风险分类的必要性，对复杂多样的灾害风险可以从原因、后果和影响范围的角度进行基本分类。下面就从这三个角度进行分析，灾害风险的基本分类见图1-3。

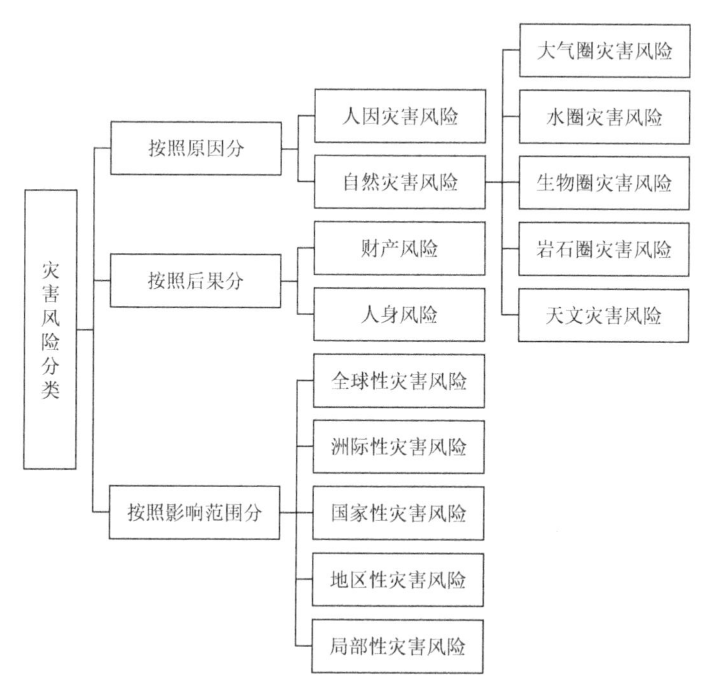

图1-3 灾害风险的基本分类

1.4.1 按照原因分

根据致灾因子的原因等可以将灾害风险分为两类，即人因灾害风险与自然灾害风险。

1. 人因灾害风险

人因灾害风险是指人类活动造成未来损失的一种情景。

对于人因灾害风险可以从如下两个层面进行定义。

1）人因致灾因子

人因致灾因子带来的人因灾害，包括生活和生产两个方面。生活方面的致灾因子主要有交通事故、生活环境污染等，这些致灾因子会诱发生活环境灾害。生产方面的人因灾害主要包括工业污染、工业火灾等技术漏洞或设备使用不当导致的技术灾害或生产事故。除此以外，人类的一些如犯罪及恐怖袭击等故意行为，也属于人因灾害的范畴。

2）相关主体脆弱性及应对能力缺乏

致灾因子是否会引发灾害及其影响程度，也要取决于应灾主体的脆弱性及其应对灾害的能力。较低的暴露风险和脆弱性，以及较强的应对能力，在一定程度上能够减小灾害的破坏力，使致灾因子的影响最小化，即实现“大灾变小灾、小灾变无灾”。过高的暴露风险和脆弱性及较弱的应对能力则会加剧灾害的影响，使得“无灾变有灾、小灾变大灾”。从这种角度切入，根据人因灾害风险的定义，许多自然致灾因子诱发的灾害，因相关主体过度暴露风险和应对脆弱性能力缺乏，导致灾害程度加深，也应视为人因灾害（王周伟等，2008）。

2. 自然灾害风险

自然灾害风险主要指如地震、飓风、洪水等自然事件为主因引起的未来可能损失的情景（高凌云等，2014）。

自然灾害是自然事件或力量为主因造成生命伤亡和人类社会财产损失的事件。需要明确的是，自然事件或力量本身并非自然灾害，其为主因造成的后果才是自然灾害。例如，地震等自然事件本身并不是灾害，仅仅是一种自然现象，一旦它们为主因造成了人类生命及财产损失，该自然事件就成了自然灾害。

虽然自然灾害种类繁多，但是其具有以下三大共性。

（1）地球表层为自然灾害的发生场所。根据前文，自然事件只有在引起生命伤亡和财产损失的前提下才是自然灾害，而地球表层各物质圈是人类赖以生存的环境，故只有发生在如大气圈、水圈等地球表层的自然事件或力量才有可能造成自然灾害。

（2）自然灾害可能会形成连锁反应，即一种自然灾害诱发其他的自然灾害。自然灾害是在自然系统和人类社会组合成的高度复杂的系统中发生的现象，所以一种自然灾害常常会诱发另一种或几种自然灾害。例如，地震会引发滑坡、海啸等其他自然灾害。

（3）一种自然灾害的强度与其发生频率成反比。由于灾害的发生需要一定时间的能量积累，加之人类具有躲避自然灾害的本能，故任何种类的自然灾害，巨灾发生的频率低，轻微灾害发生的频率高（黄崇福，2012）。

根据自然灾害发生的环境地点，自然灾害风险又可以进一步分为大气圈灾害风险、水圈灾害风险、生物圈灾害风险、岩石圈灾害风险，以及天文灾害风险。旱灾、暴雨洪涝、台风、霜冻、浓雾、沙尘暴、干热风等属于大气圈灾害；暴雨、洪水、冰雹、海岸侵蚀、海啸、雪崩等属于水圈灾害，其中尤以洪水造成的灾害损失最大；生物圈是自然灾害的主要发生地，它衍生出了环境生态灾害，生物圈是地表有机体包括微生物及其自下而上的环境的总称，是地球特有的圈层，也是人类诞生和生存的空间，是地球上最大的生态系统；岩石圈灾害是指自然地质作用、人因地质作用使地质环境恶化，并造成人类生命财产损失或人类赖以生存的资源、环境遭受破坏的灾害事件，如地震、滑坡、泥石流等；天文灾害指空间天体或其状态瞬时或短时间内发生异常变化，如大耀斑、磁暴、电离层突然骚扰等，造成的危害人类生命健康及社会经济安全的灾害。

1.4.2 按照后果分

根据灾害风险可能引起的未来损失的属性，可以将灾害风险分为财产风险和人身风险。

1. 财产风险

财产风险是一种因发生自然灾害、意外事故而使个人或单位占有、控制或照看的财产遭受损失、灭失或贬值的风险。与财产风险相关的损失有两种类型，包括直接财产损失和间接财产损失。其中，间接财产损失可以进一步分为两类——财产丧失使用损失和额外费用开支（许谨良，2015）。

通常利益主体拥有的财产越多，其面临的财产风险也就相对越大。对于一个企业来说，其面临的财产风险包括两个方面——企业拥有的权益、信用等无形财产的潜在损失，以及设备、原材料等有形财产的潜在损失；对于个人而言，其所面临的财产风险是其所拥有的不动产、家具等财产可能因为火灾、洪水等灾害而遭受损失的可能性。

2. 人身风险

人身风险是指人类由于死亡或丧失劳动能力而使收入遭受损失的风险，其往往会造成人们预期收入的减少，或者是额外费用的增加。

在实际生活中，人身风险可以主要分为以下几类。

（1）生病及由此遭受的经济损失或者丧失劳动能力的风险。

（2）因为衰老而失去劳动能力的风险。

（3）较早死亡的风险。

（4）因受伤、残疾而遭受经济损失或者丧失劳动能力的风险。

（5）被供养者由于供养者的死亡面临经济困难的风险。

对于以上几类人身风险，需要说明的是，死亡是人生必然经历的事件，是确定的，但是其发生的时间是不确定的，此外健康相关风险具有明显的不确定性，如伤残是否发生，疾病是否发生，以及其对健康的损害程度等，均是不确定的。

1.4.3 按照影响范围分

根据灾害风险的影响范围，可以将灾害风险分为全球性灾害风险、洲际性灾害风险、国家性灾害风险、地区性灾害风险，以及局部性灾害风险。

1. 全球性灾害风险

全球性灾害风险是指威胁全人类的生存和发展的灾害风险。对于人类而言，尽管灾难的发生看似是彼此孤立的，但它们相互织成了一张大网，威胁着人类的生存和发展，现今全世界人类共同面临着如温室效应、新型冠状病毒等全球性灾害的威胁。

2. 洲际性灾害风险

全球被划分为亚洲、非洲、美洲、欧洲和大洋洲五大洲，影响其中某一或若干大洲的灾害风险即为洲际性灾害风险。受各大洲的地理位置等自然因素及各种人文因素的影响，五大洲面临的灾害风险各不相同。

3. 国家性灾害风险

国家性灾害风险是指威胁某一或若干国家安全的灾害风险，如战争、瘟疫等。我国自然灾害频发，自古以来，水、虫、旱、震等各类灾害不断，近代以来随着经济社会的发展，各种灾害更是有增无减，在这种背景下，灾害风险管理更显必要。

4. 地区性灾害风险

不同地区在地理环境的各要素组成上存在着明显的差异，各地区面临的灾害风险也不同。以我国各地区为例，华北地区主要的灾害风险有旱涝、地震等，华东及华南地区主要的灾害风险有台风、旱涝等，西北地区主要的灾害风险有风沙、地震等，西南地区主要受地震、滑坡、泥石流等灾害风险影响，而东北地区则是低温灾害风险主要影响的地区。

5. 局部性灾害风险

局部性灾害风险可以进一步分为空间局部性灾害风险及时间局部性灾害风险。空间局部性灾害风险可能在某一个空间内重复发生，而时间局部性灾害风险则可能在某一时段内重复发生。

1.5 灾害风险管理与应急管理

1.5.1 灾害风险管理与应急管理的联系和区别

1. 灾害风险管理与应急管理的联系

在分析灾害风险管理与应急管理的联系之前，我们先来区分一下灾害风险与突发灾害事件这两个概念，灾害风险与突发灾害事件既有联系又有区别。灾害风险是一种尚未发生的可能性，一旦发生，就有可能形成突发灾害事件；突发灾害事件则是一种已经发生的事实，它的发生通常与灾害风险有关。因此，灾害风险与突发灾害事件本身就有着密切的联系，两者是联系在一起的。

应急管理涉及风险管理与危机管理。简而言之，从突发灾害事件的分期，也就是从管理流程上来看，应急管理往前可以延伸至风险管理；从突发灾害事件的分级，也就是从管理的紧迫度、强度和不确定性来看，应急管理在纵向上可扩展至危机管理，它们之间是相互统一、相辅相成的。

2. 灾害风险管理与应急管理的区别

1）管理对象不同

灾害风险管理的管理对象是风险，其主要特性是社会、企业、政府对风险的不确定性和可能性进行管理；应急管理的管理对象则是突发灾害事件，是已经发生的事实。

2）管理阶段不同

应急管理向前延伸就是灾害风险管理，而灾害风险管理是应急管理的“关口前移”“防患于未然”（张继权等，2004）。

3）管理的终点不同

灾害风险管理工作的终点包括两个部分：其一，如果风险源被成功消除或控制，则重新进入常态管理和风险管理的起点（也就是风险管理准备阶段）；其二，如果风险处置失败，潜在的危害转化为突发灾害事件，则立刻进入应急管理。

应急管理的突发灾害事件处置工作也会带来两种后果：一是如果突发灾害事件得到有效控制，突发灾害事件转化为风险，则回到风险管理阶段；二是如果不能有效控制，突发灾害事件转化为极端突发灾害事件，则进入危机管理阶段。

灾害风险管理与应急管理之间的关系如图1-4所示。

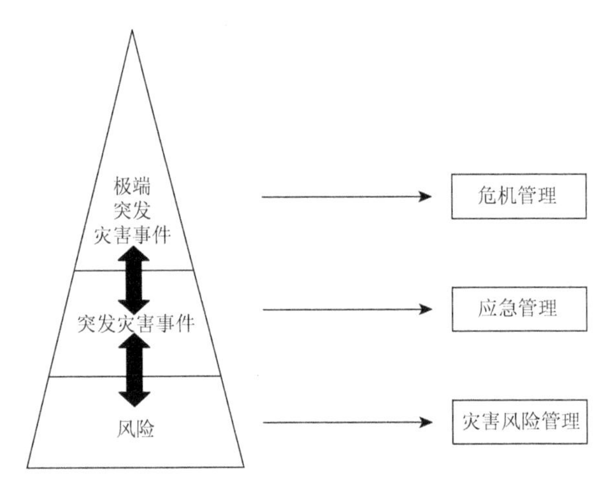

图 1-4　灾害风险管理与应急管理之间的关系

1.5.2　自然灾害应急管理

应急管理是对资源和职责进行组织管理，以应对突发灾害事件的所有方面，包括准备、响应和恢复。其目的是减轻所有灾害的不利影响。根据自然灾害的发生发展特征和自然灾害应急管理的目的，从全过程的角度，我们将自然灾害应急管理划分为预防与应急准备、预警与应急响应、应急处置与救援及灾后恢复与重建四个方面的内容。

1. 预防与应急准备

所谓预防与应急准备，主要是指在灾害来临之前所做的所有防范和采取的应对措施，为灾害后续应急工作，保障应急需要，尽可能降低灾害损失做准备。主要包括：完善应急管理的组织体系和制度（管理体制、机制和法律制度及预案等）、组建培训专兼职应急队伍、设立应急物资储备和资金保障体系及应急演练和应急知识的宣传教育和普及等工作（张磊，2021）。

1）完善应急管理的组织体系和制度

应对突发性自然灾害的重要保障是完善组织机构和控制体系及其建设。应急管理机构分为领导机构、行政机构、工作机构、地方机构和专家组。对于某些自然灾害，可以建立一个自然灾害应急指挥组织，该组织可以在没有常设应急指挥组织的情况下管理紧急自然灾害。此外，还应定期为应对灾害做好组织准备，在灾害发生后，迅速建立相应的管理指挥机构。该机构由负责应对灾害的人员构成，并在组织内部建立协调机制用以明确权力和责任（党小红和张晶，2021）。在充分控制下，管理指挥机构可以迅速调动物资和其他资源，有条不紊地开展突发性自然灾害的应急管理工作。

这里的制度主要是指“一案三制”，包括自然灾害应急管理体制和机制、法律制度、应急预案及具体的规章制度，它们共同组成了符合中国国情的应急管理体系。应急组织指挥管理体系、法律和规划体系不仅为灾害应对和救援提供了组织和制度保障，而且对应急体系的整体建设也起到了重要的促进作用（王倩，2010）。

2）组建培训专兼职应急队伍

一般而言，应急救援队伍包括专业应急救援队伍与非专业应急救援队伍。从我国战略风险管理的视角来看，未来20年我国仍面临特大地震、特大洪水、烈性传染病、大规模群体性事件、恐怖袭击、网络安全、特大安全生产事故、核事故、局部战争冲突等一系列重大和特大突发事件的现实挑战。应急救援体制和运行机制需适应人民群众日益增长的公共安全服务需求，加速构建适应突发事件风险特点、专常兼备的应急力量体系十分关键。

3）设立应急物资储备和资金保障体系

应急物资是指应对自然灾害时所需的工程物资和加工设备、急救药品、基本生命支持物品及应急装备和保障物资。同时，要想做好灾前的应急管理工作，必须建立和完善生产体系、储备体系、应急物资的应急调配和发放体系，完善应急工作程序，保证应急物资的实时供应，加强对物资储备的监督管理。紧急情况下，应急管理机构能建立中央有关部门之间，中央与地方之间，以及中央、地方与企业之间的有效衔接机制，统筹规划、统一调配应急物资，以确保为受影响人员提供的日常必需品不会缺货，应急物资的生产与应急物流同步，以确保应急物资的及时发放，减少浪费。在先进技术、组织方法和创新体制机制的支持下，应急管理机构着力构建供需实时对接、干支线末端有效对接、水陆空协同、军民融合、国际国内协调的现代应急物资保障体系，提高应急物资保障能力，推进应急物资保障现代化（李方舟和贾宗仁，2021）。

应急资金是一种特殊用途的资金，多在非常态下使用。在抢险救灾过程中，需要消耗大量的资金，目前我国应对突发灾害的资金的主要来源是公共财政、金融保险资金、社会捐赠资金。为提高应急资金的使用效率，应规范应急资金的拨付程序，进行有效监管，既要算政治账，也要算经济账，以确保应急资金专款专用、及时到位并有计划地使用，充分发挥应急资金的作用。

4）应急演练和应急知识的宣传教育和普及

为了快速有效地应对灾害，提供灾后应急处置和援助，验证各项准备工作的有效性，有必要开展一般性和专项的自然灾害应急演练，如有关群众的疏散和控制系统运行的信息，也是自然灾害及其应急管理宣传、培训和教育的基础工作。一方面要加强对应急队伍和管理人员的专业培训；另一方面要加强全民防灾救灾的宣传、培训和教育，特别是防灾、避险、自救和互助的能力，以减少不必要的损失。

2. 预警与应急响应

灾害预警是指在灾害发生之前建立应急网络并发布灾害信息。大多数自然灾害都可以在发生之前发出警报（段宏毅，2006）。自然灾害的预警级别根据其紧急程度、发展趋势和可能的破坏程度分为一级、二级、三级和四级，分别用红色、橙色、黄色和蓝色标注。一级是最高级别。预警是对可能发生的自然灾害的警报，但也包含对区域政府、社会单位及民众的提示和要求；在宣布进入预警期后，政府应根据紧急情况和可能造成的损害的特点采取相应的措施，如预案的启动、应急物资的分配和人员临战的准备等。

应急响应是指政府在灾害发生后立即采取行动，向灾民提供各种紧急援助，采取措施稳定局势，防止次生灾害的发生，并为恢复和重建做好准备。具体措施包括：启动应急预案、提供应急救援、实施控制和隔离、紧急疏散居民、评估灾害程度、向公众报告危机情况和政府采取的应对措施、提供基本公共设施和安全保障等。应急响应是危机应对的关键阶段和实战阶段，考验政府的应急能力。特别是需要解决以下问题：一是应对危机，特别是重大危机，政府需要有较强的组织、动员和协调能力，使各方力量能够参与、相互配合、共同应对危机；二是依法进行应急处置，防止权力滥用；三是为一线应急人员配备必要的设备设施，提高应急处置的效率；四是对在灾难和危机情况下，不遵守命令、管理和法律的人采取特殊的管理方法（王倩，2010）。

3. 应急处置与救援

应急处置是指应急管理人员在时间和资源的限制下控制突发事件的后果，即在突发事件发生后，应急管理人员应尽可能密切地监控事件的情况，并根据应急预案的需要采取有效的处置和救援措施，防止事态扩大和升级。进入事故现场后，应急小组应迅速开展事故检测、报警、疏散、人员救援、技术援助等应急救援活动，专家组为救援决策过程提供咨询和技术支持。当情况超出响应水平且无法有效控制时，处置过程需要进行许多非常规的决策。应对紧急情况的负责人必须在非常短的时间内，在巨大的心理压力下做出创新性决策，要遵照预案，但又不能固守预案（姚景山，2021）。

4. 灾后恢复与重建

灾害事件完全消除后，应急责任人必须组织人员清理现场，尽快恢复生产和生活秩序；组织各方力量，消除突发灾害事件对社会、经济、环境和人类心理的影响。应急管理人员还应全面开展应急调查和评估，及时提交经验和总结教训；深入系统地调查突发事件的原因和相关的预防处置措施；对整个应急管理过程的绩效进行全面评估，分析应急管理中存在的问题，提交纠正措施，并指导主管部门逐一实施，从而提高灾害预防和处置能力。

在整个应急管理的过程中，应急响应、处置和救援是自然灾害应急管理的关键环节。应急响应、处置和救援也是一个高速运行的、复杂的动态系统，在这个系统中，所有的要素和子系统都围绕着搜救人民生命和物资及次生灾情的抢险开展工作。

1.5.3 气象灾害应急管理

1. 气象灾害应急管理路线

气象灾害发生后，需要对其进行有效预警、控制和处理，这就是气象灾害应急管理。根据自然灾害应急管理的内容可将气象灾害应急管理按照应急管理全过程理论分为事前、事中、事后三个阶段和防备、研判、决策、组织、沟通、学习六个重点环节，每一环节都有自己单独的目标。在实际情况中，这些环节往往相互重叠，上一环节成为下一环节内容的一部分，它们之间环环相扣。全过程的突发气象灾害应急体制，主要体现了“未雨绸缪，防患未然”的应急管理理念，通过有针对性的预防措施，降低发生气象灾害的可能性，降低气象灾害可能带来的损失，从而达到防灾减灾的目的。忽略或轻视任一环节，都会给气象灾害应急管理目标的实现带来障碍（唐黎标，2021；雷晓霞，2019）。气象灾害应急管理路线图见图 1-5。

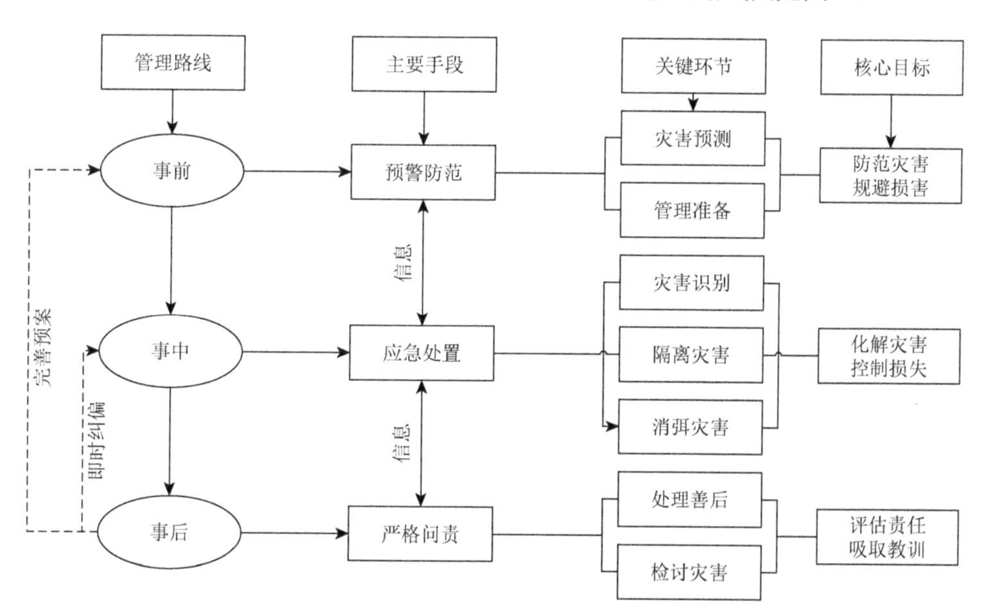

图 1-5 气象灾害应急管理路线图（左熊等，2011）

2. 气象灾害应急管理内容

1）气象灾害的监测与评估

随着气象学的发展，我们已经能通过长期的、系统性的监测掌握气象灾害的发生及变化等信息。通过建立定量指标体系和使用现代科技，如天气观测网络、气象雷达网和气象卫星，监测各种气象和环境因素的产生和相互作用，获取灾害数据，了解不同灾害的可能性、变化和演变特征，形成的灾害评估和应急决策结果可以提前预见灾害的破坏程度和可能造成的损失，可以更好地为全面防御气象灾害和减少灾害的负面影响服务（左熊等，2011）。

2）气象灾害的预警预控

气象灾害预警是指气象部门根据与过去和现在有关的气象数据、情报和资料，对气象灾害的制约因素、发展趋势和演变规律进行科学的估计和推断，及时提供气象灾害信息，使人们提前了解事件的发展状况。为了及时采取相应的策略，预防或消除负面后果，快速预警的关键是制定相关的危机分类规则。一旦发现相关的危机迹象，可根据既定的规则对其进行分析和判断。还要实现高水平的信息共享，提高信息分析、管理和传输的科学性与高效性。

快速预警信息发布后，有关部门应时刻监测数据的动态变化。当灾害性气候开始出现但未造成巨大损失时，及时采取措施，有效地控制灾害，以尽可能低的成本迅速化解灾害，避免灾害扩大和升级。

3）气象灾害的应急响应

气象灾害的应急响应是指当灾害发生时，以政府为核心，迅即启动相关应急预案，在气象、民政、国土和其他服务机构的技术支持的基础上调动必要的人力和物力资源，及时通过应急预案的内容控制灾害的发生和发展，做出果断、科学的决策，采取一切必要的应急措施，预防、消除、控制和有效减少灾害可能造成的损失。气象灾害的应急响应过程主要包括启动响应、灾害信息获取、灾害分析与识别、应急指挥与决策、执行决策、信息发布、效果评估和反馈等，这些步骤依次交替形成一个不断调整的应急指挥循环，直至应急响应结束。

4）气象灾害的灾后恢复与评估

在气象灾害的危险状态得到良好控制或应急响应完成后，主管政府和服务部门应改进组织的内部管理，通过一系列措施恢复正常的社会秩序和运行状态，恢复受灾群众的生活秩序，重塑政府形象。气象灾害灾后恢复的主要工作是消除灾害造成的各种负面影响，包括人员伤亡和财产损失，以及公众对政府救灾实施过程中的负面评论。与此同时，还需要完善组织可持续发展的机制。气象灾害善后的工作主要包括：第一，全面评估气象灾害造成的各种损失，为灾后恢复奠定坚实的基础；第二，恢复法律秩序和正常的生活秩序；第三，开展灾后重建，帮助受灾群众恢复正常生活和工作；第四，在初步调查研究的基础上，向灾民提供补偿和援助；第五，对受影响者进行心理干预和心理援助，避免严重的心理危机；第六，充分重视第三部门、公共力量和其他社会力量的重要作用，使其积极参与灾后重建。

1.5.4 气象灾害应急管理体系的发展意义

我国气象灾害种类多、分布地域广、发生频率高、造成的损失严重，给国家公共安全带来了严重威胁和严峻挑战。在新时代背景下，将气象部门融入国家应急管理体系，具有以下优势（丁传群，2019）。

1. 垂直管理体制在应急管理中具有显著优势

在党中央、国务院的关怀下，中国气象局在机构改革中仍被保留为国务院直属事业单位，这是对气象事业重要贡献的充分肯定。中国气象局的前身是中央军委气象局，当前实行以中国气象局管理为主的双重管理体制，国家、省、市、县四级形成了完整的垂直管理体制。这种体制保留了军队听党指挥、英勇善战、纪律严明的优良作风，而且在业务组织管理上气象部门与应急管理部门步调一致。随着近年来全面从严治党政治工作的深入，气象部门成为一支“对党忠诚、纪律严明、赴汤蹈火、竭诚为民”的纪律部队，这在融入应急管理体系方面具有显著优势。

2. 气象综合观测在应急管理体系建设中发挥了重要的先导作用

气象部门建立了涵盖风云系列气象卫星、新一代天气雷达、自动气象站网的综合观测系统，其提供的大数据不仅可应用于气象灾害监测预警，还可应用于对其他自然灾害的监测。目前，气象综合观测系统是我国应急管理体系中最先进、最完备的监测系统，必将在应急管理中发挥重要的先导作用。

3. 气象预测预报对于应急管理体系建设具有重要的指挥决策、科学支撑作用

目前，中国气象局被世界气象组织（World Meteorological Organization，WMO）认定为世界气象中心之一，其预测预报能力位居世界前列。气象预报已经从传统的天气预报拓展到暴雨洪涝、城市和森林火灾、滑坡和泥石流、大气污染等自然灾害预报领域。不仅是气象灾害应急，其他各种突发事件的现场紧急救援几乎都和气象条件有密切关系。因此，气象预测预报对于应急管理、指挥决策具有重要的参谋作用。

4. 气象服务在风险管理体系建设中发挥了重要的预警作用

目前，我国在台风等气象灾害方面创造了几乎是零死亡的人间奇迹。这与气象部门建立的“无缝隙、全覆盖、无死角”遍布城乡、打通最后一公里的气象灾

害预警信息发布网络密切相关。气象部门建设的国家突发事件预警信息发布系统与应急管理部门的灾害风险管理平台有机衔接，必将在灾害风险管理体系建设中发挥更大的作用。

5. 气象科技服务提高了灾害风险管理的效益

灾害风险尤其是天气灾害，防与不防具有天壤之别。在灾害来临之前，天气预警预报“一字千金”，通过天气预警预报的信息，及时采取防范措施，提高财产的保护等级，提早转移人员，是非常有效的。企业根据天气预报信息对一般不利天气及时采取措施，也可以减轻不利天气带来的成本增加和经济损失。20 世纪 80 年代我国气象投入与效益之比为 1∶15～1∶20，到 90 年代初上升为 1∶38～1∶40，由此可见气象科技服务为灾害风险管理带来了更高的效益。

1.5.5 灾害风险管理与应急管理的发展

1. 应急管理的发展历程

为应对突发事件，政府和各类社会组织形成了一个整合网络，包括法律法规、体制机构、机制与规则、能力与技术、环境与文化（薛澜，2010）。应急管理体系的演变和发展大体经历了三个阶段（钟开斌，2018）：以单灾种应对为主的应急管理体系（1949～2003 年）、以“一案三制”为核心的应急管理体系（2003～2012 年）、以总体国家安全观为统领的应急管理体系（2012 年至今）。具体解释如下。

（1）第一代应急管理体系的主要特点是针对单一类型的突发事件创建相应的响应机构，这些机构属于不同的管理部门，管理系统具有分散的特点；在面对复杂的突发事件时，应急管理在多个部门的合作运作中效率低下。当出现重大突发性灾害或紧急情况时，现有行政组织被委托临时设立一个总部或领导小组（或开始组织讨论和协调），选择有能力的框架应对危机，并在事件发生后返回原单位。这种“临时反应，分散协调”的模式，逐步凸显了协调不力、反应能力不足等问题。

（2）第二代应急管理体系的主要特点是从单一应急响应转变为综合应急治理。其建设的核心是“一案三制”，即制定和审查应急预案，建立和完善应急体制、机制和法律制度。在总结抗击“非典”[①]经验的基础上，国家建立了“统一领导，综合协调，分类管理”的应急管理系统，明确了政府应急管理办公室（应急办公室）的总体协调职能，逐步建立起了覆盖各类突发事件的应急管理体系，以政府办公厅为运作中心，逐步形成了涵盖各类突发事件，协调若干议事、协调机构和联席会议的应急管理体系。

① 传染性非典型肺炎，世界卫生组织将其命名为严重急性呼吸综合征（severe acute respiratory syndrome，SARS）。

（3）第三代应急管理体系的主要特点是以总体国家安全观为指导，全面应对各类灾害，应对国内外所有应急领域，构建全方位、立体化的安全网络。从2012年党的十八大开始，以习近平同志为核心的党中央所提出的一系列新的治国思路和方略，指明了深化应急管理体制改革的方向。随后国家出台了一系列相关措施，尤其是中央政府开始自觉地将应对自然灾害的机制纳入一些文件和会议，进一步深化了对应急管理各生命路径的认识，为应急管理体制的改革奠定了扎实的根基、做好了制度和思想准备。以2018年成立应急管理部为重要事件，开启了应急管理体系建设的新篇章。

应急管理体系的三个阶段的对比见表1-1。

表1-1 应急管理体系的比较

主要特点	以单灾种应对为主的应急管理体系（1949～2003年）		以“一案三制”为核心的应急管理体系（2003～2012年）	以总体国家安全观为统领的应急管理体系（2012年至今）
	改革开放前	改革开放后		
管理理念	单一类型灾害管理		全类型突发事件综合应急	总体国家安全观
法律依据	专项法律法规政策：《中华人民共和国防洪法》《中华人民共和国防震减灾法》等		法治体系建设：基本法律《中华人民共和国突发事件应对法》、各专项法规政策配套	完善法治体系：《中华人民共和国国家安全法》、基本法律与配套法律
组织模式	专门的部门或机构	专门机构+部门间议事协调机构、专门机构+党委协调机制+部门间议事协调机构（社会安全领域）	权威枢纽机构抓总（政府应急管理办事机构）+部门间议事协调机构	国安委+党政同责+部门间议事协调机构+统筹协调部门
管理主体	中央救灾委员会（1950年）相继建立地震、水利和气象等专业性部门	各专项管理部门+国家减灾委员会、国家防汛抗旱总指挥部、国务院抗震救灾指挥部等、（自然灾害）国务院安全生产委员会、（生产安全）中央社会治安综合治理委员会、中央维护稳定工作领导小组办公室	在以往体系的基础上，政府办公厅设立应急管理办公室	中央国安办、应急管理部（整合自然灾害、事故灾难类应对）、卫生健康委（公共卫生类）、公安部（社会安全类）
管理内容及特点	自然灾害、生产安全、公共卫生、社会安全分类管理		四大类突发事件综合管理强调准备体系的平战结合	强调国家安全涵盖各类突发事件的管理体系
管理方式	应急处置为主，被动应对		全流程应急管理与制度	建立综合性、系统性国家反应计划
管理手段	人海战术为主，不计成本		依靠科技、科学施救	
总体特点	高度集中、政治动员能力强、风险意识不强、部门间协调不足、信息公开不够		应急常态化、管理系统化、应急管理办事机构“小马拉大车”问题突出	有利于资源整合，统筹协调有待推进

资料来源：钟开斌（2018）

2. 灾害风险管理的发展历程

在我国，过去灾害管理的重点是危机管理，强调灾后的救济和恢复，而轻视灾前的预防和准备，即重救轻防，综合管理力度不够。因此，社会总是从一个灾害走向另一个灾害，很少降低灾害风险。随着灾害在全球造成的影响越来越大，人们的注意力越来越转向降低灾害风险，即通过各种减灾行动及改善运行能，对灾害进行风险管理（王军等，2021）。对于灾害管理，预防与控制是成本最低、最简便的方法。灾害风险管理正是基于这个道理提出的。灾害风险管理强调的是在灾害发生前着手进行准备、预测和早期预警工作，对可能出现的灾害进行预先处理，将许多可能发生的灾害消灭在萌芽或成长的状态，尽量减少灾害出现的频率。对于无法避免的灾害，要预先提出控制措施，这样当灾害出现的时候，才能有充分的准备来处理灾害，以减轻损失。

纵观风险分析和风险管理领域，灾害风险管理的发展历程在时间和内容上大体可分为三个阶段。

第一个阶段：截止到 1970 年，为技术风险阶段。这个阶段人们主要研究重大工程项目的可靠性和相关风险问题。自 1970 年美国庆祝第一个地球日并设立环境保护署，科学家开始研究如何在不确定的条件下进行合理的决策。

第二个阶段：1971～2001 年，为风险科学和综合风险管理的探索阶段。这期间，人们对风险的复杂性、多样性、交叉性和不确定性有了进一步的了解。除了深化对技术风险的研究外，人们正视人口、资源与环境的矛盾引发的风险问题，开始研究、关注人类生存的重大社会风险问题。

第三个阶段：从 2002 年开始，为政府风险管理能力的提升阶段。一批国家级、地区级、国际级的综合风险管理机构纷纷成立，其中最具代表性的是国际风险管理理事会（International Risk Governance Council，IRGC）和欧洲诚信网络（Trustnet）的建立。经济合作与发展组织进行了一项以重大系统风险管理面临的挑战为内容的为期两年的研究，并于 2003 年出版了名为《二十一世纪凸现的风险：行动纲领》（*Emerging Risks in the 21st Century*：*An Agenda for Action*）的报告，该报告以一些重要系统在未来变得更加脆弱的可能性为重点，分析了 21 世纪可能显现的风险。该报告着眼于五大风险领域——自然灾害、技术或工业事故、传染病、食品安全、网络或暴力犯罪，详细分析了这些领域内推动变化发生的基本因素并确定了经济合作与发展组织国家面临的挑战，特别强调了如何在国际水平上评估、预防及应对传统和新型危险方面的挑战。

专 业 术 语

1. 决策（decision making）：管理主体为了实现某种目标而对未来一定时期内

有关活动的原则、方法、技术、途径等拟定备选方案，并从各种备选方案中做出选择的活动。

2. 自然灾害风险（natural hazard risk）：泛指自然灾害发生的时间、空间、强度的可能性，其风险水平取决于灾源的强度和发生频率，暴露物的价值和易损性，以及伤亡和损失。

3. 人因灾害风险（human hazard risk）：人类不恰当的政策、规划、设计或建设等行为导致的人为的或自然的灾害可能产生的不利后果。

4. 自然灾害风险评估（natural hazard risk assessment）：通过风险分析的手段，对尚未发生的自然灾害的致灾因子强度、承灾体损失程度进行评定和估计，以确定有效的防范措施。

5. 风险感知（risk perception）：个体对一种情况的风险程度的评估，包括对情况不确定性程度的概率估计、对不确定性的可控程度的概率估计及对二者评估的准确性的概率估计。

6. 风险倾向（risk tendency）：个人当前承担或避免风险的倾向，它被概念化为一个个体特征，可以随着时间的推移而改变，因此是决策者的一个内部属性。

7. 利益相关者（stakeholder）：与决策事项有利益关系，将受重大决策实施影响，并能影响项目实施的个人或群体。

8. 应急管理（emergency management）：政府及其他公共机构在突发事件的事前预防、事发应对、事中处置和事后恢复过程中，通过建立必要的应对机制，采取一系列必要措施，应用科学、技术、规划与管理等手段，保障公众生命、健康和财产安全，促进社会和谐健康发展的有关活动。

本 章 习 题

1. 简述全球灾害发生的特点、发展趋势与面临的挑战。
2. 如何理解灾害的社会属性？
3. 灾害风险管理的流程是什么？
4. 将气象部门融入国家应急管理体系具有哪些优势？
5. 风险决策的制定与实施遵循的程序是什么？
6. 你对我国应急体系的发展历史有什么认识？其未来的发展趋势是什么？
7. 简述灾害风险管理的研究内容与任务。
8. 论述灾害风险管理与可持续发展之间的关系。

参 考 文 献

贝克 U. 2018. 风险社会[M]. 张文杰，何博闻，译. 南京：译林出版社.

党小红, 张晶. 2021. 突发公共卫生事件应急管理研究综述[J]. 物流技术, 40(6): 45-52, 137.
丁传群. 2019. 充分发挥气象工作在防范化解重大风险中的作用[J]. 行政管理改革, (8): 67-71.
段宏毅. 2006. 预警系统在政府危机管理中的重要作用及合理运用[J]. 北京工业职业技术学院学报, (4):127-130.
高佳, 黄祥瑞. 1999. 人的失误心理学分析[J]. 中南工学院学报, 13(2): 40-48.
高凌云, 董建文, 席阳. 2014. 人为灾害的经济评析——以技术灾害为视角[J]. 华东经济管理, 28(9): 154-161.
国家科委全国重大自然灾害综合研究组. 1994. 中国重大自然灾害及减灾对策(总论)[M]. 北京: 科学出版社.
黄崇福. 2006. 自然灾害风险分析的信息矩阵方法[J]. 自然灾害学报, 15(1): 1-10.
黄崇福. 2011. 风险分析基本方法探讨[J]. 自然灾害学报, 20(5): 1-10.
黄崇福. 2012. 自然灾害风险分析与管理[M]. 北京: 科学出版社.
黄崇福, 刘安林, 王野. 2010. 灾害风险基本定义的探讨[J]. 自然灾害学报, 19(6): 8-16.
季云, 佘远国. 2012. 自然灾害风险分析的基本理论与方法[J]. 农业灾害研究, 2(2): 86-88.
拉什 S, 王武龙. 2002. 风险社会与风险文化[J]. 马克思主义与现实, (4): 52-63.
雷晓霞. 2019. 气象灾害应急联动机制问题研究——以柳州市为例[D]. 南宁: 广西大学.
李方舟, 贾宗仁. 2021. 自然灾害监测网络建设的背景、现状及对策[J]. 中国矿业, 30(S1): 9-16.
李金锋, 黄崇福, 宗恬. 2005. 反精确现象与形式化研究[J]. 系统工程理论与实践, (4): 128-132.
李琼. 2012. 洪水灾害风险分析与评价方法的研究及改进[D]. 武汉: 华中科技大学.
李藏, 原雨霖. 2016. 风险决策影响因素及其认知机制研究综述[J]. 商, (15): 2.
刘希林, 尚志海. 2014. 自然灾害风险主要分析方法及其适用性述评[J]. 地理科学进展, 33(11): 1486-1497.
马玉宏, 赵桂峰. 2008. 地震灾害风险分析及管理[M]. 北京: 科学出版社.
齐信, 唐川, 陈州丰, 等. 2012. 地质灾害风险评价研究[J]. 自然灾害学报, 21(5): 33-40.
屈锡华, 严敏, 李宏伟. 2009. 抗灾与反脆弱性的社区发展——震后重建家园的警示[J]. 天府新论, (1): 94-97.
史培军. 2002. 三论灾害研究的理论与实践[J]. 自然灾害学报, 11(3): 1-9.
史培军, 邹铭, 李保俊, 等. 2005. 从区域安全建设到风险管理体系的形成——从第一届世界风险大会看灾害与风险研究的现状与发展趋向[J]. 地球科学进展, 20(2): 173-179.
唐黎标. 2021. 我国重大气象灾害的应急管理研究[J]. 防灾博览, (1): 38-41.
佟瑞鹏. 2015. 风险管理理论与实践[M]. 北京: 中国劳动社会保障出版社.
王家远, 李鹏鹏, 袁红平. 2014. 风险决策及其影响因素研究综述[J]. 工程管理学报, 28(2): 27-31.
王军, 李梦雅, 吴绍洪. 2021. 多灾种综合风险评估与防范的理论认知: 风险防范“五维”范式[J]. 地球科学进展, 36(6): 553-563.
王倩. 2010. 我国自然灾害管理体制与灾害信息共享模型研究[D]. 北京: 中国地质大学（北京）.
王周伟, 崔百胜, 杨宝华, 等. 2008. 风险管理[M]. 上海: 上海财经大学出版社.
吴蔚. 2020. 推进网格化管理和服务 提升农村社区应急管理能力[J]. 决策咨询, (5): 85-88.
肖更生, 刘安民. 2002. 管理学原理[M]. 北京: 中国人民公安大学出版社.
许谨良. 2015. 风险管理[M]. 5 版. 北京: 中国金融出版社.
薛澜. 2010. 中国应急管理系统的演变[J]. 行政管理改革, (8): 22-24.
薛澜. 2020. 薛澜：疫情恰好发生在应急管理体系的转型期[J]. 吉林劳动保护, (1): 8-12.
姚景山. 2021. 城市自然灾害应急管理案例研究——以深圳应对台风“山竹”为例[J]. 环渤海经济瞭望, (1): 144-145.
仪垂祥, 史培军. 1995. 自然灾害系统模型——Ⅰ: 理论部分[J]. 自然灾害学报, 4(3): 6-8.
于汐, 唐彦东. 2017. 灾害风险管理[M]. 北京: 清华大学出版社.
岳超源. 2003. 决策理论与方法[M]. 北京: 科学出版社.
张继权, 冈田宪夫, 多多纳裕一. 2005. 综合自然灾害风险管理[J]. 城市与减灾, (2): 2-5.

张继权, 赵万智, 冈田宪夫, 等. 2004. 综合自然灾害风险管理的理论、对策与途径[R]. 北京: 中国灾害防御协会——风险分析专业委员会第一届年会.

张磊. 2021. 应急管理体系建设的发展与创新——基于各地政府“十四五”规划的研究[J]. 中国应急管理, (7): 45-49.

张曾莲. 2017. 风险评估方法[M]. 北京: 机械工业出版社.

赵玉华. 2004. 试析 HACCP 体系在证券公司的风险管理中的应用[J]. 福建金融管理干部学院学报, (1): 25-28.

钟开斌. 2018. 中国应急管理机构的演进与发展: 基于协调视角的观察[J]. 公共管理与政策评论, 7(6): 21-36.

周三多, 陈传明, 鲁明泓. 2009. 管理学: 原理与方法[M]. 5 版. 上海: 复旦大学出版社.

左熊, 何泽能, 任春艳, 等. 2011. 突发气象灾害应急管理研究与实践[M]. 北京: 气象出版社.

Benito G, Lang M, Barriendos M, et al. 2004. Use of systematic, palaeoflood and historical data for the improvement of flood risk estimation. Review of scientific methods[J]. Natural Hazards, 31(3): 623-643.

Bettman J R. 1973. Perceived risk and its components: a model and empirical test[J]. Journal of Marketing Research, 10(2): 184-190.

Jani A. 2011. Escalation of commitment in troubled IT projects: influence of project risk factors and self-efficacy on the perception of risk and the commitment to a failing project[J]. International Journal of Project Management, 29(7): 934-945.

Kaplan S , Garick B J. 1981. On the quantitative definition of risk[J]. Risk Analysis, 1(1): 11-27.

Mitchell A，Wood. 1997. Toward a theory of stakeholder identification and salience：defining the principle of who and what really counts[J]. Academy of Management Review，22（4）：853-886.

Simon M, Houghton S M , Aquino K. 2000. Cognitive biases, risk perception, and venture formation: how individuals decide to start companies[J]. Journal of Business Venturing, 15(2): 113-134.

Sun Z Y, Zhang J Q, Zhang Q, et al. 2014. Integrated risk zoning of drought and waterlogging disasters based on fuzzy comprehensive evaluation in Anhui Province, China[J]. Natural Hazards, 71(3): 1639-1657.

第 2 章　灾害风险分析的基本概念及原理

学习目标

- 了解风险事件及灾害风险分析的概率和频率
- 熟悉灾害风险分析的基本原理
- 理解灾害风险分析的相关术语

2.1　风险分析与概率论（事件、概率、频率）

传统研究认为，风险分析（risk analysis）工作的挑战就是去寻找一个科学的途径估计某个概率分布。按照这种观点，风险分析的主要难点在于掌握风险系统的随机性规律。然而，在许多风险系统（risk system）中，随机性只是风险的特性之一，而风险的本质是由所有风险特性决定的。大量的资料分析表明，风险分析的目的是要描述或掌握一个系统的某些状态，以便进行风险管理，减小或控制风险。因此，风险分析必须能显示出状态、时间、输入等因素之间的关系（黄崇福，1999）。概率分布，仅仅是事件和发生概率之间的一种关系。在这里，事件和概率值分别可以看作状态和输入。对许多系统来说，我们不可能精确地估计出所需要了解的概率关系，因为它的风险是不精确的概率问题。况且，是否存在着概率关系有时也是一个问题。而且，概率关系并不能替代与风险有关的所有关系。总而言之，风险分析的目的是要回答：一个不利后果是怎样产生的，为什么会产生。基于这种观点，我们可以认为，风险的本质是不利后果的动力学特性（李冬梅，2008）。事实上，一个风险系统可以用一些状态方程来研究，条件是我们能找到这些状态方程。风险控制的问题，原则上说，同工程控制问题在本质上没有什么区别。

在许多情况下，要获得所需的状态方程和所有数据是非常困难的，况且，也没有必要全面研究状态方程。概率方法就是研究工作的一种简化。不过，即使我们能通过某种途径简化系统分析，对于简化的系统，要精确地获得我们所需要的关系，也是困难的。换言之，我们得到的关系通常是不精确的。为了保留下分析结果中的不精确信息（imprecise information），最好的途径是使用模糊关系来表达（李冬梅，2008）。这样，一个事件可能对应着几个概率值，只是程度不同而已。

在决策论中，我们倾向于将风险看作一个三维概念，相应地，它具有下述的三个性质。

性质 1：非利性。风险对于个人或团体意味着不利后果。

性质 2：不确定性。不利后果的发生在时间、空间或强度上具有不确定性。

性质 3：复杂性。难以用状态方程或概率分布来精确表达。

显然，由于性质 3 的存在，风险是一种复杂现象。当复杂性被忽略时，风险的概念可以退化成概率风险，这就意味着，我们能找到服从于某种统计规律的概率分布，它可以适当地描述风险现象。如果再忽略风险的不确定性，风险的概念就退化成不利事件，损失、破坏等是其更具体的概念。因此，后文将从概率论的角度介绍灾害风险分析的基本原理，主要涉及事件、频率及概率等概念。

2.1.1　风险事件（测度空间）

从数学的角度讲，有某种关系或运算的集合称为空间。例如，由全体实数和大小比较关系可构成实数空间。空间中可以被度量的能满足一定条件的子集的大小称为可测空间；用来度量子集大小的集函数称为测度；具有测度的空间称为测度空间。例如，概率空间是一个测度空间。事件构成空间，对事件构成的空间的度量就是概率测度。灾害风险领域的风险事件的测度空间可以理解为灾害事件的风险测度范围，风险事件的测度空间可分为因素测度空间与灾情测度空间两种。

1. 因素测度空间

因素测度空间是对影响灾害风险程度的各因素进行度量的空间。因素测度空间可分为原始因素测度空间和过渡因素测度空间。

2. 灾情测度空间

灾情测度空间是度量灾害风险程度的空间。例如，农作物受灾面积百分比构成的区间[0, 1]，就是一个灾害风险评估中的灾情测度空间。这里的区间[0, 1]，通常也被称为灾害风险指数论域。我们所说的灾情测度空间不是纯数学的定义，而是为了框定事件程度的大小范围而定义的，仅指能对事件风险进行大小比较的空间。

在不同灾害事件的测度空间上建立的数学模型，结果可能很不一样。例如，在地震危险性分析中，常常需要选取一个由最大震级和最小震级限定的区间。这种选取通常不是严格地按收集到的历史地震震级资料来进行，而是由专家根据工程需要来选取，选取的震级的上、下界不同，分析结果往往也不同。

2.1.2　频率统计

频率统计是计算灾害风险事件或致灾因子发生的频数，是进行灾害风险概率分析的基础。灾害频率是灾害风险分析中危险性分析的重要参数。为了对灾害的危害水平进行评估，并将其可视化到地图上，可以对灾害事件本身或灾害的致灾因子进行频率的统计和分析，它可以采用不同的方法来表达，如直方图、累积频率折线图等。采用什么方法来表达灾害频率取决于灾害分析的目标、工作范围和可利用的数据。一般地，灾害事件的频率可以用绝对频率、相对频率或间接频率来表达。

绝对频率（absolute frequency）：在同一地点或地形单元观测到的灾害事件的数量，包括首次灾害破坏的重复发生、休眠灾害事件的重新活动和灾害活动的加速等。

相对频率（relative frequency）：在一个地形单元观测到的一组或者多组灾害事件，无法进行直接比较（如发生在不同大小的流域或不同长度的路段或不同的行政地域单元）的情况下，用土地单元对频率进行标准化处理，即计算灾害事件数量与单位面积（或长度）的比值。

间接频率（indirect frequency）：用一定时间、程度及级别的灾害事件后果等间接测量指标来描述灾害件的频率。例如，用一定时间内测量的灾害的增加速度或消退速度来间接地表示地震频率，也可以用一定地形单元内的平均灾害级别来表示灾害频率。

2.1.3　风险概率

统计学家认为，自然现象的原因并不总是能被人们知道，人们对自然现象的观测也仅仅是近似正确，概率被认为是不确定性的测度。在概率公理体系中，不确定现象被抽象为随机事件（粗略地说就是，在一定条件下，可能发生也可能不发生的事件称为随机事件），概率被定义为随机事件频率的极限值（或稳定值）。通常，人们认为随机性有两种来源：一种是因为观察现象中存在固有的不规律性，人们对某些现象不可能进行完全确定性的描述而产生；另一种是因为缺乏过程涉及的知识而产生。后者的不确定性程度会随着人们知识的增加而减少。

风险概率是一种随机不确定情景，是可以用概率模型和大量数据进行统计预测的与特定不利事件有关的未来情景。在这里，有关事件要么发生，要么不发生。例如，一些很好的概率模型和大量的数据可用于研究交通事故。对于保险公司而言，交通事故是风险概率。这里可以用保险业中赔付的例子来解释风险概率的观点。随机变量（random variable）X 是指依明确定义的概率而必然出现的实数值。因此，我们说，概率规律支配着一个给定的随机变量。这个规律通过变量分布函数 $F_x(x)$ 来描述。变量分布函数定义为 $F_x(x)=P(X\leqslant x)$，可解释为随机变量 X 所取实数值小于或等于 x 的概率（设 x 是赔付造成的损失量）。交通事故或火灾造成的人身伤害理赔，其赔款额就可以用 x 来计算。我们通常排除了 $x=0$ 的情况。

风险概率的观点有两大特点：①损失是不确定的；②风险强弱（损失大小）由多次试验来判断。判断的方法就是统计方法。概率论从理论上保障统计结果，当样本容量 n 无穷大时，结果是可靠的。

概率论的建立为人们从理论上研究随机不确定性现象提供了重要工具。一系列统计理论和方法的提出，使人们有可能通过对观测样本的研究，估计出现实系统的有关统计规律。概率统计理论和方法的建立，使得人们对统计型的风险进行分析成为可能。以随机不确定的观点看，风险可以被定义为不利事件在未来发生的概率。换言之，如果自然现象按随机不确定的方式发展，风险分析的工作就是研究随机现象。特别地，随机状态方程的研究是最高境界。加入白噪声和给定初始状态概率特性的随机状态方程能简化问题。甚至许多人认为，未来情景的随机性可以通过对现有统计资料的分析而加以描述。这就是人们热衷于用统计数据进行风险分析的缘由。

2.2　风险分析与不确定性

从数学产生之日起，确定性就一直被认为是知识的独立体。公众一直认为数学家是在追求真理。大量的数学家提供的定理和图形似乎已经被人们认为是必然的规律，确定性几乎是绝对的。拉普拉斯（Laplace）甚至断言，自然的行为依数学定理是严格被决定了的。直到20世纪初哥德尔（Godel）指出并证明了用被接受的逻辑原理不能证明数学的一致性，确定性观点的统治地位才宣告结束。

略知数学近代史的人都知道，20世纪初，当时最著名的数学家之一希尔伯特（Hilbert）试图建立一个形式化公理体系，这一体系可以机械地认定一个数学定理是对或不对。而哥德尔则证明，不可能建立起这样的体系，从而也就不可能在任何情况下都得出确定性的论断。量子力学的出现，更证明了不确定性是本质存在的。量子机制的本质不确定性可用不确定性原理来表达。它是说，不可能同时精确地测定一个量子的位置和速度。这是可以理解的，因为量子如此之小，测量的干扰使得测位置时速度发生了变化，测速度时位置发生了变化。这一原理，也被称为测不准原理。

不确定风险是用现有方法不可能预测和推断的与某种不利事件有关的未来情景。不确定风险不仅难以推测，甚至于对原因和结果的解释都不确定。例如，全球变暖对人类的实际影响并不清楚，大多数衍生于全球变暖的风险都是不确定风险；纳米技术在解决材料和能源问题的同时是否会使人类像生活在高放射环境中一样无法生存，至今并不清楚，因此纳米技术风险也是不确定风险。

灾害风险系统中的不确定性，从属性上来分，有随机不确定性和模糊不确定性两种。灾害风险分析涉及的随机不确定性，主要来自致灾因子。因此，致灾因子危险性分析的主要任务之一就是掌握致灾因子的统计规律。例如，在进行地震和洪涝风险分析时，评估者通常首先需要根据区域灾害的历史发生频率（如地震灾害或洪涝灾害发生的次数）和强度（震级或降水强度）等数据资料进行概率分析和预测，以反映地震或洪涝灾害的致灾因子的危险性程度。

常用的灾害风险不确定性的分析方法主要包括模糊数学方法、灰色系统方法、人工神经网络方法等，已有许多学者将这些方法应用于各类灾害的危险性分析中（景垠娜，2010；刘家福和张柏，2015）。

2.3　灾害风险分析的常用方法

基于灾害的历史经验数据研究不同灾害的强度及发生概率，结合承灾体的属性，可以进行灾害的风险分析。狭义的灾害风险分析研究围绕致灾因子展开，广义的灾害风险分析则根据灾害系统论，综合分析致灾因子危险性、承灾体暴露度和脆弱性“三大子系统”。危险性研究重点关注灾害的自然属性等致灾因子引发的风险；暴露度研究的对象是暴露在风险中的房屋、财产等要素；脆弱性研究则分析致灾因子所造成的上述要素的损失程度。部分研究将脆弱性和暴露度概括为承灾体属性。在分析灾害风险时，可将致灾因子的危险性和承灾体的暴露度和脆弱性的评估结果进行叠加，采用因子综合法或风险矩阵等方法得到灾害的综合风险。

目前，常用的灾害风险分析方法可分为三类：一是采用主成分分析法、层次分析法、模糊评估法、灰色关联评估法等构建评估指标体系的方法（赵阿兴和马宗晋，1993）；二是采用数据包络分析、回归分析等方法对历史灾情数据进行实证研究的方法（刘静伟，2012；胡丽，2015）；三是采用系统动力学、Agent、复杂网络模型（赵思健等，2012；叶欣梁等，2014）等的系统仿真方法。其中，指标体系法通过指标优选、权重赋值和体系构建，并根据评估结果判断风险程度。该评估方法的流程已较为成熟，被多数研究和实践采用（赵阿兴和马宗晋，1993；高庆华等，2005；杨远，2009；颜峻和左哲，2010；张继权等，2010；史培军，2011；杨娟等，2014；卢颖等，2015）。

国际上目前较常用的灾害风险分析模型有 UNDRO（United Nations Disaster Relief Organization）、NOAA（National Oceanic and Atmospheric Administration）、APELL（awareness and preparedness for emergencies at local level）模型等（冯浩等，2017）。其中 UNDRO 模型由联合国救灾组织提出，并以灾害救助的决策与计划手册的形式发布；NOAA 模型由美国国家海洋和大气管理局提出并在美国多个州及地区使用；APELL 模型由联合国环境规划署工业和环境规划中心以 1989 年的《瑞典救援服务局手册》为基础改进而来，主要目标是减少技术类事故和提升应急准备能力（Sen，1997）。灾害风险分析主要包括风险事件的目标识别、风险因子的危险性分析、承灾体的脆弱性或暴露度分析（包括基础设施、社会、经济、环境等要素）、风险分级和影响分析等内容。

常用的各类灾害风险分析模型各有优缺点，对比分析如表 2-1 所示。在具体应用中，应当根据实际分析的需求，选择合适的方法与模型，以最大可能保障获得最佳的灾害风险评估结果，服务于灾害风险管理与决策。

表 2-1　灾害风险分析模型的优缺点对比

模型名称	主要优点	主要缺点
UNDRO 模型	①评估方法严谨，精确度高 ②专业性强，评估过程吸纳了多方专家的意见 ③对脆弱性的分析较全面 ④提出了发生地点判断优于发生可能性判断的观点	①对数据、信息依赖性强 ②评估过程复杂、烦琐，难于理解 ③忽略了风险管理中公众参与的重要性 ④风险评估的结果信息专业性强，难以传播 ⑤该模型技术门槛高，难以推广应用 ⑥对技术性灾害的关注不全面
NOAA 模型	①考虑了自然灾害引发次生事故（技术事故）的可能性 ②利用了现代地理信息技术 ③脆弱性分析考虑了社会因素 ④建立了风险计算的定量化公式	①需要吸纳当地居民和政府参与减灾行动，模型不易推广 ②对地理信息系统（geographic information system，GIS）数据的依赖限制其应用 ③风险评估中一些指标的评价经验化、主观化 ④不同灾害危险区的评价标准不统一
APELL 模型	①强调风险评估参与人员的专业背景 ②评估方法简便、易于操作 ③把预警系统作为影响风险的重要因素	①对脆弱性的认识和评价太简单 ②涵盖的危险因素不全面，倾向于自然灾害和危险化学品事故 ③评价过程定义的灾害性标准很难被普遍认同 ④风险因素对风险的影响作用解释不清晰

资料来源：何川等（2010）

2.4　灾害风险分析的相关术语

2.4.1　致灾因子

致灾因子（亦可称为风险源）是自然或人为环境中，可能造成财产损失、人员伤亡、资源与环境破坏、社会系统混乱等的异变因子。致灾因子是灾害的直接诱发因素，包括自然、人为和环境三个系统，一般分为自然致灾因子和人为致灾因子。自然致灾因子，即各种自然异动，如干旱、暴雨、地震、台风、虫害、土壤侵蚀等造成自然灾害的因素；人为致灾因子，即人为异动，如操作管理失误、人为破坏等造成人为灾害的因素。此外，还有学者将人为致灾因子分为技术致灾因子，如机械故障、技术失误等带来技术灾害的因素，以及政治经济灾害致灾因子，即政治经济异动，造成能源危机、金融危机等的因素。以部分自然灾害为例，列举其主要的致灾因子，如表 2-2 所示。

表 2-2　部分自然灾害的致灾因子

灾种	致灾因子
地震	地质构造活动等（构造地震）
	火山岩浆活动等（火山地震）
	暴雨、地形、地貌、地质等（岩崩、滑坡、地面塌陷地震）
洪涝	暴雨、地表径流等
干旱	空气、土壤湿度、高温、干热风、焚风等
冷冻	霜冻、积雪、冻雨、大风、寒露风等
局地风暴	冰雪、大风、暴雨、雷电、龙卷风、暴流等
连阴雨	阴雨、低温、潮湿等

任何灾害的致灾因子，均需要三个参数才能完整地刻画其危险性，即时、空、强。时，致灾因子出现或发生作用的时间（在时间轴上刻画，有时是时间点，有时是时间段）；空，致灾因子所在的地理位置；强，致灾因子强度，如地震震级、暴雨雨量等。

2.4.2　承灾体

承灾体是指可能直接受到灾害影响和损害的人类及其活动所在的社会与各种资源的集合，主要有生命线系统及生产线系统，农田、道路、城镇等人类活动的场所，以及各种资源，如人、牲畜、土地、建筑、道路、管线、矿山、港口、车站等。

承灾体的受灾程度与致灾因子的危险性程度密切相关。在经济越发达、人口越集中的区域，致灾因子的频率越高、强度越大，承灾体的脆弱性就越强，遭遇的风险就越大。除与致灾因子有关外，承灾体的受灾程度还取决于承灾体自身的脆弱性。研究目标不同，承灾体的层次也不同，主要有宏观承灾体和微观承灾体之分。将一个居民区或一座城市甚至于一个区域作为一个承灾体看待，这个承灾体就是一个宏观承灾体。宏观承灾体只能用来进行较模糊的风险分析。将一座建筑物或一座危险物存储库作为一个承灾体看待，这个承灾体就是一个微观承灾体。

突发事件种类繁多，而每类事件都有其特定的承灾体，可以说承灾体的范畴十分广泛。按照在受灾区域空间分布的连续性，承灾体可被划分为连续不均匀分布及离散分布两种类型。前者主要体现为该类承灾体在一定范围内分布密集且性质接近，而又明显有别于另一范围，如人、建筑、经济作物；后者主要体现为该类承灾体在所研究区域内分布较为稀疏，然而一旦产生灾害后果，会对周围的承灾体产生较大影响，如重大危险源，或者其本身承担着重要的社会功能，如防灾工程等。一个事件的承灾体的灾害后果可能扩散到另一个事件的孕灾环境，转化为新的致灾因子而导致次生事件的发生。如此，两个事件通过前一事件的承灾体就有发生连锁反应的可能，可以将其定义为承灾体的灾害演化属性，它是承灾体的一种本质属性，当承灾体受到不利影响产生某种受损状态时，就有可能体现出来，如被触发的危险源。人既是承灾体，有时也是致灾因子。在进行灾害风险分析时，通常需要对承灾体进行分类、整理、细化，构建承灾体的分类指标体系，以便进行定量分析，常见的按照资产流动情况分类的承灾体指标体系[①]如表2-3所示。

表2-3　承灾体指标体系

一级分类	二级分类	三级分类
不动产（结构物）	居民住宅	农村、城镇居民住宅
	公房	企业、事业公房
	企业厂房	生产、储藏厂房
	道路	公路、铁路
	机场与港口	机场、港口
	管网	水管、气管、油管、电网、讯网等
	大坝与水库	水库、大坝
	机井/灌排设施	机井、灌溉设施、排洪设施
	矿山	煤田（矿）、油田（矿）、有色金属（矿）、其他矿山
动产（流动结构物）	运输机械	拖拉机、汽车、火车、其他运输机械等
	空中运输机械	飞机、飞船、卫星、其他空中运输机械
	水上运输机械	轮船、其他水上运输机械
资源	自然资源	土地、水、生物、大气、岩矿、自然风景区等
	社会资源	人类遗产、社会组织体系等

承灾体的破坏现象是灾害的主要表现形式之一。广义来讲，任何一个承灾体都是一个复杂的能量转化系统，它们担当着将灾害的破坏性能量转化为破坏现象的角色。能量转化的复杂性质是承灾体的主要性质。

① 参见国家质量监督检验检疫总局和中国国家标准化管理委员会发布的《自然灾害承灾体分类与代码》（GB/T 32572—2016）。

2.4.3 危险性

风险产生和存在的第一个必要条件是有致灾因子，即风险源，致灾因子不但在根本上决定了某种灾害风险是否存在，而且还决定着该种风险的大小。当环境中的一种异常过程或超常变化达到某个临界值时，风险便可能发生。这种过程或变化的频率越高，它给人类社会造成破坏的可能性就越大；过程或变化的超常程度越高，它给人类社会造成的破坏就可能越强烈，人类社会承受的来自该致灾因子的风险就可能越高。在学术界，对致灾因子的这种性质，通常用致灾因子危险性来描述，如地震的危险性、洪涝的危险性、泥石流的危险性等。

致灾因子危险性分析是灾害风险评估这一整体中基础的、不可缺少的一部分。致灾因子危险性分析的核心内容是灾害强度与频率的关系的建立，并由此导出在未来一定时段内某灾害的情景。危险性一般用致灾因子灾变的可能性和变异强度这两个因素进行度量（姚庆海等，2011）。一般地，致灾因子的变异强度越大、发生灾变的可能性越大则该致灾因子的危险性越高。致灾因子的变异强度及其对人类社会的影响是风险评估的主要内容。灾变的可能性用灾变发生的概率（频率）描述。这两个量（变异强度和灾变的可能性）是时空不同的两个物理量，致灾因子的变异强度是一个物理问题，而风险源灾变的可能性则是一个概率问题，二者的物理意义完全不同。

2.4.4 重现期

重现期（return period/recurrence interval）是指在多次试验里某一事件重复出现的时间间隔的平均数，也就是平均的重现间隔期。灾害重现期即灾害事件重复出现的时间间隔的平均数，通常用灾害频率的倒数表示。

灾害重现期在水文领域中应用较多，通常指水文特征值出现大于（或小于）等于某值的情况的平均间隔时间，用 T 表示，常以年计。例如，洪峰流量 Q_m 的重现期为 100 年，则称该 Q_m 为百年一遇洪峰流量，即大于或等于 Q_m 的流量在长时期内平均 100 年出现一次，但不能理解为每 100 年一定出现一次（金光炎，2012）。

重现期的估算对数据的要求和方法尚未形成统一的标准。根据国外灾害风险评估的经验，重现期的准确性与稳定性更大程度上取决于数据的质量。这里的稳定性是指增加新数据或改用其他方法来估计新的重现期时，得到的结果与原来的重现期相差不大（王斌会等，2013）。

2.4.5 暴露度

灾害暴露度是指人员、生计、环境服务和各种资源、基础设施，以及经济、社会或文化资产等承灾体处在有可能受到不利影响的位置，是灾害影响的最大范围。一般情况下，暴露度分析是指对暴露在灾害环境之下的人口、房屋、室内财产、农田、基础设施等的数量和价值量的度量。例如，可以用全国各省洪涝灾害的受灾面积、人口密度、地区平均生产总值及农作物播种面积分别代表各省暴露于暴雨洪涝灾害下的范围、人口暴露度、经济暴露度和农作物暴露度（王艳君等，2014）。

社会的发展造成了人口分布、经济发展程度、财产密度等的变动，人口和财产密度越大，暴露于灾害中的数量和价值量越多，灾害的风险就越大。同样强度的灾害，人口、财产越密集的区产生的灾害的强度越大；经济越发达，灾害造成的损失的绝对值便越大。因此，城市便成了防灾减灾的重点区。

2.4.6 脆弱性

灾害脆弱性研究源于对早期致灾因子决定论的反思与批判（黄建毅和苏飞，2017）。由于学科背景、研究视角，以及应用领域的不同，学者对灾害脆弱性的内涵的界定尚未达成共识。UNDRO 于 1991 年在《减轻自然灾害现象、影响和选择》手册中提出了脆弱性的概念：脆弱性用来表示预期损失的程度（如用修理费除以置换的成本，范围从 0 到 1），是致灾因子强度的函数。IPCC 在 2001 年的报告中将气候变化背景下的脆弱性描述为系统对于气候变化，包含气候变异及极端气候，易于受到影响或不能处理的程度。国际减灾战略 2004 年提出了脆弱性的定义：由物质、社会、经济和环境因素或进程所决定的状态，这一状态提高社区对致灾因子影响的敏感性。联合国开发计划署（United Nation Development Programme，UNDP）给出了人类脆弱性的概念：决定人们受到特定致灾因子影响的可能性和范围，由物质、社会、经济和环境因素所形成的人类处境和过程。

从狭义来看，脆弱性是承灾体本身抗灾能力的大小，与外界环境无关。从广义来看，除承灾体本身外还应考虑环境因素。脆弱性的表现形式有暴露自身的弱点和敏感性、结构性脆弱、防备能力差、缺乏反应能力。脆弱性可分为自然脆弱性和社会脆弱性。脆弱性评估的内容主要包括：承灾体物理暴露性评估、承灾体灾损敏感性评估、区域社会应灾能力评估、承灾体脆弱性综合评估。脆弱性评估模型有：风险-灾害模型，压力-释放模型，危险位置模型，政治经济模型，区域的综合脆弱性、恢复力模型等。脆弱性的评估方法有：历史数据法、评估指标法、实际调查法及其他（灾害风险指数、欧洲多重风险评估等）。

从学科视角来看，承灾体脆弱性目前已成为一个涉及灾害学、社会学、经济学、管理学、环境科学、可持续性发展学科等多个专业领域的综合性概念，但尚未得到统一，不同学科视角的研究有不同的侧重。防灾领域的研究主要是基于建筑数据，以及社会经济数据等，通过模拟实验或已有的灾害财产损失数据计算破坏率或拟合不同财产、建筑物在不同强度的致灾因子下的脆弱性函数等。此外，在易损性分析框架、韧性评估，以及欧洲易损性改善框架等的研究中，脆弱性研究包含了承灾体暴露度、防灾能力和恢复能力等更为广泛的概念。

2.4.7 敏感性

承灾体敏感性是指承灾体或系统本身的物理特性及特点决定的承灾体在遭受灾害风险打击后受到损失的程度，反映了承灾体自身抗击致灾因子的能力。敏感性是从形成灾害的原因的角度出发，来探讨导致灾害发生的内在的环境因素和外在的诱发因素，并以此预测未来该类环境下灾害发生的概率。灾害敏感度是指在一定的社会经济条件下，评价区内的人类及其财产和所处的环境对地质灾害的敏感水平和可能遭受危害的程度。通常情况下人口和财产密度越高，对灾害的反应越灵敏，受灾害危害的程度越高。灾害敏感度分析的基本要素包括：人口密度、建筑物密度和价值、工程价值、资源价值、环境价值、产值密度等。灾害敏感度分析的方法主要有：模糊综合评判、灰色聚类综合评价等。

承灾体的敏感性包含以下两个方面的含义：①敏感性包含系统易损性的内涵，指承灾体在多大程度上易遭受自然灾害的破坏和损害，如 IPCC 将基础设施敏感性定义为缺少对危险状况的抵抗力导致系统容易遭受巨大损失和伤害的倾向，这一内涵反映了承灾体对气候变化负面影响的承受能力；②敏感性还包含系统的灾害应对能力，即承灾体利用资源、技术、机会来克服灾害的负面影响、并在短期内恢复其基本功能的能力，有学者认为敏感性是表征“个人或群体预测、应对灾害及从灾害中恢复的能力”的特征指标，应对能力的内涵考虑了灾害后承灾体保持的生存力，是传统灾害管理中的重点内容。例如，城市基础设施的材质、施工及老化和缺乏维护均会导致敏感性的增加，以供水管道为例，根据统计资料，我国常用的灰口铸铁管、混凝土管等的爆管概率较大，而球墨铸铁管爆管较少，非球墨铸铁管占总管道数量的比例可在一定程度上反映设施的敏感性。

2.4.8　韧性

韧性指对灾害的抵御能力、适应调整能力，具有一定的动态平衡特征，强调系统化解外来冲击并在危机时维持其主要功能运转的能力。灾害韧性的概念始于韧性的概念。灾害韧性是一个系统的内在能力，它可以在系统遭受冲击或压力时，通过改变自身非核心属性在最短时间内应对、恢复及适应并生存下去。从防灾减灾角度出发，灾害韧性基本涵盖了三种能力：一是减轻冲击或压力影响的能力；二是从冲击或压力中高效恢复的能力；三是对冲击或压力的适应能力。联合国国际减灾战略 2015 年对韧性的定义为：一个系统、社区或社会暴露于危险中时，可以采取及时有效的方式抵御、吸收、适应灾害，有效降低生活、建筑、环境和基础设施等方面的损失或损坏，并及时迅速地从其影响中恢复的能力。Mileti（1999）指出灾害韧性是指某个地区在没有外部大量援助时，具有经受住极端的自然灾害而不会受到毁灭性的损失、伤害，避免生产力或生活质量下降的能力。多学科地震工程综合研究中心（Multidisciplinary Center for Earthquake Engineering Research，MCEER）定义韧性为系统具备在地震发生时减少震动和吸收震动的属性，以及在地震发生后及时恢复的能力。

韧性依据主体尺度大小的不同，可以分为区域、城市、社区三类。以城市韧性为例，城市是社会-生态复合系统，城市中具有各种要素并且它们相互关联、影响。美国洛克菲勒基金会定义城市韧性是指一个城市的个人、社区、机构、企业和系统在受到各种慢性和急性压力冲击下，仍能存在、适应，并且有成长的能力，具有反思性、包容性、综合性、鲁棒性、冗余性、灵活性、智谋性七个特性（Walker et al.，2010）。城市韧性要求城市这一复杂的社会-生态复合系统中的不同主体在面对城市中可能发生的各种慢性和急性压力的冲击（如自然灾害、经济危机、社会和政治动荡等）时，经过合理准备及系统组成要素之间的优化协调具备预防、应对、恢复及长期适应的能力，以保障城市的公共安全、社会秩序和经济建设不受影响。目前，城市韧性的对象主要有两大类，分别是灾害韧性和经济韧性。灾害韧性的主要类型是自然或人为带来的原生及次生衍生灾害，如高温干旱、暴雨洪涝、地震地质灾害及传染病和恐怖袭击等；经济韧性则用于解决经济衰退、社会矛盾等城市问题。城市灾害韧性的概念与城市韧性的概念类似，但是城市及灾害类型的不同导致其定义更为复杂。

从韧性评估的灾害事件类型来看，涉及慢性压力及自然灾害、事故灾难、公共卫生和社会安全等各种类型的突发事件，其中尤其以自然灾害类韧性评估居多，如地震、台风、暴雨、洪涝等。从韧性评估的空间尺度来看，跨度涵盖了国家、城市、社区等多个尺度。从韧性定量评估的方法来看，主要包括基于系统功能曲线的评估和基于指标体系的评估两大类。基于系统功能曲线的韧性评估方法，为韧性的定量评估奠定了基础，无论是针对单一灾种还是多灾种都适用，且系统功能曲线根据系统的不同定义可以用不同的变量表示，但此种评估方法需要大量数据，在实际应用中计算困难。以 Bruneau 为代表的学者从工程的角度评估韧性，提出了社区地震韧性是指社区具备减轻、吸收灾害造成的损失并采取措施恢复及培养未来应对灾害的能力。社区地震灾害主要破坏的是社区基础设施，且基础设施系统（如生命线系统）的功能变化可以通过系统功能曲线进行描述（Bruneau and Reinhorn，2007）。指标体系法主要是基于系统自身性能的变化，用数学模型刻画这些性能的变化过程，以衡量系统遭遇扰动后的韧性。

2.4.9　恢复力

恢复力一词最早源于拉丁语 Resilo，有跳回、反弹之意，用以表达物体的恢复力。其在韦氏字典中的注解为："当物体受到压力时，其本身发生收缩变形后能够恢复原有形状与尺寸的能力。"

在灾害领域的研究中，部分学者将恢复力作为衡量灾害系统的基本属性并试图定义它。Pelling（2003）将灾害恢复力定义为：受灾体面对潜在灾害做出应对及救援准备的程度。联合国国际减灾战略将灾害恢复力定义为：系统、社区或社会抵抗或改变的量，使其在功能和结构上能达到一种可接受的水平（Pelling，2003）。2005 年于日本举行的联合国世界减灾会议将灾害恢复力定义为：当系统、地区或社会遇到危险时，能够及时并有效地抵抗、吸收或适应灾害及从灾害中恢复的能力（包括但不限于维护和恢复其基本结构和功能）。Proag（2014）针对防御洪水灾害提出了硬恢复力与软恢复力两种概念。硬恢复力指受灾体坚韧的防御力，一般通过采取特定措施提高防护工程的强度以增加整体结构的抵抗力从而降低灾害发生的风险和其造成的损失；软恢复力指系统吸收洪水灾害带来的破坏干扰后恢复稳定的能力，这种能力并不改变系统的整体结构和功能，而是专注于提高系统的灵活性与灾害适应能力。目前，学术界已将恢复力视为降低灾害风险的基本方法之一，恢复力理论不仅具有宝贵的研究价值、广阔的发展前景，更具有十分重要的减灾实际意义。

对恢复力与脆弱性的关系的认识，有两类观点。一是认为恢复力与脆弱性是同一硬币的两面，一面是承灾体被破坏的可能性，即脆弱性；另一面是承灾体抵御和恢复的能力，即恢复力。如果承灾体是脆弱的，那就同时反映了它的恢复力。二是认为恢复力和脆弱性是由各种复杂因素相互作用形成的，它们同是事物的属性，两者就像一个双螺旋结构，既不能简单地视为硬币的正反两面，也不能归纳为一个连续体的端点，应该强调两者之间直接且紧密的联系。

2.4.10　综合风险

综合风险是指各种灾害风险因子通过叠加复合，形成更为复杂和不确定的风险。由于现代社会的风险损失影响程度大、影响面广，其范围从地域性到区域性，甚至造成全球性的风险。而且造成这种风险的原因具有综合性，它既包括自然力作用的过程，如物理、化学和生物过程，也包括社会政治、经济、文化和道德的作用过程，风险过程高度复杂，灾害要素因子的耦合性（coupling）、因子之间作用机制的模糊性（ambiguity）、损失的不确定性（uncertainty）表现得更加突出。综合风险中的因果关系已经不再是简单的线性关系，风险事件已经由单因果的形式发展为多因果的形式。综合风险具有极强的跨门类、跨学科、跨领域的综合性。另外，综合风险的特点还表现在风险的“时—空”维方面。基于时间维度的考虑，综合风险的时间延续性和社会发展同始终（姚庆海等，2011）。

2.5　案例分析：中国 $PM_{2.5}$ 危害的综合风险分析

2.5.1　背景介绍

《迈向环境可持续的未来：中华人民共和国国家环境分析》报告显示，中国最大的 500 个城市中，只有不到 1%的城市达到了世界卫生组织推荐的空气质量标准，与此同时，世界上污染最严重的 10 个城市有 7 个在中国，这说明中国受雾霾影响已经非常严重。已有的研究表明，雾霾的成因非常复杂，主要与气溶胶污染有关，具体表现为颗粒物浓度的变化。相关学者在研究雾霾的分布时，均离不开对 $PM_{2.5}$（细颗粒物）的分析讨论，尤其是 $PM_{2.5}$ 能够渗入人体的肺部组织和血液，带来哮喘、癌症、心血管疾病等健康隐患，其浓度变化对雾霾天气的形成有着重要的影响。因此，本案例（Ji and Liu，2019）对中国 $PM_{2.5}$ 浓度的危害进行综合风险分析，分析结果可为相关部门决策及空气污染防治提供借鉴。

2.5.2　模型框架

1. 概念及性质

Copula 函数是求解多变量概率问题的工具，对边缘分布没有特定限制，能够描述多维变量间的非线性、非对称关系，并能够灵活构造边缘分布为任意分布的联合分布函数，其优势在金融风险、水文分析领域得到了广泛验证。目前，已有学者对 Copula 函数在灾害风险分析中的应用做了相关探讨，但是主要是考虑致灾因子的联合概率，综合考虑致灾因子和承灾体而进行多变量风险分析的较少。Copula 函数可以将若干个边缘分布不一致的变量联合起来构建成一个联合函数，定义域为[0, 1]，其基本形式为

$$\begin{aligned} F(x_1,x_2,\cdots,x_N) &= P\{X_1 \leqslant x_1, X_2 \leqslant x_2,\cdots,X_N \leqslant x_N\} \\ &= C\big(F_1(x_1),F_2(x_2),\cdots,F_N(x_N)\big) = C(u_1,u_2,\cdots,u_N) \end{aligned} \tag{2-1}$$

其中，N 为随机变量的维数（个数）；F 为随机变量 $x_1,x_2,\cdots,x_N$ 的 N 维分布函数；C 为联合分布函数；$F_1(x_1),F_2(x_2),\cdots,F_N(x_N)$ 分别为随机变量 $x_1,x_2,\cdots,x_N$ 的边缘分布函数，为简化表达，可令 $u_1 = F_1(x_1)$，$u_2 = F_2(x_2)$，$\cdots$，$u_N = F_N(x_N)$。

由于不同类型的 Copula 函数适合不同相关关系的变量，已有研究表明非对称的 Archimedean 型 Copula 函数中的 Gumbel 型在构建三变量联合分布时具有一定的优越性，因此，本案例采用 Gumbel Copula 函数去构建三变量的联合分布函数，其计算公式为

$$C_1\left[C_2(u_1,u_2),u_3\right] = \exp\left\{-\left\{\left[\left(-\ln u_1\right)^{\theta_2} + \left(-\ln u_2\right)^{\theta_2}\right]^{\frac{\theta_1}{\theta_2}} + \left(-\ln u_3\right)^{\theta_1}\right\}^{\frac{1}{\theta_1}}\right\} \tag{2-2}$$

其中，θ_1 和 θ_2 为联合分布函数中的待估参数（$\theta_1 < \theta_2$，且 θ_1，$\theta_2 > 1$），其他变量同式（2-1）。

2. *参数估计及拟合优度检验*

Copula 函数的参数估计主要分为最大似然估计、分步估计，以及半参数估计三种，其中最大似然估计是使用最为广泛、相对比较灵活的一种方法。本案例中变量的边缘分布采用极大似然法进行估计，Copula 函数中的参数通过分步估计法——边缘推断函数（inference function for margins，IFM）进行估计。联合分布函数的拟合优度检验通过计算统计量的均方根误差（root mean square error，RMSE），以及理论联合分布和经验分布之间的偏离程度（Bias）来检验。这两者的值越小，代表模型的拟合程度越好。n 为样本数，本案例采用的是全国 31 个省区市 2001～2010 年的数据，样本数 n 为 310。

2.5.3　实现途径

IPCC 第五次评估报告提出的风险概念，认为灾害风险应当包括致灾因子的危险性（H）、承灾体的暴露度（E）和脆弱性（V）三大要素。本案例根据 IPCC 的风险概念，构建了表征中国 $PM_{2.5}$ 危害的风险指标体系。人口加权值更注重可吸入颗粒物对居民的实际影响，能更好地反映中国各省区市居民所面临的空气质量

状况。因此，选取中国各省区市的人口加权平均 $PM_{2.5}$ 浓度（单位：$\mu g/m^3$）作为衡量致灾因子危险性的指标。考虑区域覆盖范围、社会财产资源及基础设施的综合状况，并参考已有的文献关于气象灾害风险暴露度指标的选取方式，将人均地区生产总值密度[单位：元/(人·km^2)]作为衡量承灾体的暴露程度的指标；脆弱性指标考虑灾损敏感性和恢复力两方面，考虑到 $PM_{2.5}$ 主要的危害表现为影响人类健康，尤其是老年人和儿童等易感人群，而对危害的预防和治疗在很大程度上依赖于区域的医疗设备水平，同时结合已有文献中关于 $PM_{2.5}$ 危害影响的评估中所考虑的脆弱性因素，分别选取易感人群比重（老年人与儿童人口之和占总人口的比重）和人均医疗机构数量来表征 $PM_{2.5}$ 危害影响对象的敏感程度和抵抗能力。由于易感人群比重与脆弱性呈正相关，而抵抗危害的能力与脆弱性呈负相关，因此，构建脆弱性指数（＝易感人群比重/抵抗能力）来表征 $PM_{2.5}$ 危害影响对象的脆弱性程度。承灾体暴露度和脆弱性数据来源于相应年份的统计年鉴（2002～2011年《中国统计年鉴》）。

本案例首先构建 $PM_{2.5}$ 危害的综合风险分析的指标体系，利用常见的拟合优度检验方法 A-D（Anderson-Darling）检验确定单个指标的最优分布模型，其次利用 Gumbel Copula 函数构建 H、E 和 V 三变量（$N=3$）的联合分布函数，来分析 $PM_{2.5}$ 危害的综合风险。

2.5.4 模型结果展示

1. 单变量的边缘分布

中国各省区市 $PM_{2.5}$ 危害的 H、E 及 V 均为连续的随机变量，利用参数估计确定单变量的边缘分布。通过 A-D 检验确定的最优边缘分布分别为正态（normal）分布、威布尔（Weibull）分布，以及广义极值（generalized extreme value）分布（图 2-1）。

2. 变量相关性分析及 Copula 函数的选择

变量之间的相关关系不同，所适用的 Copula 函数的类型也不一样，在实际应用中应根据变量间的关系特点进行确定。皮尔逊相关分析可以表示两变量之间的线性相关关系，Kendall's τ 秩相关分析不仅能分析变量间的线性相关关系，还能体现非线性相关关系。风险三大指标（H、E 和 V）的皮尔逊相关系数 ρ 和 Kendall's τ 相关系数的结果显示仅 H 和 E 之间的线性相关（ρ）通过了 0.05 的显著性检验，但相关程度非常低（−0.0023），其他相关关系均不显著，故可以选择 Gumbel Copula 函数进行三维建模。

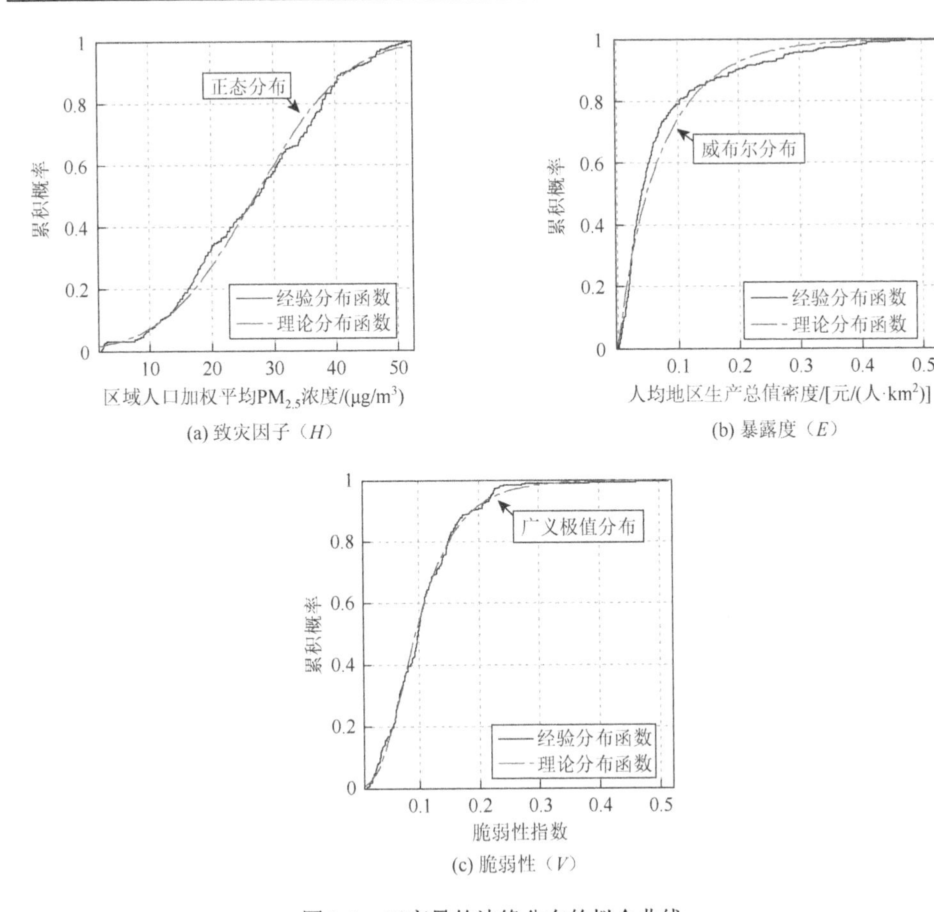

图 2-1　三变量的边缘分布的拟合曲线

3. Copula 函数参数计算及拟合优度检验

利用 IFM 估计三维 Gumbel Copula 函数的参数 θ_1 和 θ_2，并通过统计量 RMSE 和 Bias 计算经验联合分布概率和理论分布概率的一致性或偏差程度。所构建的三维 Gumbel Copula 函数的经验联合分布累积概率和理论联合分布累积概率的拟合曲线的相关系数为 0.9856，RMSE 为 0.0415，这表明三维 Gumbel Copula 函数对选定的雾霾风险分析三要素（H、E 及 V）具有较好的拟合效果。

根据式（2-2）求出 $PM_{2.5}$ 危害的三变量的联合概率，分别以人口加权平均 $PM_{2.5}$ 浓度 $H=20, 30, 40$（$\mu g/m^3$），人均地区生产总值密度 $E=0.2, 0.3, 0.4$[元/(人·km²)]，脆弱性指数 $V=0.2, 0.3, 0.4$ 为条件，绘制了三维联合概率的风险切片图（图 2-2）。例如，在给定人口加权平均 $PM_{2.5}$ 浓度 $H=40\mu g/m^3$ 的切片上可以看出，随着人均地区生产总值密度和脆弱性指数值的变化联合概率的变化情况，其他切片同理。当 H 一定时，E 和 V 值越大，相应的联合概率的风险值就越高。

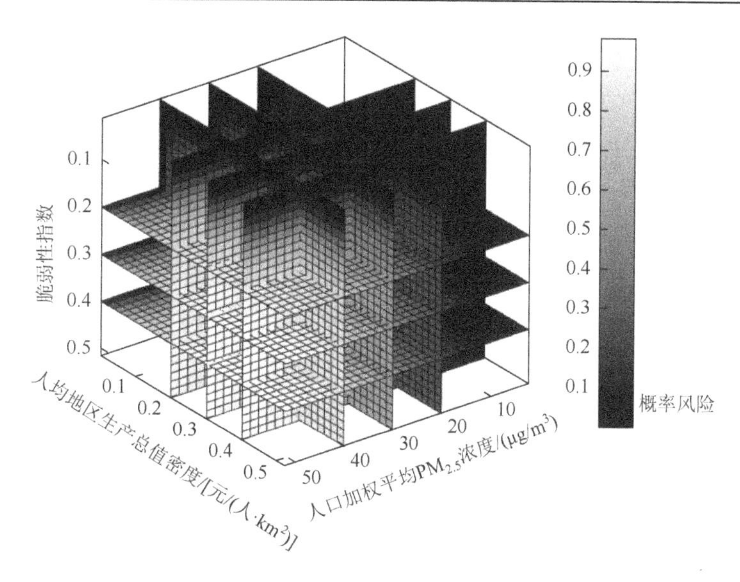

图 2-2　$PM_{2.5}$ 危害的三维联合概率风险切片图

2.5.5　结论

本案例对致灾因子和承灾体进行综合考虑，分析了中国 $PM_{2.5}$ 危害的综合风险，主要结论如下。①通过 A-D 检验确定了风险三要素的最优边缘分布，即致灾因子危险性指标呈正态分布，承灾体暴露度指标呈威布尔分布，承灾体脆弱性指标呈广义极值分布。②选择在构建三维变量联合分布时具有一定优势的非对称 Archimedean 型 Copula 函数中的 Gumbel 型探讨 $PM_{2.5}$ 危害的综合风险。通过 IFM 估计模型的参数，并对模型进行 A-D 检验，发现 Gumbel Copula 函数的经验和理论分布概率的一致性较高，这表明模型具有较好的解释性。③对三维 Gumbel Copula 函数及其条件概率进行计算，结果显示风险三要素的值越大，相应的三维联合概率的风险就越高。$PM_{2.5}$ 浓度的变化对人类的影响很复杂，本案例将承灾体的暴露度和脆弱性属性作为指标纳入到综合风险分析之中，有助于灾害综合风险分析内容的完善，以及提高评估结果的准确性。

专 业 术 语

1. 风险分析（risk analysis）：狭义的灾害风险分析围绕致灾因子的危险性展开，广义的灾害风险分析则根据灾害系统论，综合分析致灾因子危险性、承灾体暴露度和脆弱性三个方面。

2. 不确定风险（uncertain risk）：用现有方法不可能预测和推断的与某种不利

事件有关的未来情景。不确定风险不仅难以推测，甚至于对原因和结果的解释都不确定。

3. 致灾因子（hazard）：亦可称为风险源，是自然或人为环境中，可能造成财产损失、人员伤亡、资源与环境破坏、社会系统混乱等的异变因子。

4. 承灾体（disaster-bearing body）：可能直接受到灾害影响和损害的人类及其活动所在的社会与各种资源的集合，主要有生命线系统及生产线系统，农田、道路、城镇等人类活动的财富集聚体，以及各种自然资源，如人、牲畜、土地、建筑、道路、管线、矿山、港口、车站等。

5. 危险性（danger degree）：致灾因子或危险源的异变程度。例如，地震的震级和烈度，台风的中心风速和气压，暴雨洪涝的降水强度等均是描述致灾因子异变程度的指标。

6. 重现期（return period/recurrence interval）：在多次试验里某一事件重复出现的时间间隔的平均数，也就是平均的重现间隔期。灾害重现期即灾害事件重复出现的时间间隔的平均数，通常用灾害频率的倒数表示。

7. 暴露度（exposure）：人员、生计、环境服务和各种资源、基础设施，以及经济、社会或文化资产等承灾体处在有可能受到不利影响的位置，是灾害影响的最大范围。

8. 脆弱性（vulnerability）：受到不利影响的倾向或趋势，内含两方面要素，一是承受灾害的程度，即灾损敏感性（承灾体本身的属性）；二是可恢复的能力和弹性（应对能力）。

9. 敏感性（susceptibility）：承灾体或系统本身的物理特性及特点决定的承灾体在遭受灾害风险打击后受到损失的程度，反映了承灾体自身抗击致灾因子的能力。

10. 韧性（tenacity）：对灾害的抵御能力、适应调整能力，具有一定的动态平衡特征，强调系统化解外来冲击并在危机时维持其主要功能运转的能力。

11. 恢复力（resilience）：广义上指系统抵抗致灾因子打击的能力和灾后恢复的能力；狭义上指系统灾后调整、适应、恢复和重建的能力。

本章习题

1. 概率方法在风险分析中的优势和不足体现在哪些方面？
2. 综合灾害风险分析需要考虑哪些要素？
3. 如何合理地进行灾害风险分析？

参考文献

冯浩，张方，戴慎志. 2017. 综合防灾规划灾害风险评估方法体系研究[J]. 现代城市研究，(8): 93-98.

高庆华, 张业成, 刘惠敏, 等. 2005. 中国自然灾害风险与区域安全性分析[M]. 北京: 气象出版社.
何川, 刘功智, 任智刚, 等. 2010. 国外灾害风险评估模型对比分析[J]. 中国安全生产科学技术, 6(5): 148-153.
胡丽. 2015. 台风灾情评估及其预估研究——以浙江省为例[D]. 南京: 南京信息工程大学.
黄崇福. 1999. 自然灾害风险分析的基本原理[J]. 自然灾害学报, (2): 21-30.
黄建毅, 苏飞. 2017. 城市灾害社会脆弱性研究热点问题评述与展望[J]. 地理科学, 37(8): 1211-1217.
金光炎. 2012. 水文统计理论与实践[M]. 南京: 东南大学出版社.
景垠娜. 2010. 自然灾害风险评估——以上海浦东新区暴雨洪涝灾害为例[D]. 上海: 上海师范大学.
李冬梅. 2008. 铁路隧道风险评估指标体系及方法研究[D]. 成都: 西南交通大学.
刘家福, 张柏. 2015. 暴雨洪灾风险评估研究进展[J]. 地理科学, 35(3): 346-351.
刘静伟. 2013. 基于历史地震烈度资料的地震危险性评估方法研究[D]. 北京: 中国地震局地质研究所.
卢颖, 侯云玥, 郭良杰, 等. 2015. 沿海城市多灾种耦合危险性评估的初步研究——以福建泉州为例[J]. 灾害学, 30(1): 211-216.
史培军. 2011. 中国自然灾害风险地图集[M]. 北京: 科学出版社.
王斌会, 汪志红, 廖远强. 2013. 应急管理理论与实务: 应急管理中的统计技术研究与应用[M]. 广州: 暨南大学出版社.
王艳君, 高超, 王安乾, 等. 2014. 中国暴雨洪涝灾害的暴露度与脆弱性时空变化特征[J]. 气候变化研究进展, 10(6): 391-398.
燕群, 蒙吉军, 康玉芳. 2011. 基于防灾规划的城市自然灾害风险分析与评估研究进展[J]. 地理与地理信息科学, 27(6): 78-83, 95.
颜峻, 左哲. 2010. 自然灾害风险评估指标体系及方法研究[J]. 中国安全科学学报, 20(11): 61-65.
杨娟, 王龙, 徐刚. 2014. 重庆市综合灾害风险模糊综合评价[J]. 地球与环境, 42(2): 252-259.
杨远. 2009. 城市地下空间多灾种危险性模糊综合评价[J]. 科协论坛(下半月), (5): 145.
姚庆海, 李宁, 刘玉峰, 等. 2011. 综合风险防范: 标准、模型与应用[M]. 北京: 科学出版社.
叶欣梁, 温家洪, 邓贵平. 2014. 基于多情景的景区自然灾害风险评价方法研究——以九寨沟树正寨为例[J]. 旅游学刊, 29(7): 47-57.
张继权, 蒋新宇, 周静海. 2010. 基于多指标的多空间尺度暴雨洪涝灾害风险评价研究[J]. 灾害学, 25(S1): 382.
赵阿兴, 马宗晋. 1993. 自然灾害损失评估指标体系的研究[J]. 自然灾害学报, 2(3): 1-7.
赵思健, 黄崇福, 郭树军. 2012. 情景驱动的区域自然灾害风险分析[J]. 自然灾害学报, 21(1): 9-17.
Bruneau M, Reinhorn A. 2007. Exploring the concept of seismic resilience for acute care facilities[J]. Earthquake Spectra, 23(1): 41-62.
Ji Z H, Liu X Q. 2019. Comparative analysis of $PM_{2.5}$ pollution risk in China using three-dimensional Archimedean copula method[J]. Geomatics, Natural Hazards and Risk, 10(1): 2368-2386.
Mileti D S. 1999. Disasters by Design: A Reassessment of Natural Hazards in the United States[M]. Washington: Joseph Henry Press.
Pelling M. 2003. The Vulnerability of Cities: Natural Disaster and Social Resilience[M]. London: Earthscan Publications Ltd.
Proag V. 2014. The concept of vulnerability and resilience[J]. Procedia Economics and Finance, 18: 369-376.
Sen Y. 1997. The development of UNEP's APELL programme in Shanghai[J]. Industry and Environment，20(3): 36-37.
Walker B, Gunderson L, Quinlan A, et al. 2010. Assessing resilience in social-ecological systems: workbook for practitioners[R/OL]. Stockholm: Stockholm University, 2010-06-20[2020-12-11]. https://www.resalliance.org/resilience-assessment.

第 3 章　灾害风险测量与评价

学习目标

● 熟悉气象灾害风险矩阵的制定过程

● 了解典型风险矩阵的构成

● 理解可接受风险、可容忍风险与不可接受风险的基本理论

● 了解国内外现有的个人和社会可接受风险标准

● 了解 NASA 风险管理、澳大利亚 AS/NZS 4360 风险度量、肯特风险度量、澳大利亚试纸风险分数法、Hicks 风险度量

● 理解什么是灾害风险控制

● 了解风险控制的措施

3.1　风 险 指 标

3.1.1　风险指标概述

1. 风险指标的定义

风险指标是财务方面常用的统计数据指标，可用于监测银行风险状况的变化。中国银行业监督管理委员会在 2007 年 5 月发布的《商业银行操作风险管理指引》中，将关键风险指标（key risk indicator，KRI）定义为“代表某一风险领域变化情况并可定期监控的统计指标”。关键风险指标可用于监测可能造成损失的事件的各项风险及控制措施，并作为反映风险变化情况的早期预警指标，高级管理层可据此迅速采取措施（张金文，2015）。

风险指标可以预测未来和描述过去。预测未来的风险指标称为预警指标；描述过去的风险指标通常称为安全绩效指标（拉桑德，2013）。

（1）预警指标。预警指标值的变化先于实际风险状况的变化，参考这种指标可以发现“预先警示标志”，分析未来风险状况，所以它也是对未来产生影响的风险监测指标。

（2）安全绩效指标。安全绩效指标用于反映或查找“历史事件”，可以显示风险变动的总趋势，并确定或否定预警指标预示的风险变动趋势。安全绩效

指标的作用主要是进行监控，也就是检查安全绩效是否稳定，是在改善还是在恶化。

2. 风险指标选择应遵循的原则

风险指标的选择要遵循以下原则。

1）可获得性原则

应该避免选择那些理想化、没法获得或需要投入大量资源才能收集到的指标。应当注意收集指标的成本与收益。

2）可测量性原则

能根据现有的数据、信息和技术条件对风险进行量化。

3）前瞻性原则

指标的选取要有一定的超前性，要能反映出未来的发展。

4）风险敏感性原则

风险敏感性指的是选取的指标与实际风险大体呈正相关，坚持的原则是最大化风险的敏感度。

3.1.2　关键风险指标的确定

1. 关键风险指标

一项风险事件的发生可能有多种成因，但关键成因往往只有几种。关键风险指标可用于监测可能造成损失的事件的各项风险及控制措施，并作为反映风险变化情况的早期预警指标（高级管理层可据此迅速采取措施）。

系统性选取指标是灾害风险评估的关键环节，因为它直接决定了灾害风险评估结果的正确与否。评估指标要系统地反映风险因素，评估指标系统、全面、简明、正确、具有可操作性，是评估的基础，否则评估结果就没有任何意义。

2. 确定关键风险指标的步骤

关键风险指标的制定流程如下（图 3-1）。

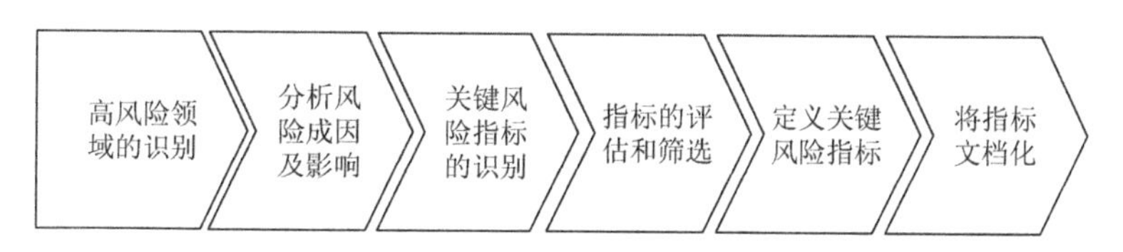

图 3-1　关键风险指标的制定流程

1）高风险领域的识别

太多的指标可能会使管理层无从下手，且在汇总过程中各指标值相互稀释可能掩盖重大风险的变化趋势。因此，关键风险指标主要针对各级管理层关注的重大风险来制定。

2）分析风险成因及影响

在识别出高风险领域之后，需要进一步分析风险可能的成因及潜在的影响，以便考虑具体需要识别哪些关键风险指标。

3）关键风险指标的识别

在分析风险成因及影响的基础之上，识别出可能受这些因素影响或导致这些因素的情况，识别可以反映这些情况的定量和定性数据，进而生成关键风险指标的候选项目。

4）指标的评估和筛选

评估和筛选适当的关键风险指标，需要考虑一系列主要原则及评价维度。良好的关键风险指标具有有效性、可比性、简便可用性等特点，必要时也可参考专家意见。

5）定义关键风险指标

定义关键风险指标时需要包括但不限于以下内容。

（1）指标名称。

（2）指标计算公式及公式中各项内容的具体含义。

（3）阈值及管理触发机制。

（4）指标类型。

（5）数据收集流程及报告机制（频率、内容、收集部门等）。

（6）相关负责部门及人员。

6）将指标文档化

将指标以规范的形式存入文档，以备日常使用。

3. 关键风险指标的分类

按因果维度分，关键风险指标可分为以下三类。

成因指标：分析风险的成因，从灾害与损失的因果关系中找到成因，制定衡量指标。

控制指标：消灭或减少风险事件发生的各种可能性的措施和方法，或风险控制者为减少风险事件发生时造成的损失所采取的行动，量化成衡量指标。

结果指标：风险事件发生后造成的人员与财产损失的指标。

3.1.3　关键风险指标的使用

1. 关键风险指标的实施流程

关键风险指标使用系统是对引起风险事件的关键成因指标进行管理的方法。具体操作步骤概括如下。

步骤一：分析风险成因，从中找出关键成因。

步骤二：将关键成因量化，确定其度量，分析确定风险事件发生（或极有可能发生）时该成因的具体数值。

步骤三：以该具体数值为基础，以发出风险预警信息为目的，加上或减去一定数值后形成新的数值，该数值即为关键风险指标。

步骤四：建立风险预警系统，即当关键成因的数值达到关键风险指标时，发出风险预警信息。

步骤五：制定出现风险预警信息时应采取的风险控制措施。

步骤六：跟踪监测关键成因数值的变化，一旦出现预警，立即实施风险控制措施。

2. 关键风险指标管理的应用

本节以汤莉等（2016）的研究为例给出了一个关键风险指标管理的应用。

护理不良事件是指与护理相关的伤害，即在诊疗护理过程中任何可能影响患者诊疗结果，增加患者痛苦和负担，延长治疗时间，并可能引发医疗纠纷或医疗事故的事件。护理不良事件的管理是护理安全中的一个重要环节，大量的研究结果显示，大多数护理不良事件的发生与核心制度不落实有关，抓好核心制度落实是提高护理质量的重点。

关键风险指标管理的步骤如下。

1）不良护理事件相关核心制度关键风险指标的建立

A. 确定核心制度项目

分析 2014 年前三季度的 147 例核心制度执行不合格造成的护理不良事件的末端原因，得到 2014 年前三季度护理不良事件原因分类（表 3-1）。

表 3-1　2014 年前三季度护理不良事件原因分类

不良事件原因类别	发生数量/例	构成比/%
查对不严致给药/抽血错误	43	29.25
医嘱制度/流程不落实	38	25.85

续表

不良事件原因类别	发生数量/例	构成比/%
工作流程不规范或有章不循	27	18.37
医务人员沟通不到位	12	8.16
病情观察/判断不及时	10	6.80
带教管理不到位	6	4.08
缺乏专业知识/业务不熟	6	4.08
其他	5	3.40

资料来源：汤莉等（2016）

B. 确定关键风险环节

得到护士不落实核心制度的高风险环节矩阵分析（表 3-2）。

表 3-2　护士不落实核心制度的高风险环节矩阵分析

不落实核心制度的高风险环节	发生的可能性	被发现的可能性	后果严重性	监控的可行性	合计
血标本采集全过程	23	20	29	16	88
输液治疗操作过程	26	29	38	33	126
输血治疗全过程	17	20	37	21	95
口服药给药全过程	23	21	30	21	95
A 班人员较少时段（12:00～18:00）	26	24	23	35	108
P 班人少时段（18:00～22:00）	26	34	29	28	117
N 班单独值班时（22:00～次日 8:00）	18	35	24	18	95

资料来源：汤莉等（2016）

C. 建立关键风险指标

针对高风险的核心制度分别制定环节质量标准。一是查对制度，规范输液、输血、口服给药、各类注射、采血等所有护理操作的查对环节，制定质量标准，即明确“何时查”“怎样查”；二是医嘱执行制度，建立电子医嘱从开出到执行前每一步处理和核对的统一流程，医嘱审核（即转抄）、双人核对、总查对、摆药前后核对、配药核对、标本容器准备核对等均需有具体标准；三是患者识别制度，建立统一的患者识别步骤和规范、特殊患者识别流程，制定手腕带使用、佩带、更换流程等。统一核心制度环节落实的标准后，建立输液治疗、A 班随机时段和 P 班随机时段的查对制度落实率、医嘱执行制度落实率和患者识别制度落实率等 9 个关键风险指标。

2）关键风险指标管理的实施

通过建立指标监测流程并落实实施，统计分析关键风险指标的监测数据。

3）观察指标

评价实施指标管理一年后三项核心制度的落实率的情况，包括查对制度的执行总合格率、医嘱执行制度的执行合格率及患者识别制度的执行合格率。比较实施核心制度关键风险指标管理前后两年护理不良事件的发生情况。

3.2 风险矩阵

3.2.1 风险矩阵简介

在 ISO 31000：2009《风险管理——原则与实施指南》中风险矩阵法被称为 consequence/probability matrix（后果/可能性矩阵）。风险矩阵通过定性及定量的方法将灾害发生的可能性和风险发生后果的严重程度汇总在矩阵图中，风险矩阵在气象灾害评估过程中能够识别项目风险、评估风险的潜在影响，可以计算风险发生的概率、评定风险等级，具有较好的风险评估功能（高凤丽，2004），是目前国家气象风险管理的重要工具，对于气象灾害风险管理具有重要影响。

风险矩阵（risk matrix）方法是由美国空军电子系统中心于 1995 年提出的，在灾害风险管理中具有重要作用。在项目管理过程中，风险矩阵是识别项目风险重要性的一种结构性方法，它能够对项目风险的潜在影响进行评估，是一种操作简便，且把定性分析与定量分析相结合的方法（陈建华，2007）。

在 ISO Guide 73：2009《风险管理——术语》标准中，ISO 把风险矩阵作为术语来对待，对其定义如下。

风险矩阵是一种通过对后果进行定义和对发生的可能性范围进行确定，最终对风险进行展示和排序的工具。该工具可以用于展示风险，并对风险进行排序（俞素平，2018）。风险矩阵关乎两个要素：风险发生的后果和可能性。使用这种工具时，需要定义后果和可能性的范围。该范围可以是定性的，也可以是定量的。

3.2.2 灾害风险矩阵形式

风险矩阵图，是风险矩阵方法在使用过程中所参照的图表，是一种风险可视化工具，用一个二维表格对风险进行半定性分析，风险矩阵图具有操作简便、快捷的优点，因此在风险评估领域得到了较为广泛的应用。本节将对风险矩阵的定义、构成及设计进行详细讲解。

从结构上划分，风险矩阵图可分为以下三种形式。

1. 列表型风险矩阵表现形式一

表 3-3 为列表型风险矩阵。

表 3-3　列表型风险矩阵

风险名称	风险源	风险原因	后果性质	后果大小	可能性	风险等级	…
风险 1							
风险 2							
风险 3							
⋮							
风险 n							

注：表中后果大小、可能性、风险等级需在进行风险分析后填写
资料来源：李素鹏（2013）

2. 列表型风险矩阵表现形式二

形式二是最常见的列表型风险矩阵。在图 3-2 中，区域 I 为白色区域，位于矩阵图的左下角，表示灾害风险发生的可能性较小且发生灾害带来的影响较小；区域Ⅴ为黑色区域，位于矩阵图的右上角，表示灾害风险发生的可能性较大且发生灾害带来的影响较大；在白色区域与黑色区域之间，从左下到右上，按照灾害发生的可能性与发生灾害产生的后果逐级递增又分为浅灰色区域（区域Ⅱ）、深灰色区域（区域Ⅲ）和浅黑色区域（区域Ⅳ）。

发生可能性等级							
	E	Ⅱ	Ⅲ	Ⅳ	Ⅴ	Ⅴ	Ⅴ
	D	Ⅱ	Ⅲ	Ⅲ	Ⅳ	Ⅴ	Ⅴ
	C	Ⅰ	Ⅱ	Ⅲ	Ⅳ	Ⅳ	Ⅴ
	B	Ⅰ	Ⅱ	Ⅲ	Ⅲ	Ⅳ	Ⅴ
	A	Ⅰ	Ⅰ	Ⅱ	Ⅲ	Ⅳ	Ⅳ
		1	2	3	4	5	6
		风险后果程度					

图 3-2　列表型风险矩阵图（李素鹏，2013）

3. 列表型风险矩阵表现形式三

“三色”矩阵图的横坐标表示灾害发生的可能性，纵坐标表示灾害发生的严重性。在风险管理的初级阶段，一般可对风险矩阵作黑、白、灰三级区分，如图 3-3 所示。根据“三色”风险矩阵，风险管理决策者很快就能识别出需要高度关注和频繁关注的黑色区域，以及可以不用投入太多精力和资源的白色区域。

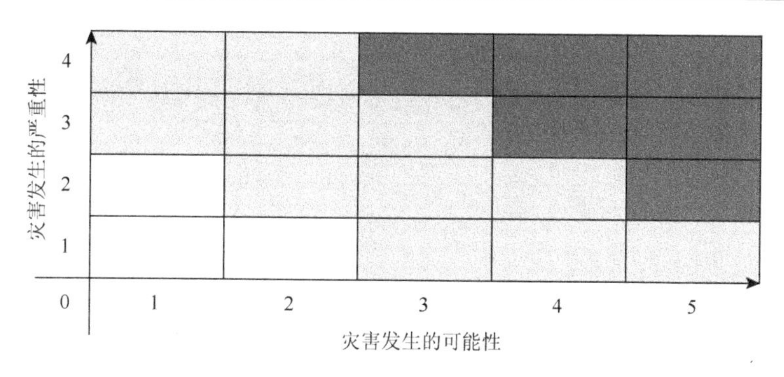

图 3-3　“三色”矩阵图

3.2.3　风险矩阵输入

风险矩阵法的输入一般包括以下六个方面。

（1）确定后果准则（亦称 C 准则）。

（2）确定可能性准则（亦称 L 准则）。

（3）确定风险重要性准则（亦称 S 准则）。

（4）构建关于后果和可能性的二维矩阵单元图。

（5）确定特定风险的后果 C 值。

（6）确定该后果发生的可能性 L 值。

制定灾害风险准则时需要基于风险评估的目标、外部和内部环境。对于灾害通常采用定性的方法分析风险偏好，将风险偏好分为高、中、低三类，以便预测主体根据风险矩阵进行级别判断并做出相应的反应。

1. 如何制定风险准则

在 ISO 31000：2009《风险管理——原则与实施指南》中，ISO 明确指出组织要确定自己的风险准则。气象灾害风险矩阵的制定者应确定风险准则，用于评价风险的重要性。风险准则应反映组织的价值观、目标和资源。某些准则可能来源于法律、监管要求和组织赞同的其他要求。风险准则应与组织的风险管理方针相一致，并应在开始风险管理过程之前确定，且得到持续评审。

在确定风险准则时，考虑的因素应包括如下几个方面。

（1）风险原因的性质和类型，可能出现的后果及如何对其进行测量。

（2）如何确定可能性。

（3）可能性和（或）后果的时限。

（4）如何确定风险等级。

（5）利益相关方的观点或意见。

（6）风险可接受或可容忍的等级。

（7）考虑是否需要组合多个风险，如需要，应考虑如何组合和具有哪些组合方式。

2. 常见风险准则种类

1）后果准则（C准则）

后果准则是风险矩阵法的重要输入参数之一，主要用于判定风险后果的严重程度。后果准则和下文要讲的可能性准则是确定风险等级的两个重要参数。因为风险矩阵用于风险的定性和半定量评价，所以后果准则的分级往往用等级表示，对应英文 rating 或 rank（李素鹏，2013）。例如，洪水灾害评估中，洪水灾害给人员安全、环境及财产带来的不良影响的后果准则分级见表3-4。

表3-4　洪水灾害风险事件的后果等级分值

后果等级分值 C	风险事件后果	后果指标			
		死亡人口/人	转移安置人数/万人	损坏房屋数量/万户	需政府救助人数/万人
1	极高	＞200	＞100	＞20	＞400
2	高	101～200	81～100	16～20	301～400
3	中	51～100	31～80	11～15	201～300
4	低	30～50	10～30	1～10	100～200

注：①死亡人口：因灾害直接导致死亡的人数；②转移安置人数：因灾害影响需紧急转移安置或紧急生活救助的人数；③损坏房屋数量：因灾害影响倒塌和严重损坏的房屋的数量；④需政府救助人数：因灾害影响有缺粮或缺水等生活困难，需政府救助的人数

资料来源：张鹏和李宁（2014）

2）可能性准则（L准则）

可能性准则也是风险矩阵法的重要输入参数之一，用于判定风险后果发生的可能性的大小，有定性、半定量及定量的描述方法，与上述后果准则一起用于确定风险等级。在灾害风险评估中，风险矩阵的定性、半定量、定量可能性准则的统一见表3-5。

表3-5　定性、半定量、定量可能性准则的统一

等级划分	一级	二级	三级	四级	五级
定性描述	极低	低	中等	高	极高
半定量描述	1	2	3	4	5
定量描述	10%以下	10%～30%	30%～70%	70%～90%	90%以上

资料来源：王静（2014）

3.2.4　风险矩阵分析过程

为了进行风险分级，使用者首先要发现最适合当时情况的结果描述符，其次界定那些结果发生的可能性。常见的风险矩阵分析分为定性分析及定量分析。定性分析的风险矩阵凭借其制定简单及容易理解等特性在最初的风险预警中较常被使用，不过随着人们对风险灾害发生关注的不断增加，为确定更详细的风险发生的可能及带来的后果损失，目前灾害风险预警已逐渐开始使用定量风险矩阵。

1. 定性分析

行业风险定性分析就是对可能发生的行业风险的性质方面的分析与研究。定性分析需要行业专家和对行业风险有经验的人，依靠他们的知识、技术、经验、观察分析能力和判断力进行分析；定性分析常用归纳、演绎、分析、综合及抽象与概括等方法来分析事物的特征、发展规律，以及与其他事物的联系；行业风险定性分析的过程与结论常用文字来表达，如“轻微、严重、灾难”“不可能、可能、很可能”等。具体举例见表3-6。一般来说行业风险定性分析对于风险矩阵使用者数学知识的要求比较低，适合一般从业工作者。

表3-6　灾损敏感性-抗旱能力合成的风险矩阵

抗旱能力等级	灾损敏感性等级			
	1级（微险）	2级（轻险）	3级（中险）	4级（重险）
1级（强）	1	1	2	3
2级（较强）	1	2	2	3
3级（中）	1	2	3	3
4级（弱）	1	2	3	4

注：表中数字即等级。当灾损敏感性等级为1级（微险）时，合成等级均为1级（微险）；当灾损敏感性等级为2级（轻险），抗旱能力等级为1级（强）时，合成等级为1级（微险）；当灾损敏感性等级为2级（轻险），抗旱能力等级为2级（较强）、3级（中）、4级（弱）时，合成等级均为2级（轻险）；当灾损敏感性等级为3级（中险），抗旱能力等级为1级（强）、2级（较强）时，合成等级为2级（中险）；当灾损敏感性等级为3级（中险），抗旱能力等级为3级（中）、4级（弱）时，合成等级为3级（中险）；当灾损敏感性等级为4级（重险），抗旱能力等级为1级（强）、2级（较强）、3级（中）时，合成等级为3级（中险）；当灾损敏感性等级为4级（重险），抗旱能力等级为4级（弱）时，合成等级为4级（重险）

资料来源：董涛等（2019）

但定性分析会存在以下局限。

（1）定性分析缺乏定量化的严格的观察、测量、统计、计算和表述。

（2）定性分析不具有严格的操作规则或实践规则。

（3）定性分析以经验描述为基础、以逻辑归纳为核心，其推理缺乏严格的、公理化系统的逻辑约束。

2. 半定量分析

半定量分析是把灾害的定性分析数据化，使数学运算成为可能的一种分析方法，适用于不同类别灾害发生时的评估（表 3-7）。灾害的半定量分析用数据来表示（如 1、2、3、4、5、6 等），但没有准确的数值（如 3.9、8.32 等），所以，它不能像定量分析那样精确。半定量分析的特点是简单、迅速、使用成本低。半定量分析常用于以下两种情况。

（1）只希望快速获得大致的结果，以便进一步选择合适的、精确的定量分析方法。

（2）数据量少，或者没有理想的定量方法可用。

表 3-7　半定量风险评估表

可能性	发生后果			
	1	2	3	4
1				
2				
3				
4				
5				

3. 定量分析

定量分析是对风险“量”的方面进行分析与研究的一种方法。灾害风险的量是指灾害存在和发展的规模、速度、程度，以及构成事物的共同成分在空间上的排列等可以用数量表示的规定性。

定量分析可以通过量化的标准去测量事物，对研究对象的认识更为精确，因此，可以更加科学地解释规律、把握本质、预测事物的发展趋势。

灾害风险的定量分析常借助经济学、数学、计算机科学、统计学、概率论、决策理论等学科的知识进行逻辑分析和推论，然后运用数学模型对灾害风险进行预测和决策（图 3-4）。

在风险预测领域中，定量分析主要有预测、选择、优化、仿真四个目的。

1）预测

预测是运用现有的灾害数据资料和已经掌握的灾害发生规律对未来进行估计

的过程，是决策的依据。决策过程中方案的设计与选择包含了对未来的预测。

2）选择

决策过程中要选择方案。决策论是运筹学的一个分支，它是关于如何根据系统的信息和评价准则来选取使得灾害风险最小化的策略，是决策分析的理论基础。

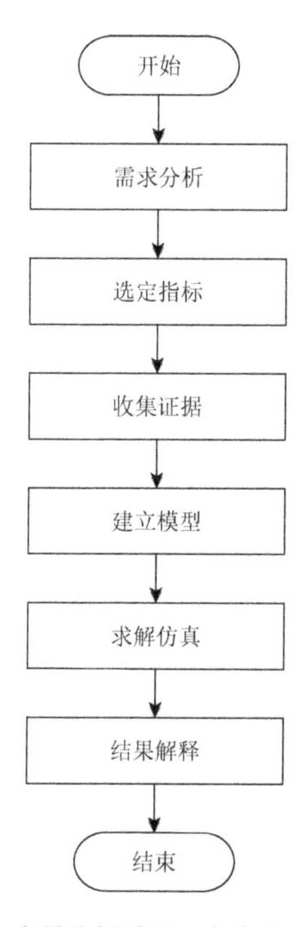

图 3-4　定量分析过程（李素鹏，2013）

3）优化

灾害风险定量分析方法中有一类方法用于对决策进行优化，这类方法一般用于确定性情况下的决策，如线性规划、非线性规划、动态规划等。

4）仿真

所谓仿真，就是用一个系统来模仿另一个系统。定量分析中要建立数学模型进行分析，但是模型本身与现实之间存在偏差，所以需要对模型进行检验。由于使用的数据是过去的，有时甚至无法得到数据，所以可以使用仿真对模型的精度及可靠性进行评价。仿真有时也是求解模型的重要手段。

与定性分析方法相比，定量分析方法具有如下三个基本特征。

（1）实证性。定量分析的过程和结果是可以检验的，实证性是定量分析区别于定性分析的最本质特征。

（2）明确性。定量分析采用的概念一般都具有明确的定义，可以量化，一般不使用模棱两可的语言来表达。

（3）客观性。定量分析的结果独立于分析人员，不论是什么人，只要对相同的数据采用相同的方法，都会得出相同的结果。

在定量分析中，出于不同的研究目的，对于相同的数据，分析人员可以采用不同的方法去处理，从而得出相同或不同的结果。如果分析人员对同样的数据采用不同的分析方法，得出相同或相近的结果，就可以说明分析结果有效。这就是研究中常用的三解定位验证法。

3.2.5　风险矩阵输出

风险矩阵的结果输出是基于上述风险矩阵的输入条件和风险数据，在风险矩阵图、表中按照横轴和纵轴的刻度描绘风险等级，再对照风险重要性准则，判断该风险的重要性级别。

3.2.6　风险矩阵的优点和局限

1. 优点

（1）使用便捷。

（2）可以有多种变形应用方法，如定性的、半定量的、定量的应用。

（3）可以获得组织、项目或系统的整体风险的分布状况。

（4）可以快速判断风险的重要性水平。

2. 局限

风险矩阵需要设计出一个适合具体情况的矩阵，但事实上很难找到一个适用于组织各种相关环境的通用指标体系。

3.2.7　典型风险矩阵图

构建风险矩阵需要了解以下信息。

1. 风险矩阵的变量

风险矩阵的变量有两个：后果及其发生的可能性。

2. 风险矩阵的阶数

风险矩阵一般为 $m \times n$ 型矩阵，m 为后果的等级数，n 为可能性的等级数。当 $m=n$ 时，风险矩阵为方阵。常见的方阵有三阶方阵和五阶方阵。

3. 典型的风险矩阵

在定性或半定量风险分析中，澳大利亚国家标准协会和 ISO 专门对风险矩阵做了说明，分别如表 3-8 和表 3-9 所示。

表 3-8　典型风险矩阵表

Likelihood		Consequence				
		Insignificant 1	Minor 2	Moderate 3	Major 4	Catastrophic 5
5	Almost Certain	M	H	H	E	E
4	Likely	M	M	H	H	E
3	Possible	L	M	M	H	E
2	Unlikely	L	M	M	H	H
1	Rare	L	L	M	M	H

资料来源：李素鹏（2013）

表 3-9　AS/NZS 4360：200 推荐的后果等级与可能性等级

Consequence（后果）		Likelihood（可能性）	
英文	中文说明	英文	中文说明
Insignificant	无关紧要的	Almost Certain	几乎确定的
Minor	较小的	Likely	很可能的
Moderate	中等	Possible	可能的
Major	重要的	Unlikely	不大可能的
Catastrophic	灾难性的	Rare	稀有的

资料来源：李素鹏（2013）

3.2.8　气象风险矩阵举例

案例背景：冬小麦是我国重要的农作物，江苏省是中国冬小麦的主要生产省份之一。在江苏省冬小麦的生长长期受到冬季冻害的影响，这导致冬小麦减产、死梢甚至整棵植株死亡，给冬小麦种植者及政府造成了较大的经济损失。冬小麦冻害目前已成为制约江苏省冬小麦种植发展的重要因素。如何防御或减轻冬小麦冻害风险、进行有效的气象风险灾害管理、引导冬小麦种植农户趋利避害减少受灾损失，是江苏省冬小麦产业发展中亟须解决的问题。本节将采用风险矩阵综合考虑冻害风险的影响及冻害发生的可能性，对江苏省冬小麦冻害风险进行最直接的评估。

1. 风险矩阵构建

首先选取气象灾害发生时最主要的影响因素——温度及气象灾害发生时对冬小麦过冬造成最主要影响的冻害作为风险矩阵的主要构成，其次确定冬小麦冻害风险发生的可能性及损失等级（表 3-10）。冬小麦冻害风险可分为无风险（Ⅰ级）、轻度风险（Ⅱ级）、中度风险（Ⅲ级）、高度风险（Ⅳ级）。Ⅰ级风险，对冬小麦植株无影响，10 年以内发生次数小于 1；Ⅱ级风险，10 年内发生次数小于 3 次，但发生时有可能使冬小麦遭受轻度低温冻害，导致植株死亡 10%～20%；Ⅲ级风险，可能使冬小麦植株死亡 20%～40%，过冬之后小麦减产严重；Ⅳ级风险，因低温冻害冬小麦植株死亡 100%，产量为 0。

表 3-10　冬小麦冻害风险矩阵

冻害等级	影响	≥2 年 1 遇	≥10 年 3 遇，且<2 年 1 遇	>10 年 1 遇，且<10 年 3 遇	≤10 年 1 遇
0	≥–3℃，无影响	Ⅰ	Ⅰ	Ⅰ	Ⅰ
1	–5～–3℃，影响轻，植株死亡 10%～20%	Ⅱ	Ⅱ	Ⅱ	Ⅰ
2	–8～–5℃，植株冻死 20%～40%	Ⅳ	Ⅲ	Ⅲ	Ⅱ
3	–12～–8℃，植株死亡 40%～70%	Ⅳ	Ⅳ	Ⅲ	Ⅱ
4	<–12℃，植株死亡 100%	Ⅳ	Ⅳ	Ⅳ	Ⅱ

2. 风险等级确定

计算某点不同风险概率对应的冬季极端最低气温，然后与各级冬小麦冻害临界指标对比确定该点冬小麦冻害风险的等级。按四种风险概率确定的某点的风险等级不一致时，取最高风险等级。

3. 风险输出

（1）江苏南通地区冬季最低气温在–3℃，偶尔有–4℃，对照表 3-10 发现江苏南通地区为无风险地区，冬小麦不会受到低温冻害的影响，不用进行风险管理。

（2）江苏徐州西南部地区，冬季极端气温偶尔<–9℃，10 年内有 1 次小于–8℃但未低于–12℃的情况，对照表 3-10 可以得出该区域为Ⅱ级轻度风险地区，可能

会给冬小麦带来冻害，导致冬小麦植株死亡20%～40%，为缓解冻害风险的影响应出台相关的风险管理举措，如增加防冻举措、购买气象灾害保险等。

3.3 可接受风险准则

在灾害风险管理中，关于可接受风险的理论研究及可接受风险标准的制定有助于科学合理地进行灾害风险控制。本节将主要介绍可接受风险、可容忍风险和不可接受风险的相关理论、区别与联系，以及制定可接受风险标准的原则与现有的国内外可接受风险标准。

3.3.1 可接受风险

为减少自然灾害所带来的人员伤亡和各类损失，人类不得不将大量的人力、物力、财力用于各种防灾减灾之中。自然灾害具有突发性和易发性的特点，在风险控制的过程中存在着许多不稳定的因素，这大大增加了风险管理的控制难度。控制风险的过程中需要考虑很多因素，包括人员的生命安全、经济损失、环境污染等。如果风险管理措施无法平衡好灾害所造成的各类风险，那么不但无法控制灾害风险，还会对社会资源造成浪费。因此，需要一个科学且客观的标尺来衡量风险是否超出了可承受范围，在降低风险和实行风险管理措施之间达到平衡，而可接受风险（acceptable risk）正好起到了这样的作用（王健，2013）。

国内外关于可接受风险的定义有很多。国外对可接受风险的研究较早，主要从风险的基本定义、风险的影响因素和风险管理的角度来定义可接受风险。从风险的基本定义出发，美国安全工程师学会（The American Society of Safety Engineers，ASSE）将可接受风险定义为灾害相关事件或暴露事故的概率及其可能造成损失的危害程度是最低的、合理的、可行的，且在当前设置中是可容忍的（Manuele，2008）。从风险的影响因素出发，美国交通部（Department of Transportation，DOT）将可接受风险定义为通过考虑风险大小、成本、效益和公众评论，为法规和特别许可建立的一个风险可接受水平；联合国国际减灾战略将可接受风险定义为一个大规模或小规模群体在现有社会、经济、政治、技术和环境条件下认为可以接受的潜在损失。英国健康与安全执行局（Health and Safety Executive，HSE）从风险管理的角度出发，将可接受风险定义为假设风险控制机制没有改变的情况下，可能受到某种风险影响的人为了生计而准备接受的风险。Krewski等（2009）认为，可接受风险是指风险发生的可能性很小，同时风险产生的不良影响轻，而其利益却很大，人们愿意接受这个可能发生的风险。

Marszal（2001）指出可接受风险应该处理好道德、法律和经济这三个方面的关系（图 3-5）。如果仅从道德的角度出发，要尽可能安全，不计成本，尤其是生命安全；从法律的角度出发，必须遵循法律法规，而无需考虑成本或实际的风险水平；从经济的角度出发，要遵循成本最小化原则，使投资尽可能少。可接受风险必须平衡这三个方面的要求与责任，还要综合考虑社会经济发展和科学技术进步等各个方面的影响。由此可见，可接受风险的水平不是越低越好，它是一个涉及自然、社会、经济、政治、伦理和心理等多个方面的复杂问题。

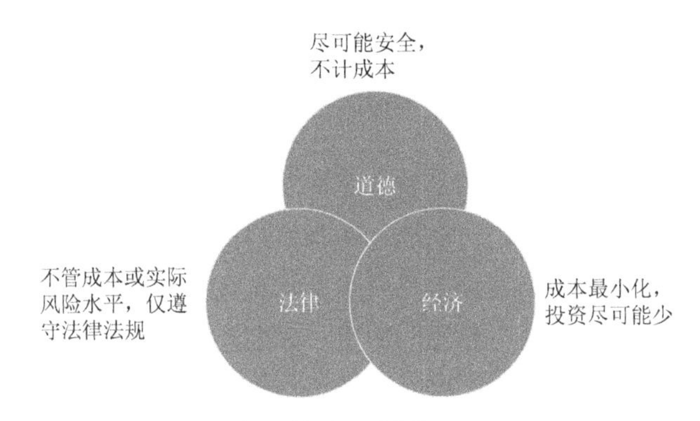

图 3-5　Marszal 的可接受风险框架（Marszal，2001）

国内对可接受风险基本理论的研究相对较少。岑慧贤等（2000）提出了可接受风险的概念及界定方法，他们认为所谓风险的可接受性，是指社会公众根据主观愿望对风险水平的接受程度。我国风险管理国标定义的可接受风险是预期的风险事故的最大损失程度在单位或个人经济能力和心理承受能力的最大限度之内。

从研究领域来看，目前国内外对可接受风险的研究主要集中于核电安全、大坝安全、油气管道等工程安全领域及地震、洪水、滑坡、泥石流等自然灾害领域。然而，国内外对可接受风险概念的研究很少细分到领域或行业，尤其是自然灾害领域。Fell 等（2008）定义滑坡灾害可接受风险为为了生活或工作，社会准备接受的一种风险，任其存在而不考虑对其进行管理。周兴波等（2015）定义大坝可接受风险为为获得防洪、灌溉、发电、航运等经济、社会和环境效益，水库大坝上下游一定范围内的受风险影响者（包括人、财产、环境等）在正常条件下准备接受的风险。于汐等（2018）定义重大岩土工程可接受风险为在现有的社会、经济、政治和环境条件下，利益相关者可以接受的工程失稳破坏导致的潜在损失。

基于以上分析和研究，本书将灾害可接受风险定义为风险承受者（个体或群体）基于现有的社会、经济、法律、道德和科技等环境条件，暴露在某一灾害事件下时可以接受的最大损失水平。

3.3.2 可容忍风险

2001 年，HSE 指出可容忍风险（tolerable risk）是指人们为了获益而愿意去忍受的风险水平。同时，HSE 指出容忍一项风险并不意味着对风险视若无睹，而是要时刻保持对风险的关注，并在可能的情况下进一步降低风险。定义可容忍风险有四个条件：①确保一定的净效益；②是一个不可忽略的风险范围；③保持监察；④当有可能时应进一步减轻风险（Kletz，2003）。

不可接受风险（unacceptable risk）是指在任何情况下都无法被接受的风险，不管其能给风险承受者带来多大的效益。HSE 的可容忍风险框架（图 3-6）可以帮助我们更好地了解可接受风险、可容忍风险和不可接受风险三者之间的关系。图 3-6 中，不可接受风险位于倒三角形的顶部；可接受风险位于倒三角形的底部，此时风险的重要性程度较低或者已经得到了合理的控制，因而是可以接受的；可容忍风险位于这两个区域之间，在这一区域，要时刻保持对风险的监察，必要时采取措施进一步降低风险。此外，决定一项风险是可接受、可容忍还是不可接受的因素和过程是动态的，会随着时间、环境等因素的变化而发生转变。

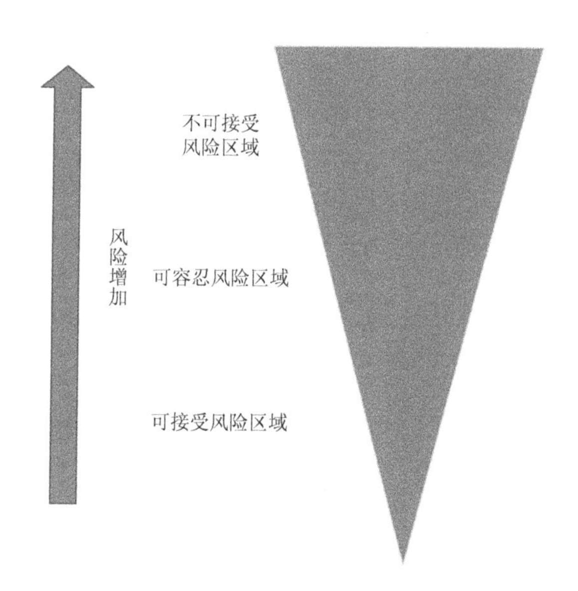

图 3-6 HSE 的可容忍风险框架（HSE，1995）

在可容忍风险框架中，必须严格区分可接受风险与可容忍风险。可接受风险是可以直接接受的风险，而可容忍并不意味着可接受，二者不能互换，需要时刻保持监察从而使可容忍风险转化为可接受风险。

3.3.3 可接受风险框架及标准

1. 可接受风险水平的表达方式

由于风险的不确定性，不同个体在不同状态下对风险的感知也不同。因此风险评价的关键是确定何种条件下的风险是可接受的、可容忍的或者不可接受的。可接受风险水平的表达有多种形式，如个人风险（individual risk，IR）、社会风险（social risk，SR）、经济风险（economic risk）和环境风险（environment risk）等，其中个人风险和社会风险又称为生命风险。目前大多使用个人风险和社会风险来作为可接受风险水平的表达方式，使用经济风险和环境风险的较少。

1）个人风险

个人风险是指在某一特定位置长期生活的未采取任何保护措施的人员因发生事故而死亡的频率，单位为：次/年。它是可接受风险的最小单元，如长期暴露在危险中的火车司机，或者其他长期从事某项工作的人。这种风险评价方法简单、直接、应用广泛（刘小东，2014）。表征个人风险的重要指标有年死亡风险（annual fatality risk，AFR）、平均个人风险（average individual risk，AIR）、聚合指数（aggregated indicator，AI）和避免隐含成本（implied cost of averting a facility，ICAF）。

（1）年死亡风险。年死亡风险是指一个人在一年时间内的死亡概率，它是一种常用的衡量个人风险的指标，在灾害风险管理中一般可以用当年某种灾害造成的人员死亡数和当年全国人口统计值的比值来表示。

（2）平均个人风险。平均个人风险是潜在生命损失与从事危险活动的人数的比值。公式为

$$\mathrm{AIR}=\frac{R}{\varphi} \tag{3-1}$$

其中，R 为所研究对象的年死亡率；φ 为研究对象每年暴露在危险中的时间占每年总时间的比例（张鹏等，2018）。

（3）聚合指数。当自然灾害发生时，产生的个人风险与不同国家或地区的社会经济水平有关。聚合指数是指单位国民生产总值的平均死亡率。一般而言，一个国家或地区的社会经济水平越高，聚合指数越低，个人风险也就越低。公式为

$$\mathrm{AI}=\frac{N_i}{\mathrm{GNP}} \tag{3-2}$$

其中，N_i 为死亡人数；GNP 为国民生产总值。

（4）避免隐含成本。在自然灾害发生之前，可以通过一系列的防灾减灾措施

来抵御灾害，从而减少伤亡人数。例如，完善灾害预警系统、建设紧急避险设施等，而这些设施的建设都需要一定的成本。避免隐含成本即为了避免自然灾害中一个人的死亡所需投入的成本。避免隐含成本越低，表明降低风险的成本越低。通过计算降低风险的各种方案的避免隐含成本，可以决策防灾减灾的方案（尚志海，2012）。

$$\mathrm{ICAF}=\frac{ge}{4}\frac{1-\omega}{\omega} \tag{3-3}$$

其中，g 为国内人均生产总值；e 为人的预期寿命；ω 为个人预期寿命中用于工作的比例。

2）社会风险

社会风险用于描述灾害发生的频率与其造成的死亡人数的相互关系（尚志海，2012）。它不仅对直接伤害者造成影响，还会对社会造成长期的影响。例如，航空旅行就是一种社会风险。重大的航空事故会震惊整个国家，从而使国家考虑采取某种措施来降低此类风险。与个人风险相比，社会风险在整体上会产生更加激烈的社会影响。社会风险可接受水平的表达方式有潜在生命损失（potential life loss，PLL）、F-N 曲线法、VIIH（value of injuries ill health，受伤和不健康值）法、风险矩阵法等（张鹏等，2018）。

（1）潜在生命损失。潜在生命损失表示单位时间内某一范围内全部人员中可能死亡的人员的数目。

（2）F-N 曲线法。F-N 曲线法是通过对历史数据的分析反映当某一灾害发生时当前所处的风险值状态（王健，2013）。其实质是指能够引起大于等于 N 人死亡的事故的累积频率，即单位时间内（通常为每年）的死亡人数，用来表示累积频率（F）和死亡人数（N）之间的关系。F-N 曲线方程为

$$P_f(x)=1-F_N(x)=\int_0^{\infty} xf_N(x)\mathrm{d}x \tag{3-4}$$

其中，$P_f(x)$ 为死亡人数大于 x 的年概率；$F_N(x)$ 为死亡人数的概率分布函数；x 为年死亡人数；$f_N(x)$ 为死亡人数的概率密度函数。

F-N 曲线法的优势在于它能直观地反映当前的风险状态，以图表的形式对可接受风险、可容忍风险和不可接受风险的三个区域做了明确区分。但是这种方法也存在着一定的缺陷，如在进行计算时需要很大的数据量，特别是当无法准确得出某项风险的概率值时，难以确定风险线（王健，2013）。此外，F-N 曲线只能表明受影响的人数，无法说明影响范围或事项结果，这在一定程度上为 F-N 曲线法的广泛使用制造了阻碍（Fell et al.，2008）。

（3）VIIH 法。VIIH 法可用来弥补 F-N 曲线法未考虑受伤人员及自然灾害对人体健康的不利影响的缺陷。这种方法的实质就是把一定数量的人受伤或健康受

损与一个人死亡等同起来，那么此时就可以把受伤和健康受损的人数换算为死亡人数。这样可以分别量化受伤和健康损害的风险。

（4）风险矩阵法。在风险评估过程中对风险进行量化时，收集到的数据可能会存在不完整的情况，从而可能无法计算出准确的结果。此时，可以通过定性分析方法来分析、解决此类问题，如风险矩阵法就是一个很好的方法。风险矩阵法的实质就是利用风险概率值和造成后果相对应的方式来划分风险等级，表 3-11 就是一个风险评价矩阵（王健，2013）。

表 3-11 风险评价矩阵

风险概率等级	后果等级			
	A	B	C	D
Ⅰ	HR	HR	MR	MR
Ⅱ	HR	HR	MR	MR
Ⅲ	MR	MR	MR	LR
Ⅳ	MR	MR	MR	LR
Ⅴ	LR	LR	LR	LR

资料来源：王健（2013）

表 3-11 中，HR、MR、LR 分别代表高风险、中等风险、低风险；A、B、C、D 分别代表极度严重后果、严重后果、中等后果、轻度后果。

风险矩阵法是一种定性的风险表达方法。当所收集到的数据信息不充分时，使用定性方法能更准确、直观地反映当前的风险状况，且有助于风险管理过程中的信息交流互通。此外，这种方法对数据和技术的要求都比较低，应用起来比较简单，特别适合一些灾害资料收集不齐全、没有建立健全灾害风险评价体系的地区，对于我国自然灾害的社会可接受风险研究有着很好的借鉴作用（王健，2013）。

3）经济风险

经济风险是指某一灾害事件发生的概率与其所造成的一定范围内的财产损失的乘积。当灾害风险与个人或社会经济利益产生冲突时，人们会开始关注经济风险。一般来说，经济可接受风险是经济行为的前提，人们可以以此为标准进行风险管理。目前经济风险分析与管理在风险管理中的作用越来越受到人们的关注。通常选取 F-D 曲线来衡量经济风险。F-D 曲线是用超越概率（F）来衡量经济损失（D）的方法。超越概率指灾害造成的风险损失超过经济损失的概率。公式如下：

$$P_f(x) = 1 - F_D(x) = P(D > x) = \int_x^{\infty} f_D(t)\mathrm{d}t \tag{3-5}$$

其中，$P_f(x)$ 为事故造成的经济损失的概率；$F_D(x)$ 为经济损失的概率分布函数；$f_D(t)$ 为经济损失的概率密度函数。

4）环境风险

自然灾害一旦发生，除了可能造成人员伤亡和经济损失外，还可能对生态环境造成一定的破坏。环境风险指的是某次特定的自然灾害对环境自身恢复能力的破坏程度。环境风险与生命风险（个人风险与社会风险）、经济风险有很多不同之处。首先，环境风险一般来说持续时间比较长，受到破坏的生态环境需要一定时间的恢复期，因此人们更多地关注生命与经济风险（尚志海，2012）。其次，环境风险很难直接量化，个人风险和社会风险可以通过人员死亡率来衡量，经济风险可以转换为货币价值来衡量，而环境风险的量化通常会受到一些限制，如资料不完善或某些环境价值难以估算。而且，其量化的数据也存在着较大争议，总体来说在实际中应用难度较大（于汐等，2018）。挪威石油标准化组织（Norwegian Standards Organization，NORSOK）提出了用生态系统因自然灾害受到破坏所需要的恢复时间的超越概率来衡量环境风险（Jonkman et al.，2003）：

$$1-F_T(x)=P(T>x)=\int_x^{\infty} f_T(t)\mathrm{d}t \quad (3\text{-}6)$$

其中，$F_T(x)$ 为生态系统所需的恢复时间的概率分布函数；$f_T(t)$ 为生态系统所需的恢复时间的概率密度函数。

2. 可接受风险准则

在风险分析评估方面，人们通常认为风险越小越好。实际上，这是一个错误的观念。不管是降低灾害发生的概率，还是采取某些风险降低措施来降低自然灾害所造成的损失，都需要花费大量的人力、物力、财力。通常的做法是将风险限定在一个合理、可接受的水平上，根据风险影响因素，经过优化，寻求最佳方案。

对于任何风险来说，如果没有确定的评判标准，风险评价者就难以判断此类灾害所能带来的危险的大小，从而无法及时制定出相关措施来应对和抵御风险。因此风险管理的首要任务就是确定可接受风险准则。只有制定了可接受风险准则，才能在此基础上制定可接受风险标准，从而进行科学判断和有效的风险管理。可接受风险准则的制定必须考虑人员伤亡、经济损失、环境污染等重要因素，且制定的准则必须具备科学性和实用性，在应用中具有较强的可操作性。国际上的可接受风险准则主要有如下几种（李红英和谭跃虎，2013）。

具体介绍如下。

1）英国的ALARP原则

英国的最低合理可行（as low as reasonably practicable，ALARP）原则。是由

HSE 提出的，目前已经被许多国家采用。在使用 ALARP 原则时，风险被划分为三个区域，即不可接受区、可容忍区（ALARP 区）与广泛可接受区，如图 3-7 所示。

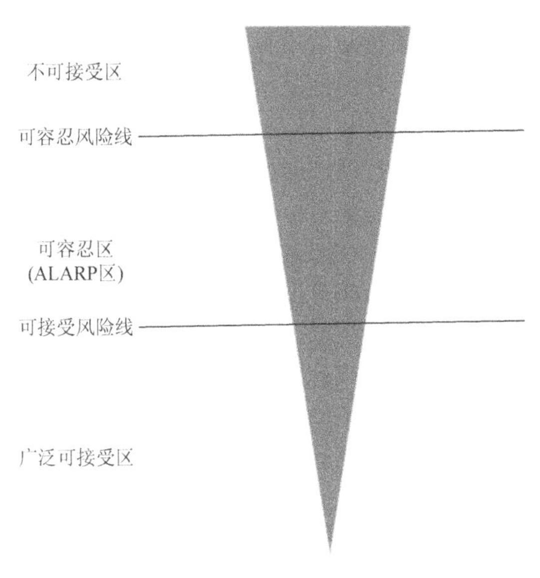

图 3-7 英国的 ALARP 原则（HSE，1995）

（1）不可接受区，在这一区域不管其效益如何该风险都是不可接受的，除了某些特殊情况外，必须采取强制性措施来降低风险。

（2）可容忍区，即 ALARP 区，在这一区域的风险是可以容忍的，但是最好采取降低风险的措施，同时对各种风险降低措施进行成本效益分析（cost-benefit analysis），决定是否应该采取这些措施。

（3）广泛可接受区，在此区域中风险处于很低的水平，此时的风险一般不重要或得到了充分的控制，不需要采取任何措施。

如图 3-7 所示，ALARP 原则包括两条风险分界线：可接受风险线和可容忍风险线。其中可接受风险线为广泛可接受区和可容忍区的分界线，可容忍风险线为可容忍区和不可接受区的分界线。

前文中提到对于位于可容忍区的可容忍风险，需要采取相应的措施来降低风险，使可容忍风险转化为可接受风险。因此有必要进行成本效益分析来评估一项风险降低措施的实行是否有益。当风险降低措施的成本和收益之间不存在比例失衡的情况时，就可以判断该项风险降低措施是值得实施的。成本失衡因子 d 可根据以下公式进行计算：

$$d = \frac{c}{r} \tag{3-7}$$

其中，c 为风险降低措施的成本；r 为风险降低措施的收益。风险降低措施的成本是总成本的估计值。在自然灾害风险管理中，风险降低措施的成本包括建设风险防御设施的费用、劳动力成本等。风险降低措施的收益通常是减少人员伤亡而节约的成本的估计值，以及减少的经济损失和环境损失的估计值。

在评估比例失衡的时候，首先需要确定失衡的限度 d_0。如果计算得到的实际成本失衡因子 d 小于 d_0，则表明实施这项风险降低措施是有益的；反之，则不应该实施该项措施。目前对于 d_0 的取值并没有一个明确的规定，但是对于高风险情况，其 d_0 的取值应该比低风险情况更高，这样是比较合理的。

成本效益分析存在一个很大的挑战，这是因为在现实生活中风险降低措施的收益很难确定。为人的生命赋予具体的价值是一个高度敏感的问题。此外，在人的生命价值的衡量标准这一问题上很难达成一致，所以该方法的科学合理性存在挑战。只有解决了这一问题，才能消除成本效益分析方法存在的阻碍。

2）德国的 MEM 原则

德国的最低内源性死亡率（minimum endogenous mortality，MEM）原则的基本思想是某项新的内源性死亡活动带来的危险不能比人们日常生活中的其他风险有明显增加。内源性死亡是指自身原因所导致的死亡，如疾病，而与之对应的外源性死亡则是指外部事故所引起的死亡，如地震。

3）法国的 GAMAB 原则

法国的整体上都是好的（globalement au moins aussi bon，GAMAB）原则是指新活动的风险与已经接受的现有的风险相比较，新活动的风险水平至少要与现有的风险水平大体上一致，又称作比较原则。GAMAB 原则和 MEM 原则一样，可以用来评价一项活动的风险是否可接受，但是不能用来确定可接受风险标准。

3. 可接受风险标准

影响可接受风险标准制定的因素主要包括个人因素、社会因素、经济因素（自然灾害造成的经济损失）及环境因素（与自然灾害有关的环境污染），故可接受风险标准的确定是复杂、困难且有争议的问题（高建明等，2007）。可接受风险问题是一个决策问题。当考虑一项风险是否能被接受时，要综合分析该项风险所带来的各类损失与效益。可接受风险标准的制定应该遵循如下原则（吕保和和李宝岩，2011）。

（1）基于平等原则。生命是无价的，在风险面前应该一视同仁。任何人都不允许暴露在较大的风险面前，需要设定一个人类所能承担的最大的风险值，当超过这一风险值时，应无条件采取风险降低措施来降低风险。英国的 ALARP 原则正是基于这一理念，生命高于利益。

（2）基于效用原则。在可容忍区，需进一步对风险进行成本效益分析，一方面是为了确保社会资源的优化使用，另一方面是为了兼顾社会伦理。

（3）基于技术水平原则。任何一类风险都会受到技术水平的制约，因此在制定可接受风险标准时，应考虑实际的技术水平，从而使可接受风险标准更加客观。

（4）基于差异原则。不同国家或行业，应根据其实际情况制定不同的可接受风险标准，同时应用 ALARP 原则确定不同的可容忍区。

（5）基于协商处理原则。可接受风险标准的确定需要风险双方协商。在此过程中，双方应认真分析客观风险，提出参考意见，借鉴双方意见，从而共同制定标准，即可接受风险标准的确定应该兼顾双方利益。

（6）基于动态原则。从长期来看，可接受风险标准应该随着技术和社会经济水平的不断发展而变化。但因其是标准，在一定时间内又应保持相对稳定。所以，从长期看可接受风险标准是动态的，而在短期内它又具有一定的稳定性。

（7）基于地域原则。可接受风险标准受文化、心理、价值观、宗教信仰等因素的影响，会根据地域的不同而发生改变。

目前衡量可接受风险标准的方法有很多，可单独考虑个人可接受风险标准或社会可接受风险标准，又或者同时考虑两种可接受风险标准。在经济可接受风险标准和环境可接受风险标准方面的研究较少。在经济可接受风险标准的制定上，目前还没有国家或地区制定出相关标准，这是因为各个国家和地区之间的经济水平存在很大差异，风险承受者对同一风险有不同的应对技术与能力。在环境可接受风险标准方面，目前国内外还未制定较为科学合理的相关标准。

可接受风险标准的制定与社会背景和文化背景等密切相关，标准的制定需要反映公众的价值观、灾害承受能力。不同国家和地区的人们受各地的文化、道德、心理、宗教习俗等因素的影响，对自然灾害风险的承受能力不同。此外，制定的可接受风险标准必须与该地区的社会经济水平相匹配。如果标准设置得过高，此时的社会经济能力无法承担，则会对经济发展造成阻碍（刘莉等，2010）。英国、荷兰、美国、澳大利亚、中国香港等国家和地区已经制定了适用于水库、大坝、工厂及核电站等的可接受风险标准。在个人可接受风险标准的研究方面，英国的 HSE 提出已建设施的个人可容忍风险为10^{-4}/年，个人可接受风险为10^{-5}/年，拟建设施分别为10^{-4}/年和10^{-6}/年；美国自然灾害造成的死亡风险水平大约是10^{-6}/年；挪威自然灾害的个人可接受风险水平大约是2×10^{-6}/年。荷兰水防治技术咨询委员会（Dutch Technical Advisory Committee on Waters Defences，TAW）根据不同的意愿程度，从意愿性较高的活动如爬山，到意愿性较低的风险活动，如有危害的设施选址等，提出了可接受风险标准：$IR<\beta\times10^{-4}\times\alpha^{-1}$/年。其中，IR 为个人风险；$\beta$为意愿系数（或称政策系数），它的取值取决于个人参与某项活动的意愿程度及可能获得的利益的大小。例如，登上月球的死亡风险是10^{-2}/年，可接受风险高，因为

意愿高，其 β 值为 100；驾驶摩托车的可接受风险为10^{-4}/年，其意愿系数 β 为 1。表 3-12 为部分国家、地区和机构制定的个人可接受风险标准。

表 3-12　部分国家、地区和机构制定的个人可接受风险标准（单位：$年^{-1}$）

制定者	适用范围	可容忍风险	可接受风险
HSE（英国）	危险性工厂	1.0×10^{-5}	1.0×10^{-6}
HSE（英国）	危险品运输	1.0×10^{-4}	1.0×10^{-6}
USSD（美国）	大坝	1.0×10^{-4}	1.0×10^{-6}
AGS（澳大利亚）	新建边坡	1.0×10^{-5}	1.0×10^{-6}
AGS（澳大利亚）	现有边坡	1.0×10^{-4}	1.0×10^{-6}
加拿大	滑坡	3.0×10^{-5}	—
中国香港	新建工厂	1.0×10^{-6}	—
中国香港	已建工厂	1.0×10^{-4}	—

注：英文简称表示该国家的权威机构。其中，USSD 表示美国大坝协会（The United States Society Dams）；AGS 表示澳大利亚地质力学学会（Australian Geomechanics Society）

近年来，我国学者也开始关注个人可接受风险和社会可接受风险标准的制定，他们主要利用年死亡风险 AFR、平均个人风险 AIR 或聚合指数 AI 等来制定个人可接受风险标准。我国制定社会可接受风险标准需要结合我国的具体国情，基于技术发展水平，以国际可接受风险标准为参照，并且要随社会的进步而不断发展和完善。李剑锋等（2006）对公共场所的火灾、爆炸和中毒因素进行了研究，提出一般公共场所个人可容忍风险值为4.5×10^{-7}/年。张鹏等（2018）提出了我国城市燃气事故个人可接受风险和社会可接受风险可接受标准，得出个人可接受风险标准为2.3973×10^{-7}/年，可容忍风险标准为4.7947×10^{-7}/年。表 3-13 为我国部分学者建议的不同行业的个人可接受风险标准。在自然灾害领域，国内学者主要集中于地质灾害、泥石流、地震等的可接受风险标准的研究。例如，刘莉等（2010）提出我国地震灾害个人可接受风险标准为1.0×10^{-5}/年；尚志海（2012）提出泥石流灾害个人可接受风险的上限为2.0×10^{-6}/年，可容忍风险的上限为2.0×10^{-4}/年。表 3-14 为我国部分学者提出的自然灾害可接受风险标准。

表 3-13　国内学者建议的不同行业个人可接受风险标准（单位：$年^{-1}$）

学者	应用行业	可容忍风险	可接受风险
李剑锋等（2006）	公共场所	4.5×10^{-7}	—
李漾等（2007）	化工行业	1.0×10^{-4}	—

续表

学者	应用行业	可容忍风险	可接受风险
聂春龙（2012）	边坡主动	—	1.0×10^{-5}
	边坡被动	—	1.0×10^{-6}
彭雪辉等（2014）	水库大坝	1.0×10^{-3}	1.0×10^{-5}
张鹏等（2018）	城市燃气事故	4.7947×10^{-7}	2.3973×10^{-7}

表 3-14　部分国内学者建议的自然灾害个人可接受风险标准（单位：年$^{-1}$）

学者	灾害类型	可容忍风险	可接受风险
李东升（2006）	滑坡	—	1.0×10^{-5}
赵州和侯恩科（2011）	地质灾害	1.0×10^{-4}	1.0×10^{-6}
吴树仁等（2012）	滑坡	1.0×10^{-4}	1.0×10^{-6}
尚志海（2012）	泥石流	2.0×10^{-4}	2.0×10^{-6}
刘莉等（2010）	地震	—	1.0×10^{-5}
余蜀豫等（2015）	雷电	5.0×10^{-6}	5.0×10^{-9}

然而，目前我国对自然灾害可接受风险标准的研究仅涉及少数灾种，如地质灾害、泥石流等，对其他灾种的研究很少。此外，我国目前也未建立可接受风险的行业和国家标准。在自然灾害领域，还未形成科学完整的可接受风险的评价体系，难以从可接受风险出发来预警与抵御自然灾害。我国自然灾害频发且灾种繁多，因此，在可接受风险领域还需要进行大量的研究（王健，2013）。

在社会可接受风险的研究方面，大多采用 F-N 曲线来制定社会可接受风险标准。F-N 曲线的绘制主要包括两个方面：F-N 曲线的斜率 n 和 F-N 曲线的截距 C。F-N 曲线的斜率 n 为风险厌恶指数；C 为常数，决定风险控制线的位置。在 F-N 曲线的斜率的选取上，荷兰、丹麦和澳大利亚等少部分国家采取厌恶型风险，即曲线的斜率为–2 或–1.5。其余大多数国家和地区采取中立型风险，即曲线斜率为–1。表 3-15 为部分国家、地区和机构社会可接受风险标准 F-N 曲线的参数。国内各领域学者建议的 F-N 曲线的斜率也多为–1，如陈伟和许强（2012）给出我国地质灾害 F-N 曲线的斜率为–1，李红英和谭跃虎（2013）给出库区滑坡灾害 F-N 曲线的斜率也为–1。这表明在制定社会可接受风险标准时必须考虑社会的承受能力。如果设定的标准过高，此时的社会经济能力可能无法承担，则会阻碍社会经济发展。如果标准过低，则无法达到防灾减灾的目的。表 3-16 为部分国内学者建议的灾害社会可接受风险标准。

表 3-15　部分国家、地区和机构社会可接受风险标准 F-N 曲线的参数

国家和地区	适用范围	F-N 曲线斜率	$n=1$ 时的每年最大可容忍风险的截距
中国香港（GEO）	滑坡	−1	1.0×10^{-3}
澳大利亚（维多利亚）	—	−2	1.0×10^{-2}
巴西（圣保罗）	—	−1	1.0×10^{-3}
荷兰（VROM）	—	−2	1.0×10^{-3}
美国（圣巴巴拉）	—	−2	1.0×10^{-3}
加拿大	大坝	−1	1.0×10^{-3}
丹麦	—	−2	1.0×10^{-2}

GEO 表示岩土工程办事处（Geotechnical Engineering Office）；VROM 表示住房、空间规划与环境部（Ministry of Housing，Spatial Planning and Environment，VROM）

表 3-16　部分国内学者建议的灾害社会可接受风险标准（$n=-1$，单位：年$^{-1}$）

学者	灾害类型	可容忍风险	可接受风险
陈伟和许强（2012）	地质灾害	1.0×10^{-6}	1.0×10^{-7}
尚志海（2012）	泥石流	—	1.0×10^{-2}
王健（2013）	洪涝	1.0×10^{-5}	1.0×10^{-6}
徐继维和张茂省（2016）	地质灾害	1.0×10^{-4}	1.0×10^{-5}

此外，可接受风险标准不是固定不变的，它应该随着时间的推移不断更新。可接受风险标准应与社会经济发展水平相匹配。一方面，人们的安全需求会随着社会经济的不断发展而不断增强；另一方面，人们对灾害风险的心理承受能力也在不断提高。因此，政府有关部门需要根据社会经济发展水平不断地对可接受风险标准进行调节（尚志海，2012）。在可接受风险标准的更换周期方面，有学者提出更换周期为 5 年（张鹏等，2018），也有其他学者建议更换周期为 10 年（徐继维和张茂省，2016）。

3.4　风险度量

3.4.1　度量指标

本节将分别从财产损失风险、人力资本损失、损失补偿机制提出度量指标。

1. 财产损失风险度量

财产损失风险主要从重置成本、实体性贬值、功能性贬值、资产经济性贬值四个方面度量。

1）重置成本估算

重置成本估算主要包括重置核算法、物价指数法和规模经济效益指数法。

A. 重置核算法

重置核算法是指按照市场流通的价格计算直接灾害成本和间接灾害成本，然后将这两者相加得到重置成本。直接灾害成本为灾害形成过程中直接带来的损失，包括人类财富损失、自然资源损失等。间接灾害成本为具有滞后性的次生灾害造成的损失，主要是救灾过程中及灾后恢复过程中的人力、物力、财力的投入。关于间接灾害成本的计算，有以下方法。

（1）直接成本百分率法，其公式为：间接灾害成本＝灾害所造成的直接成本×灾害的间接成本与直接成本的百分比。

（2）单位价格法，其公式为：间接灾害成本＝灾中和灾后的工作量（按工时）×单位价格/工时。

（3）人工成本比例法，其公式为：间接灾害成本＝灾中和灾后所需的人工成本×成本分配率，成本分配率＝间接灾害成本/灾中和灾后所需要的人工成本×100%。

B. 物价指数法

特价指数法指根据灾害所造成的历史成本，通过现时物价指数来确定其重置成本。其公式为：灾害的重置成本＝灾害的资产历史成本×资产评估时的物价指数/灾害发生前资产购入的物价指数，灾害的重置成本＝灾害的资产历史成本×（1＋灾害发生前后物价的变动指数）。

C. 规模经济效益指数法

灾害发生后，企业的规模会发生变化，资产生产能力和成本也会发生变化。规模经济效益指数法的公式为：灾后被评估资产的重置成本＝灾前资产的重置成本×（被评估资产的产量/灾前资产的产量）^规模指数。

2）实体性贬值估算

实体性贬值有时也称有形损耗贬值，主要指设备由于长期暴露在自然环境中而遭受侵蚀或者是在运输过程中产生磨损，从而对设备实体造成了形态的损耗，引起了贬值。在灾害中，实体性贬值主要是指灾害对设备的形体造成的损耗和灾后设备运输过程中所造成的磨损。关于灾害所造成的实体性贬值的计算一般采用以下几种方法。

（1）观察法，也称成新率法。灾害发生后，需要相关专业人员对实体进行全面的技术鉴定，主要是将实体的外观、设计、磨损、制造、维修等与实体全新的状态进行对比，进行综合分析，从而得出成新率。其公式为：灾后的实体性贬值 = 重置成本×（1–成新率）。

（2）公式计算法。灾后的实体性贬值 = (实体的重置成本–实体的预计残值)/实体可以使用的总年限×实体实际已使用的年限。实体的预计残值是指实体报废被清理时还剩有的可以回收的价值。如果实体的预计残值金额比较小，则可以忽略不计。实体可以使用的总年限是实体实际已使用的年限和尚可使用年限之和。

3）功能性贬值估算

功能性贬值，也称功能性损耗，主要是指新技术的引进引起了设备的材料、制造方法、设计等方面的更新，原本的设备与其相比，技术明显落后，价值也相应地减少，这种损耗是资产的功能性损耗。其计算方法共有如下几个步骤。

（1）将待评估的资产所需要的年运营成本和新技术下同功能的资产的运营成本进行比较。

（2）计算两者的差额，得出超额运营成本。将超额运营成本扣除所得税得到净超额运营成本。

（3）由专业人员对待评估的资产进行全面分析，得出资产的剩余寿命。

（4）被评估资产的功能性贬值是被评估的资产在剩余的寿命里的超额运营成本的折现之和。其计算公式为：被评估资产的功能性贬值=$\sum$(被评估资产年净超额运营成本×折现系数）。

4）资产经济性贬值估算

经济性贬值也称为外部损失，是外部环境造成的设备贬值。在灾害中，灾害的不可抗力造成的原材料减少或者运输困难、设备所生产的产品滞销等问题最终导致设备利用率变低，从而引起经济性贬值。经济性贬值是重置成本分别减去实体性贬值和功能性贬值后的余额，其计算公式有两种：①经济性贬值 = 资产的重置成本×经济性贬值率；②经济性贬值 =（资产的重置成本–实体性贬值–功能性贬值）×经济性贬值率。第二种方法是在重置成本扣除实体性贬值、功能性贬值的基础上进行计算的，存在对实体性贬值和功能性贬值重复计算的问题，故第二种方法可能会产生负的经济性贬值，因此第一种方法更常用。

2. 人力资本损失度量

人力资本损失通常用灾害发生过程中和发生后的损失程度和损失频率来度量。损失程度是灾害发生后的实际损失额占灾害发生前的完好价值的百分比。损失频率，又名损失机会，指在一定的时间内一定数目的危险单位可能受到损失的次数或程度，通常用分数或者百分率来表示。损失频率 = 损失次数/灾害带来的危险单位数。

损失程度与损失频率之间常见的关系有以下几种类型。

（1）反比关系。如图 3-8（a）所示，在损失程度较小的情况下，损失频率随着损失程度的增加而增加，但当损失达到一定的程度后，损失频率随着损失程度的增加反而减少，即损失程度很大，但是损失频率不高，或者是损失频率很高，但损失程度不大。

（2）“汉立区三角”关系。如图 3-8（b）所示，在灾害中，每发生一次严重的灾害，就会伴随 30 次小伤害和 300 次无伤害的灾害。图 3-8（b）的三角图解是对几千次灾害事故进行研究所得出的，更有利于表达损失频率和损失程度的关系。

（3）极端关系。如图 3-8（c）所示，即灾害带来的损失频率不高但损失程度却很高的情况。比如，冰雹、龙卷风等所导致的航空事故。

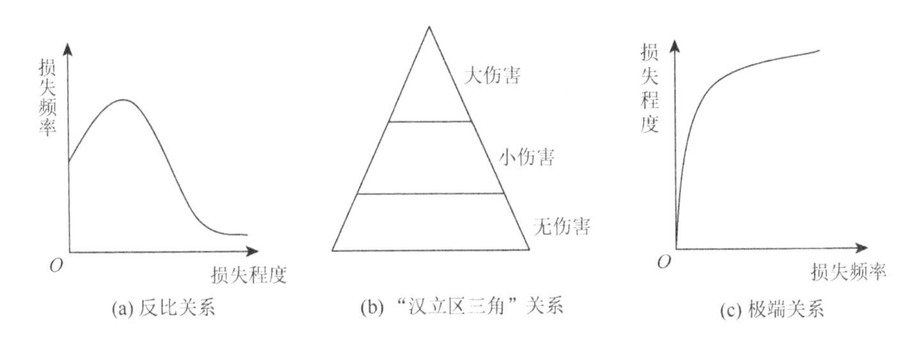

图 3-8　损失程度与损失频率之间的关系

3. 损失补偿机制度量

1）财产损失补偿

受到灾害袭击的地区会造成大量的财产损失。关于灾害的财产损失补偿，主要分为三类，分别是：国家的灾害补偿机制、市场风险转移和分摊机制、社会补偿机制。国家的灾害补偿机制：由于灾害是不可抗力造成的，因此国家会用预留的灾害准备金来对受灾人民和地区进行灾后补偿，主要包括灾中和灾后的救济、重建和恢复等，并且国家还会以政策的方式对相应的灾害损失进行分摊管理。市场风险转移和分摊机制主要是以风险利益为纽带，依靠市场手段（主要是保险）对灾害所造成的财产损失进行分摊。如果受灾人在灾害发生之前给自己的人身安全和物品买了保险，当灾害发生后，保险公司会根据相关规定对其进行补偿，这样就减少了国家的财政负担。社会补偿机制则是借助社会各界人士的爱心捐款，对受灾地区和受灾人进行补偿。常见的社会援助组织有“红十字”协会等（余伟兵，2007）。

2）非财产损失补偿

灾害的非财产损失主要是指灾后人们的心理创伤。在灾害发生后，人们不仅身体上受到了严重的伤害，而且心灵也会严重受挫。有的人甚至可能会因此患有创伤后应激障碍（post-traumatic stress disorder，PTSD）、急性应激障碍（acute stress disorder，ASD）等。关于非财产损失的补偿主要有以下几方面。

（1）政府作为主导，不仅拨出了精神损害抚慰金，还及时制订了各种灾后的心理救援方案，并把方案尽快落实。

（2）充分利用“互联网 + ”技术，提供线上心理救援服务，线下则是依托社会群体组织，开展面对面的心理辅导，这样就建立了线上线下结合的灾后心理救援体系。

（3）为了使救助更有针对性，需要对目标人群进行评估，进而对目标人群进行分类和分层，这样就可以对不同层次的人群给予不同的心理治疗。对于受伤严重的人群进行优先和一对一心理辅导，对于受伤轻微的人群则在线上开展心理援助服务。

（4）灾后援助中心及公共心理健康服务机构可以在网上普及灾害的知识，通过经验分享、学习培训等来协助灾后的人们建立信心、重塑家园。

3.4.2　主观度量

风险灾害之所以被称为灾害，是针对人类的生存目标而言的，没有了这个主体目标，灾害也就无从谈起。风险和人息息相关，故人的主观判断对风险的度量尤其重要。本小节主要讲述风险的主观度量，从影响主观风险判断的因素、主观风险度量（主观风险概率）的支持理论、不依赖时间的个人主观风险判断、依赖时间的个人主观风险判断及社会风险判断这五个方面详细展开。

1. 影响主观风险判断的因素

主观风险判断和客观风险概率之间的差异可以用不同的理论来阐述。这种理论不仅考虑个人偏好，还考虑其所在的社会和文化环境。影响主观判断的心理、个人、文化和社会因素所占的比重，相关学者仍在讨论之中。Douglas 和 Wildavsky 提出文化因素在描述主观风险判断时只占到5%。表 3-17 是根据 Schitz、Wiedemann 与 ILO 总结的不同因素的影响权重。从表 3-17 中可以看出，人的心理和社会环境因素比个体因素和文化因素得到了更多的关注。

表 3-17　影响主观风险判断的因素的比例构成

因素	影响值/%
心理和社会环境因素	80～90
个体因素	10～20
文化因素	5

2. 主观风险度量（主观风险概率）的支持理论

主观风险度量的支持理论是指人类在不确定条件下的概率判断，它不符合外延性原则，而是表现出描述的依赖性。当给人们呈现两个具有相同外延的假设并且让他们进行比较时，他们会意识到二者的概率一样，但是只给他们呈现一个假设时，他们很少产生其他具有相等样本空间的不同假设，也就是说在主观概率判断中，人们通常不是将同一事件的不同描述表征为相等的样本空间（向玲和张庆林，2006）。

主观风险度量即主观风险概率，是建立在过去的经验与判断的基础上的，它根据对未来事态发展的预测和对历史统计资料的研究确定概率，反映的只是一种主观可能性。

主观概率满足以下性质。

对非空集Ω，元素ω，即$\Omega=\{\omega\}$，是Ω的子集A构成的$\sigma-$域。若$p(A)$是定义在A上的实值集函数，它满足：①非负性，$p(A)\geqslant 0$；②规范性，$p(\Omega)=1$；③可列可加性，若$A_1,\cdots,A_n$为两两不相容事件，则$p\left(\bigcup_{i=1}^{\infty}A_i\right)=\sum_{i=1}^{\infty}p(A_i)$。则称$p(A)$为事件$A$的主观概率测度，简称概率。

在主观概率中常用的是贝叶斯概率，接下来介绍贝叶斯概率。

通常，事件A在事件B（发生）的条件下的概率，与事件B在事件A的条件下的概率是不一样的；然而，这两者有确定的关系，贝叶斯法则就是对这种关系的陈述。

贝叶斯公式与随机事件A和B的条件概率和边缘概率有关：

$$p(A_i|B)=\frac{p(B|A_i)p(A_i)}{\sum_j p(B|A_i)p(A_i)} \tag{3-8}$$

其中，$p(A_i|B)$为B发生的情况下A_i发生的可能性。$A_1,A_2,\cdots,A_n$为完备事件组，即$\bigcup_{i=1}^{n}A_i=\Omega$，$A_iA_j=\phi$，$p(A_i)>0$。

$p(A_i)$为A_i的先验概率或边缘概率。之所以称为先验是因为它不考虑任何B方面的因素；$p(A_i|B)$为已知B发生后A_i的条件概率，也由于得自B的取值而被称作A_i的后验概率；$p(B)$为B的先验概率或边缘概率，也作标准化常量。

3. 不依赖时间的个人主观风险判断

主观风险判断的结果与客观风险判断的结果存在强烈的偏差，这说明新技术的风险接受程度受到了主观风险判断的影响。一般而言，让人产生的恐惧程度越高，主观风险判断的评估越高，但是，有时候客观风险的判断结果并不高。比如，人们常常认为乘坐高铁比乘坐飞机更安全，但统计数据表明飞机的安全系数更高。这是因为人们对飞机这个新技术还不够了解。所以说，个人主观风险判断有很多局限性，具体如下。

（1）直觉判断的偏差。当人们认为某灾害有5%的概率发生时，统计数据表明其实只有1%的概率发生。

（2）短期趋势缺乏代表性。人们在评估灾害风险时，常常忽略了大数法则，依据不常出现且没有代表性的小样本来进行灾害风险评估。人们并没有意识到长期规律在短期内很难表现出来的这个客观事实。

（3）否认风险的存在。当人们因为喜欢和兴趣而自愿参与某些活动时，往往不能客观地评估风险。人们会心存侥幸，认为这些概率不会发生在自己身上，即明知道风险的统计概率，但也会在主观上否认风险的存在。

（4）熟知性偏差。大多数人惧怕未知和不熟悉的事物，因此与熟知的灾害相比，人们对未知的灾害的恐惧程度更高。

（5）受灾害期限长短的影响。一般人在心理上会低估长期灾害的风险，高估短期灾害的风险。

4. 依赖时间的个人主观风险判断

1）个体发展与主观判断

1961年，黎曼根据自己的早期经历写了一本关于人和风险的书。该书主要讲了人们由于不同的心理行为，会对风险有着不同的态度。比如，歇斯底里的人对风险的态度通常是开放的，而患有强迫症的人往往会花费更多的时间和精力来应对风险。Wettig和Beinder在后来的研究中表明，人在幼时产生的负面经历或者心理创伤，会在大脑留下无法消去的痕迹。这些大脑中的痕迹会让人们对某些灾害风险过度反应，因此会花费更多的精力来应对这种风险。1992年，雷恩提出了关于风险的心理偏好，共分为五类：①保守型，这类人认为灾害不受人控制，听天由命；②平衡型，这类人认为只要做好日常的预防和管理，灾害就是可以控制的；③激进型，这类人认为灾害带来了挑战，也带来了机遇。人们可以利用风险来获得收益；④稳健型，这类人认为为了公共利益，我们应该付出最大的努力对风险进行规避；⑤积极型，这类人对风险的理解是，如果风险不强迫他人付出更多的行为或者活动，是可以接受的。

除了遗传和后天经历会影响人的主观风险判断外，当下的环境也会影响人的主观风险判断。在高压的环境下，人们会被强烈的感性支配，表现出的行为一般是不理性的，这时人们的感性恰恰是灾害风险评估的捷径。与之相反的是，在消极和危急时刻，人们所做出的风险评估往往认为风险是糟糕的。基于此，1987年，

Sandman 将风险定义为“危险 + 愤怒”。有限理性和偏见都会影响人的主观风险判断，从而影响人的行为。

2）个人信息处理

当对灾害风险的主观判断被忽略时，人们是否可以根据信息进行理性决策呢？经验告诉我们：在灾害刚刚结束的一段时间内，人们对这类灾害风险的感知是最强烈的，但随着时间的流逝，人们的感知会慢慢消退。统计数据表明，当某灾害的发生过去了 7 年，人们对此灾害的感知会达到最低。1975 年 8 月，中国河南省因为特大暴雨造成了大坝决堤，死伤无数。随着时间的流逝，人们对此灾害的感知和防备会慢慢消逝。历经 46 年，2021 年 7 月 20 日，中国河南省又一次因为特大暴雨发生了大型水灾，这让很多受灾者猝不及防。但是，有时候某灾害的不断反复会影响人们对信息的处理，人们对此灾害风险的感知会处于一个相对较高的水平。

随着时间的流逝，人们对某灾害的预防会慢慢放松，对某灾害的科普也会慢慢减少。正验证了那句俗语“好了伤疤忘了疼”。也许正是由于“好了伤疤忘了疼”，人们才能走出阴影，重新拥有美好的明天。

5. 社会风险判断

社会风险判断主要从长期和短期两个角度进行。

1）长期社会主观风险判断

人的主观风险判断受社会、文化和个人行为的影响。人类社会信息的流动会影响一个人的主观风险判断。2002 年，Metzner 提出主客观风险判断会相互影响。比如，社会引入了一项技术，人们起初只意识到这项新技术的好处，如转基因技术、互联网技术，但是后来人们逐渐意识到这项新技术的潜在风险。并且这种主观风险意识比客观风险意识还要强烈。当主观风险意识过于强烈时，管理部门会实施新的法律来回应公众的主观风险意识。然后就是客观风险意识水平下降，主观风险意识水平趋于平稳，到了最后，主观风险意识水平也会逐渐降低。至于最后主观风险意识水平和客观风险意识水平是否相等，视情况而定。

2）短期社会主观风险判断

个人和社会对灾害信息的处理都是主观风险判断的影响因素。一般，发达国家会通过媒体来处理社会信息，但是媒体一般带有个人因素，不是客观风险判断的报告人。1994 年，Sandman 发现了媒体可能存在不客观传播信息的问题。

（1）风险的严重性和风险的危害数量是无关的。影响个人的主观风险判断的是灾害的报道是否及时、人们是否关注，以及人们对灾害的直观印象是否接近灾害的真实性。

（2）风险的报道主要影响人们在面临灾害时的恐慌、愤怒和自责等社会反应。

（3）关于风险事故中技术信息的传播，如暴雨“烟花”产生的原理，媒体报道得少，人们的关注度也就低了。

（4）媒体对于风险的警告很普遍，因此媒体可以作为一个预警系统，来提前告知大家灾害发生的概率。

（5）某些灾害的信息该怎样解释取决于报道记者个人，但是媒体关于灾害信息的报道可能比专家对群众的安抚更有效。

（6）官方对灾害信息的报道更权威、更重要。

（7）媒体更关注的是灾害带来的危险和受灾人的恐慌。

在灾害发生的情况下，人们做出的反应依赖于灾害所处的时间段。不同的时间段，灾害会呈现不同的特点。灾害的发展伴随着已经发生、潜伏着、将要发生、未知几个阶段。这是由于灾害和社会系统密切相关，故灾害和感知、沟通的相关性很高。社会风险判断的关键不是如何减灾，而是处理灾害的社会管理能力。一般情况下，灾害发生后，人们逐渐进入灾后重建时期。通常的灾后重建时间会持续数月，有的高达数年。这就表明灾后重建需要长期的整体管理。长期的整体管理不仅需要考虑重建过程中的行动，也要考虑可能发生的新危险。因此整体灾后管理主要包括灾后修复、灾害预防和灾害管理。

3.4.3　客观度量

在客观风险度量的实践中，应用指标进行风险度量是比较明智的方法。风险指标代表人们对系统的某一方面所存在的风险的了解和相信程度。本节主要讨论影响客观风险判断的因素、客观风险度量的支持理论和一些科学的度量方法。

1. 影响客观风险判断的因素

客观风险判断主要是用数理的方法对风险进行度量，故客观风险判断主要和数据的真实性、模型的选择，以及相关技术的使用等有关。数据的真实性是直接影响客观风险判断的关键。如果数据不是真实的，那对灾害风险的客观判断就是没有意义的。不同的模型选择会有不同的结果。模型的选择有两个参考指标，一是模型的精度，二是模型的复杂度。两者通常是矛盾的，如增加变量个数，可以提高模型的精度，但也会增加模型的复杂度。重点是在精度和复杂度之间寻找平衡。相关技术的更新会带来更好的客观风险判断的结果，可以极大地提高计算效率。

2. 客观风险度量的支持理论

客观风险度量主要是用数理统计的方法，相关数理统计方法如下。

1）风险的数学期望表达

一般而言，人们在对灾害风险进行度量时会同时考虑灾害风险发生的概率和灾害风险带来的后果的大小。期望损失为各种给定条件下各种可能情形的损失结果的期望值。数学表达式分连续型和离散型两种形式。①连续型：设 x 是关于灾害损失的随机变量，$f(x)$ 是其概率密度函数，则 $E(x)=\int xf(x)\mathrm{d}x$ 。②离散型：设 p_i 为灾害风险的损失概率，x_i 为灾害风险带来的损失，则 $E(x)=\sum_{i=1}^{n}p_i x_i$ 。

2）结果差异性——方差风险

A. 方差风险的定义

方差风险就是结果的差异性风险。把灾害的损失结果（C）、致灾因子的发生概率（P）或总体风险（R）视为某一随机变量的取值，然后用方差表示，称为方差风险。其数学表达式是 $R=\sigma^2(f(C,P),C,P)$ 。其中，f 为关于损失结果和致灾因子的函数。

B. 半方差

半方差主要考虑实际结果向不利的方向偏离的情况。定义为当 $X_i \leqslant E(X)$ 时，$X_i= X_i-E(X)$；当 $X_i > E(X)$ 时，$X_i=0$ 。因此，半方差为 $\text{Semi Var}=E(X_i^2)$ 。

C. 平均绝对偏差

平均绝对偏差（mean absolute deviation，MAD）是实际结果与均值之差的绝对值的期望值。数学表达式是 $|\text{MAD}|=E[|X_i-E(X)|]$ 。

D. 波动性

波动性主要指灾害风险数值在时间序列上的偏差，故该度量有只能对时间序列的数据进行计算的局限性。比如，遵循时间序列的气温、风级、股票价格等，常常用一些时间序列模型来进行度量。

E. 变异系数

变异系数是主要反映数据离散程度的值。变异系数主要受变量值离散程度和变量值平均水平的影响。一般来说，变量值平均水平越大，变异系数越大。

3. 度量方法

关于风险的度量方法主要有NASA（National Aeronautics and Space Administration，美国航空航天局）风险管理、澳大利亚 AS/NZS 4360[①]风险度量、肯特风险度量、澳大利亚试纸风险分数法、Hicks 风险度量等。

1）NASA 风险管理

NASA 风险管理起源于阿波罗计划，当时采用定性分析的方法对“阿波罗

① AS/NZS 4360 为《澳大利亚-新西兰风险管理标准》（Australian/New Zealand Risk Management Standard）。

计划”飞船进行分析和管理，取得了成功。随着不断地研究，NASA 得出风险管理是 RIDM（risk-informed decision making，风险-知情决策）与 CRM（continuous risk management，持续风险管理）协同运作的过程。RIDM 主要是识别备选方案、对备选方案可能的风险做出管理和分析，最后做出基于风险信息的决策。CRM 是对产品的风险管理形成一个闭环，包括风险识别、分析、跟踪和控制。

NASA 提出了一些对风险进行定性分析的表，主要是致灾因子导致的损失程度（表 3-18）、风险管理矩阵（表 3-19），以及风险可接受指标分级（表 3-20）。

表 3-18　致灾因子导致的损失程度

水平	描述	场景和细节
Ⅰ	灾难性的	死亡和系统损失
Ⅱ	致命的	一系列事故，一些系统的伤害
Ⅲ	微不足道的	很少的事故，微小的系统伤害
Ⅳ	可忽略的	伤害比微小事故少

表 3-19　风险管理矩阵

致灾因子概率	严重程度			
	灾难性（Ⅰ）	致命的（Ⅱ）	微不足道的（Ⅲ）	可忽略的（Ⅳ）
频繁的（A）	1	3	7	13
可能的（B）	2	5	9	16
偶然的（C）	4	6	11	18
很少的（D）	8	10	14	19
不可能的（E）	12	15	17	20

表 3-20　风险可接受指标分级

目标指数	类别
1～5	不可接受的
6～9	带来不良效果的
10～17	进一步评估可接受的
18～20	未进一步评估可接受的

2）澳大利亚 AS/NZS 4360 风险度量

澳大利亚 AS/NZS 4360 风险度量和 NASA 风险管理相似，包括致灾因子发生的概率表（表 3-21）、风险事件的结果定性表（表 3-22）和基于两者的风险管理矩阵表（表 3-23），以及人们对风险的可接受分级表（表 3-24）。澳大利亚 AS/NZS 4360 风险度量给各种概率水平赋予区间值，如“可能性非常小”的概率是小于 1%，设定水平是 2，“较高的可能”的概率是 50%～85%，设定水平是 12。

表 3-21　致灾因子发生的概率表

水平	频率描述	情景和细节	概率可能性/%
16	非常可能	几乎在所有条件下都会发生	>85
12	较高的可能	在很多条件下会发生	50～85
8	具有一定程度的可能	往往会发生	21～49
4	不大可能	有时会发生	1～20
2	可能性非常小	没有预期过	<1
1	几乎不可能	可能但非常意外	<0.01

表 3-22　风险事件的结果定性表

水平	描述	场景与细节
1000	巨灾	导致人死亡，银行破产，释放有毒物质对环境造成巨大伤害
100	严重事故	人受到严重损伤，经济受到严重影响，释放有毒物质对环境造成一定伤害
20	一般性事故，潜在危险	人需要医疗救助，经济存在潜在损失，释放有毒物质但不会对环境造成很大影响
3	小事故	人需要急救，释放一定量的有害物质，对经济和环境影响不大

表 3-23　风险管理矩阵表

可能性	严重性				
	可忽视的	微小的	潜在大伤害的	很严重的	毁灭性的
非常可能	16	48	320	1 600	16 000
可能性很高	12	36	240	1 200	12 000
一定可能性	8	24	160	800	8 000
可能性很低	4	12	80	400	4 000
非常不可能	2	6	40	200	2 000
几乎不可能	1	3	20	100	1 000

表 3-24 风险可接受分级表

数值	种类
＞1000	不可接受的
101～1000	不希望发生的
21～100	可接受的
＜21	可忽略的

3）肯特风险度量

和上面两种方法相似，肯特风险度量方法主要是把致灾因子发生的可能性和损失结果以区间概率的形式表示出来，并给出不同概率所在的指标级别。肯特风险度量方法根据致灾因子发生概率（表 3-25）、风险损失的结果描述（表 3-26）来得出风险管理矩阵，根据和灾害有关的风险评价标准得出最终的风险可接受等级表。

表 3-25 致灾因子发生概率

术语	解释	级别	概率/%
很可能	极有可能发生	5	91～100
比较可能	可能性比较高	4	61～90
可能	可能性在 50%左右	3	41～60
不大可能	可能性不大	2	11～40
不可能	可能性很低	1	0～10

表 3-26 风险损失的结果描述

术语	解释	级别	概率/%
验证的	真实发生	8	98～100
必然的	很可能	7	90～97
较高可能	较高的可能性	6	75～89
比较可能	推测大概比较可能	5	60～74
可能（或许）	差不多，50%左右的可能性	4	40～59
比较不可能	不太可能	3	20～39
不大可能	很低的可能性	2	2～19
没有证据	不可能	1	0～1

4）澳大利亚试纸风险分数法

澳大利亚试纸风险分数法是可以对灾害风险进行快速度量的粗略方法。其步骤如下：第一，根据以往经验估测出一个灾害事件可能发生的概率，概率在“经常”和“几乎为零”之间选取；第二，测出灾害风险的暴露程度，一个灾害风险是否发生、可能发生的概率、潜在的危险，以及灾害的不可控程度都和暴露程度有关；第三，根据前两个步骤的结果画出灾害的频率连线；第四，给出灾害风险的损失结果情况表。根据上述步骤可以得出一个死亡人数的预测结果，连接频率线 A 和后果线 B 得出灾害风险的数值，最后确定灾害风险在哪个等级区间里。

5）Hicks 风险度量

Hicks 风险度量也是对风险的一种粗略度量。该度量方法主要是以人员伤亡为依据进行度量。Hicks 风险度量主要包括致灾因子发生的概率（表 3-27）、健康风险评估的结果描述（表 3-28）、风险分数水平等级（表 3-29）。

表 3-27　致灾因子发生的概率

重要性	概率
经常（5）	每年 1 次或多于 1 次
很可能（4）	10 年发生 1 次或超过 1 次
偶尔（3）	30 年发生 1 次或超过 1 次
极少发生（2）	200 年发生 1 次或超过 1 次
不可能（1）	200 年发生不到 1 次

表 3-28　健康风险评估的结果描述

结果	公众健康结果
悲惨灾难性的（100）	成倍死亡和受伤
重大的（60）	单一死亡，永久残疾
严重的（25）	重大伤害，部分受伤或长久受伤
一般的（10）	小伤害，医药救助和不严重的受伤
轻微的（2）	轻伤

表 3-29　风险分数水平等级（风险＝事件频率×结果级别）

风险分数	风险水平	必要的行动
＞400	极端风险	不能容忍的风险，立即采取必要的措施减轻风险
101～400	高风险	长时间内是不能接受的，必须采取风险控制措施
32～100	一般风险	不希望的，从长远看需要采取风险减轻方法
＜32	低风险	不需要采取措施，周期性评估并保持低风险水平

3.5 风 险 控 制

风险控制是对使风险损失趋于严重的各种条件采取必要的措施，以消灭或减少发生风险的可能性及各种潜在的损失。从风险控制的要素结构上看，它包括财务、生产、销售、质量、人力资源等内容。从风险控制的过程考察，则包括事前、事中与事后的风险控制等内容。

3.5.1 风险控制的基本原理

1. 按照内涵角度划分

1）制衡原理

制衡原理是风险控制的基本原理（郑洪涛，2014）。相互制衡的雏形就是指一个人不能完全支配账户，另一个人也不能独立地加以控制的制度。某员工的业务与另一个员工的业务必须是相互弥补、相互牵制的关系，即必须进行组织上的责任分工和业务上的交叉检查或交叉控制，以便相互牵制，防止错误或弊端。

内部牵制制度的建立主要基于两个设想：两个或者两个以上的人或部门无意识地犯同样错误的机会是很小的；两个或两个以上的人或部门无意识地舞弊的可能性大大低于单独一个人或部门舞弊的可能性。按照这样的设想，内部牵制制度可以上下牵制、左右制约、相互监督，实现查错防弊这个主要功能。

2）防灾减灾原理

从宏观上，灾害的控制不仅要预防灾害，还要尽可能地减少灾害造成的损失。从微观上，要想实现灾害控制，减轻灾害危害，可以基于致灾五因子（张国庆，2012a），采取如下防灾减灾五策略。

（1）研究自然致灾因子的致灾机理，采取防灾减灾措施。

（2）维护社会和谐稳定，消除恐怖等危险因素；科学安排生产，加强管理，杜绝管理缺陷等酿成安全事故；加强防灾减灾能力建设，减少灾害发生的频率和造成的危害。

（3）重点工程建设和危险性物质贮藏地需要尽量避开灾害高发区。

（4）减少致灾因子致灾的作用时间或作用强度，延缓灾害发生，降低灾害发生频率，减轻灾害危害强度，降低灾害造成的损失。

（5）维护承灾体系统的稳定性，提高承灾体对致灾作用的修复力，增强其抗灾能力。

3）GCSP 原理

GCSP（张国庆，2012b）是分级管理（graded management）、分类管理

（classification management）、分区管理（subarea management）和分期管理（phased management）的英文缩写，该原理主要是针对灾害不同的发生特点，采取不同的应对策略。

分级管理：根据灾害源的危险性或灾害的危害程度，将灾害危害程度或灾害源划分等级，按照等级启动相应的应急预案，进行灾害管理。

分类管理：根据灾害种类、灾害源、承灾体，对灾害进行分类，采取不同的管理措施。

分区管理：按照不同的自然区域或行政区域的特点，采取相应的管理措施。

分期管理：灾害的发生发展常遵循一个特定的周期，在灾害不同的发生发展期，采取不同的管理措施。

4）学习原理

学习原理（learning principle）（张国庆，2012b）：通过灾害事件，学习灾害管理技术，提高防灾减灾能力。学习原理要求如下。

（1）在灾害管理的整个过程中，要记录技术日志，认真记录灾害监测、预警、预防、救援、灾后恢复、评价等整个过程，尤其是预警、救援等关键点的技术与管理细节，为灾后评价、学习提供真实的资料。

（2）灾后评估要细致认真，评估过程要依法进行，并做到完全地公正、公平、公开。

（3）灾害管理的评估与责任追究应遵守回避制度，不能由灾害管理者进行，而应该由司法机关和专业的灾害评估机构，在有关机构的监督下，公平、公正、公开地进行。

（4）将灾害管理学习原理法治化，依法开展技术日志记录，依法进行灾害评估，依法进行责任追究。

5）法治原理

法治原理（law principle）（张国庆，2012c）：整个灾害管理活动要依法进行，灾害管理中要严格执行灾害管理技术标准。灾害管理法律法规及其执行与监督、灾害管理技术标准及其执行与监督要覆盖灾害管理的全过程，彻底实现灾害管理法治化。

（1）从历史灾害事件中吸取经验教训，将最先进的灾害管理技术及灾害监测、预警、预防、救援与灾后恢复等技术运用到灾害管理法律法规与技术标准中。

（2）在现实的灾害管理中，灾害管理法律法规和灾害管理技术标准的完备性很难实现，再加上灾害的不确定性，有且只有加强灾害管理的学习过程，才能不断完善灾害管理法律法规与技术标准。

（3）由于灾害管理法律法规和技术标准存在不完备性，就有必要在灾害管理法律法规和技术标准中明确灾害管理原则。

2. 按照风险控制过程角度划分

1）事前控制

事前控制是一种防护性控制，作为控制者事前理应深入实际、调查研究、预测出发生差错的问题与概率，并设想出预防措施、CCP与保护性措施。风险控制（郑洪涛，2014）是未病先防，强调及时发现和识别风险，建立事前预警和防范机制，通过定期风险评估和全过程管理加强对经济活动的分析研究，将问题解决在萌芽状态，从而有效地管理和控制风险。风险控制是一个系统工程，需要单位领导的重视和推动，需要综合考虑业务特点、发展阶段、信息技术条件、外部环境要求等，选择合适的管理体系和建设重点，借助信息化手段落地。事前的风险控制体系的实施，能够有效防范组织内部的错弊。

2）事中控制

事中控制方式（欧阳浩，2014）是利用反馈信息实施控制的。事中控制活动是经常性的，每时每刻都在进行之中。事中控制方式的要点如下。

（1）以计划执行过程中获取的信息为依据。

（2）有完整的、准确的统计资料和完备的现场活动信息。

（3）决策迅速，执行有力，保证及时控制。

从事中控制可以看出，确定期望是实现控制的前提。准确地说，进度控制和质量控制中的期望都应该体现在项目的组织设计和施工方案中，我们应建立一套严密的监控体系来对整个项目周期进行监控管理，保证能够时刻收集到准确的实际值以便于和计划值进行比对，从而拿出纠偏方案。

3）事后控制

事后控制是指在实际行动发生以后，再分析、比较实际业绩与控制目标或标准之间的差异，然后采取相应的措施防错纠偏，并给造成差错者以适当的处罚。在每个分项工作或重点工作完成后，都要尽快形成风险管理报告（欧阳浩，2014），为项目的实施、控制、管理、决策提供信息基础。损失减少就是一种事后控制。对一个公司来说，损失减少非常重要。一方面，损失预防不可能万无一失；另一方面，融资型的风险管理措施只能弥补事故发生后的经济损失。有些结果是无法挽回的，如人的生命，而且即便是经济损失，有时我们还是更希望保留原有物品，而不是得到经济赔偿。因此，损失减少在风险管理中的位置不言而喻。

3.5.2　风险控制的措施

灾害风险控制的四种基本措施为风险回避、损失控制、风险转移和风险保留（张国庆，2012a）。

1. 风险回避

风险回避（王周伟，2017）就是有意识地回避某种特定的风险。它把风险降低为零，是最彻底的风险管理措施，其方法主要有两种：①放弃或终止某项活动的实施；②继续执行但改变活动的性质。

风险回避是指在面对整体风险所带来的严重后果时，不是采取一定的策略直面风险，而是通过主动将整个具有风险的内容放弃，来回避风险。它是各种风险管理技术中最简单的方式，同时也是较为消极的一种方式。

它使用的情况主要包括以下几种。

（1）损失概率和损失幅度都比较大的特定风险。

（2）频率虽然不高，但后果严重且无法得到补偿的风险。

（3）采用其他风险管理措施的经济成本超过了进行该项活动的预期收益。

2. 损失控制

损失控制（王周伟，2017）是指通过降低损失频率或者减少损失程度来减少期望损失成本的各种行为。它包含两个方面：损失预防（loss prevention）和损失减少（loss reduction）。

1）损失预防

损失预防在实践中应用广泛，包括：①改变风险因素；②改变风险因素所处的环境；③改变风险因素和其所处环境的相互作用。

2）损失减少

损失减少的目的是减少损失的潜在严重程度。常用的损失减少措施包括：①抢救；②灾难计划和紧急应急计划。

损失控制在应用的时候需要注意以下几个方面。

（1）在成本与效益的基础上进行措施选择。

（2）不能过分相信和依赖损失控制。

（3）某些措施一方面能抑制风险因素，另一方面也会带来新的风险因素。

3. 风险转移

风险转移（risk transference）（张国庆，2012b）是指通过一定的管理措施，将灾害风险转移到损失较小的承灾体上。通过风险转移，可大大降低灾害管理主体的风险程度。风险转移的主要形式有承灾体替换、承灾体转移、风险源替换、风险源转移和灾害保险。

承灾体替换，是用灾害造成损失相对较小的承灾体替换可能造成较大损失的承灾体，或者用抗灾能力强的、灾害对其影响不大的承灾体替换脆弱的、相对重要的承灾体，从而避免重要的或可能造成较大损失的承灾体受到灾害的破坏。

承灾体转移，是将重要的、脆弱的或灾害可能对其造成较大损失的承灾体转移到安全地带，避免造成较大损失。

风险源替换，是用相对安全的物体或危害不大的物体替换目前危害较大的风险源。

风险源转移，是将风险源转移到抗灾能力强或灾害损失小的区域。

灾害保险，是分散风险的一种特殊形式，由保险人提供风险转移工具给被保险人（或投保人），或者灾害一旦发生，由保险人补偿被保险人（或投保人）的经济损失。

4. 风险保留

风险保留（王周伟，2017），也称风险自留（risk retention），是由经历风险的单位自己承担风险事故损失的一种方法，它通过资金融通来弥补损失。一些发生频率高但损失幅度较小的风险，经常自留于公司内部，如果有一个正式的计划，则通常称为自我保险计划（self-insurance plan）。

风险自留，也即风险承担。如果损失发生，经济主体将以当时可利用的任何资金进行支付。

1）无计划保留

它是一种被动的风险管理方式，一般是灾害管理单位存在侥幸心理，或对潜在的损失程度估计不足从而暴露于风险中，这是一种非理性的风险管理方式。一般来说，无计划保留应当谨慎使用，因为，如果实际总损失远远大于预计损失，将引起资源调配困难，致使小灾酿成大灾，甚至爆发“人祸”。

2）有计划自我保险

它是指经正确分析，认为潜在损失在承受范围之内，而自己有计划地承担全部或部分，即在灾害损失发生前，通过做出各种计划安排，确保灾害发生后能及时获得足够的资源用于抗灾救灾，这是一种理性的主动承担风险的管理方式（张国庆，2012b）。有计划自我保险主要通过建立灾害预留资金和储备救灾物资的方式实现。

3.5.3　风险控制管理的法律制度

迄今为止，已有多部防灾减灾或与之密切相关的法律、法规出台，为减灾机制的建立奠定了制度基础。这里以自然灾害和事故灾难为例，列出了一些相应的法律法规，如表3-30和表3-31所示。

表 3-30　自然灾害法律法规

公布时间	法律法规名称	目的
1989 年 12 月 18 日	《森林病虫害防治条例》	有效防治森林病虫害，保护森林资源，促进林业发展，维护自然生态平衡
1991 年 7 月 2 日	《中华人民共和国防汛条例》	做好防汛抗洪工作，保障人民生命财产安全和经济建设的顺利进行
1993 年 10 月 5 日	《草原防火条例》	加强草原防火工作，积极预防和扑救草原火灾，保障人民生命财产安全，保护草地资源
1995 年 2 月 11 日	《破坏性地震应急条例》	加强对破坏性地震应急活动的管理，减轻地震灾害损失，保障国家财产和公民人身、财产安全，维护社会秩序
1997 年 8 月 29 日	《中华人民共和国防洪法》	防治洪水，防御、减轻洪涝灾害，维护人民的生命和财产安全，保障社会主义现代化建设顺利进行
1997 年 12 月 29 日	《中华人民共和国防震减灾法》	防御与减轻地震灾害，保护人民生命和财产安全，保障社会主义建设顺利进行
2001 年 8 月 31 日	《中华人民共和国防沙治沙法》	预防土地沙化，治理沙化土地，维护生态安全，促进经济和社会的可持续发展
2003 年 11 月 24 日	《地质灾害防治条例》	防治地质灾害，避免和减轻地质灾害造成的损失，维护人民生命和财产安全，促进经济和社会的可持续发展
2007 年 8 月 30 日	《中华人民共和国突发事件应对法》	预防和减少突发事件的发生，控制、减轻和消除突发事件引起的严重社会危害，规范突发事件应对活动，保护人民生命财产安全，维护国家安全、公共安全、环境安全和社会秩序
2010 年 1 月 27 日	《气象灾害防御条例》	加强气象灾害的防御，避免、减轻气象灾害造成的损失，保障人民生命财产安全

表 3-31　事故灾难法律法规

公布时间	法律法规名称	目的
1987 年 9 月 5 日	《中华人民共和国大气污染防治法》	防治大气污染，保护和改善生活环境和生态环境，保障人体健康，促进经济和社会的可持续发展
1988 年 5 月 18 日	《防止拆船污染环境管理条例》	防止拆船污染环境，保护生态平衡，保障人体健康，促进拆船事业的发展
1990 年 6 月 25 日	《中华人民共和国防治海岸工程建设项目污染损害海洋环境管理条例》	加强海岸工程建设项目的环境保护管理，严格控制新的污染，保护和改善海洋环境
1993 年 8 月 4 日	《核电厂核事故应急管理条例》	加强核电厂核事故应急管理工作，控制和减少核事故危害
1995 年 8 月 8 日	《淮河流域水污染防治暂行条例》	加强淮河流域水污染防治，保护和改善水质，保障人体健康和人民生活、生产用水
1996 年 10 月 29 日	《中华人民共和国环境噪声污染防治法》	防治环境噪声污染，保护和改善生活环境，保障人体健康，促进经济和社会发展

续表

公布时间	法律法规名称	目的
2001年5月23日	《农业转基因生物安全管理条例》	加强农业转基因生物安全管理，保障人体健康和动植物、微生物安全，保护生态环境，促进农业转基因生物技术研究
2003年5月9日	《突发公共卫生事件应急条例》	有效预防、及时控制和消除突发公共卫生事件的危害，保障公众身体健康与生命安全，维护正常的社会秩序
2003年6月28日	《中华人民共和国放射性污染防治法》	防治放射性污染，保护环境，保障人体健康，促进核能、核技术的开发与和平利用
1989年2月21日	《中华人民共和国传染病防治法》	预防、控制和消除传染病的发生与流行，保障人体健康和公共卫生
1995年10月30日	《中华人民共和国固体废物污染环境防治法》	防治固体废物污染环境，保障人体健康，维护生态安全，促进经济社会可持续发展
1997年7月3日	《中华人民共和国动物防疫法》	加强对动物防疫活动的管理，预防、控制和扑灭动物疫病，促进养殖业发展，保护人体健康，维护公共卫生安全
1984年5月11日	《中华人民共和国水污染防治法》	防治水污染，保护和改善环境，保障饮用水安全，促进经济社会全面协调可持续发展

专业术语

1. 控制（control）：检查工作是否按既定的计划、标准和方法进行，发现偏差，分析原因，进行纠正，以确保组织目标的实现。

2. 风险控制（risk control）：风险管理者采取各种措施和方法，消灭或减少风险事件发生的各种可能性，或减少风险事件发生时造成的损失。

3. 风险矩阵法（consequence/probability matrix method）：通过定性及定量的方法将灾害发生的可能性和风险发生后果的严重程度汇总在矩阵图中，可以计算风险发生的概率、评定风险等级。

4. 可接受风险（acceptable risk）：预期的风险事故的最大损失程度在单位或个人经济能力和心理承受能力的最大限度之内。

5. 可容忍风险（tolerable risk）：人们为了获益而愿意去忍受的风险水平。

6. 损失控制（loss control）：通过降低损失频率或者减少损失程度来减少期望损失成本的各种行为。

本章习题

1. 风险指标的选择要遵循什么原则？

2. 如何使用关键风险指标？

3. 风险管理过程中，如何使用风险矩阵？

4. 气象风险矩阵图可分为哪三种形式？

5. 可接受风险和可容忍风险有什么区别？

6. 可以从哪些方面度量风险？

7. 谈谈 NASA 风险管理、澳大利亚 AS/NZS 4360 风险度量、肯特风险度量、澳大利亚试纸风险分数法、Hicks 风险度量的区别。

8. 风险的主观度量和客观度量有什么区别？

9. 风险控制应遵循哪些原理？

参考文献

岑慧贤, 房怀阳, 吴群河. 2000. 可接受风险的界定方法探讨[J]. 重庆环境科学, (3): 18-19, 51.

陈建华. 2007. 风险投资项目中风险的识别、评估与防范研究[D]. 广州: 暨南大学.

陈伟, 许强. 2012. 地质灾害可接受风险水平研究[J]. 灾害学, 27(1): 23-27.

董涛, 金菊良, 王振龙, 等. 2019. 基于风险矩阵的区域农业旱灾风险链式传递评估方法[J]. 灾害学, 34(3): 227-234.

高凤丽. 2004. 基于风险矩阵方法的风险投资项目风险评估研究[D]. 南京: 南京理工大学.

高建明, 王喜奎, 曾明荣. 2007. 个人风险和社会风险可接受标准研究进展及启示[J]. 中国安全生产科学技术, (3): 29-34.

郭恺莹. 2013. 我国风暴潮灾害经济损失评估[D]. 青岛: 中国海洋大学.

拉桑德 M. 2013. 风险评估: 理论、方法与应用[M]. 刘一骝译. 北京: 清华大学出版社.

李东升. 2006. 基于可靠度理论的边坡风险评价研究[D]. 重庆: 重庆大学.

李红英, 谭跃虎. 2013. 滑坡灾害风险可接受准则计算模型研究[J]. 地下空间与工程学报, 9(S2): 2047-2052.

李剑峰, 刘茂, 冉丽君. 2006. 公共场所人群聚集个人风险的研究[J]. 安全与环境学报, (5): 112-115.

李素鹏. 2012. ISO 风险管理标准全解[M]. 北京: 人民邮电出版社.

李素鹏. 2013. 风险矩阵在企业风险管理中的应用: 详解风险矩阵评估方法[M]. 北京: 人民邮电出版社.

李漾, 周昌玉, 张伯君. 2007. 石油化工行业可接受风险水平研究[J]. 安全与环境学报, (6): 116-119.

刘磊超, 姜存仓, 刘桂东, 等. 2015. 低硼胁迫对柑橘枳橙砧木生长及营养生理的影响[J]. 华中农业大学学报, 34(3): 64-68.

刘莉, 谢礼立, 胡进军. 2010. 城市地震的可接受死亡风险研究[J]. 自然灾害学报, 19(4): 1-7.

刘小东. 2014. 落石灾害防治决策与风险管理研究[D]. 重庆: 重庆交通大学.

刘志雄, 刘敏. 2015. 基于风险矩阵法的湖北省柑橘冻害风险区划[J]. 华中农业大学学报, 34(6): 73-77.

吕保和, 李宝岩. 2011. 可接受风险标准研究现状与思考[J]. 工业安全与环保, 37(3): 24-26.

聂春龙. 2012. 边坡工程风险分析理论与应用研究[D]. 长沙: 中南大学.

欧阳浩. 2014. 风险控制原理在通信机房搬迁项目中的作用浅析[J]. 电子制作, (9): 109, 112.

彭雪辉, 盛金保, 李雷, 等. 2014. 我国水库大坝风险标准制定研究[J]. 水利水运工程学报, (4): 7-13.

尚志海. 2012. 泥石流灾害综合风险货币化评估及可接受风险研究[D]. 广州: 中山大学.

汤莉, 俞玲娜, 刘国红, 等. 2016. 核心制度关键风险指标管理在控制不良事件中的应用[J]. 中国实用护理杂志, 32(21): 1657-1661.

王健. 2013. 自然灾害社会可接受风险初步研究——以中国洪涝灾害为例[D]. 重庆: 重庆师范大学.

王静. 2014. 城市承灾体地震风险评估及损失研究[D]. 大连: 大连理工大学.

王周伟. 2017. 风险管理[M]. 2版. 北京: 机械工程出版社.
吴树仁, 石菊松, 王涛, 等. 2012. 滑坡风险评估理论与技术[M]. 北京: 科学出版社.
向玲, 张庆林. 2006. 主观概率判断的支持理论[J]. 心理科学进展, 14(5): 689-696.
徐继维, 张茂省. 2016. 中国地质灾害风险允许标准[J]. 灾害学, 31(2): 127-130.
于汐, 薄景山, 唐彦东. 2018. 重大岩土工程可接受风险标准研究[J]. 自然灾害学报, 27(3): 56-67.
余蜀豫, 刘青松, 任艳, 等. 2015. 雷电灾害风险允许值探析[J]. 建筑电气, 34(2): 52-55.
余伟兵. 2007. 试论我国灾害损失的赔偿机制[J]. 鄂州大学学报, 14(4): 19-21.
俞素平. 2018. 基于风险矩阵法的公路高边坡风险评估[J]. 长春工程学院学报(自然科学版), 19(1): 85-89.
张国庆. 2012a. 灾害管理理论研究[J]. 现代农业科技, (10): 22-23.
张国庆. 2012b. 灾害学概论[EB/OL].(2012-03-16)[2012-04-11]. http://blog.sciencenet.cn/home.php?mod=space&uid=3344&do=blog&id=548423.
张国庆. 2012c. 灾害学基本原理[EB/OL].(2012-04-10)[2012-04-11]. http://blog.sciencenet.cn/home.php?mod=space&uid=3344&do=blog&id=557524.
张金文. 2015. 关键风险指标与绩效考核研究[J]. 管理观察, (6): 118-119, 124.
张鹏, 李宁. 2014. 我国自然灾害风险分级方法的标准化[J]. 灾害学, 29(2): 60-64.
张鹏, 秦国晋, 王艺环. 2018. 城市燃气事故生命损失风险可接受标准研究[J]. 中国安全生产科学技术, 14(8): 181-186.
赵洲, 侯恩科. 2011. 中国地质灾害生命可接受风险标准研究[J]. 科技导报, 29(36): 17-22.
郑洪涛. 2014. 内部控制与廉政建设机制研究[J]. 会计与控制评论, (1): 55-62.
周兴波, 周建平, 杜效鹄, 等. 2015. 我国大坝可接受风险标准研究[J]. 水力发电学报, 34(1): 63-72.
Fell R, Corominas J, Bonnard C, et al. 2008. Guidelines for landslide susceptibility, hazard and risk zoning for land use planning[J]. Engineering Geology, 102(3/4): 85-98.
Jonkman S N, van Gelder P H A J M, Vrijling J K. 2003. An overview of quantitative risk measures for loss of life and economic damage[J]. Journal of Hazardous Materials, 99: 1-30.
Kletz T. 2003. Reducing risks, protecting people HSE's decision making process[J]. Process Safety and Environmental Protection, 81: 53-54.
Krewski D, Lemyre L, Turner M C, et al. 2009. Public perception of population health risks in Canada: health hazards and health outcomes[J]. International Journal of Risk Assessment and Management, 11: 299-318.
Le Guen J. Generic terms and concepts in the assessment and regulation of industrial risks[Z]. Health and Safety Executive discussion document，1995.
Manuele F A. 2008. Prevention through design addressing occupational risks in the design and redesign processes[J]. Professional Safety, 53(10): 28-40.
Marszal E M. 2001. Tolerable risk guidelines[J]. ISA Transactions, 40(4): 391-399.

第 4 章　灾害风险分析数据

学习目标

- 理解常见的灾害风险数据类型、特征和格式
- 理解常见的灾害风险数据库及其使用方法
- 掌握定性数据与定量数据的分析方法

4.1　灾害风险数据类型

4.1.1　事故数据

1. 事故数据的概念和类型

灾害风险系统运行过程中涉及各类数据和信息的流动和使用。信息论认为，任何物质、能量均为信息的载体，而数据又是信息的基本组成单位。因此灾害风险系统中各要素均能以数据的形式表达。事故数据从数量方面反映灾害风险有关的人身伤亡、损失及原因等。各行业的安全生产也要依据事故数据获取事故信息，它为一系列的安全工作，如了解安全情况、制定安全工作方针和政策、评估风险，以及研究和改善设备或环境条件提供可靠的数据资料。

根据国务院印发的《生产安全事故报告和调查处理条例》的规定，按照事故造成的伤亡人数或者直接经济损失，将事故划分为特别重大事故、重大事故、较大事故和一般事故 4 个等级。其中特别重大事故，是指造成 30 人以上死亡，或者 100 人以上重伤，或者 1 亿元以上直接经济损失的事故，其他等级的事故的损失程度依次递减。事故数据通常是指人为灾害产生的一系列数据。人为灾害是指人为因素引发的灾害事故，主要包括安全生产事故、交通运输事故、公共设施和设备事故、环境污染事故、生态破坏事故。因此事故数据涵盖安全生产事故、交通运输事故、公共设施和设备事故、环境污染事故、生态破坏事故等类型的数据。

2. 事故数据的特性

1）事故数据的时间特性

事故数据的特殊性决定了不同时期和不同时段的事故数据会呈现出不同的分布特性，即事故数据的时间特性。

以长江经济带地区的房建工程事故（唐冰等，2020）为例，通过观察2010～2019年房建事故数据的时间分布特性，来揭示事故数据的统计学规律。图4-1展示了长江经济带每年发生的房建工程的事故数量，事故造成的死亡人数、受伤人数，以及死亡率等指标的年度变化。

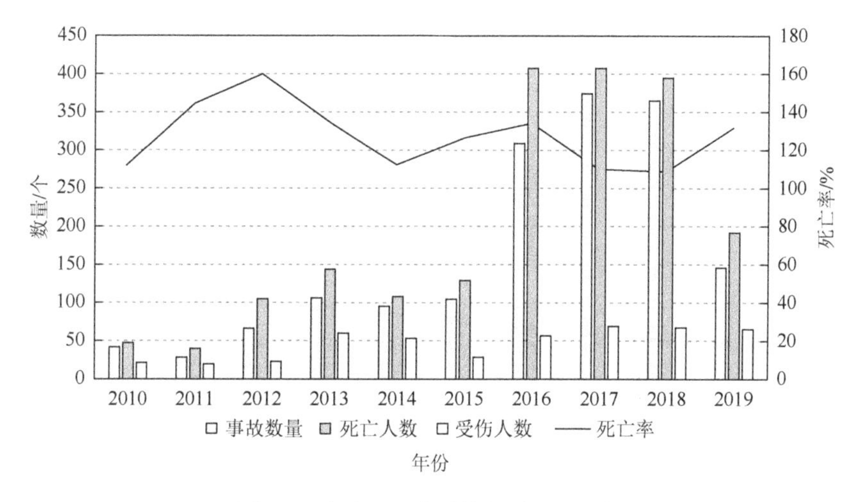

图4-1　房建工程事故按年份统计分析

由图4-1可知，2010～2015年房建工程的事故数量总体呈增长的趋势，且在2013年达到了一个小高峰。事故数量的增长趋势与建筑行业的发展趋势一致，随年份增长呈波动增长趋势。虽然房建工程的事故数量近年来持续增长，但在2019年房建工程事故数量与伤亡人数均有所下降，这说明施工事故在一定程度上是人为可控的。2016～2018年，全国房建工程施工面积连续3年呈增长态势，导致2016～2018年长江经济带地区房建工程的事故数量呈跳跃式增长，达到了2015年的近3倍。快速增长的房建工程量成为事故数量急剧增长的重要原因。

从年度统计数据来看，每年事故造成的死亡人数总体上与事故数量呈正相关，随着事故数量的增加而增加。受伤人数虽然涨幅不高，人数较少，但一直呈波动上涨趋势。死亡率虽然有起伏，但10年间平均死亡率为127%，即每起事故平均死亡1.27人（王勇等，2018），每年死亡率均超过100%，其中2012年高达160%。施工事故数量不断增长的趋势与每年均高于100%的死亡率说明，长江经济带地区仍需不断提高房建工程的安全检查及监管力度，进一步降低事故发生率与事故死亡率。由此我们也可以看出，事故数据的时间特性对于灾害风险的分析具有不可小觑的作用。

2）事故数据的空间特性

不同地区各方面发展情况的不同与地形地貌的不同会直接导致事故的发生频

率有所不同，这就使得事故数据具有空间特性。

以 2011～2020 年我国各省区市的煤矿水害事故（景国勋和秦瑞琪，2021）为例，图 4-2 为各省区市煤矿水害事故起数及死亡人数的统计图。通过观察图 4-2 所示的各省区市煤矿水害事故统计数据的直方图可以直观地看到各个区域间事故发生数量的差别，即事故数据的空间分布特征。

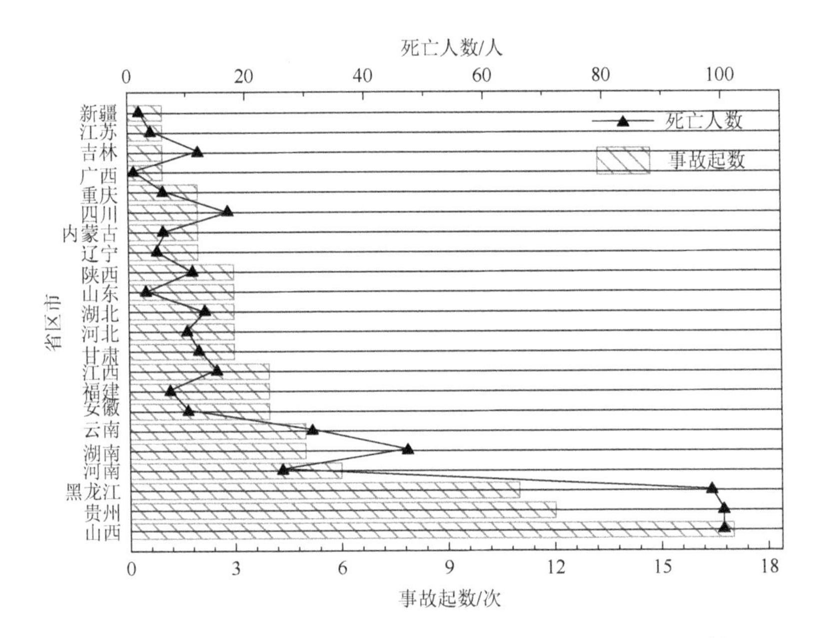

图 4-2　2011～2020 年各省区市煤矿水害事故起数及死亡人数

由图 4-2 可知，我国 2011～2020 年共有 22 个省区市发生了煤矿水害事故，其中河南、黑龙江、贵州、山西这四个地方的煤矿水害事故的起数最多，分别占全国该类事故总起数的 6%、11.6%、12.6%、17.9%，湖南、黑龙江、贵州和山西的事故死亡人数较多，分别占 9%、17.9%、18.7%和 19.1%。就事故的严重程度来看，湖南、黑龙江和贵州的严重程度较高，单次事故的平均死亡人数分别为 9.4 人、8.9 人和 8.3 人。

我国煤矿水害事故存在区域高发性，原因在于煤矿水害事故的数量与不同地区的地质水文条件密切相关。因此，在灾害风险管理的过程中，通过充分地利用事故数据的空间分布特征，可以有针对性地加强特大水灾事故地区的风险防范管理。

3）事故数据的测量指标

事故数据的测量指标是统计和评估灾害风险的一项基础性指标。只有建立健全事故统计分析指标体系，才能更全面、准确地分析、预测安全生产事故。

目前国内和世界上普遍采用的事故统计指标如下。

A.绝对指标和相对指标（罗云等，2006）

事故数据的测量指标体系包括五大绝对指标和四大相对指标。

绝对指标又称统计绝对数、数量指标或总量指标，是反映一定时间、地点条件下社会现象的总体规模和总水平的指标。相对指标是质量指标的一种表现形式。它是通过两个有联系的统计指标对比而得到的，其具体数值表现为相对数，一般表现为无名数。

安全生产领域中的绝对指标涉及五大方面的内容，分别是事故起数（隐患、征候）、死亡人数、重轻伤人数、损失工日（时）数、经济损失量。其中，损失工日（时）数是指被伤者丧失从事某项工作能力的工作时间；经济损失量是指劳动生产中发生事故所引起的包括直接经济损失和间接经济损失在内的一切经济损失。

相对指标包括以下几个方面。①相对人员：千人伤亡率、10万人死亡率、人均损失工日、人均损失等。②相对劳动量：百万工日伤害频率、人均损失工日等。③相对生产产值：亿元GDP死亡率。④相对生产产量：煤矿行业的百万吨事故率等；道路的万车率等；民航的万时坠毁率等；铁路的万时事故率等。

B.事故频率指标和事故严重率指标

事故频率指标是在一定工作人数、一定工作时间、一定生产作业条件下，发生事故的频率，是表征生产作业安全状况的指标。按照《企业职工伤亡事故分类标准》（GB6441—86）规定，我国按照千人死亡率、千人重伤率、伤害频率计算事故频率。

事故严重率指标是描述工伤事故中人身遭受的伤亡严重程度的指标。在伤亡事故统计中按因受伤而丧失劳动能力的情况来衡量伤亡的严重程度。丧失劳动能力的情况按因受伤不能工作而损失劳动日天数计算。《企业职工伤亡事故分类标准》规定，按伤害严重率、伤害平均严重率等指标计算事故严重率。

C.国外重要的事故数据测量指标

英国、法国、加拿大等27个国家常使用千人负伤率作为事故频率的统计指标，而德国、意大利、瑞士、荷兰等国家则按300个工作日为一个工人数计算。此外，致命事故比率、风险死亡率和交通事故率等可以作为基于事故数据衡量事故严重程度的指标。

致命事故比率。英国帝国化学集团引入致命死亡率（fatal accident rate，FAR）并将其定义为指定人群暴露在危险之中累积一亿小时的死亡数量，其计算公式如下：

$$\text{FAR}=\frac{\text{预计死亡人数}}{\text{暴露在危险中的时间(h)}}\times 10^{8} \tag{4-1}$$

该公式的解释如下：如果1000人在50年中每年工作2000h，他们累积暴露在危险中的时间为10^8h，FAR则为这1000人中预计在其职业生涯中死亡的人数。

此外，我们可以应用此公式计算机组人员飞行的风险。假定每年飞行机组成员的死亡率为1.2×10^{-3}，每年的飞行时间 1760h。那么，他们每飞行一小时的死亡率就与飞行小时数有关，即为

$$1.2\times10^{-3}/1760=6.82\times10^{-7}/\text{h} \tag{4-2}$$

如果将10^{8} h 的标准暴露时间考虑在内，则得出$6.82\times10^{-7}\times10^{8}=68.2$人死亡。

风险死亡率。风险死亡率的描述基于正常时间或者基于暴露时间而不考虑个体单一指标。但是，如果考虑主观风险判断对可接受风险的影响，死亡率和 FAR 的重要性可能是有限的，需要进一步改进参数。这是因为死亡率仅给出了一定时期内的平均值，而不能描述单一事件的具体情况。例如，所有的海上平台工作人员被认为属于同一人群，因此 FAR 的值代表全部海上工作人员的平均情况。然而很明显，生产人员、钻井工人和后勤人员面对的危险程度是不一样的。因此，即使得到了 FAR 值，也应该考虑工作性质之间的差异性。

交通事故率。交通部门在衡量风险时，时间并不是唯一的参数，有时他们会采用运载方面的指标。例如，航空业通常会使用：①飞行时间；②人员飞行时间；③飞机起飞次数。

航空 FAR 通常定义为

$$\text{FAR}_{\alpha}=\frac{\text{事故相关死亡人数}}{\text{飞行时间(h)}}\times10^{-5} \tag{4-3}$$

因此，此时FAR_{α}描述的是每十万飞行小时的死亡人数。

还可以通过起飞次数来计算飞行事故率：

$$\text{FAR}_{\alpha}=\frac{\text{事故相关死亡人数}}{\text{起飞次数}}\times10^{-5} \tag{4-4}$$

在铁路和公路部门，经常会使用如下运载指标：①行驶千米数；②人员行驶千米数；③人员旅行时间。

因此相关的风险量度如下。

每一亿人千米死亡人数（相当于有 100 万人，每人旅行 100km）。

每一亿车千米死亡人数（相当于有 100 万辆车，每辆车行驶 100km）。

每百万人死亡率。每百万人死亡率（the number of deaths per million，DPM）是用来衡量某特定人群死亡率的风险指标。

4.1.2　可靠性数据

1. 可靠性数据的概念和背景

可靠性数据的定义是整体系统或者单一产品在开发、测试、生产制造和使用

过程中产生的可以用来评价产品耐用程度、质量和功能的数据。可靠性数据的指标一般包括失效率、可靠度、使用强度、产品故障时间、产品故障频率、产品故障间隔时间等。

广义的可靠性是指产品在规定的时间内和规定的条件下完成规定的功能的能力，这种能力通常用一个概率值来表示。系统的各种可靠性指标要求建立在可靠性的各种定量表示的基础上，所以系统可靠性的定量分析也是建立在数据可靠性的基础之上的。可靠性数据作为描述、评价产品可靠性的理论基础，随着可靠性概念的提出和应用逐渐发展起来，并成为可靠性工程的重要组成部分。可靠性数据给可靠性设计和可靠性试验提供了基础，为可靠性管理提供了决策依据（赵宇等，2009）。

2. 可靠性数据的特征

1）可靠性数据的时效性

无故障工作时间的长短可以反映产品的可靠性，是产品可靠性数据的重要组成部分。这里的时间概念是广义的，包括周期、距离（里程）、次数等，如汽车的行驶里程、发动机的循环次数等。可靠性数据的产生和利用与产品寿命周期的各阶段密切相关，各阶段产生的数据反映了该阶段产品的可靠性水平，所以可靠性数据的时效性很强。

2）可靠性数据的完整性

可靠性数据在其生命周期中一直保持完整、真实不变，能够从各方面反映产品可靠性发展的趋势和全过程，所以数据的完整度很高。

3）可靠性数据的一致性

可靠性数据或记录从产生之时起，未被有意或无意地修改、更换或破坏，且在任何操作过程中，如转移、储存、获取，也不被改变，与产品的真实情况保持一致。

4）可靠性数据的准确性

可靠性数据建立在真实数据的基础之上，且通常会经过多次分析和处理，故可靠性数据的准确度极高。只有保证了可靠性数据的准确性，才能有效地进行相关的可靠性工作。

3. 数据可靠性问题及危害

1）质量风险

在生产和质量控制过程中，将不合格数据篡改为合格，隐瞒不合格的数据，选择合格的数据报告，或者凭空编造数据，这些直接反映产品质量属性的数据一旦有问题，将直接影响产品的质量。

2）合规风险

相关程序设置不当，做法的合规性不够，不足以保证其数据的可靠性，会给产品质量带来潜在隐患，官方审计不能通过。

3）决策风险

监管者看到的绝大多数数据都是企业提供的，如果这部分数据材料存在数据可靠性问题，那么监管者对于产品的有效性、安全性等的所有评估和分析都是毫无意义的，甚至是错误的，也会导致监管者做出无效或错误的决策。

4. 可靠性数据的分析方法

可靠性数据分析是通过收集系统或单位产品在研制、试验、生产和使用中所产生的可靠性数据，并依据系统的功能或可靠性结构，利用概率统计方法，给出对系统的各种可靠性数量指标的定量估计。可靠性数据的分析方法主要涵盖以下几种（赵宇等，2009；霍明亮等，2021）。

（1）故障模式、影响及危害性分析（failure mode，effects and criticality analysis，FMECA）法。FMECA 法是分析系统中每一产品所有可能产生的故障模式及其对系统造成的所有可能的影响，并按每一个故障模式的严重程度及其发生概率予以分类的一种归纳分析方法，它是一种自下而上的归纳分析方法。FMECA 法的分析步骤为：①系统定义；②故障模式影响分析；③危害性分析（李志远等，2021）。

（2）故障树分析（fault tree analysis，FTA）法。FMECA 法是一种单因素分析法，只能分析单个故障模式对系统的影响。而 FTA 法可分析多种故障因素（硬件、软件、环境、人为因素等）的组合对系统的影响。其目的包括：帮助判明可能发生的故障模式和原因，发现可靠性和安全性薄弱环节，采取改进措施；计算故障发生概率；发生重大故障或事故后，FTA 法是故障调查的一种有效手段，它可以系统而全面地分析事故的原因，为故障“归零”提供支持；指导故障诊断、改进、使用和维修方案等。FTA 法的分析步骤如下，①故障树建立；②故障树定性分析；③故障树定量分析；④重要度分析；⑤结论分析：薄弱环节；⑥改进措施确定。

（3）事件树分析（event tree analysis，ETA）法。ETA 法的分析主要涉及初因事件、后续事件和后果事件。ETA 法的分析步骤为：①确定初因事件；②建造事件树；③事件树的定量分析。

5. 数据可靠性分析案例

案例 1：风力发电机失效频率数据分析（季欣臣，2018）

以风力发电机失效频率为例，数据收集和整理过程中一共对 5 种机型 168 个项目4746台机组，以及2009年至2017年所有可用的现场维修记录进行了收集和整理。维修数据概况：5种机型168个项目4746台机组的44 909条维修记录和72 729条配件更换记录，来源于MRO（maintenance，repair & operations）工单领料数据，整理并导入分析系统中。

在数据的收集和整理过程中，发现存在数据信息不完整、记录格式不统一等现象，因此基于2012年之后安装的2.0MW机组，筛选出符合条件的机组，共计3554台，一共发生了25 704次维修，一共有36 176条配件消耗记录。基于维修数据，可以通过单台机组的失效次数和失效频率来分析评价产品的可靠性。可靠性分析结果显示，产品的失效频率会随着使用时间的增加而发生变化，可以选取产品某一使用时间段内的失效频率，进行对比分析，如机组运行第一年与第二年；或者按照产品运行时间的变化，分析产品在某段时间内的失效频率。在此次分析中，对这些目标机组并网前、运行第一年、第二年、第三年的单台机组失效频率进行了统计。分析结果显示，并网前每台机组的维修次数是1.82次，随着运行时间的增加，失效频率逐年上升，到运行第三年的维修次数是4.09次。

4.1.3　人因错误数据

人因错误是导致事故发生的重要贡献因子或主要原因。在数据分析过程中，数据的采集、清洗及其他后续的数据处理过程都需要人的参与，故在数据处理过程中常常存在人的失误和违章操作造成的数据项的缺失及数据异常等问题。在数据上报的过程中也会由于人为对数据的干预而出现数据失真的问题，使得数据的可靠性大大降低。此外还存在数据中心的工作人员出于相关利益原因主观对数据造假，私自删除、修改数据甚至凭空捏造新数据从而导致人因错误数据产生的情况。

通过分析大量的各行业的人因错误报告发现，诱发人因错误的主要原因（郑慧，2014）可归纳为以下几点。

（1）个体因素：疲劳、不适应、注意力分散、工作意欲低、记忆混乱、心理压力、技术不熟练、知识不足。

（2）作业因素：时间的制约、对人机界面行动的制约、信息不足、超负荷的工作量，环境方面的压力、噪声、温度等。

（3）教育培训因素：缺乏安全教育，现场训练不足，操作训练、创造能力培养训练和危险预测训练不足，专业知识、技能教育不足，应急规程不完备等。

（4）信息沟通因素：信息传递不畅、沟通不及时、信息传递效率低下、沟通方式有误等。

（5）组织管理因素：组织文化不和谐、管理无序等。

诱发人因错误的最主要、最根本的因素或许就是人本身。人固有的弱点，虽然可以通过经验、培训、改善环境、优化人机系统间的联系及改进管理模式等在一定程度上得到弥补，但仍然无法从根本上消除。所以，人因错误数据不可忽视。

例如，据统计（果拉尔，2019），80%以上的海上事故是人为因素和组织因素引起或影响的。因此，通过对海上作业中的人因错误数据进行研究，如构建海难人因错误数据采集与存储、分类体系，从各种来源收集涉及人为因素的数据，建立数据分析模型，确定减少人为错误的措施，可以有效地规避海上人因灾害和事故。故有效且全面地对人因错误数据进行统计、分类和存储，并依此制订出规避风险的实际方案，在风险防范中是至关重要的。

此外，除了有效利用人因错误产生的数据外，也应当注意避免与数据直接相关的错误的发生，如数据采集中的失误和数据造假等。

案例 2：湖南省某地灾情数据造假（邓海建，2012）

2012 年湖南省某地遭受洪涝灾害，对于直接经济损失，地方民政局的数字是 1800 万元，而县防汛抗旱指挥部办公室的灾情汇报材料却是 8900 万元。调查发现，灾情数据存在很大的“水分”，报告描述的情况和当地的实际受灾情况大相径庭。

灾情数据的造假往往不是因为统计体系和技术手段不健全，而是因为人为的趋利避害的自然反应。由此看来，保证数据的可靠性，对数据制定完整的评估和核查体系是灾害风险评估的又一个重要环节。

4.1.4　气象灾害数据

1. 气象灾害数据的概念和类型

气象灾害数据源于世界各地发生的不同类型的气象灾害及其造成的生命财产损失的数据。气象灾害是指大气对人类的生命财产和国民经济建设及国防建设等造成的直接或间接的损害，是自然灾害中的原生灾害之一，一般包括天气、气候灾害和气象次生、衍生灾害。气象灾害是自然灾害中最为频繁且又最为严重的灾害。中国是世界上自然灾害发生十分频繁、灾害种类甚多、造成损失十分严重的少数国家之一。气象灾害的种类繁多，主要有台风（热带风暴、强热带风暴）、暴雨（雪）、雷暴、冰雹、大风、沙尘暴、龙卷风、大（浓）雾、高温、低温、连阴雨、冻雨、霜冻、结（积）冰、寒潮、干旱、干热风、热浪、洪涝、积涝等共七大类 20 余种灾害，如表 4-1 所示。

表4-1　气象灾害的分类、影响及其次生危害

灾害总称	主要影响及危害	次生危害
干旱	作物歉收、人畜用水困难、疾病（中暑等）	农林灾害（森林及草原火灾，病虫害），饥荒，地质灾害（土壤沙化）
洪涝	山洪暴发，河流泛滥，内涝渍水，毁坏庄稼、建筑、物资，人畜伤亡，作物歉收，交通通信受阻	农林灾害（病虫害），地质灾害（崩塌、滑坡、泥石流），水圈灾害（洪水、内涝）
热带风暴（台风）	山洪暴发，河流泛滥，内涝渍水，毁坏庄稼、建筑、物资，人畜伤亡，作物歉收，交通通信受阻，海难	地质灾害（崩塌、滑坡、泥石流），水圈灾害（洪水、内涝、巨浪、风暴潮）
冷冻	作物歉收，庄稼、林木、人畜冻害，牧场积雪，牲畜死亡，雪崩，电线、道路结冰，交通通信受阻，交通事故	农林灾害（庄稼、林木冻害），水圈灾害（江、湖、河、海结冰，凌汛）
局地风暴	毁坏庄稼、建筑、物资，人畜伤亡，山洪暴发，交通通信受阻，空难，火灾	农林灾害（森林、草原火灾）
连阴雨	影响作物生长发育（烂秧）、物资霉变	农林灾害（病虫害）
其他（浓雾、沙尘暴、大气污染等）	交通通信受阻，空难，疾病，建筑、物资腐蚀	农林灾害（作物、林木疾病），水圈灾害（水污染），地质灾害（沙漠化）

资料来源：章国材（2010）

2. 常见气象灾害数据库

国内外有关气象灾害的数据库见表4-2。

表4-2　国内外气象灾害数据库

名称	性质/内容	维护机构
美国暴风雪灾害数据库	美国1950年以来干旱、洪涝、暴风雨雪等自然灾害的数据	美国国家气候数据中心（Nation Climatic Data Center，NCDC）
美国气候统计资料数据库	美国1995年以来气候灾害造成人员、财产等损失信息的统计资料	美国国家海洋和大气管理局（National Oceanic and Atmospheric Administration，NOAA）
气象灾害数据库	中国干旱灾害数据集、中国暴雨洪涝灾害数据集、中国热带气旋灾害数据集、湖北省山洪灾害数据集	中国气象科学研究院
中国可持续发展信息网——灾害信息	全国洪涝灾害、气象灾害、地震灾害、海洋灾害、农业生物灾害、森林灾害等数据	中国21世纪议程管理中心
全球灾害数据平台	全球灾害数据检索，综合性数据灾害查询门户	中国应急管理部国家减灾中心
EM-DAT	全球性的人为灾害数据库	世界卫生组织和比利时政府
自然灾害数据库	包括：伊朗、印度尼西亚等7个国家/地区自然灾害数据的亚洲数据库；圭亚那、牙买加等5个国家/地区自然灾害数据的北美和加勒比数据库；印度尼西亚海啸灾害数据等专门数据库	联合国开发计划署

资料来源：刘耀龙等（2008）

紧急灾难数据库（Emergency Events Database，EM-DAT）是国际上最为重要的灾难数据库之一。该数据库的灾害统计数据涵盖：生物灾害（biological disaster）、气候变化（climatological change）、地质灾害（geological disaster）、水文灾害（hydrological disaster）、气象灾害（meteorological disaster）等。

以 2018 年主要发生在中国的超强台风玛莉亚和主要发生在日本的超强台风潭美为例，表 4-3 展示了中国和日本同类超强台风对两个国家所造成的影响和灾害损失。

表 4-3　中国和日本同类超强台风的影响和灾害损失

国家	影响区域	灾害名称	关联灾难	总死亡/人	总影响人数/人	总损失/千美元
中国	福建省	超强台风玛莉亚	洪水		45 000	490 000
日本	东京、冲绳岛、歌山市	超强台风潭美	洪水	4	18 200	4 500 000

2014 年，日本完成了开放数据网站（Data.go.jp），开放了包括人口统计、地理统计、灾害防治、政府程序等在内的各方面的数据，让民众可基于政府开放数据进行创新应用。目前，Data.go.jp 采用数据库列表、公共数据案例研究、通信、开发商等分类，同时提供平台相关统计数据，让用户可以了解目前平台的使用状况。截至 2017 年 6 月，Data.go.jp 已有 19 422 个数据集，涵盖了 22 个中央政府组织，主要包含 17 个数据集分类，分别为：土地与气象、人口与家庭、劳动力与薪资、农业畜产与渔业、矿业与制造业、国内消费与服务、住宅与土地、商业金融与经济、能源与水资源、教育文化与运动、运输与观光、通信科技、社会安全与保险、政府行政与财政、司法与环境、国际贸易与其他数据集。图 4-3 为 Data.go.jp 的主界面。

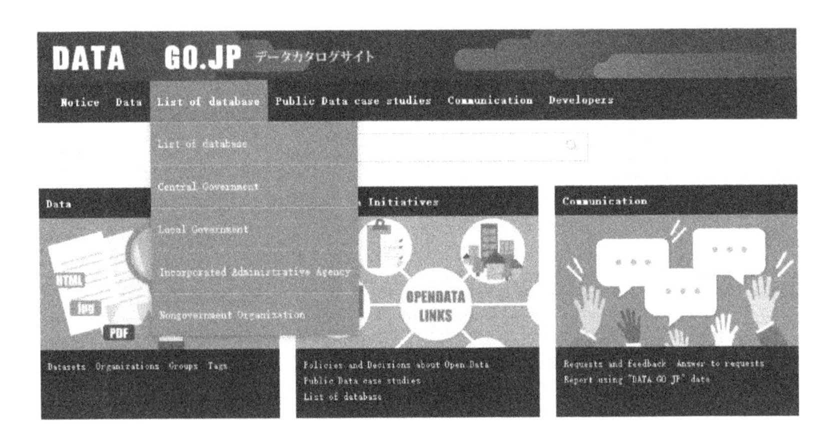

图 4-3　Data.go.jp 的主界面

Data.go.jp 包含各种不同类型的数据格式：pdf、html、xls、csv、xlsx、zip、jpeg、xml、kmz、gif、tiff、doc、exe、txt、docx、lzh、kml、ppt、mp3、epub、jtd、png、php、pptx、asx、wmv、odt、jsp、avi。平台中的数据格式及数据集数量分布如表 4-4 所示，大部分为 pdf 数据格式。

表 4-4　平台中的数据格式及数据集数量分布

格式	数据集数量	格式	数据集数量	格式	数据集数量
pdf	12 455	xls	6 144	zip	469
html	6 603	csv	748		

由于数据格式差异较大，为实现各类不同格式数据的互联共享和标准化管理，可以采用标准化数据描述的元数据标准：数据目录词表（data catalog vocabulary，DCAT）和开放数据管理平台 CKAN。

4.1.5　农业灾害数据

1. 农业灾害数据的概念和范围

农业灾害是指影响农业生产正常进行和对农作物收成起破坏作用的自然灾害，主要表现为农作物和农地农用设施受损、农业排水设施水质污浊、农地土壤污染、耕地塌陷及设施农业土壤质量退化等。农业灾害分为气象灾害（洪涝、干旱、低温冻害、冰雹、沙尘暴等）、生态灾害（水土流失、沙漠化、赤潮等）、生物灾害（虫害、鼠害和杂草等）和生态地质灾害（地震、泥石流、活火山等）。

农业灾害数据即与农业灾害相关的能够反映农作物受灾情况的数据资料，农业灾害损失数据主要涉及农作物和农地农用设施两部分。农作物灾害的数据指标一般包括受灾面积、成灾面积、绝收面积和经济损失金额等。其中，因灾产量损失达 10%为受灾面积，在受灾面积中因灾产量损失达 30%为成灾面积，在受灾面积中因灾产量损失达 70%为绝收面积。农业设施灾害的数据指标包括受损农机提灌站、受损田间渠系、农用沼气损毁和经济损失金额等。

2. 常见农业灾害数据库

国内有关农业灾害的数据库见表 4-5。

表 4-5　国内农业灾害数据库

名称	性质/内容	维护机构
农作物灾害数据库	水灾、旱灾、风雹、台风、病虫灾害、低温霜雪冻害等农作物相关灾害的分阶段统计资料，如受灾面积、成灾面积等	中华人民共和国农业农村部种植业管理司
农业灾害数据库	农区病虫害、疫病灾害、森林病虫害、草原虫害、草原鼠害、雹灾、洪灾、风沙、霜冻、干旱、雪灾等信息	柴达木农业信息网&海西州农业信息网
全国突发性农业灾害数据库	主要农作物干旱、洪涝、低温等灾害发生的时段、范围、强度、频率、种植模式、孕灾环境、承灾体抗灾性能和灾损数据	中国农业科学院农业资源与农业区划研究所

4.2　数据分析方法

目前数据分析的基本方法主要分为定性分析方法和定量分析方法。定性分析方法是目前采用最为广泛的一种方法，它与定量分析方法的区别在于不需要给分析对象及各相关要素分配确定的数值，而是赋予一个相对值。定性分析方法通常通过问卷、面谈及研讨会的形式进行数据收集和风险分析，涉及各业务部门的人员，带有一定的主观性，往往需要凭借专业咨询人员的经验和直觉或者业界的标准和惯例，为风险各相关要素（资产价值、威胁、脆弱性等）的大小或高低程度定性分级。

定量分析方法就是将灾害风险的程度用直观的数据表示出来。其主要思路是给构成风险的各个要素和潜在损失的程度赋予数值或货币金额，度量风险的所有要素，涵盖资产价值、弱点级别、脆弱性级别等，计算资产暴露程度、控制成本，具有较高的客观性，风险分析的整个过程和结果都可以被量化。

当前最常用的分析方法是定量和定性的混合方法，对一些可以明确赋予数值的要素直接赋予数值，对难以赋值的要素使用定性方法，这样不仅更清晰地分析了单位资产的风险情况，也极大地简化了分析的过程，加快了分析进度。

4.2.1　定性数据及其分析方法

1. 定性数据的概念

定性数据（qualitative data）在统计学上包括分类数据和顺序数据，是一组表示事物性质、规定事物类别的文字表述型数据。分类数据是只能归于某一类别的非数字型数据，它是对事物进行分类的结果，数据表现为类别，是用文字来表述的。顺序数据是只能归于某一有序类别的非数字型数据。简单来说就是，分类数据和顺序数据都是用文字形式表述类别，后者有序（贾俊平等，2014）。

2. 定性数据的分析方法

定性分析是指通过挖掘问题、理解事件现象、分析人类的行为与观点来对社会现象的发展过程及其特征进行分析、研究和解释（陈向明，1996）。

定性研究是以研究者本人为研究工具，在自然情境下，采用多种资料收集方法，如访谈、观察、实物分析等，对研究现象进行深入的整体性探究，从原始资料中形成结论和理论，通过与研究对象互动，对其行为和意义建构获得解释性理解的一种活动。定性数据分析的工作原理与定量数据有所不同，主要是因为定性数据是由单词、观察值、图像甚至符号组成的。从这样的数据中得出绝对含义几乎是不可能的。因此，它主要用于探索性研究。

定性数据的分析和准备工作并行进行，其基本步骤包括以下几点。

熟悉数据：大多数定性数据是文字，因此研究人员应先读取数据几次以熟悉数据，然后再开始寻找基本的观察结果或模式，这也包括转录数据。

重新研究目标：在这里，研究人员重新审查研究目标，并确定可以通过收集的数据回答的问题。

开发框架：也称为编码或索引，在这里研究人员识别出广泛的想法、概念、行为或短语，并为其分配代码，如编码年龄、性别、社会经济地位，甚至是概念的编码，以及对问题的肯定或否定回答的编码，编码有助于结构化和标记数据。

识别模式和联系：对数据进行编码后，研究人员就可以开始确定主题，寻找最常见的问题答案，识别可以回答、研究的问题的数据或模式，并找到可以进一步探索的领域。

在进行数据分析之前首先要收集数据。数据收集的类别和形式有：观察、面试访谈、文本资料、音像资料等。下面将简单介绍观察法和访谈的基本步骤。

观察法的基本步骤如下。

第一步，选择一个能够帮助你了解想要观察的现象并且能获取访问权限的场所。

第二步，环顾四周，慢慢进入场所，获得对场所的一般感觉，并记录笔记。

第三步，确定观察对象、观察时间及观察时长。

第四步，随着时间的推移多次观察记录，记录的信息包括描述性的现场笔记、个人的理解和感受反思。

访谈的基本步骤如下。

第一步，在访谈之前，首先要准备几个问题来确定你想要从谈话内容中获取的信息。

第二步，根据对方反应提出新问题，以接近你所要研究的主题。

第三步，在询问问题的过程中，诱导式地让对方发表他们的经历和观点。

第四步，记录信息、转录以供分析。

在收集完数据之后，加以整理即可进行分析研究。最常用的分析方法有以下几种。

内容分析。这是分析定性数据最常用的方法之一。它可用于分析文本、媒体甚至是物理项目形式的文档信息。何时使用此方法取决于研究的问题。内容分析通常用于分析受访者的回答。

叙事分析。此方法可用于分析各种来源的内容，如受访者的访谈分析、实地观察或调查分析。它着重于利用人们分享的故事和经验来回答研究问题。

话语分析。话语分析与叙事分析一样，用于分析与人的互动。但是，它着重分析研究者与受访者之间进行交流时的社会环境。话语分析还会查看受访者的日常环境，并在分析过程中使用该信息。

扎根理论。这是使用定性数据来解释为什么发生某种现象的方法。它通过在不同的环境中研究各种相似的案例并使用数据得出因果关系来做到这一点。研究人员在研究更多案例时可能会更改解释或创建新的解释，直到得出适合所有案例的解释。

在灾害风险领域，并非所有的定性方法都可以很好地应用。目前适用于灾害风险分析的定性方法有失效模式和后果分析法、头脑风暴法、气象服务和预报会商制度、德尔菲法等。

（1）失效模式和后果分析法在风险评估中占有重要地位，是一种非常有用的方法，主要用于预防失效。但在试验、测试和使用中它又是一种有效的诊断工具。这种分析方法的特点是从元件的故障开始逐次分析其原因、影响及应采取的对策措施（甄岩等，2000）。

（2）头脑风暴法又叫集思广益法，它是通过营造一个无批评的、自由的会议环境使与会者展开联想、畅所欲言、充分交流、互相启迪，产生出大量的创造性意见的过程。该方法的特点是以共同目标为中心，参加者在他人看法的基础上提出自己的意见，充分发挥集体的智慧，提高风险识别的正确性和效率（周三多等，2020）。

（3）气象服务和预报会商制度是做好气象服务、增强公共气象服务能力的一种重要手段。会商可分为常规会商和专题会商两种，常规会商是每周例行的中短期天气预报会商，专题会商是专门针对重大灾害性天气、突发事件、任务或重要节日组织的天气会商。预报会商的基本流程分为以下几步。

第一步，分管业务领导主持会商。

第二步，预报员总结上周天气的过程及特点，并分析本周的趋势和公布预报结论。

第三步，根据预报的分析意见，分析未来一周气象服务的重点。

第四步，安排本周气象服务工作的重点。

（4）德尔菲法实际上是规定程序的专家调查法，具有匿名性、反馈性和统计性三大特点。它由调查组织者拟定调查表，按照规定程序，通过函件分别向专家组成员征询调查，专家组成员之间通过组织者的反馈材料匿名地交流意见，经过三轮征询和反馈，专家的意见逐渐集中，最后获得具有统计意义的集体判断结果（刘光富和陈晓莉，2008；周萍萍等，2016）。

4.2.2　定量数据及其分析方法

定量数据是指以数量形式存在着的事物属性数据，因此可以对其进行测量。测量的结果用一个具体的量（称为单位）和一个数的乘积来表示。以物理量为例，距离、质量、时间等都是定量属性数据。很多在社会科学中考查的属性数据，如风险特征和指标、灾害程度、人格特征等，也都被视作定量的数据来进行研究。定量数据与定性数据的主要区别在于定量数据具有数值特征，能够进行数学运算。例如，天气温度、月收入等变量可以用数值表示其观察结果，而且这些数值具有明确的数值含义，不仅能分类而且能测量出具体的大小和差异。这些变量就是定量变量也称数值变量，定量变量的观察结果称为定量数据。

定量研究是依据统计数据，建立数学模型，并用数学模型计算出分析对象的各项指标及其数值的一种方法，可以采用描述性统计分析，也可采用推断性统计分析、参数检验、统计模型或优化模型。本书将在第二篇着重介绍如下几种常用的定量风险分析方法：聚类分析、模式识别、时间序列分析、非线性优化、数据包络分析、多属性决策方法、灰色系统理论与方法、不确定系统。

专业术语

1. 事故数据（casualty data）：由人为灾害产生的一系列数据，能够从数量方面反映灾害风险有关的人身伤亡、损失及原因等状况。

2. 可靠性数据（reliability data）：整体系统或者单一产品在开发、测试、生产制造和使用过程中产生的可以用来评价产品耐用程度、质量和功能的数据。

3. 定性数据（qualitative data）：在统计学上包括分类数据和顺序数据，是一组表示事物性质、规定事物类别的文字表述型数据。

4. 定量数据（quantitative data）：以数量形式存在着的事物属性数据，因此可以对其进行测量。测量的结果用一个具体的量（称为单位）和一个数的乘积来表示。以物理量为例，距离、质量、时间等都是定量属性数据。

5. 德尔菲法（Delphi method）：由调查组织者拟定调查表，按照规定程序，通过函件分别向专家组成员征询调查，专家组成员之间通过组织者的反馈材料匿名地交流意见，经过三轮征询和反馈，专家的意见逐渐集中，最后获得具有统计意义的集体判断结果。

6. 定性研究（qualitative research）：在自然情境下，采用多种资料收集方法，如访谈、观察、实物分析等，对研究现象进行深入的整体性探究，从原始资料中形成结论和理论，通过与研究对象互动，对其行为和意义建构获得解释性理解的一种活动。

7. 定量研究（quantitative research）：依据统计数据，建立数学模型，并用数学模型计算出分析对象的各项指标及其数值的一种方法。

本章习题

1. 结合实际例子，阐述灾害风险数据的类型和特征。
2. 目前灾害风险数据有哪些格式？不同格式的数据的用途有哪些？
3. 请用数据例子阐明定性数据与定量数据的区别与联系。
4. 如何运用扎根理论方法进行文献综述？如何运用德尔菲法进行风险事故评估？
5. 举例说明现实生活中的定量数据类型及测算方法。
6. 详细描述一种定量数据分析方法的数学原理及其运用过程。

参考文献

陈向明. 1996. 社会科学中的定性研究方法[J]. 中国社会科学, (6): 93-102.

邓海建. 2012. 湖南桃江谎报灾情损失遭曝光 被指揭借灾趋利心态[EB/OL]. (2012-05-24)[2012-06-20]. https://china.huanqiu.com/article/9CaKrnJvy28.

果拉尔. 2019. 航海业中的人因错误[D]. 徐州: 中国矿业大学.

胡泽文. 2018. 信息资源评估理论与实践[M]. 北京: 科学出版社.

霍明亮, 王军, 赵宇，等. 2021. 基于故障树的某型火箭外测设备故障诊断分析[J]. 航天控制, 39(1): 68-73.

季欣臣. 2018. 风力发电机可靠性分析研究[D]. 上海: 上海交通大学.

贾俊平, 何晓群, 金勇进. 2014. 统计学[M]. 8 版. 北京: 中国人民大学出版社.

景国勋, 秦瑞琪. 2021. 2011—2020 年我国煤矿水害事故相关因素特征分析[EB/OL]. 安全与环境学报. (2021-07-23)[2021-11-20]. https://doi.org/10.13637/j.issn.1009-6094.2021.0707.

李志远, 刘思峰, 方志耕, 等. 2021. 贫信息背景下基于矩域灰点排序的灰 FMECA 模型[J]. 系统工程与电子技术, 43(12): 3732-3740.

刘光富, 陈晓莉. 2008. 基于德尔菲法与层次分析法的项目风险评估[J]. 项目管理技术, (1): 23-26.

刘耀龙, 许世远, 王军, 等. 2008. 国内外灾害数据信息共享现状研究[J]. 灾害学, 23(3): 109-113, 118.

罗云, 吕海燕, 白福利. 2006. 事故分析预测与事故管理[M]. 北京: 化学工业出版社.

牛毅. 2020. 基于数据驱动的安全生产事故致因分析方法研究[D].北京：中国地质大学（北京）.
唐冰，杨嘉怡，郭聖煜，等. 2020.长江经济带地区房建工程事故统计与规律分析[J].工程管理学报, 34(6): 13-18.
王勇，赖芨宇，陈秋兰，等. 2018. 我国地铁施工事故统计分析与研究[J]. 工程管理学报, 32(4): 70-74.
章国材. 2010. 气象灾害风险评估与区划方法[M]. 北京：气象出版社.
赵宇，杨军，马小兵. 2009. 可靠性数据分析教程[M].北京：北京航空航天大学出版社.
甄岩，郑海龙，陆再平. 2000. 失效模式及后果分析(FMEA)在企业质量管理中的应用[J].技术经济与管理研究，(3): 18-20.
郑慧. 2014. 基于人因可靠性的医疗服务人因风险评价研究[D]. 天津：天津大学.
周萍萍，张磊，焦阳，等. 2016. 应用德尔菲法建立进口食品中化学性危害物质风险分级指标体系[J]. 食品安全质量检测学报, (5): 2114-2119.
周三多，陈传明，龙静. 2020. 管理学原理[M]. 南京：南京大学出版社.

第5章 灾 害 系 统

学习目标

- 理解灾害系统的定义与分类
- 理解灾害系统的复杂性及其测度方法
- 熟悉灾害链的概念、分类及其特征
- 理解灾害链式规律，了解灾害链研究在减灾中的应用

5.1 灾害系统定义、构成及分类

任何灾害都是系统、整体地发生并演变的，要想正确认识并有效应对灾害的发生及其可能产生的破坏，我们需要基于整体、系统的思想去分析灾害的成因、机理及走向。基于系统科学的视角，人类社会自身就是一个系统，当两个以上因素相互关联、相互影响升级成某种灾害并造成一定的灾害损失时，这些因素和损失便组成了灾害系统。史培军（2002，2005）认为灾害实质上是地球表层的孕灾环境、致灾因子、承灾体综合作用的产物，并提出了灾害系统模式的计量方法[式（5-1）]及灾害系统结构可视图（图 5-1）。

$$D = E \cap H \cap S \tag{5-1}$$

其中，D 为灾害；E 为孕灾环境；H 为致灾因子；S 为承灾体。

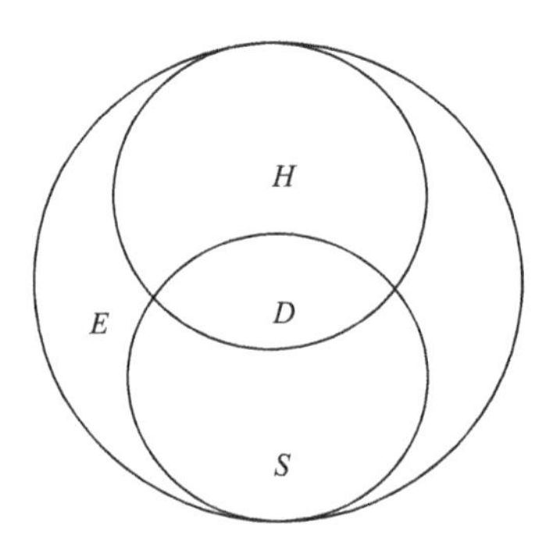

图 5-1 灾害系统结构可视图（史培军，2002，2005）

Mileti 和 Ebrary（1999）认为灾害系统是由地球物理系统（包括大气圈、

岩石圈、水圈、生物圈等)、人类系统(包括人口、文化、技术、社会阶层、经济、政治等)、结构系统(包括房屋、道路、桥梁等公共基础设施)共同构成的,即

$$D = E \cap H \cap C \tag{5-2}$$

其中,D 为灾害;E 为地球物理系统;H 为人类系统;C 为结构系统;E、H、C 的相互作用决定灾情程度。

值得注意的是,式(5-2)与式(5-1)的不同之处在于对致灾因子、孕灾环境及承灾体的理解。式(5-1)中将致灾因子与孕灾环境区分开来,而式(5-2)将它们看作同一问题的不同方面。另外,式(5-2)将承灾体划分成两个部分,突出了人类物化劳动的各种不动产;而式(5-1)将人类活动及其形成的不动产归为一体。此外,王劲峰等(1993)从实体(M)和过程(F)的视角,将灾害系统(I)划分为两部分,即

$$I = F(M) = f_3(f_1, f_2, m_1, m_2) \tag{5-3}$$

其中,f_1 为自然过程;f_2 为社会行为过程;f_3 为成灾过程;m_1 为致灾因子;m_2 为承灾体。显然,式(5-3)相较于式(5-1)和式(5-2),更加侧重强调成灾的具体过程。

此外,牛志仁(1990)指出灾害可以看成是人类社会系统在发展变化的过程中,内部演化或外部环境所引起的一系列对该系统有着破坏作用的事件的总称。他将系统内部演化产生的对系统有破坏作用的事件称为人为灾害,如战争、核泄漏等;将外部环境导致的系统破坏性事件称为自然灾害,如地震、干旱、洪涝等。在此基础上,他基于灾害成因、全球视角、国家及地域等分类标准,对灾害系统进行了进一步的详细分类,详见图5-2。

灾害系统是一个具有较强系统性的复杂系统,自然或人文环境中的致灾因子造成的潜在危害会对自然和社会系统中的承灾体进行攻击,经过多方面的复合作用,将潜在危害转化成不同程度的灾情。孕灾环境的构成较复杂,自然环境与人类社会环境的结合使其和致灾因子皆具有多变性;承灾体则会随着人类本身和社会各方面的发展而发生变化。因此,灾害系统会被自然环境的突变、致灾因子和承灾体的渐变等影响,从而具备风险性、脆弱性和不稳定性等相互作用的特性。针对灾害系统的总结分类,有助于人类深化对灾害科学的认识及研究,进而有效提高防灾减灾的效率。通过上述分析,我们可以发现,虽然关于灾害系统的定义及分类有所不同,但是他们都将灾情的形成视为灾害系统综合作用的产物。换言之,将灾害系统总结为地球表层系统和社会系统两者相互作用的直接产物是现有研究的共识,而应对灾害的整个过程就是人与地球表层系统和社会系统的互动互应过程。

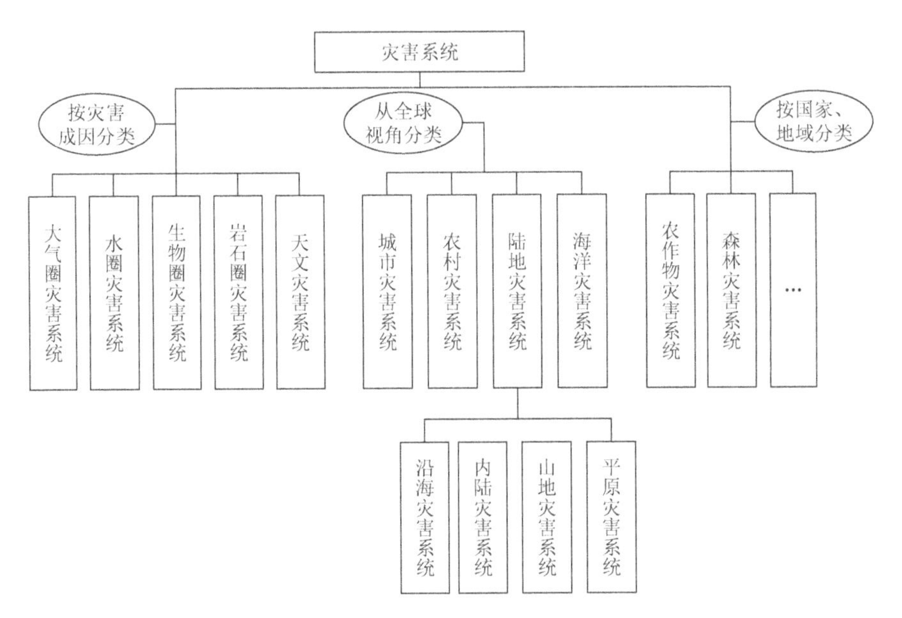

图 5-2　不同分类标准下的灾害系统构成图（牛志仁，1990）

5.2　灾害系统复杂性

5.2.1　灾害系统复杂性分析

灾害系统庞杂、多态且多变的构成决定了其具有复杂性的特性。作为地球表层的子系统之一，灾害系统具有开放性、不确定性、层次高维性、非线性、动态性等复杂特点（魏一鸣，1999）。

（1）灾害系统的开放性是指其与环境载体开放产生物质、能量、信息的交换。灾害系统具有不可逆的过程，因此在开放性的系统环境下，会引起正熵（从有序到无序）的增加；同时，通过与环境中元素的自由交换，会引起负熵流（从无序到有序），其内部的子系统也会因熵变表现出一定的协同运动。此外，灾害系统与人类社会的生产、经济、社会活动等也会产生各种信息、能量或物质的交换。这些都体现了灾害系统的开放性。

（2）灾害系统的不确定性主要表现为系统边界、结构、功能的模糊性和随机性等。例如，灾害系统及其子系统中各灾害的发生具有较高的随机性。此外，灾害发生的前兆、造成的损失往往也是复杂、多样及不确定的。

（3）灾害系统的层次高维性主要表现为其结构上的层级性、高维性特征。例如，从图 5-2 中可以观察到，灾害系统至少由大气圈灾害、水圈灾害、生物圈灾害、岩石圈灾害及天文灾害等五个子系统构成。再比如，在陆地灾害系统的层级下，又包含沿海灾害系统、内陆灾害系统、山地灾害系统、平原灾害系统等。如此逐层分解，构成了具有层次结构的灾害系统，显然，这样的系统具有较高的维数。

（4）灾害系统的非线性是指其对于系统输入的响应不是简单的线性叠加。因此，系统在动态演化过程中，会表现出如分岔（即定性行为随参数变化而发生质的改变）、极限环（系统正向或逆向演化趋向的状态周期轨道）、不动点、混沌等复杂变化。

（5）灾害系统的动态性是指系统会随着时间的变化而变化。在灾害系统中，任一时刻的输出都与该时刻及之前时刻的输入相关。

此外，基于灾害的致灾因子、孕灾环境和承灾体的视角，史培军（2014）指出灾害系统的复杂性其实是由上述三种元素的复杂性决定的，他将灾害系统的复杂性总结为灾害群、灾害链和灾害遭遇。灾害群是指灾害在空间上的群聚和时间上的群发，各致灾因子之间不存在成因上的联系性；灾害链是指一系列灾害相继发生的现象；灾害遭遇主要表现为产生灾害的各致灾因子发生聚集。当两个或两个以上的灾种发生偶然性的遭遇时，会导致其组合后的灾情效应放大，从而产生极端灾害事件。

综上所述，灾害系统是一个庞大且复杂的大系统，它不仅是一个随时间演化、非线性的动态开放系统，同时还具有不确定性、层次高维性等复杂特点，采用传统的理论方法和技术往往难以对庞大复杂的灾害系统进行有效的研究。因此，不断探索新的概念、理论方法与技术，基于系统科学的视角，研究灾害的整体行为演化规律及调控机制，是提高防灾减灾效率的关键。

5.2.2 灾害系统复杂性的测度方法

1. 基于协同理论的测度分析

协同理论是研究系统从原始的无序状态发展成有序状态或从一种有序结构转变为另一种有序结构的理论，同时，协同理论也是研究多组分系统如何通过系统的协同行动导致有序演化的自组织理论（郭跃和林孝松，2001）。基于系统论视角，任何系统的子系统或要素都包含自发的无规则运动和要素之间的关联产生的协同运动，自发的无规则运动的加剧往往会导致系统整体结构的瓦解，使其走向无序；协同运动会促使系统从无序走向有序。通常，不同要素之间的关联会引起不同的协同运动，也会表现出不同的组织结构。一般地，系统的整体状态是由无规则运动和协同运动之间的趋向关系决定的。若无规则运动的趋向表现强烈，那么系统就表现为无规则运动；反之，则表现为协同运动。

灾害系统实际上是一个非线性、开放性的复杂系统。协同理论认为，具有复杂结构的非线性开放系统是一种进化的自组织系统。系统演化的影响因素包括两个变量：一是控制；二是状态。针对状态变量的变化，可以采用一组微分方程进行演化，同时方程中状态变量的系数就表示控制变量。复杂的灾害系统通常包含大量的子系统或变量要素，其演化的微分方程组通常难以求解。但是，可以采用子系统分解的形式，将系统拆分为包含确定结构的各个子系统，然后针对各个子系统，采用几个变量就可以对要素进行简单描述，进而得到方程的解。另外，协同理论指出，系统的状态变量由快变量和慢变量构成，快变量的数目巨大，但它对系统的演化作用不大；慢变量虽然数目不多，却控制着系统的演化历程。因此，利用协同理论，可以有效分析灾害系统功能的非线性开放特征，以及其外部控制变量等。

2. 基于混沌理论的测度分析

灾害系统具有非线性、不确定性和随机性等复杂特点。有专家学者指出，系统的确定性与随机性之间实质上存在着某种内在联系，进而增加了关于灾害系统复杂性行为研究分析的难度（魏一鸣，1999；傅军等，1996）。例如，地震灾害的出现，会导致地面出现不规则的剧烈运动，这种灾害现象属于典型的从有序到无序的演变，属于确定性有序状态与随机性无序状态之间的关联问题。针对这类灾害表现出的无序现象，采用传统的理论方法很难准确地描述其从有序到无序的复杂的行为转变。

系统动力学研究中的“混沌”一词，最早由美国马里兰大学 J. A. Yorke 于 20 世纪 70 年代初提出。而后，有专家学者将混沌理论拓展用于解释灾害系统的复杂行为特征（杨思全等，2003；卢志光等，2002；傅军等，1996；王顺义和罗祖德，1992）。基于系统动力学理论，可以采用一个参数来刻画混沌动力系统的复杂程度（尹义星等，2007）。通常，将用于描述系统复杂程度的量称为系统的复杂度。从物理学意义上来讲，复杂度反映了时间序列随着序列长度的增加出现新模式的速率。新模式的出现同时意味着新变化的产生。时间序列的规则、有序性可以通过复杂度来体现。一般地，复杂度小，表明时间序列具备较高的规则性、有序性及周期性；反之，复杂度越大，意味着时间序列越无序、越复杂。截至目前，关于复杂系统的通用复杂度测度的相关定义仍属空白。Lehrman 等（1997）提出了符号熵的复杂度测度方法，该方法可以有效地判断混沌伪随机序列的复杂度，同时无须选取相关参数。相较于近似熵，符号熵的运算较为简单且结果更为可靠（肖方红等，2004）。

灾害系统属于混沌系统的一种，换言之，灾害系统具有混沌特征。灾害系统的混沌特性研究，有利于从新的角度揭示灾害及灾害系统的成因规律，有助于人们进一步构建防灾减灾的分析和预报模型。例如，尹义星等（2007）采用滑动窗口的动态方法分析了洪涝灾害系统的复杂度并将其用于中国 18 个省区市洪水灾害受灾面积变化的分析。

3. 基于分形理论的测度分析

分形理论是20世纪70年代由B. B. Mandelbrot提出的，用于研究自然、社会系统中的形态自相似性问题。基于分形理论，可以采用分形几何学和自然中的分形几何学刻画并解决自然界、人类社会系统中存在的复杂几何形态问题。

灾害系统的复杂性测度分析，离不开系统中涉及的子系统、元素的自相似性分析。诸多专家学者从不同的角度论证了灾害系统中元素的自相似性（郭跃和林孝松，2001；魏一鸣，1998；杜兴信，1995）。

分形理论的定量工具是分维。分维通常用分维数（即分维数值）来表达，分维数包括容量维数 D_0、信息维数 D_1 和关联维数 U 等。针对上述三种分维数的测度分析如下。

（1）容量维数：

$$D_0 = \lim_{r \to 0}[\log N(r) / \log(1/r)] \tag{5-4}$$

其中，r 为测定尺度；$N(r)$为测量的次数。

（2）信息维数：

$$D_1 = \lim_{r \to 0}\left[-\sum P_i(r) \log P_i(r) / \log(1/r)\right] \tag{5-5}$$

其中，r 为概率事件的概率；$-\sum P_i(r) \log P_i(r) / \log(1/r)$ 为概率事件的信息熵。

（3）关联维数：

$$U = \lim_{r \to 0}\left[(1/N^2)\sum_{i=j} H(r - \| x_i - x_j \|) / \log(1/r)\right] \tag{5-6}$$

其中，H 为函数特征。当 $r \geqslant \| x_i - x_j \|$ 时，$H = 1$；否则 $H = 0$。

分形理论因在刻画系统形态自相似性中的有效性，一经提出，就被广泛应用于各种灾害问题的研究（阿发友等，2009；林孝松和许江，2007；倪化勇和刘希林，2005）。例如，安镇文等（1989）通过分析海城、唐山、松潘三大地震前后的地震序列在时间和空间上的自相似结构，发现大震前时间分维数偏低，震后偏高，该研究结论对地震灾害预报起到了重要作用。易顺民和唐辉明（1996）先后研究了西藏樟木滑坡群的分维特征、滑坡活动时空分布的容量特征。他们认为区域性滑坡活动空间结构的分维数存在明显的变化阶段，并对应着一个滑坡活动的高潮期。此外，他们采用容量维和信息维计算得到滑坡活动的时间和空间分维数，并指出滑坡分维数低意味着滑坡活动自组织程度低，而分维数高则表明滑坡活动具有较高的自组织程度，同时该研究还表明滑坡大规模活动前具有明显的降维现象，这在滑坡的时间预测方面具有一定的指导意义。

针对灾害系统的层次高维性，采用分形理论和方法，可以依据系统中局部映射整体的层次，选取具有代表性的局部子系统进行分析研究，然后通过子系统进一步认识系统整体。该方法的主要优势在于，可以利用少量信息重现原有研究对象，具有指定信息少、计算容易和重现精度高的特点，不仅能够实现信息压缩，还可以借助计算机使研究对象可视化，促使研究更加直观和深入。

4. 基于突变理论的测度分析

突变理论是法国数学家勒内·托姆（René Thom）于 1972 年首次提出来的，是用于研究系统的状态随外界控制参量的连续变化而发生不连续变化的理论。简言之，突变理论认为在条件的转折点或临界点附近，控制参量的任意微小变化都会引起系统的突变。史培军（2014）指出地质灾害系统会通过突变或缓变从一种稳定状态演变进化到更高层次的稳定状态。系统采取哪种方式主要由系统本身的性质和演化路径来决定，可用尖点模型来形象说明（许强和黄润秋，2000）。若在系统演化过程中控制参量一直为正，即系统总位于分叉集的一侧，不跨越分叉集，系统就仅以缓变方式演化；若系统演化跨越分叉集，则在跨越分叉集的瞬间系统状态变量将产生一个突跳，即突变。

对灾害系统突变性的研究就是要通过对系统演化路径及奇点性质等的分析，达到对灾害系统演化路径人为控制的目的，并使系统的突变转化为缓变，从而降低灾害的损失。此外，灾害系统作为复杂的巨系统，其不同的子系统或元素又具备特殊性、复杂性等特征，通常很难采用单一的突变理论刻画并研究灾害问题，需要与其他学科、理论及技术（如上述所提到的混沌理论、分形理论等）进行综合整体研究。

5. 基于人工神经网络与免疫系统的测度分析

人工神经网络（artificial neural network，ANN）是国际研究领域的前沿及热点。它是用工程技术手段模拟生物神经网络的结构特征和功能特征的一类人工系统，依靠系统的复杂程度，通过调整内部大量节点之间相互连接的关系，从而达到处理信息的目的，并具有并行处理、分布式存储、自学习、自适应及容错性等优势，引起了诸多研究领域的广泛关注（崔承洋和李志萍，2018）。人工神经网络是一种自适应的高度非线性动力系统，内部连接的自组织结构具有对数据的高度自适应能力，由计算机直接从实例中学习获取知识，探求解决问题的方法，自动建立复杂系统的控制规律及其认知模型。当遇到未知样本输入时，它可以直接调用网络中已有的规律对其进行预测判断。目前，基于人工神经网络的灾害问题研究已取得显著成果。例如，崔承洋和李志萍（2018）以区域空间环境数据库为基础，基于人工神经网络，针对区域滑坡进行了预测研究，构建了置信度较高的神经网络模型，并将其用于山西省平陆县区域滑坡的防治管理。张猛（2015）研究了降雨引发泥石流的人工神经网络预警模型，以寻求泥石流灾害预警系统的高效运行等。

免疫系统是人类的第二信号系统。所谓免疫，是指生物体对外来大分子特别是蛋白质和糖类的一种反应，具有免疫记忆特性、抗体的自我识别能力和免疫的多样性等特点。基于信息论视角，免疫系统有着与神经网络类似的信号识别记忆功能，同时其信号识别记忆能力与适应环境的免疫多样性也不亚于神经网络系统。

基于人工神经网络与免疫系统的复杂测度分析可以用于研究灾害系统的自适应、识别、学习和演化的非线性动力学行为。

6. 定性与定量结合的综合集成测度

灾害系统复杂性研究的目的主要包括两个方面：一是帮助人类更好地认识灾害的孕灾环境、致灾因子、时空分布规律及动态变化趋势；二是科学评价灾害给人类带来的影响，进而为防灾、减灾、救灾提供决策支持。针对灾害系统复杂性的分析研究是多学科交叉融合的综合研究，需要采用定性与定量结合的方法。定性与定量结合的综合集成测度方法，实质上是将领域专家、统计数据（包括各类信息资料）与计算机有机结合，进而构成系统整体，提高灾害系统整体分析的效率及精度。所谓综合集成，主要是通过搜集领域专家的意见或观点（定性认识），结合统计数据，利用计算机技术对信息进行加工处理，得到定量的结果。例如，以 GIS 为技术支撑，充分发挥 GIS 技术中定位、定性与定量分析的功能，并结合非线性科学中的分形、混沌、BP（back propagation，后馈型）神经网络等方法，构建洪水灾害行为的时空模拟模型、灾情分析与评价模型、辅助减灾决策模型等。

5.3 灾害链

5.3.1 灾害链的概念及特征

大量研究表明，灾害的发生和发展进程存在显著的链式特征，从而构成了复杂的灾害链系统（肖盛燮，2006；王文俊等，2000；史培军，1996；高庆华和马宗晋，1995；郭增建和秦保燕，1987）。20 世纪 80 年代，郭增建和秦保燕（1987）首次提出了灾害链的理论概念。他们认为灾害链是一系列灾害相继产生的现象。史培军（1996）指出灾害链是某一种源发灾害发生后引起一系列次生灾害，进而构成一个复杂的灾情传递与放大过程。文传甲（1994）从功能、结构、本质三个角度给出了灾害链的相关概念并揭示了各个灾种之间的异同之处。《地球科学大辞典》明确给出了自然灾害链的定义：由原生灾害及其发展引起的一系列次生灾害所形成的灾害系列（黄宗理，2005）。肖盛燮（2006）依据链式关系和链式效应说明了灾害的演化过程，并基于灾害演化过程，将灾害链概括为给人类社会造成损坏和毁坏等的各种连锁关系的总称。Kappes 等（2012）提出灾害链是灾害事件间相互作用、环环相扣的结果，是一种灾害引发另一种灾害而导致的多米诺现象。Helbing（2013）提出了关于灾害链的一个新看法，即灾害间通常具有因果关系，由因果关系形成的灾害链式结构会大大增加灾害系统的复杂性。

虽然不同的学者基于自己的知识和研究领域针对灾害链提出了各自不同的见解，但是他们对于灾害链产生的影响及其特征的认识是一致的。简言之，灾害链是蕴含一组灾害元素的一个复合体系，各灾害因素间和各灾害子系统间存在着一系列自行连续发生反应的相互作用（盛海洋，2004）。任何引起灾害的原因并不是孤立和静止的，它们均与其他因素相关联；任何一类灾害的发生都会对周围环境（包含与其发生广泛联系的其他系统）产生多重效应，进而为其他灾害现象的发生提供条件（刘文方等，2006）。灾害链的基本特征可以归纳为以下几点。

1. 关联性

灾害发生过程中往往有灾灾相联、相互作用的特征。自然灾害的关联性表现在多个方面。

（1）不同地域自然灾害的因果关联性。例如，内蒙古、河西走廊等地有许多沙尘源分布，这是形成沙尘暴的物质基础，加上北京的春秋季干旱少雨，有冷风、强对流天气，使得春季北京沙尘暴天气频发。

（2）相同地域自然灾害的发生关联性。例如，川滇黔交界地带构成的以地震、滑坡、泥石流为主的自然灾害体系。

（3）一次灾害中原生灾害和次生灾害的成灾关联性。一个灾害的发生，特别是灾变能量较大的巨灾，通常会诱发一系列的次生灾害和衍生灾害。它们之间会显示出非常明显的因果关系。一个（种）灾害发生的因素和结果是另一个（种）灾害发生的诱因；而这一个（种）灾害的产生又为下一个（种）灾害的产生提供了条件或成为下一个（种）灾害产生的原因（刘文方等，2006）。对于没有任何灾害结果作为其诱因的灾害，我们称之为原生灾害。其他灾害诱发而产生的灾害，我们称之为次生灾害。原生灾害和次生灾害的关系如图 5-3 所示。

（4）缓变性的环境灾害与突发性的自然灾害的关联性。例如，过度砍伐、过度放牧及滥垦造成的植被破坏，不仅会进一步导致水土流失、荒漠化，而且在相同的降雨条件下，入渗量减少、产流度增加、产流时间加快，也会加剧山洪暴发的频率及其冲刷力，使得本来不成灾或者轻灾的降雨成为灾患或酿成大灾，并且携带大量的泥沙淤积于下游。

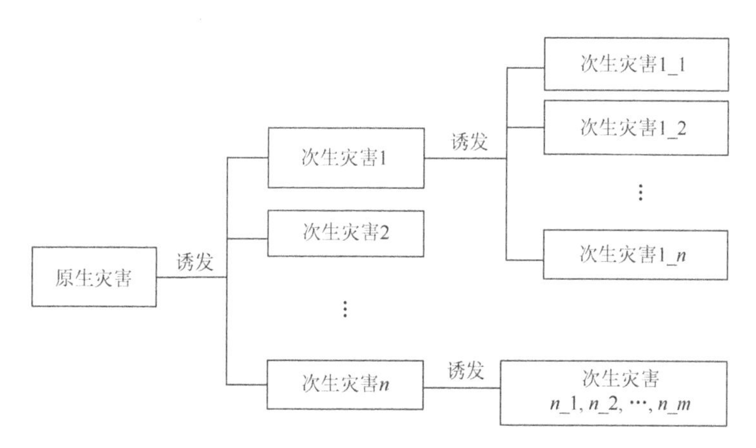

图 5-3　原生、次生灾害因果关系图

由图 5-3 我们可以看出，灾害链并不一定是单链的因果关系，通常还会表现出并联型、树状或是更复杂的网状特征。

2. 层次性

在自然灾害链中，原生灾害和次生灾害的发生在时间上有着明显的层次关系。例如，台风引起了暴雨，暴雨诱发了洪水和泥石流，而暴雨和泥石流阻断了道路交通。那么，台风在这个灾害链中会处于顶级层次，暴雨次之，而道路交通中断则处在这个灾害链的最底层。灾害链的层次关系如图 5-4 所示。

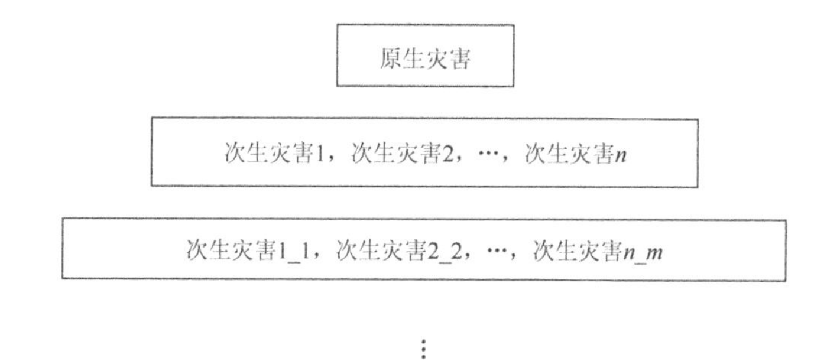

图 5-4　灾害链层次

3. 复杂性

灾害链的复杂性主要表现在自然灾害诱因及其影响的多样性。虽然在产生灾害的因素中起主导作用的是自然因素，但是人为因素对其成因的影响也不容忽视。而且，自然灾害造成的冲击结果往往不是简单的叠加，其结果和影响既有一灾一因、灾灾相连，又有一灾多因、一因多灾；既有灾因的互融共生、增大冲击力量，又有灾因互斥相排、削弱灾害强度等现象（陈兴民，1998）。自然灾害诱发因素的多样性及其影响的复杂性给预测预警与防治工作带来了巨大的困难和挑战。

5.3.2 灾害链的分类

灾害链的分类是研究灾害链的核心理论，可以对其形成及演变规律等进行有效描绘。随着科技的进步，人们对自然灾害的产生和发展及灾害链特征的认识不断增加，关于灾害链的分类也变得越来越清晰、准确和科学。按照灾害链的发生方式可以分为：①串联式；②并联式。按照灾害链的逻辑关系可以分为：①因果链；②同源链；③混合链；④互生链。按照链式效应的性状，可将灾害链归纳为八种形态：①崩裂滑移链；②周期循环链；③支干流域链；④树枝叶脉链；⑤蔓延侵蚀链；⑥冲淤沉积链；⑦波动袭击链；⑧放射杀伤链。

从连锁反应及因果关系出发，可以对灾害间的相关性进行定性的分析。那么，按照灾害链节点之间的关系可以划分出三种灾害链：①串联灾害链；②并联灾害链；③混合灾害链。

1. 串联灾害链

串联灾害链又称因果链和派生链，如图 5-5 所示。简言之，串联灾害链描述的是某种原生灾害引发一系列随之发生的灾害的现象。串联形象地展现了灾害之间的一种顺次连接关系和因果关系。换言之，整个灾害链从链源出发，受内部因素和外部因素的共同影响，形成了串联的链式关系。

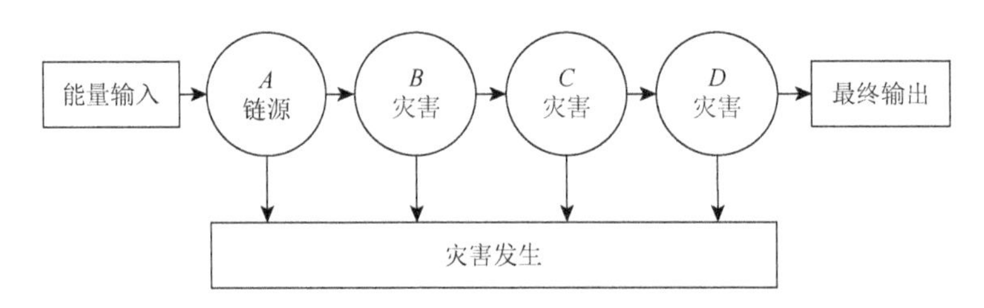

图 5-5 串联灾害链（周靖等，2008）

一个典型的串联灾害链就是崩塌、滑坡与泥石流等地质灾害。滑坡和崩塌向来是相伴而生，它们在相同的地质环境和地层岩性构造条件下产生，诱发因素也大致相同，崩塌的易发区同时也容易产生滑坡（如宝成铁路宝鸡—绵阳段就是滑坡和崩塌多发区）。在高山深谷地区，岩石土体受到风吹雨打从而产生破裂，或在重力的作用下具备了下滑的条件，加上周围环境各方面的影响，从而形成了崩滑体。在一定条件下，其积累的大量崩塌堆积体便可造成山体滑坡。同时，易发生滑坡和崩塌的区域，发生泥石流灾害的概率也非常高，滑坡、崩塌与泥石流有着许多相同的促发因素。滑坡、崩塌的运动过程中，泥石流可能会直接由其转化而来。或者，滑坡、崩塌发生一段时间后，在一定的水源和气温湿度条件下，其堆积物生成泥石流。显然，滑坡和崩塌的次生灾害就是泥石流，这就形成了串联型的崩塌、滑坡、泥石流链式关系。

2. 并联灾害链

并联灾害链是指某一诱发原因引起多种灾害事件发生的现象，或者几种灾害产生相互作用而形成的灾害链，如图 5-6 所示。

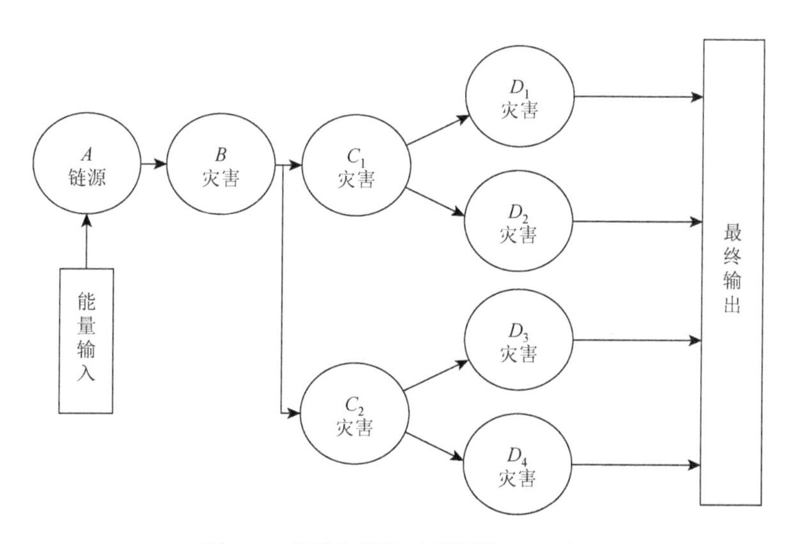

图 5-6 并联灾害链（周靖等，2008）

某个地区发生过一些大的自然灾害之后，常常会导致在某一时段多种致灾因子群发，从而导致一连串的次生灾害。例如，1960 年 5 月 21 日至 30 日智利先后发生了 3 次 7.5 级以上的大地震，导致瑞尼赫湖区引发了 3 次大滑坡。滑坡岩土填进湖水以后，致使水面上涨了 24 m，造成城区水深达 2 m，迫使数百万人口无家可归，这次的致灾过程，即地震—滑坡—洪水，构成了一个灾害链。同时，这次的原生灾害大地震还导致了另一串灾害链的发生，此次大地震还引发了太平洋海啸。

当时在智利附近的海平面上浪高 30 m，海浪以 600～700 km 的时速向西北推进，抵达日本时海浪仍然高数米，导致数千处住宅被大水冲走，数万亩[1]田地被大水淹没，15 万人的生命财产安全受到了威胁，这就是地震—海啸—洪水灾害链。智利大地震几乎同时引发了两种次生灾害，因此这是一种典型的并联灾害链。同样地，2011 年发生在日本的 9 级大地震的致灾全过程也是一个并联型的灾害链。大地震引发的海啸造成数万人死亡，同时还间接导致了后来的福岛核泄漏事故，泄漏的具有放射性的元素扩散到各处，造成了严重的损失。

3. 混合灾害链

混合灾害链是指既包含串联灾害链环节，又包含并联灾害链环节的灾害链。通常而言，混合灾害链是一个更加复杂的灾害系统，如图 5-7 所示。

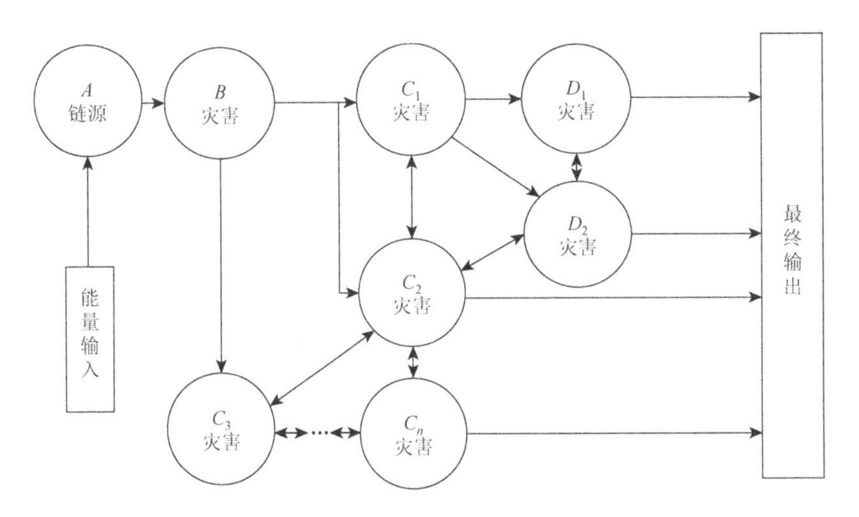

图 5-7　混合灾害链

例如，周靖等（2008）研究和分析了城市生命线系统暴雪、冰雪灾害链。2008 年初，在我国的南方地区发生的低温暴雪冰冻灾害具有波及范围广、持续时间长、造成的损失巨大等特征。据统计，这次突发的冰雪灾害造成全国直接经济损失达 1516.5 亿元人民币，此次灾害让城市生命线系统遭受了重大考验，引发了一系列城市生命线系统的链式反应。暴雪冰冻、停水断电、交通瘫痪和日常物资供应紧张作为其中的灾害，通过灾害链条先后出现、相互作用。显然，暴雪冰冻是灾害链中最先出现的灾害，是产生整个灾害链所必需的条件。暴雪冰冻灾害链中首先产生的公共危机是城市供电系统的断电环节。暴雪冰冻与断

① 1 亩 = 666.67 平方米。

电环节之间的关系比较复杂，有三个并联链条：第一，冰雪荷载过大致使电网系统被破坏，进而导致城市电网中断；第二，低温暴雪天气使得城市用电需求增大，为了保证重要生产部门和城市住民的用电需求，需要中断部分城区的电力供应；第三，电网系统破坏导致部分地区的交通瘫痪，进而加剧生产电力的物质能源的紧缺，从而加剧用电需求的紧张。上述三个链条错综复杂，任何一个环节的发生都可能增大断电的可能性。在城市生命线系统呈现断电状况后，灾害链可能继续生成或传递。断电可能引发城市给水排水系统的危机，进而引发环境污染和食品卫生等社会安全问题；断电可能导致城市交通瘫痪，从而导致一个城市的公交车站和机场拥挤、乘客积压等社会保障问题。暴雪冰冻诱发的电力系统灾害链可能只是其中的一种，也有可能几种其他生命线系统灾害链同时出现。根据 2008 年初湖南地区暴雪冰冻诱发的生命线系统灾害的调查情况，周靖等（2008）给出了部分城市生命线系统冰雪灾害链示意图，如图 5-8 所示。很明显，这是一个典型的混合灾害链的例子，其中既包含了串联灾害链环节，又包含了并联灾害链环节。

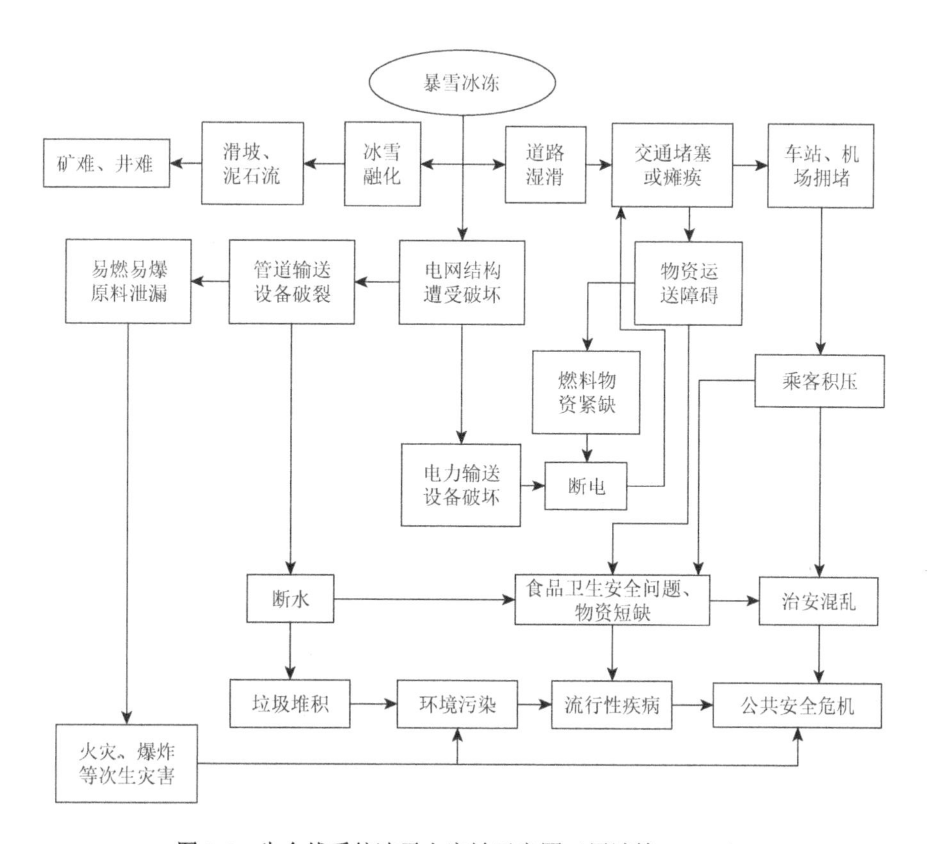

图 5-8 生命线系统冰雪灾害链示意图（周靖等，2008）

5.3.3　灾害链式规律分析

灾害的形成过程具有链式规律性。虽然不同的致灾因子受地域、环境、气候等各种不同因素的影响，最终会呈现出各种不同的灾害形式，但灾害的形成都有一个逐渐演化的过程，这个演化过程暴露了自然环境状态朝着不利于人类社会发展的偏移方向演绎。为了有效遏制灾害发生，加强对灾害链的深度认识，本书从灾害链的载体反映、载体演化来分析灾害链式规律。

1. 灾害链的载体反映

灾害的形成有延续性。这种延续性的演化过程通常以一定的物质、能量和信息流等形式表示，这就是灾害链式关系的载体反映。

灾害链的载体反映有三种形式，见图 5-9。它是对灾害链式规律的客观认识，可以体现由量变到质变的内涵和外延关系的演化。

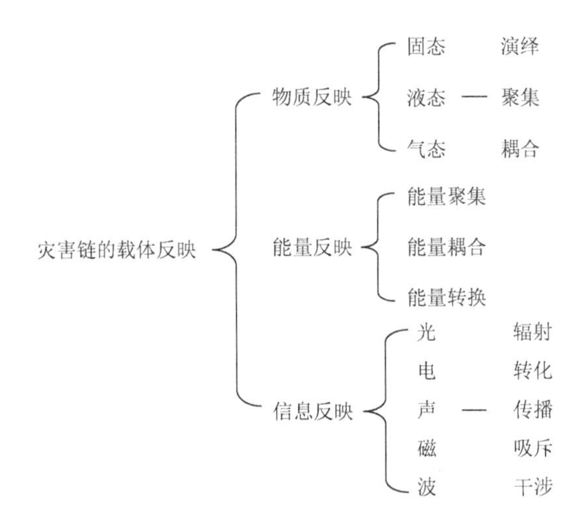

图 5-9　灾害链式载体反映规律图（肖盛燮，2006）

（1）以物质作为灾害链的载体：通常，物质有不同的表现形式和状态，如气态、液态和固态，灾害链的形成过程也会有不同物质状态的单体演绎或多体态聚集、耦合的特征。

（2）以能量作为灾害链的载体：在灾害形成过程中，能量的聚集、耦合和转换关系表现在灾害的破坏作用上，在灾害破坏力中，它们构成了耦合和嵌套的关系，展示了各种灾难程度的破坏程度，并提供了测量破坏力的条件。

（3）以物质为基础的信息反映：信息物质的基本传播形式有波、光、声等，伴随着灾害链式载体起辐射、干涉等作用，通过这些作用媒介使灾害的破坏作用更加严重，灾害的表现形态更加惊险。例如，地震灾害伴生着声与波的同时作用，电、磁场链式反映也对灾害起重要的伴生作用。

2. 灾害链的载体演化

基于灾害链的载体反映的三种形式，在灾害链的演化过程中，载体具有性态演化、量级演化和时空演化的特性，如图5-10所示。

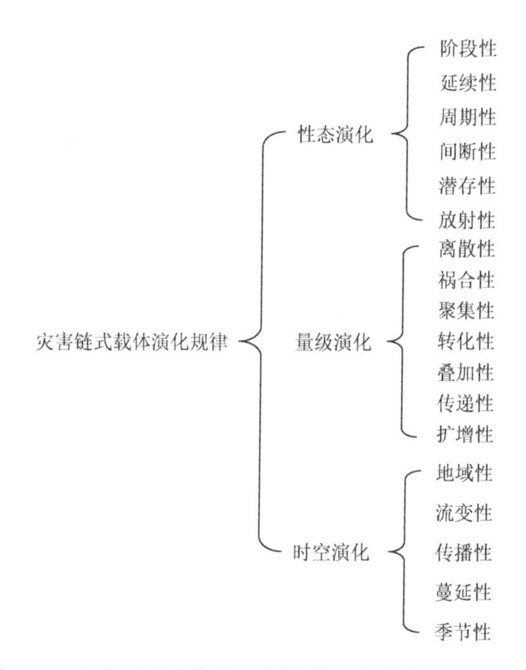

图5-10 灾害链式载体演化规律图（肖盛燮，2006）

性态演化反映了灾害链式载体的性质及状态的演化规律，主要包括灾害链式载体的阶段性、延续性、周期性、间断性、潜存性和放射性等。

（1）阶段性反映了灾害链发育不同阶段的特征，不同链式阶段构成的灾害破坏作用将产生量级性的差异，抓住这个特性有助于消除甚至根治灾害。

（2）延续性是灾害链式关系的主要规律，体现了灾害链式关系的客观存在性。

（3）灾害链式关系中也存在周期性、间断性等特征。这种周期性、间断性取决于客观因素具有明暗起伏的反映特征或具有潜存性规律，将灾害的表现形式隐藏或潜存起来使之不易显露出来。但这种隐藏或潜存关系是暂时的，一旦环境条件改变，必将显露出来。这些规律性反映与灾害链的物质存在性反映并不冲突，只是随主客条件不同而表现形态各异而已。

（4）灾害链式演化的放射性是指载体以放射性元素进行链的载体传播，具有强大的破坏作用。

此外，灾害链式载体的这些性态规律性的反映随着灾害链主客体的条件不同，表现形式也不同。

所谓量级演化，是灾害链式载体的数量变化特征的反映，主要包括离散性、祸合性、聚集性、转化性、叠加性、传递性与扩增性等。离散性反映了灾害的不连续性或分离状态，具有分支和扩散的作用；祸合性反映了灾害链式载体由多种灾害间的祸合作用而形成的量化关系，不但会加剧灾害的变化，而且会引起灾害性能的变化；聚集性是指在演绎过程中，具备相同性质的灾害载体的数量储备特性；转化性是指灾害链从一种链式关系到另一种链式关系的转变，如链式性态、灾害作用等的转变；叠加性是指在线性关系或相同性状下，链式载体数量的累加；传递性是指灾害链从一种链式关系传递到另一种链式关系；扩增性是指灾害作用性态的扩大及量级的增加，从而造成更大范围、更强的破坏。

灾害链式载体的时空演化表明，不同的时空条件对灾害的类型和特征具有重大影响。灾害链式载体的时空演化主要表现为地域性、流变性、季节性等特征。考虑区域条件，不同区域由于地域条件分布的不同，再加上地理环境条件的变化，会导致灾害的类型产生巨大变化。诸如，山区、平原和丘陵地区，由于其地质和地貌不同，灾害的分布也不同。灾害的传播性、蔓延性与其所处的时空条件的变化有着直接的关联。灾害链式载体时空演化中的流变性是指灾害当前的状态及位置的变化将改变其链式行为或者造成巨灾。此外，时空演化的季节性意味着灾害链与季节分布之间存在直接的关联。比如，暴雨、冰川、台风、沙尘暴等灾害均有季节性特征。

5.3.4　灾害链研究在减灾中的应用

灾害作用于社会系统。灾害链的物质和能量同时形成了灾害链的信息链。虽然信息要依托具体的物质而存在，其本身并不具有能量，但它每天都在调动物质和能量。正确的信息有助于预测灾害的发生和变化，帮助人们采取正确的防灾减灾措施，保持正常的社会秩序与心理健康，减轻次生灾害和衍生灾害。扭曲的信息则会使人做出错误的预测或决策，导致心理恐慌和社会秩序失控，从而使灾害损失扩大，造成一系列次生和衍生的社会环境灾害。基于对灾害链认识的不断深入，我们可以利用灾害链开展全面高效的减灾治灾工作（郑大玮，2008），具体如下。

（1）应对灾害链的策略：如断链、削弱、转移、规避、接受等不同的策略。仅当灾难潜伏期的能量较低或灾难载体尚未形成并损坏时，才可以使用断链，但它不适用于重大的灾种。削弱意味着在灾难链形成后，捕获其薄弱的环节并减少能量。例如，利用水库减少洪灾、在起火的森林外围制造隔离带以削弱火势等。转移是指将灾难链移动到对人的安全威胁较小的区域，如在海河流域兴修减河将洪水引入大海。规避是指将受灾人员移至安全区域并与灾难链隔离，此策略通常应用于不可避免的灾难，如地震、滑坡、洪水、超强台风等。对于损害较低的灾害链，若采取上述策略，成本高于可能发生的灾害损失，则可对该灾害链采取接受的策略。

（2）在以下两种情况下，可采取断链减灾措施。对于灾害发生链，减轻灾害的关键是找到导致重大灾害的因素或触发条件，在灾害的孕育阶段，当成灾物质很少或能量还很小的时候，从源头断链预防灾害；就灾害影响链而言，在灾害影响链的薄弱环节采取断链措施，或者保护承灾体受影响最大的关键环节。

（3）提高灾害预测的准确率。在灾害预测中，以下两种情况可以应用灾害链。一种是发生概率较低的巨大灾害，传统的预测方法很难测出。但巨灾的发生通常与地球各大圈层的相互作用有关，其能量有一个积累的过程。为了发现孕灾因素之间的相互关系，可以开展跨学科的灾害链研究从而提高灾害预测的准确率。另一种是对次生灾害、衍生灾害及灾害后效的预测，可通过对灾害影响链进行研究来提高这类预测的准确率。譬如，2008 年发生在我国南方地区的低温冰雪灾害，尽管气象部门做出了相对准确的短期预测，但仍低估了其发展产生的严重影响。在政府做出果断的决定之前，人们在防灾减灾过程中仍然是被动的。

（4）正确开展灾害评估。研究灾害链的形成、发展、分支、蔓延和消退过程，有助于我们对灾害造成的损失进行准确的评估。为确定重点防范保护对象和需要动用的减灾资源，灾前的预评估是非常重要的。同时，灾中评估有助于确定重点抢险地点或救援对象；灾后评估有助于明确优先救助、恢复的对象和需要动用的救灾资源。

灾害链作为灾害系统的一个重要组成部分，对其进行研究是全面认识复杂灾害系统的重要途径。灾害链的研究虽然刚刚起步，但是随着相关探索与实践的积累，灾害链的研究将得到完善与发展，最终实现综合防灾减灾的目标。

专业术语

1. 灾害系统（disaster system）：基于系统科学的视角，人类社会自身就是一个系统，当两个以上因素相互关联、相互影响升级成某种灾害并造成一定的灾害损失时，这些因素和损失便组成了灾害系统。

2. 串联灾害链（disaster chain in series）：某种原生灾害引发一系列随之发生

的灾害的现象。

3. 并联灾害链（parallel disaster chain）：某一诱发原因引起多种灾害事件发生的现象，或者几种灾害产生相互作用形成的灾害链。

4. 混合灾害链（mixed disaster chain）：既包含串联灾害链环节，又包含并联灾害链环节的灾害链。

本 章 习 题

1. 什么是灾害系统？简述灾害系统的构成及其分类。
2. 试分析灾害系统的复杂性及其相关的测度方法。
3. 什么是灾害链？简述灾害链的特征及其分类。
4. 试分析灾害链式规律，并简述灾害链研究在防灾减灾方面的应用。

参 考 文 献

阿发友, 孔纪名, 田述军, 等. 2009. 基于分形维的龙门山断裂对震后次生山地灾害控制的定量研究——以北川县为例[J]. 地质与勘探, 45(3): 312-320.
安镇文, 王琳瑛, 朱传镇. 1989. 大震前后地震活动的时空分维特征[J]. 地震学报, 11(3): 251-258.
陈兴民. 1998. 自然灾害链式特征探论[J]. 西南师范大学学报(人文社会科学版), (2): 117-120.
崔承洋, 李志萍. 2018. 基于人工神经网络的延吉沟泥石流危险度评价[J]. 河南科技, (7): 151-153.
《地球科学大辞典》编委会. 2006. 地球科学大辞典. 基础学科卷[M]. 北京: 地质出版社.
杜兴信. 1995. 自然灾害的自相似性质[J]. 灾害学, 10(2): 1-6.
傅军, 丁晶, 邓育仁. 1996. 洪水混沌特性初步研究[J]. 水科学进展, 7(3): 226-230.
高庆华, 马宗晋. 1995. 再议减轻自然灾害系统工程[J]. 自然灾害学报, 4(2): 6-13.
郭跃, 林孝松. 2001. 地质灾害系统的复杂性分析[J]. 重庆师范学院学报(自然科学版), 18(4): 1-7.
郭增建, 秦保燕. 1987. 灾害物理学简论[J]. 灾害学, (2): 25-33.
林孝松, 许江. 2007. 滑坡灾害复杂性特征研究[J]. 水土保持研究, 14(5): 359-363.
刘文方, 肖盛燮, 隋严春, 等. 2006. 自然灾害链及其断链减灾模式分析[J]. 岩石力学与工程学报, 25(S1): 2675-2681.
卢志光, 白丽萍, 卢丽. 2002. 运用混沌理论制作长期灾害预报模型初探[J]. 中国农业大学学报, (3): 43-46.
倪化勇, 刘希林. 2005. 泥石流灾害的分形研究[J]. 灾害学, 20(4): 18-22.
牛志仁. 1990. 关于灾害系统的若干问题[J]. 灾害学, (3): 1-5.
盛海洋. 2004. 我国环境灾害及其关联性探讨[J]. 黄河水利职业技术学院学报, 16(2): 46-48.
史培军. 1996. 再论灾害研究的理论与实践[J]. 自然灾害学报, 5(4): 6-17.
史培军. 2002. 三论灾害研究的理论与实践[J].自然灾害学报, 11(3): 1-9.
史培军. 2005. 四论灾害系统研究的理论与实践[J].自然灾害学报, 14(6): 1-7.
史培军. 2014. 灾害系统复杂性与综合防灾减灾[J]. 中国减灾, (21): 20-21.
王劲峰, 等. 1993. 中国自然灾害影响评价方法研究[M]. 北京: 中国科学技术出版社.
王顺义, 罗祖德. 1992. 混沌理论: 人类认识自然灾害的工具之一[J]. 自然灾害学报, (2): 3-16.

王文俊, 唐晓春, 王建力. 2000. 灾害地貌链及其临界过程初探[J]. 灾害学, 15(1): 41-46.

魏一鸣. 1998. 自然灾害复杂性研究[J]. 地理科学, 18(1): 25-31.

魏一鸣. 1999. 洪水灾害研究的复杂性理论[J]. 自然杂志, 21(3): 139-142.

文传甲. 1994. 论大气灾害链[J]. 灾害学, 9(3): 1-6.

肖方红, 阎桂荣, 韩宇航. 2004. 混沌伪随机序列复杂度分析的符号动力学方法[J]. 物理学报, 53(9): 2877-2881.

肖盛燮. 2006. 生态环境灾变链式理论原创结构梗概[J]. 岩石力学与工程学报, 25(S1): 2593-2602.

许强, 黄润秋. 2000. 非线性科学理论在地质灾害评价预测中的应用——地质灾害系统分析原理[J]. 山地学报, 18(3): 272-277.

杨思全, 陈亚宁, 王昂生. 2003. 基于混沌理论的洪水灾害动力机制(英文)[J]. 中国科学院研究生院学报, (4): 446-451.

易顺民, 唐辉明. 1996. 西藏樟木滑坡群的分形特征及其意义[J]. 长春地质学院学报, 26(4): 392-397.

尹义星, 许有鹏, 陈莹. 2007. 基于复杂性测度的中国洪灾受灾面积变化研究[R]. 中国地理学会 2007 年学术年会.

张猛. 2015. 降雨引发泥石流人工神经网络预警模型剖析[J]. 黑龙江水利科技, 43(12): 55-56, 90.

郑大玮. 2008. 灾害链概念的扩展及其在农业减灾中的应用[J]. 中国人口·资源与环境, 18: 653-657.

周靖, 马石城, 赵卫锋. 2008. 城市生命线系统暴雪冰冻灾害链分析[J]. 灾害学, 23(4): 39-44.

Helbing D. 2013. Globally networked risks and how to respond[J]. Nature, 497(7447): 51-59.

Kappes M S, Keiler M, Elverfeldt K V, et al. 2012. Challenges of analyzing multi-hazard risk: a review[J]. Natural Hazards, 64(2): 1925-1958.

Lehrman M, Rechester A B, White R B. 1997. Symbolic analysis of chaotic signals and turbulent fluctuations[J]. Physical Review Letters, 78(1): 54-57.

Mileti D S, Ebrary I. 1999. Disasters by design: a reassessment of natural hazards in the United States[J]. Ameaas, 8(10): 699.

第二篇　灾害风险评估数学模型篇

第6章　聚 类 分 析

学习目标

- 理解聚类分析的概念
- 熟悉聚类过程及其与分类的区别
- 熟悉聚类算法的分类及其优缺点
- 熟悉聚类分析的算法代码

6.1　基 础 理 论

6.1.1　聚类分析的概念

聚类分析（cluster analysis）简称聚类（clustering），是根据数据来挖掘数据对象及其关系信息，并划分成子集的过程。每个子集是一个簇（cluster），簇内的对象之间是相似的，而各个簇间的对象是不相关的。簇内相似性越高，簇间相异性越高，聚类效果越好。由聚类分析形成的簇的集合称为一个聚类。聚类就是一种寻找数据之间内在结构的技术。

聚类与分类不同，主要区别在于聚类所要划分的类是未知的；分类则给定了类标号信息。聚类属于无监督学习（或观察学习），在簇中不存在表示数据类别的分组信息；分类属于监督学习，是在已有的分类标准下，对新数据进行划分。假设有一批人的学历的数据，大概知道其中有一部分高中，一部分本科和一部分研究生。聚类就是自动发现这三部分数据，并把相似的数据聚类到同一组。分类是事先已知有这三类学历数据，现在新加入一个数据需要输出它的类标号，确定它属于哪一类。

聚类分析已被广泛应用于众多行业领域。在保险业，聚类分析可以通过车辆的类型和价值来鉴定城市的车辆分组，也可以通过平均消费来鉴定汽车保险单持有者的分组；在电子商务业，聚类分析可以划分出具有相似浏览偏好的客户，分析相同组客户的共同特征，帮助企业制定加强客户与企业关系的商务策略；在生物行业，聚类分析可以用来对动植物基因进行分组，以获取对同一组群固有结构的认识。此外，聚类分析还被广泛应用于灾害风险分析，包括地震灾害、雷电灾害和洪水灾害等，分析各类气象灾害的风险等级和影响程度。

聚类分析一般先确定聚类统计量，然后通过统计量对样品或者变量进行聚类。利用距离作为统计量对 n 个样品进行聚类的方法称为 Q 型聚类；利用相似性作为统计量对 m 个变量进行聚类的方法称为 R 型聚类。聚类算法主要有五大类：基于划分的聚类算法、基于层次的聚类算法、基于密度的聚类算法、基于网格的聚类算法和基于模型的聚类算法。聚类算法的选择取决于数据的类型、聚类的目的和具体应用。聚类效果的好坏依赖于两个因素：距离衡量（distance measurement）和聚类算法（clustering algorithm）。

6.1.2　距离的计算

聚类分析一般有两种方法来度量对象之间的相似性。一种是对所有的对象做特征投影，通过直观的图像来反映对象之间的相似度关系。如图 6-1 所示，横坐标轴表示时间，纵坐标轴表示繁殖率，标点表示三种不同的物种在不同时间段的繁殖情况。我们可以清晰地看到三种物种的繁殖率分别在 10、40、80 三个数值附近，根据这一特征便可以分辨出三种物种。虽然特征投影非常直观，但是对象之间的相似性依赖于测量的特征，换一种特征可能会有相反的效果。

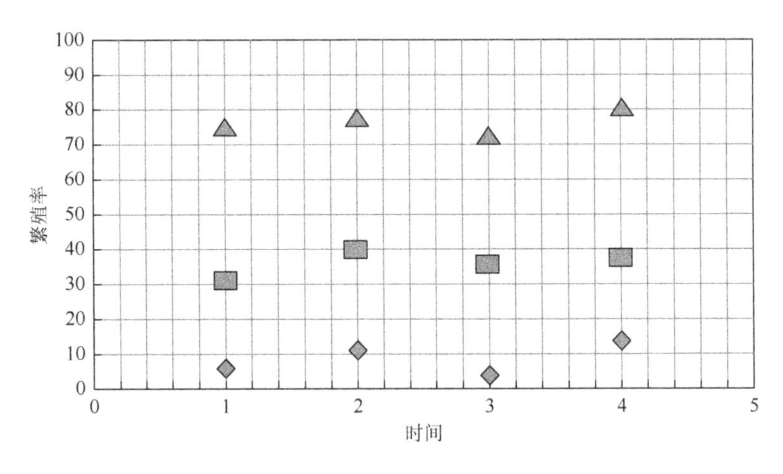

图 6-1　特征投影

另一种度量对象之间相似性的方法是距离计算，也是最为常见的相似度度量方法，该方法通过衡量对象之间的差异度来反映对象之间的相似度关系。常见的数值变量距离计算方法有以下几种。

（1）欧氏距离（Euclidean distance）。欧氏距离源自 n 维欧氏空间中两点之间的绝对距离：

$$D(X,Y)=\sqrt{\sum_{i=1}^{n}(x_i-y_i)^2} \tag{6-1}$$

欧氏距离也称欧几里得距离或欧几里得度量，它是 n 维空间中两个点之间的绝对距离。欧氏距离采用的是原始数据，如某属性在 1～50 取值，可以直接使用，并非一定要将其归一到[0, 1]区间。其优势在于新增对象不会影响任意两个对象之间的距离。如果对象属性的度量标准不一样，如在度量分数时采取十分制或百分制，对结果的影响较大。

（2）曼哈顿距离（Manhattan distance）。曼哈顿距离用以表明两个点在标准坐标系上的绝对轴距总和。曼哈顿距离就是计算从一个对象到另一个对象所经过的折线距离，也可以进一步地描述为多维空间中对象在各维的平均差，取平均差之后的计算公式为

$$D(P_i,P_j)=\frac{1}{n}\sum_{k=1}^{n}\left|P_{ik}-P_{jk}\right| \tag{6-2}$$

曼哈顿距离取消了欧氏距离的平方，使得离群点的影响减弱。

（3）切比雪夫距离（Chebyshev distance）。切比雪夫距离是数学向量空间中的一种度量，它定义两点之间的距离为各坐标数值差的最大值。例如，点 (O_1,P_1) 和 (O_2,P_2) 间的切比雪夫距离为

$$\max\left(\left|O_1-O_2\right|,\left|P_2-P_1\right|\right) \tag{6-3}$$

主要表现为多维空间中，对象从某个位置转移到另外一个位置所消耗的最少距离。

（4）幂距离。幂距离针对不同的属性给予不同的权重值：

$$D(R_i,R_j)=r\sqrt{\sum_{k=1}^{n}\left(\left|R_{ik}-R_{ik}\right|\right)^p} \tag{6-4}$$

其中，r 和 p 为自定义的参数。p 控制各维的渐进权重，r 控制对象间较大差值的渐进权重。当 $r=p$ 时，为闵可夫斯基距离；当 $r=p=1$ 时，为曼哈顿距离；当 $r=p=2$ 时，为欧氏距离；当 $r=p$ 并趋于无穷时，为切比雪夫距离。

（5）余弦相似度（cosine similarity）。余弦相似度用向量空间中两个向量夹角的余弦值衡量两个个体间差异的大小，可以简单地描述为空间中两个对象的属性所构成的向量之间夹角的大小：

$$D(S_i,S_j)=\cos\left(\vec{S}_i,\vec{S}_j\right)=\frac{\sum_{k=1}^{n}S_{ik}S_{jk}}{\sum_{k=1}^{n}S_{ik}^2\sum_{i=1}^{n}S_{jk}^2} \tag{6-5}$$

当两个向量方向完全相同时，相似度为 1；当两个向量方向相反时，相似度为−1。

（6）修正的余弦相似度（adjusted cosine similarity）。余弦相似度是从方向上区分差异，对绝对的数值不敏感，没法衡量每个维数值的差异，可能导致结果的误差，需要修正这种不合理性，即修正的余弦相似度（褚宏林等，2021）。

$$\mathrm{sim}(a,b)=\frac{\sum_{t\in R_{ab}}\left(R_{a,t}-\overline{R}_a\right)\left(R_{b,t}-\overline{R}_b\right)}{\sqrt{\sum_{t\in R_a}\left(R_{a,t}-\overline{R}_a\right)}\sqrt{\sum_{t\in R_b}\left(R_{b,t}-\overline{R}_b\right)}} \tag{6-6}$$

其中，R_{ab} 为共同评分项目；$\overline{R}_a$ 和 $\overline{R}_b$ 分别为用户 a 和用户 b 的平均评分；R_a 和 R_b 分别为用户 a 和用户 b 各自评分的集合。

（7）皮尔逊相似度（Pearson similarity）。皮尔逊相似度多用来进行两个样本的线性相关的度量，它把众多对象的属性拟合成一条直线或者曲线，计算每个对象相对于这条线的偏离程度。对于两个样本 $X=\{x_1,x_2,\cdots,x_n\}$，$Y=\{y_1,y_2,\cdots,y_n\}$，皮尔逊相关系数的定义如下：

$$r(X,Y)=\frac{\mathrm{Cov}(X,Y)}{\sqrt{\mathrm{Var}|X|\mathrm{Var}|Y|}}=\frac{\sum_{i=1}^{n}(x_i-\overline{x}_i)(y_i-\overline{y}_i)}{\sqrt{\sum_{i=1}^{n}(x_i-\overline{x}_i)^2}\sqrt{\sum_{i=1}^{n}(y_i-\overline{y}_i)^2}} \tag{6-7}$$

其中，$\overline{x_i}$ 和 $\overline{y_i}$ 分别为 X 和 Y 的均值；$r(X,Y)\in[-1,1]$ 为相关程度；n 为特征维度。

（8）杰卡德相似系数（Jaccard similarity coefficient）。杰卡德相似系数是一种性能评价系数，用于比较有限的样本集合之间的相似性与差异性（曹戴和陈丽芳，2018），常用于二值型数据相似度的计算。杰卡德相似系数值越大，样本相似度越高。对于两个有限的集合 A 和 B，杰卡德相似系数定义为 A 与 B 交集的大小和 A 与 B 并集的大小的比值：

$$J(A,B)=\frac{|A\cap B|}{|A\cup B|}=\frac{|A\cap B|}{|A|+|B|+|A\cap B|} \tag{6-8}$$

杰卡德距离（Jaccard distance）表示两个集合的差异性，是杰卡德相似系数的补集，如下：

$$J_\delta=1-J(A,B) \tag{6-9}$$

（9）汉明距离（Hamming distance）。在同等长度的字符串之间，对应位置上不同的字符的个数称为汉明距离（Karabašević et al.，2020）。换句话说，将一个字符串变换成另一个字符串所需的字符个数即为两个字符串的汉明距离。例如，将 a[11100]变换为 b[00010]，汉明距离为 4。

（10）相关距离。相关距离衡量随机变量 X 和 Y 之间的相关程度。相关系数计算公式为

$$\rho_{XY}=\frac{\mathrm{Cov}(X,Y)}{\sqrt{D(X)}\sqrt{D(Y)}}=\frac{E\big((X-EX)(Y-EY)\big)}{\sqrt{D(X)}\sqrt{D(Y)}} \tag{6-10}$$

相关系数越大，相关度越高。

（11）马氏距离。马氏距离表示数据的协方差距离，是一种距离的度量。数据点 X 和 Y 之间的马氏距离为

$$D(X,Y)=\sqrt{(X-Y)^{\mathrm{T}}S^{-1}(X-Y)} \tag{6-11}$$

通过以上距离计算方法，可以计算出两个对象之间的相似度（距离）。在运用过程中，可根据不同的对象及其属性特点合理地选择距离计算方法。距离计算是聚类算法的过程中非常重要的环节，直接影响聚类算法的有效性。

6.2 聚类分析建模

上文介绍了聚类分析的基本概念及其常用的距离算法，后文将详细地介绍几类常见的聚类算法和实现代码。

6.2.1 K 均值聚类

K-means（K 均值）算法是一种基于划分的聚类算法，常用于发现球状簇（张洁玲和白清源，2014）。给定 n 个对象或元组的数据集，K-means 算法可以把 n 个数据对象分成 k 个簇，使簇内具有较高的相似度，而簇间的相似度较低。K-means 算法以距离作为相似度的评价指标，两个样本的距离越近，相似度就越大，这是一种典型的基于距离进行划分的聚类算法。这种算法以得到紧凑且独立的类别作为最终目标。输出聚类图如图 6-2 所示。

K-means 算法是根据给定的 n 个对象或元组的数据集，把数据对象分成 k 个簇的聚类算法。K-means 算法使用距离来描述两个数据对象之间的相似度。距离函数有明式距离、欧氏距离、马氏距离和兰氏距离，最常用的是欧氏距离。K-means 算法当准则函数达到最优或者达到最大的迭代次数时终止。当采用欧氏距离时，准则函数一般为最小化数据对象到其簇中心距离的平方和，即 $\min\sum_{i=1}^{k}\sum_{x\in c_i}D(c_i,x)^2$。其中，$k$ 为簇的个数；c_i 为第 i 个簇的中心点；$D(c_i,x)$ 为 x 到 c_i 的距离。

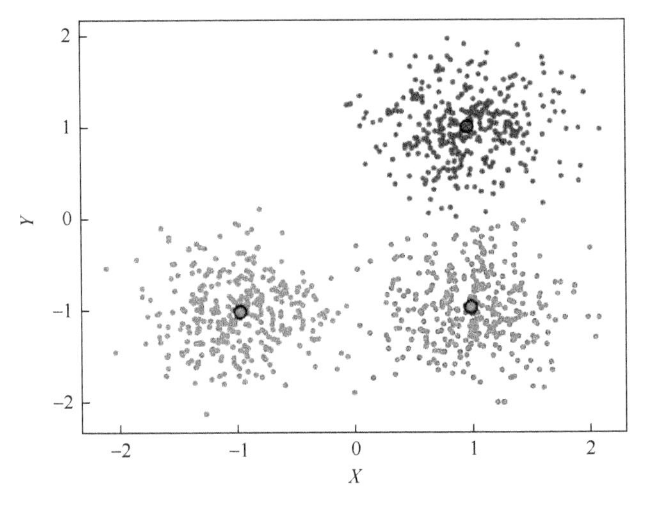

图 6-2　K-means 聚类

1. K-means 算法描述

K-means 算法的处理流程如下：给定的数据集为 $X=\{x_1,x_2,\cdots,x_n\}$，K-means 算法随机选择 k 个对象作为初始质心 $Z_j(m)$，$m=1$，$j=1,2,\cdots,k$。

（1）计算数据对象 $x_i(i=1,2,\cdots,n)$ 与各个质心的距离 $D(x_i,Z_j(m))$，$j=1,2,\cdots,k$，若 $D(x_i,Z_p(m))=\min\{D(x_i,Z_j(m)),\ j=1,2,\cdots,k\}$，$p=1,2,\cdots,k$，则数据对象 x_i 划分到簇 p 中。

（2）计算误差平方和函数 $\mathrm{SSE}(m)=\sum_{j=1}^{k}\sum_{i=1}^{n(j)}\left|x_i^{(j)}-Z_j(m)\right|^2$。参数 $n(j)$为簇 j 中数据对象的个数。

（3）当 $\left|\mathrm{SSE}(m)-\mathrm{SSE}(m-1)\right|<\varepsilon$ 时，算法结束；否则 $m=m+1$，更新 k 个质心 $Z_j(m)=\frac{1}{n(j)\sum_{i=1}^{n(j)}x_i^{(j)}}$，$j=1,2,\cdots,k$，返回到第（1）步。

K-means 算法的迭代示意图如图 6-3 所示。

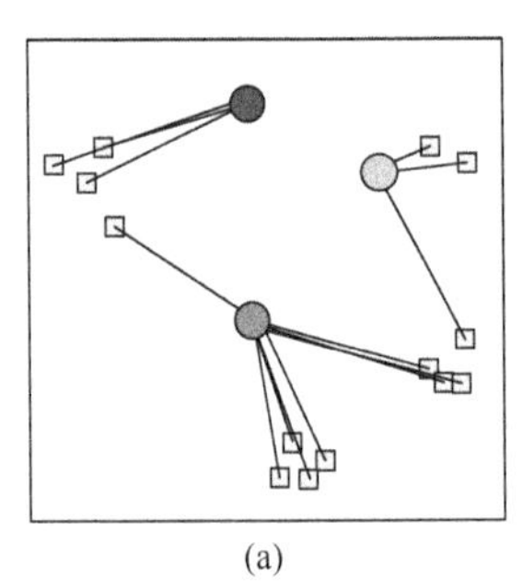
(a)

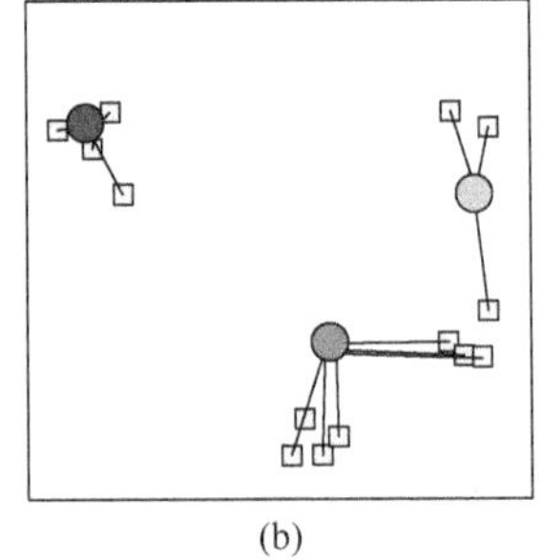
(b)

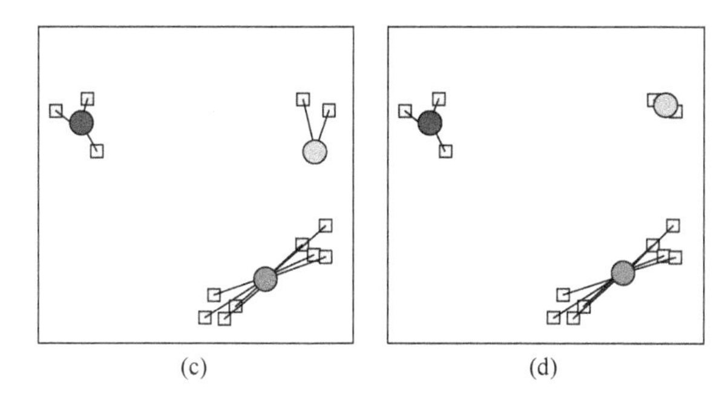

图 6-3 K-means 算法的迭代示意图

2. 算法实例

首先获取样本，通过 Wolfram Mathematica 的随机函数（Random Real）生成一组数据集，代码如下所示。

```
data=Sort[
FindClusters[
Accumulate[RandomReal[{-1,1},{2000,2}]],
i,Method->meth,DistanceFunction->df],
(Max[Max[#1]] > Max[Max[#2]])&];ListPlot[data,Epilog- >
(Line/@(Append[#,First[#]]&)/@(#[[ConvexHull[#]]]&)/@data),AspectRatio- > Automatic,PlotStyle- > {PointSize[0.01]},
PlotLabel->"number of clusters="<>ToString[i],
ImageSize->{380,380}]
```

针对上述数据样本，根据指定的 k 值进行聚类分析，代码如下所示。

```
Manipulate[SeedRandom[t];data=Sort[
FindClusters[
Accumulate[RandomReal[{-1,1},{2000,2}]],
i,Method->meth,DistanceFunction->df],
(Max[Max[#1]] > Max[Max[#2]])&];ListPlot[data,Epilog- >
(Line/@(Append[#,First[#]]&)/@(#[[ConvexHull[#]]]&)/@data)
,AspectRatio- > Automatic,PlotStyle- > {PointSize[0.01]},
PlotLabel->"number of clusters="<>ToString[i],
ImageSize->{380,380}],
{{t,1,"dataset"},1,500,1,ImageSize->Tiny},
{{i,2,"number of clusters"},2,20,1,ImageSize->Tiny},
{{meth,"Optimize","method"},{"Agglomerate","Optimize"}},
```

```
{{df,EuclideanDistance,"distance function"},{BrayCurtisDistance,EuclideanDistance,SquaredEuclideanDistance,CanberraDistance,CosineDistance,ChebyshevDistance,ManhattanDistance},ControlPlacement->Top},
{data,ControlType->None},ControlPlacement->Left,
SynchronousInitialization->False,
Initialization:>{Needs["ComputationalGeometry`"]}]
```

可视化的聚类结果如图 6-4 所示。

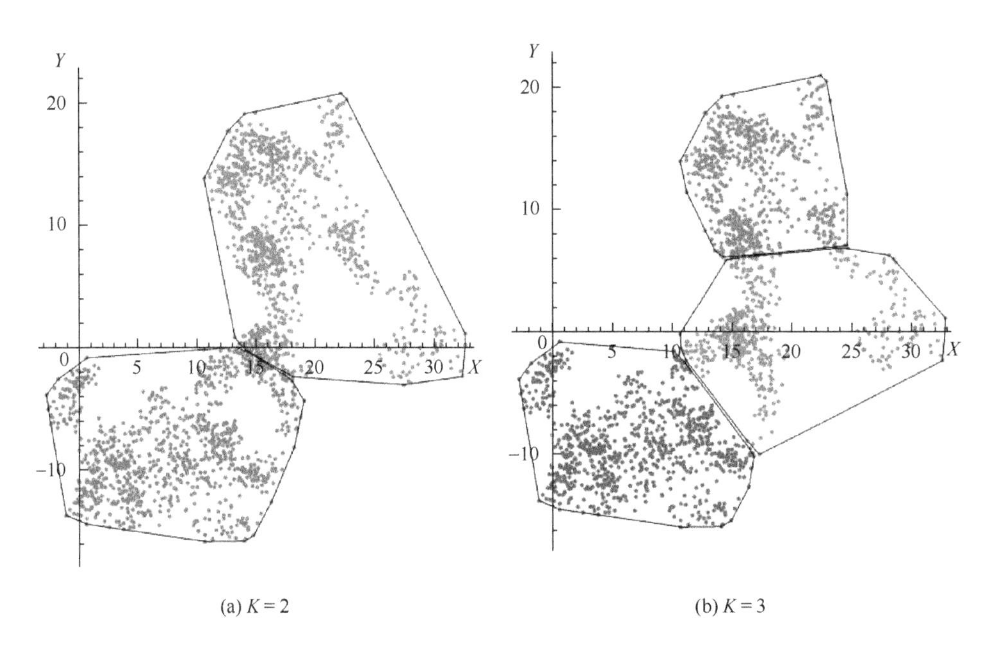

(a) $K = 2$　(b) $K = 3$

图 6-4　欧氏距离 K-means 聚类分析

3. 算法优缺点

K-means 算法简单高效，易于理解和实现。但是 K-means 算法有两个明显的缺陷（图 6-5）。使用欧氏距离衡量数据间的相似度，要求数据在各个维度上是均质的，这就导致 K-means 算法不能用于非均质数据的聚类分析。

此外，K-means 算法需要事先确定簇的个数 k，这往往是一个比较困难的选择。算法的结果对初始值的设置很敏感，与初始值的选择有关。同样，算法的结果对噪声和异常数据也非常敏感。如果某个异常值具有很大的数值，则会严重影响数据的分布。K-means 算法主要用于发现圆形或者球形簇，不能识别非球形的簇。

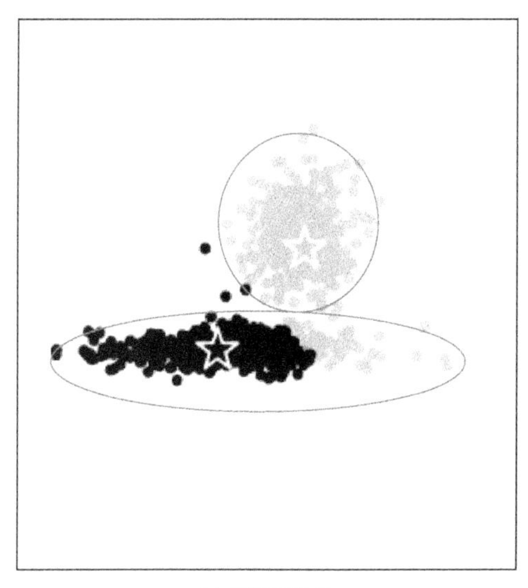

(a) 非均质数据

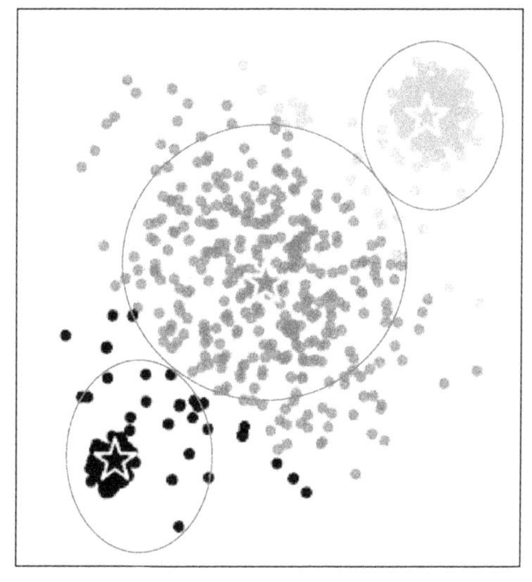

(b) 不同类别内部方差不相同

图 6-5 K-means 聚类分析局限性

6.2.2 均值漂移算法

均值漂移算法是一种无参密度估计算法或称核密度估计算法，它沿着密度上升的方向寻找聚簇点，该算法不断寻找样本数据点中密度最大的点，以该点为中心继续执行上述迭代，直至数据点最密集的位置。简单地说，均值漂移算法是使多个随机中心点向着密度最大的总方向移动，最终得到大密度中心。具体地，在一个二维平面中，首先随机选取一定数量的点，以这些点为圆心，选取定值为半径画一个圆形窗口，计算出该窗口内数据点中密度最大的点，用密度最大的点替换之前的点，然后以替换后的密度最大的点为圆心，定值为半径继续画圆形窗口，重复迭代。圆形窗口会不断地向数据点密集的位置移动，到达数据点最密集的位置，当窗口重叠或者所有窗口不再移动时算法结束完成聚类。此时，窗口中心点即为聚类中心点。

在一个有 n 个样本点的特征空间中，初始确定一个中心点，计算在设置的半径为 D 的圆形空间内所有的点 x_i 与中心点的向量。计算整个圆形空间内所有向量的平均值，得到一个偏移均值。将中心点移动到偏移均值的位置，重复移动直到满足一定的条件时结束（图 6-6）。

1. 均值漂移算法的运算

均值漂移算法的基础公式包含偏移均值和中心更新。其中偏移均值的公式为

$$M(x)=\frac{1}{k}\sum_{x_i\in S_h}(x_i-x) \tag{6-12}$$

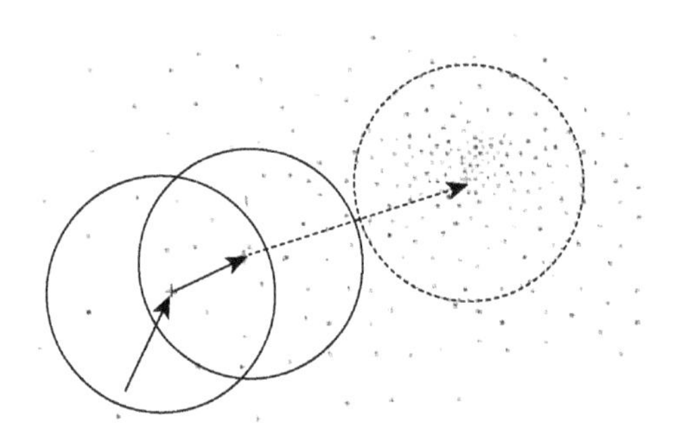

图 6-6　均值漂移的聚类过程

参数 S_h 是以 x 为中心点，h 为半径的高维球区域。k 为包含在 S_h 范围内点的个数。x_i 为包含在 S_h 范围内的点。如图 6-7 所示，大圆圈表示 S_h 区域，小圆圈表示 S_h 区域内的样本点 x_i，黑色的点表示均值漂移的基准点 x，箭头表示样本点 x_i 相对于基准点 x 的偏移向量。

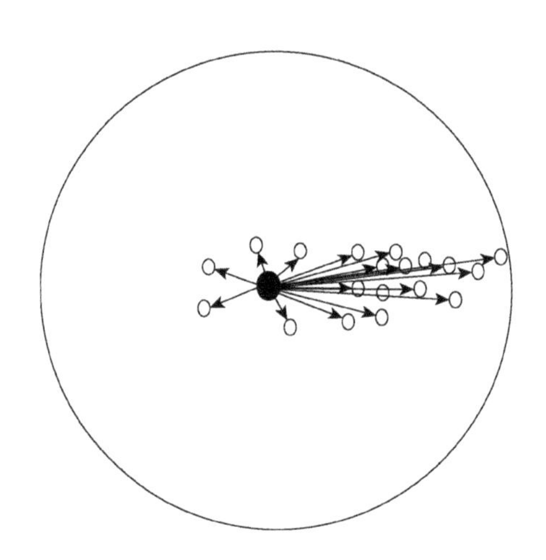

图 6-7　偏移均值图

中心更新，将中心点移动到偏移均值的位置：

$$x^{t+1}=M^t+x^t \tag{6-13}$$

其中，M^t 为 t 状态下求得的偏移均值；x^t 为 t 状态下的中心。

引入核函数的偏移均值。在均值漂移算法中引入核函数的概念，能够使计算中距离中心的点具有更大的权值，反映距离越短，权值越大的特性。引入核函数的目的为让低维不可分数据变成高维可分，以便计算映射到高维空间后的内积。通过核函数，可以直接在低维空间中完成计算。改进的偏移均值公式为

$$m_h(x)=\frac{\sum_{i=1}^{n}x_i g\left(\left\|\frac{x-x_i}{h}\right\|^2\right)}{\sum_{i=1}^{n}g\left(\left\|\frac{x-x_i}{h}\right\|^2\right)}-x \tag{6-14}$$

其中，x 为中心点；h 为带宽；x_i 为带宽范围内的点；n 为带宽范围内的点的数量；$g(x)$为对核函数的导数求负。

2. 均值漂移算法的运算步骤

均值漂移算法不仅可以应用于聚类分析，还可以应用于图像平滑、图像分割、物体跟踪等众多领域。一般均值漂移算法的步骤如下。

（1）在未被分类的数据集中选择一个点作为中心点。

（2）找出离中心点的距离在带宽之内的所有点，记作集合 M，标记这些点属于簇 c。

（3）计算中心点到集合 M 中每个元素的向量，将这些向量相加，得到偏移向量。

（4）中心点沿着偏移向量的方向移动，移动距离是偏移向量的模。

（5）重复上述步骤，直到偏移向量的大小满足设定的阈值，记下此时的中心点。

（6）重复（1）、（2）、（3）、（4）、（5）直到所有的点都被归类。

（7）记录每个点的访问频率，取访问频率最高的那个类，作为当前点集的所属类，如图 6-8 所示。

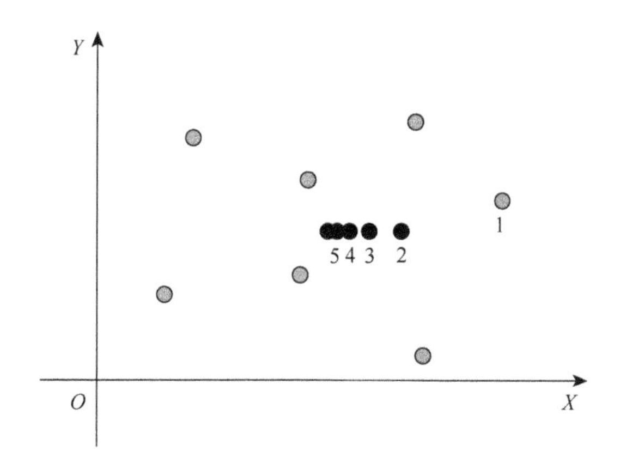

图 6-8 均值漂移过程

3. 算法实例

首先通过 Python Sklearn 获取数据样本。运行下列代码。

```
import numpy as np
import sklearn.cluster as sc
import matplotlib.pyplot as mp
# 加载数据
x=np.loadtxt("./multiple3.txt",delimiter=",")
# 量化带宽 quantile 量化宽度
bw=sc.estimate_bandwidth(x,n_samples=len(x),quantile=
0.1)
# 均值漂移算法 模型
model=sc.MeanShift(bandwidth=bw,bin_seeding=True)
model.fit(x)
centers=model.cluster_centers_
print(centers)
# 分类边界数据
n=500
l,r=x[:,0].min()- 1,x[:,0].max()+1
b,t=x[:,1].min()- 1,x[:,1].max()+1
grid_x=np.meshgrid(np.linspace(l,r,n),
np.linspace(b,t,n))
flat_x=np.column_stack((grid_x[0].ravel(),grid_x[1].rav
el()))
flat_y=model.predict(flat_x)
grid_y=flat_y.reshape(grid_x[0].shape)
prd_y=model.predict(x)
# 绘制结果
mp.figure('MeanShift Cluster',facecolor='lightgray')
mp.title('MeanShift Cluster',fontsize=20)
mp.xlabel('x',fontsize=14)
mp.ylabel('y',fontsize=14)
mp.tick_params(labelsize=10)
# 分类边界
mp.pcolormesh(grid_x[0],grid_x[1],grid_y,cmap='gray')
```

```
# 点数据
mp.scatter(x[:,0],x[:,1],c=prd_y,cmap="jet",s=80)
# 分类中心点
mp.scatter(centers[:,0],centers[:,1],marker='+',c='gold
',s=1000,linewidth=3)
mp.show()
```

运行结果如图6-9所示。可以看到均值漂移算法自动将样本聚类成了4个类。

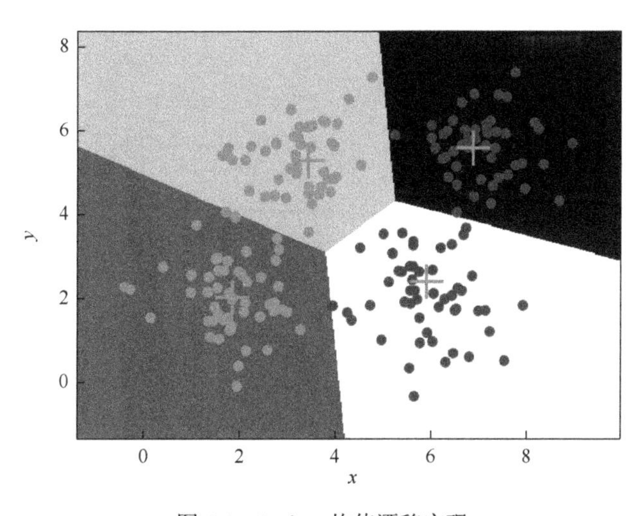

图6-9 Python 均值漂移实现

4. 算法优缺点

均值漂移算法的优点是不需要提前指定聚类数目，聚类数目自行确定，比较符合直观认知的结果；缺点是聚类的结果在很大程度上取决于滑动窗口半径的选取，在样本含多种属性的情况下，使用该方法应对指标值进行适当的量纲预处理，使其适应选取的窗口半径。

6.2.3 基于密度的聚类算法

根据样本的密度分布进行聚类的方法称为密度聚类。从样本密度的角度来考查样本之间的可连接性，并基于可连接样本不断扩展聚类簇，以获得最终的聚类结果。密度聚类最常用的算法是 DBSCAN（density-based spatial clustering of applications with noise，基于密度的聚类）算法，该算法基于一个事实：一个聚类可以由其中的任何核心对象唯一确定。该算法将簇定义为密度相连的点的最大集合，能够把具有足够密度的区域划分为簇，并可在噪声的空间数据库中发现任意形状的聚类。

对于簇形状不规则的数据，因为划分方法（包括层次聚类算法）都是用于发现球状簇的，因此 K-means 算法这种基于划分的算法就不再适用了。比如，图 6-10 中，K-means 算法可用于图 6-10（a）所示的数据分布，但对于图 6-10（b）所示的数据分布，K-means 算法会把大量的噪声或者离群点也包含在簇中。但密度聚类就可对任意簇形状进行聚类分析。

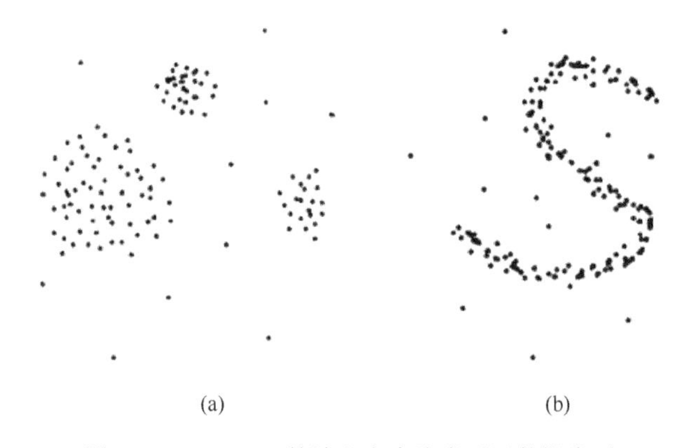

(a)　　　　(b)

图 6-10　K-means 算法和密度聚类适用数据类型

1. DBSCAN 算法的定义

E 邻域：给定对象半径为 ε 内的区域称为该对象的 ε 邻域。

核心对象：若对象 ε 邻域内的样本点数大于等于 MinPts，则称该对象为核心对象。

直接密度可达：对于样本集合 D，如果样本点 q 在 p 的 ε 领域内，并且 p 为核心对象，那么对象 q 从对象 p 直接密度可达。

密度可达：对于样本集合 D，如果存在一个对象链 $p_1,\cdots,p_n$，$p_1=q$，$p_n=p$，假如对象 p_i 从对象 p_{i-1} 直接密度可达，那么对象 q 从对象 p 密度可达。

密度相连：样本集合 D 中存在的一点 O，如果对象 O 到对象 p 和对象 q 都是密度可达的，那么 p 和 q 密度相连。

密度可达是直接密度可达的传递闭包，且这种关系是非对称的，密度相连是对称关系。DBSCAN 算法的目的是找到密度相连对象的最大集合。密度相连可理解为：对于任意形状的簇来说，存在这样一个点，使得组成这个簇的点都能从这个点出发，通过一条“稠密”的路径到达。也就是说簇中的点一定是相互密度相连的。在用 DBSCAN 算法对数据做聚类分析时，噪声对象是一个非常重要的结果。

噪声对象：不是核心对象，且不在任何一个核心对象的 ϵ-邻域内。

边缘对象：顾名思义是类的边缘点，它不是核心对象，但在某一个核心对象的 ϵ-邻域内。

对于数据集中的任意一个点，要么是噪声对象，要么是核心对象，要么是边缘对象。

2. 算法实例

先找到一个核心对象，再找到与这个核心对象密度相连的所有点，这些点将构成这个簇。比如，图 6-11 中，假设要找的簇是外层的圆圈，内层圆圈上的点与外层圆圈上的点肯定不是密度相连的，其他的离群点与外层圆圈上的点也不是密度相连的。因此，只要选择合适的参数，就一定可以通过簇中的任意一个核心对象拓展找到簇中所有的点。

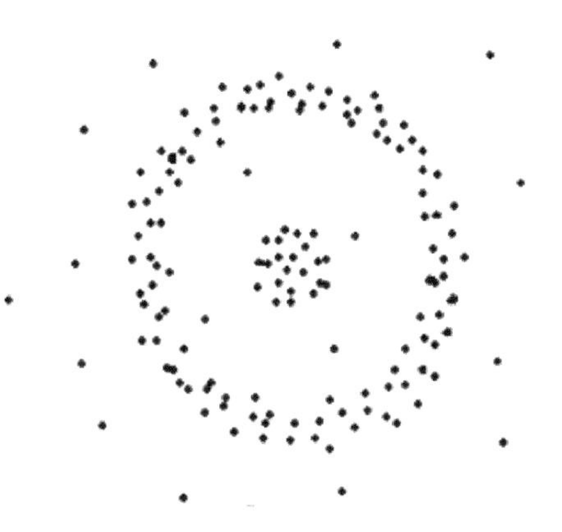

图 6-11 圆形数据集

DBSCAN 算法具体的工作原理设计如下。

（1）选择一个点，计算它的 NBHD（p, epsilon），并判断该点是否为核心点。如果是，在该点周围建立一个类；否则，将该点设定为外围点。

（2）遍历其他点，直到建立一个类。把直接密度可达的点加入该类，然后把密度可达的点也加入该类。如果标记为外围点的点被加进来，则修改状态为边缘点。

（3）重复上述步骤，直到所有的点满足在类中或者为外围点。

结合上述步骤实现 Python 的代码运算。通过 Python 读取数据，选择 Grocery 和 Milk 两列作为训练样本，对数据进行归一化。代码如下所示。

```
# coding=utf-8
import numpy as np
```

```
from scipy.spatial.distance import cdist
import matplotlib.pyplot as plt
import seaborn as sns
sns.set()

from sklearn.cluster import DBSCAN
from sklearn.preprocessing import StandardScaler
import pandas as pd

data=pd.read_csv("data/wholesale.csv")
data.drop(["Channel","Region"],axis=1,inplace=True)

data=data[["Grocery","Milk"]]
data=data.as_matrix().astype("float32",copy=False)#conv
ert to array

#数据预处理,特征标准化,每一维是零均值和单位方差
stscaler=StandardScaler().fit(data)
data=stscaler.transform(data)

#画出 x 和 y 的散点图
plt.scatter(data[:,0],data[:,1])
plt.xlabel("Groceries")
plt.ylabel("Milk")
plt.title("Wholesale Data - Groceries and Milk")
plt.savefig("results/wholesale.png",format="PNG")

dbsc=DBSCAN(eps=0.5,min_samples=15).fit(data)

labels=dbsc.labels_ #聚类得到每个点的聚类标签-1 表示噪点
#print(labels)
core_samples=np.zeros_like(labels,dtype=bool)#构造和 labels
一致的零矩阵,值是 false
core_samples[dbsc.core_sample_indices_]=True
#print(core_samples)
```

```
    unique_labels=np.unique(labels)
    colors=plt.cm.Spectral(np.linspace(0,1,len(unique_labels)))
    #print(zip(unique_labels,colors))
    for(label,color)in zip(unique_labels,colors):
        class_member_mask=(labels==label)
        print(class_member_mask&core_samples)
        xy=data[class_member_mask & core_samples]

plt.plot(xy[:,0],xy[:,1],'o',markerfacecolor=color,markers
ize=10)

        xy2=data[class_member_mask & ~ core_samples]

plt.plot(xy2[:,0],xy2[:,1],'o',markerfacecolor=color,marke
rsize=5)
    plt.title("DBSCAN on Wholsesale data")
    plt.xlabel("Grocery(scaled)")
    plt.ylabel("Milk(scaled)")
    plt.savefig("results/(0.9,15)dbscan_wholesale.png",form
at="PNG")
```

图形输出结果如图 6-12 所示。

图 6-12（a）～图 6-12（d）对应的 epsilon 和 MinPts 值分别为（0.5, 15）、（0.5, 20）、（0.5, 40）、（0.5, 60）。容易发现若 epsilon 不变，则 MinPts 越小，NBHD 越稀疏，产生的离群点越少。

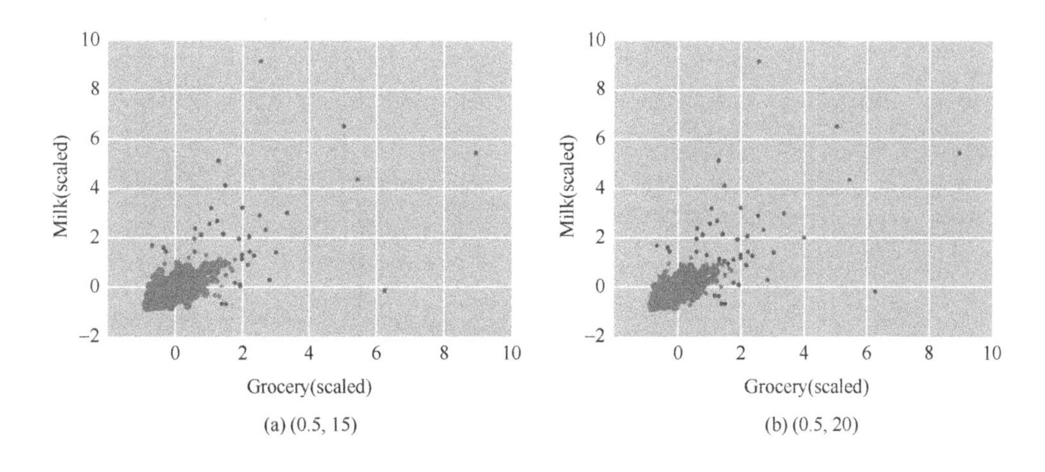

(a) (0.5, 15)　　(b) (0.5, 20)

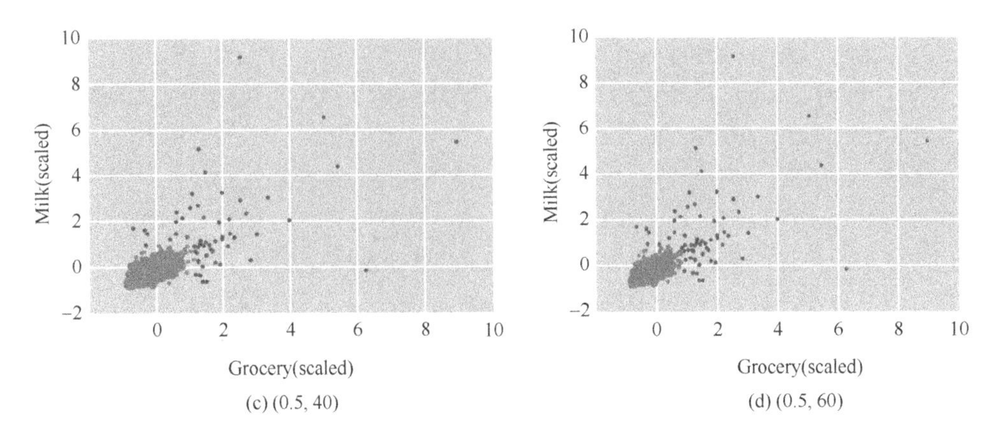

图 6-12　DBSCAN 算法结果

黑色的点表示外围点；灰色的点表示聚类点

3. 算法优缺点

DBSCAN 算法的优点是不需要事先设定要形成的簇的数量，可以发现任意形状的簇。DBSCAN 算法能够识别出噪声点，且对离群点有较好的鲁棒性，甚至可以检测离群点。DBSCAN 算法对于数据库中样本的顺序不敏感，输入顺序对结果的影响不大。DBSCAN 算法被设计与数据库一同使用，可以加速区域的查询。

DBSCAN 算法的缺点是对参数圈的半径 epsilon 和阈值 MinPts 的设置敏感。DBSCAN 算法使用固定的参数识别聚类。聚类的稀疏程度不同，聚类效果也有很大不同。数据密度不均匀时，很难使用该算法。当数据量增大时，该算法要求较大的内存支持，I/O 消耗也很大

6.2.4　用高斯混合模型的最大期望聚类

前文介绍了 K-means 算法，K-mean 算法的突出优点是简单易用，但是往往过于简单。如在图 6-13 中数据位于同心圆上，由于两个圆的均值的位置相同，标准的 K 均值无法把数据划分成簇（图 6-13 中的方形点），K-means 算法无法较好地对这类数据进行聚类。为了解决这一问题，本节将介绍一种用统计混合模型进行聚类的方法——高斯混合模型（Gaussian mixture model，GMM）。

高斯混合模型简称 GMM，是一种业界广泛使用的聚类算法。该模型使用高斯分布作为参数模型，是多个高斯分布函数的线性组合（张美霞等，2020），并使用了期望最大（expectation maximization，EM）算法进行训练。K 高斯混合分布的概率密度为

$$p(x)=\sum_{k=1}^{K}\alpha_k N\left(x\middle|u_k,\Sigma_k\right) \tag{6-15}$$

其中，$\sum_{k=1}^{K}\alpha_k=1$为混合系数。

$$N(x|u,\Sigma)=\frac{1}{(2\pi)^{D/2}}\frac{1}{|\Sigma|^{1/2}}\exp\left\{-\frac{1}{2}(x-\mu)^{\mathrm{T}}\Sigma^{-1}(x-\mu)\right\} \tag{6-16}$$

式（6-16）为D维高斯分布。其中，u为均值向量；Σ为协方差矩阵。

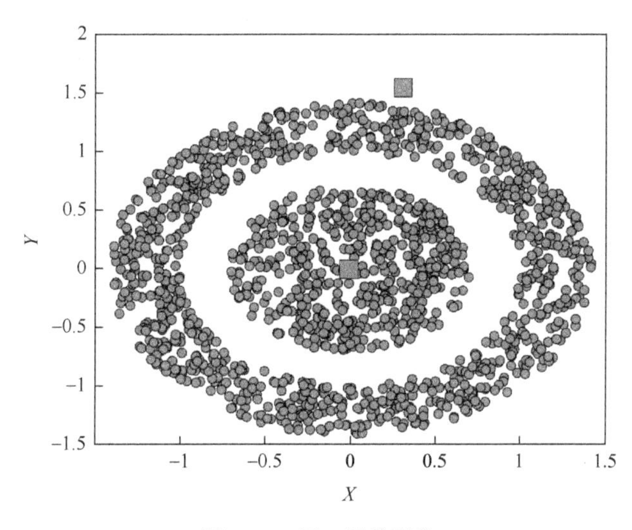

图6-13 同心圆数据集

GMM 得到的是每个样本点属于各个类的概率，而不是判定它完全属于哪一个类，所以也被称为软聚类，K-means 算法输出的是具体的值，即数据点属于哪一类。由于概率值所携带的信息比简单的分类要多，因此 GMM 的聚类结果更为准确。如图6-14所示，当数据点在类别之间存在重叠时，K-means 最终生硬地给出数据所在的类，而 GMM 则给出其属于不同类的概率，更为合理。

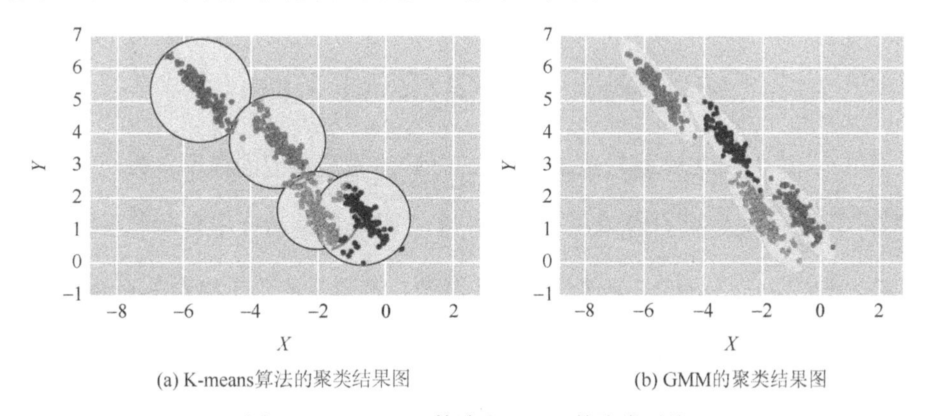

图6-14 K-means 算法和 GMM 的聚类对比

1. EM 算法

EM 算法是一种寻找正确模型参数的统计算法，通常在数据缺失、不完整时使用。这些缺失的变量被称为隐变量。因为缺少这些变量，簇的数量是未知的，确定模型参数比较困难。由于缺乏隐变量的值，EM 算法使用现有的数据来确定这些变量的最佳值，然后找到模型参数，根据这些模型参数，更新隐变量的值。通常 EM 算法有如下两个步骤。

E 步：利用可用数据估计（猜测）缺失变量的值。

M 步：根据 E 步生成的估计值，使用完整的数据更新参数。

对于第 i 个样本 x_i 来说，不知道 x_i 到底是由 k 个高斯模型中的哪一个生成的，因此需要构造一个隐变量 Z_i 来表示 x_i 具体属于哪个高斯模型。也就是说，当且仅当 x_i 来自第 k 个高斯模型时 $Z_i=k$。尽管隐变量的取值是客观确定的，但是它属于随机变量，对于我们不可见。给定 $Z=\{z_1,\cdots,z_n\}$，EM 算法如下。

$$\begin{aligned}\ln p(x|\bar{\theta}) &= \sum_Z p(Z|X,\bar{\theta})\ln\frac{p(X|Z|\bar{\theta})}{p(Z|X,\bar{\theta})}\\ &\leqslant \max_\theta \sum_Z p(Z|X,\bar{\theta})\ln\frac{p(X|Z|\bar{\theta})}{p(Z|X,\bar{\theta})}\\ &\leqslant \ln\sum_Z \frac{p(X,Z|\theta_{\max})}{p(Z|X,\bar{\theta})}p(Z|X,\bar{\theta})\\ &= \ln p(X|\theta_{\max})\end{aligned} \tag{6-17}$$

其中，$\bar{\theta}$ 为固定的模型参数；$\bar{\theta}$ 和 $\theta_{\max}$ 分别为 EM 算法迭代前后的模型参数。通过式（6-17）可得

$$\begin{aligned}\theta_{\max} &= \arg\max_\theta \sum_Z p(Z|X,\bar{\theta})\ln\frac{p(X,Z|\theta)}{p(Z|X,\bar{\theta})}\\ &= \arg\max_\theta \sum_Z p(Z|X,\bar{\theta})\ln p(X,Z|\theta)\end{aligned} \tag{6-18}$$

式（6-18）即为 EM 算法中的 M 步，而 E 步是通过旧的模型参数 $\bar{\theta}$ 将目标函数 $\sum_Z p(Z|X,\bar{\theta})\ln p(X,Z|\theta)$ 显示的表达出来。EM 算法是许多算法的基础，包括 GMM。后面将介绍 GMM 如何使用 EM 算法，并将其应用于给定的点集。

2. EM 算法求解 GMM 的流程

使用 EM 算法来求解 GMM 的相关参数。首先计算 EM 算法中的 M 步

$$\max_{\theta}\sum_{i=1}^{n}\sum_{z_i}p(z_i|x_i,\bar{\theta})\ln p(x_i,z_i|\theta)=\sum_{i=1}^{n}\sum_{z_i=1}^{K}p(z_i|x_i,\bar{\theta})\ln\varnothing_{z_i}N(x_i|\mu_{z_i},\Sigma_{z_i})$$
$$=\sum_{i=1}^{n}\sum_{k=1}^{K}p(k|x_i,\bar{\theta})\ln\varnothing_{k}N(x_i|\mu_k,\Sigma_k) \tag{6-19}$$

记 $\gamma_{ik}=p(k|x_i,\bar{\theta})$ 是关于 i 和 k 的常数。因此简化后 M 步的优化问题为

$$\max_{\varnothing_k,\mu_k,\Sigma_k} f(\varnothing_k,\mu_k,\Sigma_k)=\sum_{i=1}^{n}\sum_{k=1}^{K}\gamma_{ik}\left(\ln\varnothing_k-\frac{1}{2}\ln|\Sigma_k|-\frac{1}{2}(x_i-\mu_k)^{\mathrm{T}}\Sigma_k^{-1}(x_i-\mu_k)\right) \tag{6-20}$$

$$\text{s.t.}\varnothing_k > 0 \quad (k=1,\cdots,K)$$

$$\sum_{k=1}^{K}\varnothing_k=1$$

$$\Sigma_k > 0 \quad (k=1,\cdots,K)$$

式（6-20）对 μ_k 求偏导并令其等于 0 可得

$$\frac{\partial}{\partial u_k}=-\sum_{i=1}^{n}\gamma_{ik}\Sigma_k^{-1}(x_i-\mu_k)=0$$

令 $n_k=\sum_{i=1}^{n}\gamma_{ik}$ 可解得 $\mu_k^*=\frac{1}{n_k}\sum_{i=1}^{n}\gamma_{ik}x_i$ 。然后我们求解使目标函数极大的 Σ_k^*，并且验证 Σ_k^* 为正定矩阵。对 Σ_k^{-1} 求偏导令其为 0 可得

$$\frac{\partial}{\partial\Sigma_k^{-1}}=\sum_{i=1}^{n}\gamma_{ik}\left(\frac{\operatorname{adj}\left(\Sigma_k^{-1}\right)^{\mathrm{T}}}{\left|\Sigma_k^{-1}\right|}-(x_i-\mu_k)(x_i-\mu_k)^{\mathrm{T}}\right)=0$$

$$\Sigma_k^*=\frac{1}{n_k}\sum_{i=1}^{n}\gamma_{ik}(x_i-\mu_k)(x_i-\mu_k)^{\mathrm{T}}$$

验证得 Σ_k^* 是一个半正定矩阵。然后验证 $\varnothing_k > 0$ 。对 $\varnothing_k$ 在条件 $\sum_{k=1}^{K}\varnothing_k=1$ 下通过拉格朗日（Lagrange）乘数法求解

$$L(\varnothing_k,\lambda)=f(\varnothing_k,\mu_k,\Sigma_k)+\lambda\left(\sum_{k=1}^{K}\varnothing_k-1\right) \tag{6-21}$$

通过 KKT（Karush-Kuhn-Tucker，卡罗需-库恩-塔克）条件：

$$\begin{cases}\dfrac{\partial}{\partial\varnothing_k}L(\varnothing_k,\lambda)=\dfrac{1}{\varnothing_k}\displaystyle\sum_{i=1}^{n}\gamma_{ik}+\lambda=0, \quad k=1,\cdots,K\\ \displaystyle\sum_{k=1}^{K}\varnothing_k=1\end{cases}$$

解得 $\varnothing_k^*=\frac{n_k}{n}$ 。由此可见 $\varnothing_k > 0$ 成立，因此 Σ_k^*、μ_k^* 和 $\varnothing_k^*$ 是满足条件的局部

最优解。以上即为使用 EM 算法求解 GMM 的过程。

3. 算法实例

上文介绍了使用 EM 算法求解 GMM 的详细过程，本节将通过 Matlab 实现上述过程。首先通过 Matlab 生成符合高斯混合分布的数据，生成代码如下。

```
%%导入数据
load('kmeansdata')

%%初始化混合模型参数
K=3;
%随机初始化均值和协方差
means=randn(K,2);
for k=1:K
   covs(:,:,k)=rand*eye(2);
end
priors=repmat(1/K,1,K);%初始化,假设隐含变量服从先验均匀分布

%%主算法
MaxIts=100;%最大迭代次数
N=size(X,1);%样本数
q=zeros(N,K);%后验概率
D=size(X,2);%维数
cols={'r','g','b'};
plotpoints=[1:1:10,12:2:30 40 50];
B(1)=-inf;
converged=0;
it=0;
tol=1e-2;
while 1
   it=it+1;
%把乘除化为对数加减运算,防止乘积结果过于接近于0
   for k=1:K
      const=-(D/2)*log(2*pi)- 0.5*log(det(covs(:,:,k)));
      Xm=X - repmat(means(k,12,N,1);
      temp(:,k)=const  -  0.5  *  diag(Xm*inv(covs(:,:,k))
```

```
*Xm');
        end

    %计算似然下界
        if it>1

B(it)=sum(sum(q.*log(repmat(priors,N,1))))+sum(sum(q.*temp
))- sum(sum(q.*log(q)));
            if abs(B(it)-B(it-1))<tol
                converged=1;

            end
        end
        if converged==1 || it>MaxIts
            break
        end
    %计算每个样本属于第 k 类的后验概率
        temp=temp+repmat(priors,N,1);
        q=exp(temp - repmat(max(temp,[],2),1,K));

        q(q<1e-60)=1e-60;
        q(q>(1-(1e-60)))=1-(1e-60);
        q=q./repmat(sum(q,2),1,K);
    %更新先验分布
        priors=mean(q,1);
    %更新均值
        for k=1:K

means(k,12=sum(X.*repmat(q(:,k),1,D),1)./sum(q(:,k));
        end
    %更新方差
        for k=1:K
            Xm=X - repmat(means(k,12,N,1);
            covs(:,:,k)=(Xm.*repmat(q(:,k),1,D))'*Xm;
            covs(:,:,k)=covs(:,:,k)./sum(q(:,k));
```

```
        end
    end

    %%plot the data
    figure(1);hold on;

    plot(X(:,1),X(:,2),'ko');

    for k=1:K

plot_2D_gauss(means(k,12,covs(:,:,k),-2:0.1:5,-6:0.1:6);
    end
    ti=184print('After%g iterations',it);
    title(ti)
    %%绘制似然下界迭代过程图
    figure(2);hold off
    plot(2:length(B),B(2:end),'k');
    xlabel('Iterations');
    ylabel('Bound');
```

假设存在一个均匀的先验分布，选择三个组分的均值和协方差来进行初始化，依次对均值、协方差、后验概率、先验分布进行迭代更新。以最大化似然下界的两次迭代之差小于一个很小的常数作为迭代的停止条件。选择 $K=3$，绘图效果如图 6-15 所示。

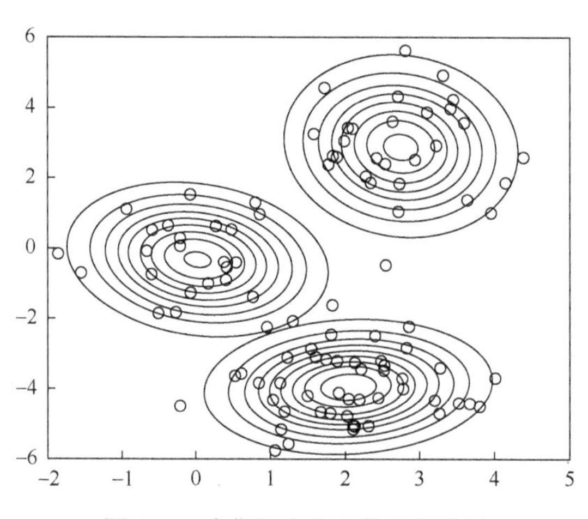

图 6-15　高斯混合分布数据聚类图

GMM 没有给出所有样本点的具体值，而是给出了它们分别属于每一个类的概率分布。

4. 算法优缺点

GMM 的优点是投影后的样本点不是得到一个确定的分类标记，而是得到其属于每个类的概率。GMM 不仅可以用在聚类上，也可以用在概率密度估计上。它的缺点是当每个混合模型没有足够多的点时，估算协方差就会变得非常困难。除非对协方差进行正则化，否则算法会发散并且找具有无穷大似然函数值的解。GMM 迭代的计算量大于 K-means 算法。GMM 和初始值的选取相关，且有可能陷入局部极值。

6.2.5 凝聚层次聚类算法

层次聚类是一种基于原型的聚类算法，在不同的层次对数据集进行划分，直到分出的最后一层的所有类别数据满足要求为止，形成树形的聚类结构。数据集的划分可采用自底向上的聚合策略，也可以采用自顶向下的分拆策略。层次聚类可分为凝聚层次聚类和分裂层次聚类。凝聚层次聚类采用的是自底向上的思想，将每一个样本都看成一个不同的簇，重复将最近的一堆簇进行合并，直到最后所有的样本都属于同一个簇，或者某个终结条件被满足。绝大多数层次聚类算法属于这一类，它们只是在簇间相似度的定义上有所不同。层次聚类一般使用树状图（dendrogram）或者嵌套簇图（nested cluster diagram）来显示，如图 6-16 所示。

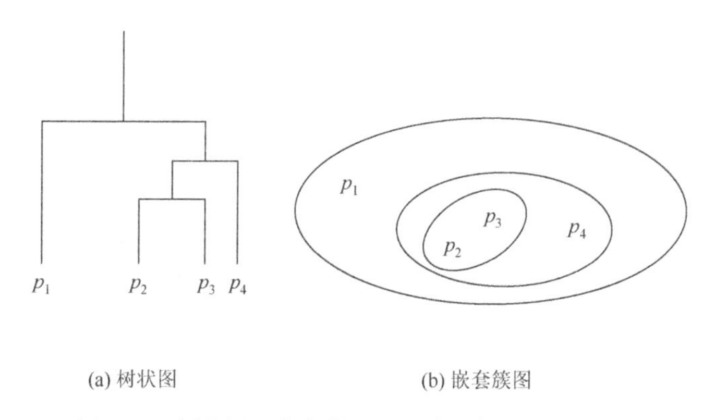

(a) 树状图　　(b) 嵌套簇图

图 6-16　树状图和嵌套簇图显示的 4 个点的层次聚类

凝聚层次聚类有以下几点重要的定义。

邻近度矩阵。邻近度有许多种定义方式，如欧氏距离、曼哈顿距离、马氏距离、余弦相似度、杰卡德相似系数、Bregman（布雷格曼）散度等。需要根据不同的需求来选择最适合的方法，计算得到相应的邻近度矩阵。常用单链（MIN）、全链（MAX）和组平均技术这三种方法来计算两个不同簇之间的邻近度。

其中，单链定义簇的邻近度为不同簇的两个最近的点之间的邻近度。如图 6-17 所示，即不同节点子集中两个节点之间的最短边。图 6-17 中的虚线，就是左右两个簇的邻近度。

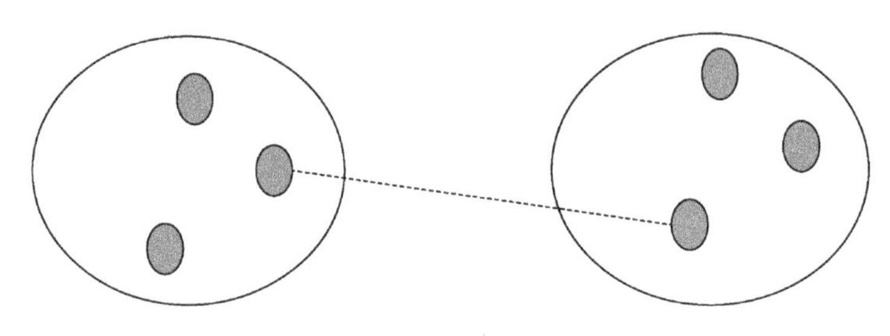

图 6-17　单链

全链定义簇的邻近度为不同簇中两个最远的点之间的邻近度。如图 6-18 所示，不同节点子集中两个节点之间的最长边，图 6-18 中的虚线就是左右两个簇的邻近度。

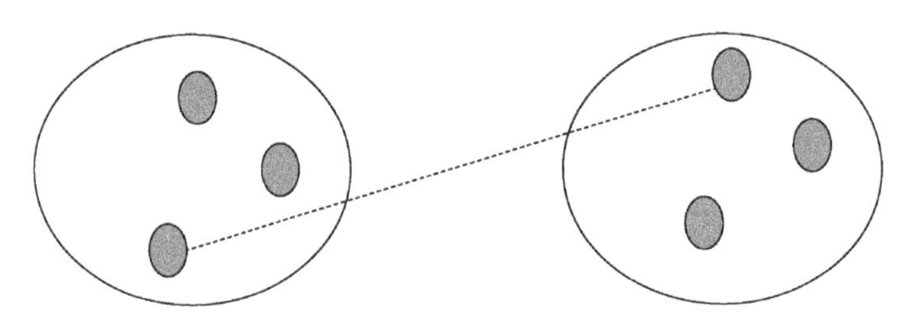

图 6-18　全链

组平均是一种基于图的方法，如图 6-19 所示。它定义簇的邻近度为不同簇的所有点的邻近度的平均值（平均长度）。计算公式为

$$\text{proximity}(C_i, C_j) = \frac{\sum_{x \in C_i, y \in C_j} \text{proximity}(x, y)}{m_i \times m_j}$$

1. 凝聚层次聚类算法的步骤

（1）将数据集中所有的数据点都当作一个独立的集群。

（2）计算两两之间的距离，将距离最近的或最相似的两个聚类进行合并。

（3）重复上述步骤，直到得到的当前聚类数是合并前聚类数的10%，即90%的聚类都被合并了；当然还可以设置其他的终止条件，这样设置是为了防止过度合并。

上述计算过程的难点在于数据点或集群之间距离的计算。

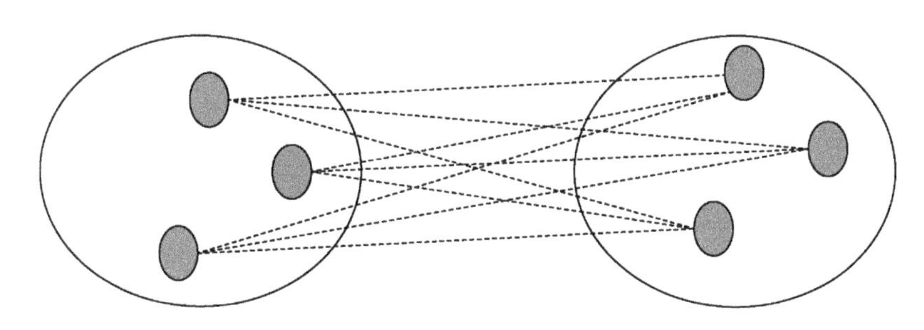

图6-19 组平均

2. 算法实例

本节将通过Python实现凝聚层次聚类算法。

首先通过函数prepare_dataset（）准备三个数据集，代码如下所示。

```
# 准备数据集
def prepare_dataset(sample_num,data_type,noise_amplitude):
'''prepare special kinds of dataset,
params:
sample_num:sample numbers in this prepared dataset,
data_type:must be one of ['rose','spiral','hypotrochoid'],
noise_amplitude:how much noise add to the dataset.
Normally,range from 0-0.5
return:
the prepared dataset in numpy.ndarray format
'''
def add_noise(x,y,amplitude):
X=np.concatenate((x,y))
X+=amplitude * np.random.randn(2,X.shape[1])
return X.T
def get_spiral(t,noise_amplitude=0.5):
r=t
```

```
x=r * np.cos(t)
y=r * np.sin(t)
return add_noise(x,y,noise_amplitude)
def get_rose(t,noise_amplitude=0.02):
k=5
r=np.cos(k*t)+0.25
 x=r * np.cos(t)
y=r * np.sin(t)
return add_noise(x,y,noise_amplitude)
def get_hypotrochoid(t,noise_amplitude=0):
a,b,h=10.0,2.0,4.0
x=(a-b)* np.cos(t)+h * np.cos((a-b)/b*t)
y=(a-b)* np.sin(t)-h * np.sin((a-b)/b*t)
return add_noise(x,y,0)
X=2.5*np.pi*(1+2*np.random.rand(1,sample_num))
if data_type=='hypotrochoid':
return get_hypotrochoid(X,noise_amplitude)
elif data_type=='spiral':
return get_spiral(X,noise_amplitude)
else:
return get_rose(X,noise_amplitude)
spiral_dataset=prepare_dataset(600,'spiral',0.5)
rose_dataset=prepare_dataset(600,'rose',0.02)
hypo_dataset=prepare_dataset(600,'hypotrochoid',0)
```

三组数据集的二维分布图如图 6-20 所示。

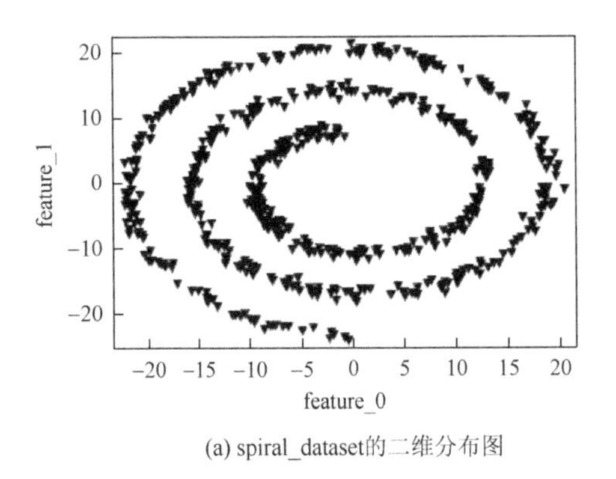

(a) spiral_dataset的二维分布图

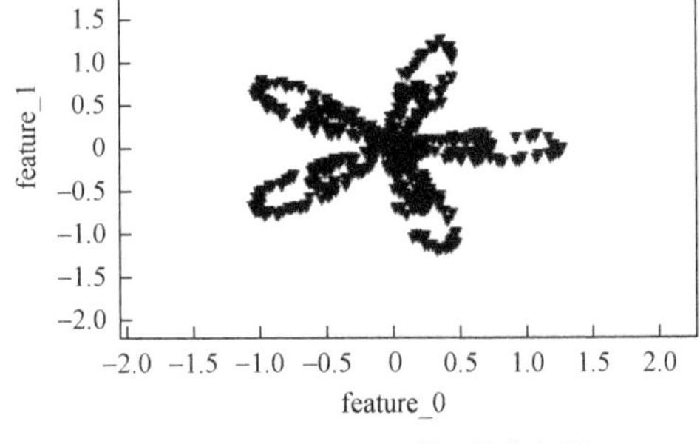

(b) rose_dataset的二维分布图

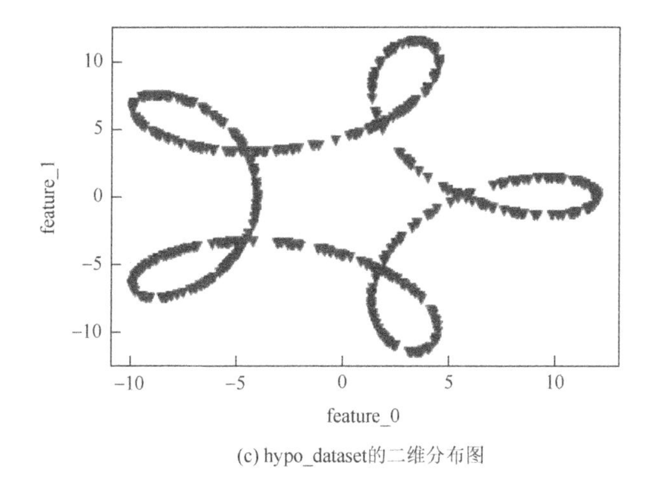

(c) hypo_dataset的二维分布图

图6-20 三组数据集的二维分布图

然后将模型的构建函数和模型在不同数据集上的表现都整合到函数perform_plot_clustering（）中，调用该函数即可对三组数据集进行训练和绘制效果图，代码如下所示。

```
from sklearn.cluster import AgglomerativeClustering
from sklearn.neighbors import kneighbors_graph
# 建立一个函数,用来构建聚类模型,并绘图展示聚类效果
def perform_plot_clustering(dataset,none_cluster_num=3,
kneighbors_num=10):
assert dataset.shape[1]==2,'only support dataset with 2
features'
# 构建凝聚层次聚类模型,并用数据集对其进行训练
none_model=AgglomerativeClustering(n_clusters=none_clus
ter_num)
none_model.fit(dataset)# 构建无 connectivity 的 model
connectivity=kneighbors_graph(dataset,kneighbors_num,
include_self=False)
conn_model=AgglomerativeClustering(n_clusters=kneighbor
s_num,
connectivity=connectivity)
conn_model.fit(dataset)# 构建 kneighbors_graph connectivity
的 model
def visual_2D_dataset(plt,dataset_X,dataset_y):
```

```
'''将二维数据集dataset_X和对应的类别dataset_y显示在散点图中'''
assert dataset_X.shape[1]==2,'only support dataset with 2
features'
classes=list(set(dataset_y))
markers=['.',',','o','v','^','<','>','1','2','3','4','8'
,'s','p','*','h','H','+','x','D','d','|']
# colors=['b','c','g','k','m','w','r','y']
colors=['tab:blue','tab:orange','tab:green','tab:red','
tab:purple',
'tab:brown','tab:pink','tab:gray','tab:olive','tab:cyan']
for class_id in classes:
one_class=np.array([feature for(feature,label)in
zip(dataset_X,dataset_y)if label==class_id])
plt.scatter(one_class[:,0],one_class[:,1],marker=marker
s[class_id%len(markers)],
c=colors[class_id%len(colors)],label='class_'+str(class_id))
plt.legend()
# 以下是绘图
def plot_model_graph(plt,model,title):
labels=model.labels_
# 将数据集绘制到图表中
visual_2D_dataset(plt,dataset,labels)
plt.title(title)
plt.xlabel('feature_0')
plt.ylabel('feature_1')
return plt
plt.figure(12,figsize=(25,10))
plt.subplot(121)
plot_model_graph(plt,none_model,'none_connectivity')
plt.subplot(122)
plot_model_graph(plt,conn_model,'kneighbors_connectivity')
plt.show()
```

凝聚层次聚类算法在这三个数据集上的效果如图6-21所示。

从图6-21可看出，凝聚层次聚类算法有逻辑性地把有连接的数据划分为一类，而把没有连接的划分为另外一类。

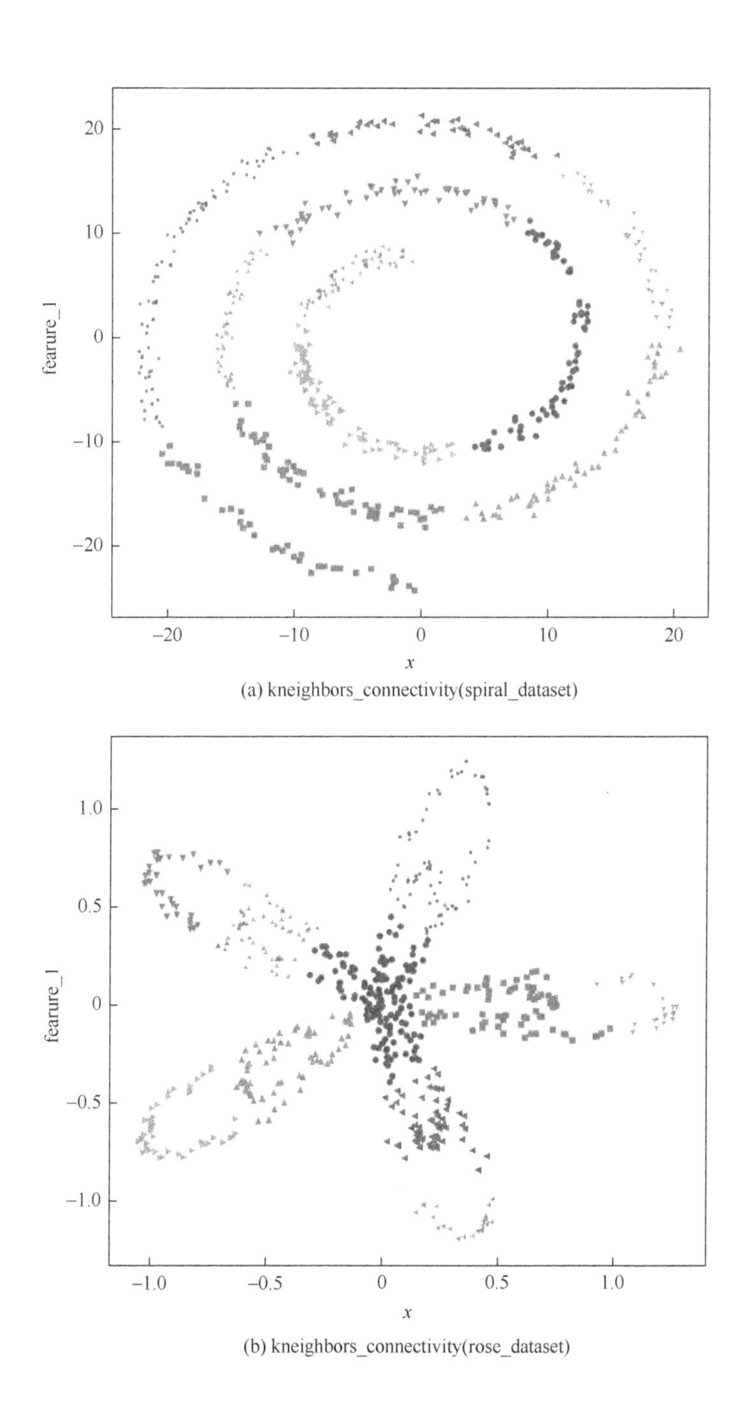

(a) kneighbors_connectivity(spiral_dataset)

(b) kneighbors_connectivity(rose_dataset)

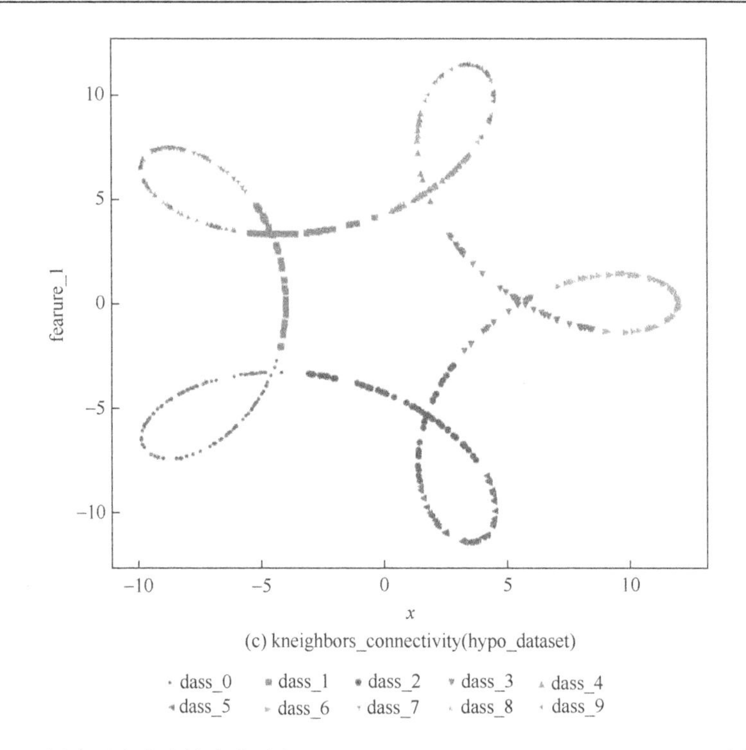

(c) kneighbors_connectivity(hypo_dataset)

图 6-21　凝聚层次聚类算法分别在 spiral_dataset、rose_dataset、hypo_dataset 上的表现

3. 算法优缺点

通常使用该算法是因为基本应用需要层次结构。该算法能够产生较高质量的聚类，不需要假设特定数量的聚类。但是凝聚层次聚类算法也存在缺陷，它的计算量和存储需求较高；对于噪声、高位数据，也可能造成影响。一旦决定组合两个聚类，就无法撤销。

6.2.6　图团体检测

图团体（graph community）：通常被定义为一种顶点（vertice）的子集，每个子集中的顶点相对于网络的其他顶点来说要连接得更加紧密。样本及样本之间的关系可以表示为一个网络或图（graph）时，可以使用图团体检测的方法完成聚类。将图论用于聚类的一些创新应用包括：对图像数据的特征提取、分析基因调控网络等。应用较多的领域是社交网站，如图 6-22 所示，用户之间的好友关系可以表示成下面的无向图。

图 6-22 中的圆形顶点表示用户，连接顶点的边表示他们是朋友或互粉的关系。容易观察出 a、b、e、f 之间的关系比较密切；c、d、g、h 之间的关系比较

密切。但是这两类集合之间的关系一般。图团体检测算法要实现的目标是通过算法把用户按照关系的密切程度划分成一个个集合。用一个二维数组存放顶点间关系的数据，这个二维数组称为邻接矩阵。将图 6-22 的社交网络表示成邻接矩阵的形式，如图 6-23 所示。

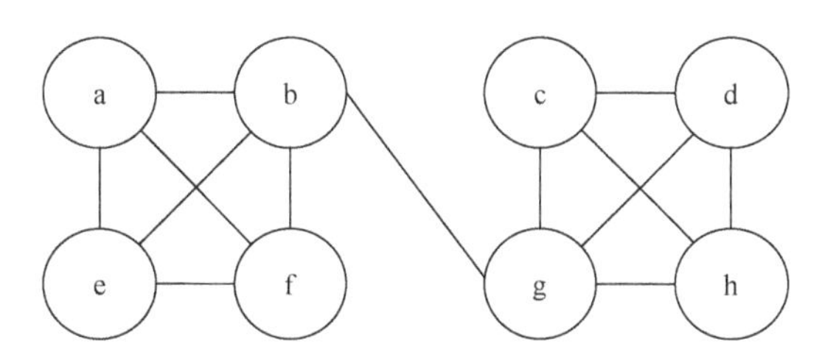

图 6-22 社交网关系图

用户	a	b	c	d	e	f	g	h
a	0	1	0	0	1	1	0	0
b	1	0	0	0	1	1	1	0
c	0	0	0	1	0	0	1	1
d	0	0	1	0	0	0	1	1
e	1	1	0	0	0	1	0	0
f	1	1	0	0	1	0	0	0
g	0	1	1	1	0	0	0	1
h	0	0	1	1	0	0	1	0

图 6-23 邻接矩阵图

1 表示两用户是好友关系，0 表示不是好友关系。几个重要的定义如下所示。

顶点的度（degree）表示有多少个顶点与其相连，通常标记为 k。

模块性（modularity）是衡量图团体划分质量的一种标准，划分得越好，M 的值越大，其计算公式如下：

$$M=\frac{1}{2L}\sum_{i,j=1}^{N}\left(A_{ij}-\frac{k_i k_j}{2L}\right)\delta(c_i,c_j) \tag{6-22}$$

其中，L 为图包含的边的数量；N 为顶点的数量；k_i 为顶点 i 的度；A_{ij} 为邻接矩阵的值；c_i 为顶点 i 的聚类；δ 为克罗内克函数，即两个参数相等返回 1，不等则返回 0。所以如果顶点 i 和 j 属于同一聚类，则 $\delta(c_i,c_j)$ 返回 1；不属于同一聚类，则 $\delta(c_i,c_j)$ 返回 0。

假设网络聚类已经完成了，就可以通过模块性来评估聚类的质量。划分得越好，M 的值越大。如图 6-24 所示，圆形和菱形分别表示两类不同的用户。

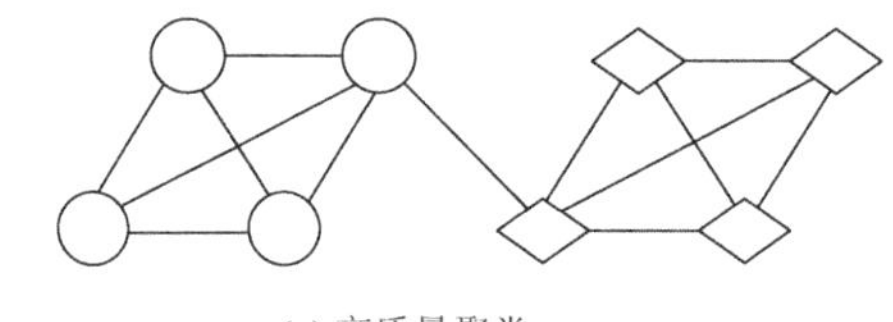

(a) 高质量聚类

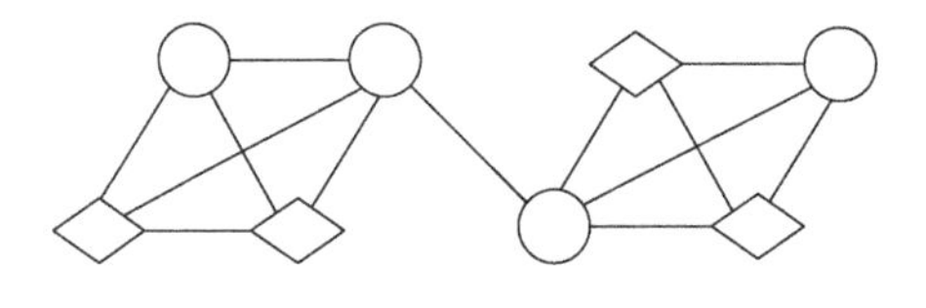

(b) 低质量聚类

图 6-24　社交网聚类效果

6.2.7　灰色聚类

灰色聚类是通过关联矩阵或灰类白化权函数将一些观测指标或观测对象聚集成若干个可定义的类别的方法。一个聚类可以看作属于同一类观测的对象的集合体。在实际问题中，每个观测对象往往具有多个特征指标，因而难以进行准确的分类。灰色聚类按聚类方法的不同，可分为灰色关联聚类和灰类白化权函数聚类等。

灰色关联聚类主要用于同类因素的归并，以使复杂系统得到简化。通过灰色关联聚类，可以分析出许多因素中是否有若干个因素关系十分密切，以便我们既能够用这些因素的综合平均指标或其中的某一个因素来代表这些因素，同时又使信息不受严重损失。我们在进行大面积调研之前，通过典型抽样数据的灰色关联聚类，可以减少不必要变量（因素）的收集，节省成本和经费。

灰类白化权函数聚类主要用于检查观测对象是否属于事先设定的不同类别，以便区别对待。从计算工作量来看，灰类白化权函数聚类要比灰色关联聚类和星座聚类复杂。下文重点介绍灰色关联聚类模型。

1. 灰色关联聚类模型

灰色关联聚类是灰色聚类的主要方法之一，它主要引用了灰色关联度的概念，根据不同特征数据之间关联度的大小进行聚类。灰色关联聚类实际上是利用灰色关联度的基本原理计算各样本之间的关联度，根据关联度的大小来划分各样本的类型。它被广泛应用于决策、评价问题中。

灰色关联聚类是以灰色关联矩阵为依据，对观测对象和指标进行聚类的方法。

通过灰色关联聚类，可以分析多个作用因素的类别，以便于归并同类因素，区分不同类因素，简化复杂系统的分析并且尽可能使原始信息不受严重损失。灰色关联聚类的主要步骤为计算灰色关联度，包括灰色绝对关联度、灰色相对关联及结合两种关联度的灰色综合关联度。灰色关联度的计算公式推导如下。

定义系统行为序列为 $X_i=(x_i(1),x_i(2),\cdots,x_i(n))$，记 D 为序列算子，

$$X_iD=\left(x_i(1)d,x_i(2)d,\cdots,x_i(n)d\right) \tag{6-23}$$

当 $x_i(k)d_1=x_i(k)-x_i(1)$，$k=1,2,\cdots,n$ 时，D_1 为始点零化算子，X_iD_1 为系统行为序列 X_i 的始点零化像：

$$X_iD_1=X_i^0=\left(x_i^0(1),x_i^0(2),\cdots,x_i^0(n)\right) \tag{6-24}$$

当 $x_i(1)\neq 0$，$x_i(k)d_2=x_i(k)/x_i(1)$，$k=1,2,\cdots,n$ 时，D_2 为初值化算子，X_iD_2 为系统行为序列 X_i 的初值像：

$$X_i'=X_iD_2=X_i\Big/x_i(1)=\left(\frac{x_i(1)}{x_i(1)},\frac{x_i(2)}{x_i(1)},\cdots,\frac{x_i(n)}{x_i(1)}\right) \tag{6-25}$$

定义系统行为序列：

$$X_i=\left(x_i(1),x_i(2),\cdots,x_i(n)\right),\ X_j=\left(x_j(1),x_j(2),\cdots,x_j(n)\right) \tag{6-26}$$

由上述定义可知 X_i 与 X_j 的始点零化像和初值像分别为：X_i^0、X_j^0、X_i' 和 X_j'。令

$$s_i=\sum_{k=2}^{n-1}x_i^0(k)+\frac{1}{2}x_i^0(n),\ s_j=\sum_{k=2}^{n-1}x_j^0(k)+\frac{1}{2}x_j^0(n) \tag{6-27}$$

灰色绝对关联度的计算公式：

$$\gamma_{ij}=\frac{1+|s_i'|+|s_j'|}{1+|s_i'|+|s_j'|+|s_i'-s_j'|} \tag{6-28}$$

定义 X_i 与 X_j 长度相同，$x_i(1)\neq 0$，$x_j(1)\neq 0$，ε_{ij} 与 γ_{ij} 为序列 X_i 和 X_j 的灰色绝对关联度与灰色相对关联度，$\rho_{ij}=\theta\varepsilon_{ij}+(1-\theta)\gamma_{ij}$ 为序列 X_i 与 X_j 之间的灰色综合关联度。

2. *灰色关联聚类方法*

有 n 个聚类对象、m 个评价指标的数据的原始序列为

$$\begin{aligned}X_1&=\left(x_1(1),x_1(2),\cdots,x_1(n)\right)\\X_2&=\left(x_2(1),x_2(2),\cdots,x_2(n)\right)\\&\vdots\\X_m&=\left(x_m(1),x_m(2),\cdots,x_m(n)\right)\end{aligned} \tag{6-29}$$

由灰色绝对关联度的计算公式可知 $\varepsilon_{ij}=\varepsilon_{ji}$，故特征变量关联矩阵为

$$A=\begin{bmatrix} \varepsilon_{11} & \varepsilon_{12} & \dots & \varepsilon_{1m} \\ \varepsilon_{21} & \varepsilon_{22} & \dots & \varepsilon_{2m} \\ \vdots & \vdots & & \vdots \\ \varepsilon_{n1} & \varepsilon_{n2} & \dots & \varepsilon_{nm} \end{bmatrix} \tag{6-30}$$

临界值 $r\in[0,1]$，满足 $r>0.5$，当序列 X_i 与 X_j 之间的灰色绝对关联度 $\varepsilon_{ij}=\varepsilon_{ji}>r$ 时，说明序列为同类特征。分类越细，临界值 r 越接近于 1。

6.3 基于灰色聚类和层次分析法的交通气象灾害评估分析

本节将基于上文介绍的聚类分析方法来构建汛期公路交通气象灾害风险综合评估模型（汤筠筠和李长城，2011），并以 2006 年和 2007 年我国某省公路水毁损失的数据为例，分别对该省的公路水毁损失进行灾害风险等级评估。将基于灰色聚类和层次分析法构建的气象灾害风险评估模型，应用于 2006 年和 2007 年我国某省公路交通气象灾害的评估。

我国公路交通受自然灾害影响种类多、范围广、影响大。每年干旱、洪涝、台风、暴雨、冰雹等灾害都会危及公路交通安全及人民生命和财产安全，并且造成的国民经济损失极大。我国东南沿海某省，春夏季暴雨多发，夏秋季受台风影响，汛期长、台风多、雨量大。2006 年和 2007 年，该省公路交通受气象灾害影响造成的损失异常严重，对社会经济和人民生活造成了极大的影响。公路交通气象灾害评估对实施灾害救援、恢复公路交通和国民经济发展尤为重要。

6.3.1 原始数据

该省在 2006 年和 2007 年公路水毁损失的数据如表 6-1 所示。

表 6-1　2006 年和 2007 年某省公路水毁损失的数据

名称	单位	2006 年	2007 年
路基损毁金额	万元	35 729	9 214
路面损毁金额	万元	73 172	17 404
桥梁损毁金额	万元	10 499	3 539
涵洞损毁金额	万元	30 517	4 165
防护工程损毁金额	万元	14 076	6 132

续表

名称	单位	2006年	2007年
坍塌方损毁金额	万元	56 313	9 429
其他水毁金额	万元	0	2 517
公路平均阻断时间	h	50	18
公路里程（国道）	km	3 129	
公路里程（省道）	km	5 836	
冲毁路基	km	1 928	269
冲毁路面	km	4 181	1 239
公路桥梁里程（国道）	延 m	225 393	
公路桥梁里程（省道）	延 m	69 149	
桥梁损毁	延 m	1 951	6 725
涵洞总数（国道）	道	5 921	
涵洞总数（省道）	道	17 933	
涵洞损毁	道	14 075	1 921
防护工程总数（国道）	处	5 829	
防护工程总数（省道）	处	9 888	
防护工程损毁	处	13 444	912
道路淹没程度	—	71%	23%
水毁发生频率	—	30年一遇	50年一遇
是否发布预警	—	是	
是否派遣人员巡逻	—		
是否启动应急预案	—		
是否配备救灾物资	—		

按照上文介绍的评估计算步骤，可得公路交通灾害各评估指标的计算结果，如表6-2和表6-3所示。

表6-2 公路交通灾害评估指标计算

主因素	指标	2006年	2007年
经济损失	路基损毁金额 x_1	35 729（万元）	9 214（万元）
	路面损毁金额 x_2	73 172（万元）	17 404（万元）
	桥梁损毁金额 x_3	10 499（万元）	3 539（万元）
	涵洞损毁金额 x_4	30 517（万元）	4 165（万元）

续表

主因素	指标	2006 年	2007 年
经济损失	防护工程损毁金额 x_5	14 076（万元）	6 132（万元）
	坍塌方损毁金额 x_6	56 313（万元）	9 429（万元）
	其他水毁金额 x_7	0（万元）	2 517（万元）
	公路平均阻断时间 x_8	50h	18h
道路影响	路基损毁比例 x_9	1 928/（3 129 + 5 836）= 21.5%	269/（3 129 + 5 836）= 3%
	路面损毁比例 x_{10}	4 181/（3 129 + 5 836）= 46.6%	1 239/（3 129 + 5 836）= 13.8%
	桥梁损毁比例 x_{11}	19 951/（225 393+69 149）= 6.77%	6 725/（225 393 + 69 149）= 2.28%
	涵洞损毁比例 x_{12}	14 075/（5 921+17 933）= 59%	1921/（5 921 + 17 933）= 8.05%
	防护工程损毁比例 x_{13}	13 444/（5 829 + 9 888）= 85.54%	912/（5 829 + 9 888）= 5.8%
灾害特性	道路淹没程度 x_{14}	71%	23%
	水毁发生频率 x_{15}	30	50
应急措施	是否发布预警 x_{16}	1	1
	是否派遣人员巡逻 x_{17}	1	1
	是否启动应急预案 x_{18}	1	1
	是否配备救灾物资 x_{19}	1	1

6.3.2 评估模型

公路交通气象灾害评估模型的详细评估步骤如下：首先，收集公路交通气象灾害各项指标的样本数值，筛选出对指标函数定限有用的数据，用于公路交通气象灾害等级评估；其次，通过灰色聚类和层次分析法确定公路交通气象灾害的等级和排序。定义 j 为评价指标，k 为所划分的灰类，即公路交通气象灾害等级。具体的评定计算步骤如下。

（1）指标值处理。第一步收集的公路气象灾害的各项数据，根据公路交通气象灾害的等级状况，给各类型指标函数选择相应的取值范围。对于无法定量的指标参数，应从其内部特性出发，用数学模型对定性指标进行定量化处理，得到指标值的转折点的值。

（2）确定白化权函数。定义函数 $f_j^k(\cdot)$ 为 j 指标 k 子类的白化权函数，体现出不同指标变量的不同取值对应灰度的函数关系。公路交通气象灾害评估的白化权函数有三种，分别为上限白化权函数、适中白化权函数和下限白化权函数（图 6-25～图 6-27）。

$$f_j^3(x)=\begin{cases}0, & x<x_j^3(1)\\ \dfrac{x_j^3(2)-x}{x_j^3(2)-x_j^3(1)}, & x\in[x_j^3(1),x_j^3(2)]\\ 1, & x>x_j^3(2)\end{cases}$$

$$f_j^2(x)=\begin{cases}0, & x\notin[x_j^2(1),x_j^2(2)]\\ \dfrac{x-x_j^2(1)}{\lambda_j^2-x_j^2(1)}, & x\in[x_j^2(1),\lambda_j^2];\ \lambda_j^2=\dfrac{1}{2}\left[x_j^2(1)+x_j^2(2)\right]\\ \dfrac{x_j^2(2)-x}{x_j^2(2)-\lambda_j^2}, & x\in[\lambda_j^2,x_j^2(2)];\ \lambda_j^2=\dfrac{1}{2}\left[x_j^2(1)+x_j^2(2)\right]\end{cases}$$

$$f_j^1(x)=\begin{cases}0, & x>x_j^1(4)\\ \dfrac{x-x_j^1(3)}{x_j^1(4)-x_j^1(3)}, & x\in[x_j^1(3),x_j^1(4)]\\ 1, & x<x_j^1(3)\end{cases}$$

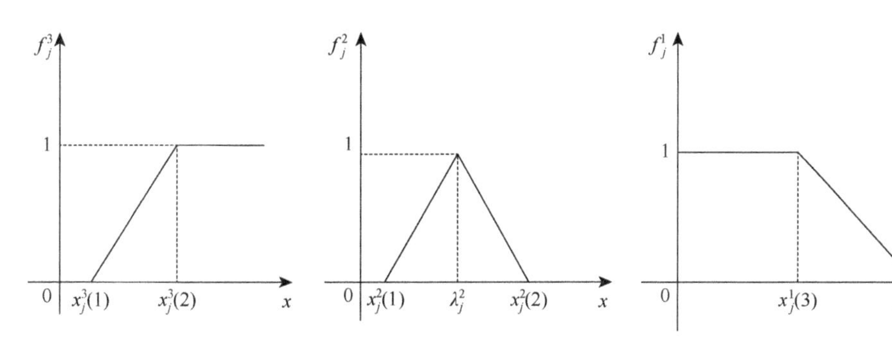

图 6-25 上限白化权函数　　图 6-26 适中白化权函数　　图 6-27 下限白化权函数

（3）确定权重值。运用层次分析法，依据事实的严重程度，采集汇总多位相关专家的评分来确定最终权重值，并且构造判断矩阵。定义 n_j 为 j 指标的权重值。

表 6-3 公路交通灾害评估指标层次总排序值

n_j	层次单排序				层次总排序
	经济损失	道路影响	灾害特性	应急措施	
	0.46	0.25	0.09	0.2	
路基损毁金额 n_1	0.14	—	—	—	0.0644
路面损毁金额 n_2	0.14	—	—	—	0.0644

续表

n_j	层次单排序				层次总排序
	经济损失	道路影响	灾害特性	应急措施	
	0.46	0.25	0.09	0.2	
桥梁损毁金额 n_3	0.17	—	—	—	0.0782
涵洞损毁金额 n_4	0.08	—	—	—	0.0368
防护工程损毁金额 n_5	0.08	—	—	—	0.0368
坍塌方损毁金额 n_6	0.08	—	—	—	0.0368
其他水毁金额 n_7	0.04	—	—	—	0.0184
公路平均阻断时间 n_8	0.28	—	—	—	0.1242
路基损毁比例 n_9	—	0.4	—	—	0.1
路面损毁比例 n_{10}	—	0.1	—	—	0.25
桥梁损毁比例 n_{11}	—	0.26	—	—	0.065
涵洞损毁比例 n_{12}	—	0.16	—	—	0.04
防护工程损毁比例 n_{13}	—	0.08	—	—	0.02
道路淹没程度 n_{14}	—	—	0.3	—	0.027
水毁发生频率 n_{15}	—	—	0.7	—	0.063
是否发布预警 n_{16}	—	—	—	0.46	0.092
是否派遣人员巡逻 n_{17}	—	—	—	0.13	0.026
是否启动应急预案 n_{18}	—	—	—	0.22	0.044
是否配备救灾物资 n_{19}	—	—	—	0.19	0.038
$\sum$	1	1	1	1	1

注：表中数据进行了四舍五入，故求和后可能并不等于 1

（4）计算灰色聚类系数。定义 σ_i^k 为对象 i 属于 k 灰类的聚类系数，$\sigma_i^k = \sum_{j=1}^{m} f_j^k(P_{ij})\cdot\eta_j$。

（5）评定交通气象灾害等级。若满足 $\sigma_m^k = \max_{1\leqslant k\leqslant s}\{\alpha_i^k\}$，则对象 i 属于 k^* 灰类，即公路交通气象灾害等级处于 k^* 类。

公路交通气象灾害等级划分为 3 级，级别越重表示公路交通受恶劣气象影响越严重。具体分级为：1级，轻微受灾，受灾范围不大，公路交通遭受的影响程度一般，损失较小；2级，较重受灾，全省较大范围内遭受恶劣气象灾害的影响，公路交通损失较大；3级，严重受灾，公路交通损失巨大，对全省经济发展造成较大影响。

6.3.3　模型计算及结论

下文将根据原始数据和评估模型的计算步骤，求解灰色聚类系数，并判别该省2006年和2007年公路交通气象灾害的等级。首先进行2006年指标因素值及其灰类函数的计算，结果如表6-4所示。

表6-4　2006年指标因素值及灰类函数计算

序号	指标变量 x_j	权重 η_j	取值	$f_j^1(x_j)$	$f_j^1(x_j)\cdot\eta_j$	$f_j^2(x_j)$	$f_j^2(x_j)\cdot\eta_j$	$f_j^3(x_j)$	$f_j^3(x_j)\cdot\eta_j$
1	x_1	0.064 4	35 729	0	0	0	0	1	0.064 4
2	x_2	0.064 4	73 172	0	0	0	0	1	0.064 4
3	x_3	0.078 2	10 499	0	0	0.894 8	0.07	0.502 9	0.039 3
4	x_4	0.036 8	30 517	0	0	0	0	1	0.036 8
5	x_5	0.036 8	14 076	0	0	0.123 2	0.004 5	0.931 6	0.034 3
6	x_6	0.036 8	56 313	0	0	0	0	1	0.036 8
7	x_7	0.018 4	0	1	0.018 7	0	0	0	0
8	x_8	0.124 2	50	0	0	0.611 1	0.075 9	0.666 7	0.082 8
9	x_9	0.1	21.5%	0	0	0	0	1	0.1
10	x_{10}	0.025	46.6%	0	0	0	0	1	0.025
11	x_{11}	0.065	6.77%	0	0	0.677	0.044	0.118	0.007 7
12	x_{12}	0.04	59%	0	0	0	0	1	0.04
13	x_{13}	0.02	85.54%	0	0	0	0	1	0.02
14	x_{14}	0.027	71%	0	0	0	0	1	0.027
15	x_{15}	0.063	30	0	0	0	0	0.105 3	0.006 6
16	x_{16}	0.092	1	1	0.092	1	0.092	1	0.092
17	x_{17}	0.026	1	1	0.026	1	0.026	1	0.026
18	x_{18}	0.044	1	1	0.044	1	0.044	1	0.044
19	x_{19}	0.038	1	1	0.038	1	0.038	1	0.038
m	$\sigma_i^k=\sum_{j=1}^{m}f_j^k\eta_j$	1			0.2187		0.394 4		0.785 1

通过计算可以得到，2006 年 $\sigma_m^k = \max\limits_{1\leqslant k\leqslant s}\{\alpha_i^k\} = \max\limits_{1\leqslant k\leqslant 4}\{0.2187, 0.3944, 0.7851\} = 0.7851$，因此 2006 年该省公路交通气象灾害等级为 3 级。

同理，计算可得 2007 年 $\sigma_m^k = \max\limits_{1\leqslant k\leqslant s}\{\alpha_i^k\} = \max\limits_{1\leqslant k\leqslant 4}\{0.2754, 0.5236, 0.4174\} = 0.5236$，因此 2007 年该省公路交通气象灾害等级为 2 级。

专 业 术 语

1. 聚类簇（clusters）：聚类所生成的一组样本的集合。同一簇内的样本彼此相似，而与其他簇中的样本相异。

2. 均值漂移（mean shift）：针对特定场景，利用相应领域的知识从原始数据中提取对象特征的过程。

3. 层次聚类（hierarchical clustering）：在不同层次对数据集进行划分，从而形成树形的聚类结构。数据集划分可采用自底向上的聚合策略，也可采用自顶向下的分拆策略。

4. 高斯混合模型（Gaussian mixture mode）：用高斯概率密度函数（正态分布曲线）精确地量化事物，将事物分解为若干个基于高斯概率密度函数（正态分布曲线）形成的模型。

本 章 习 题

1. 在聚类分析中，计算样本之间的距离常用的方法有哪些？
2. 试简述基于层次聚类的思想。
3. 试讨论 DBSCAN 算法的几个参数如何选择。
4. K-means 算法的聚类数 k 如何确定？

参 考 文 献

曹戴，陈丽芳. 2018. 基于杰卡德度量的智能拼图改进算法[J]. 计算机工程与应用, 54(2): 188-192, 197.

褚宏林，刘其成，牟春晓. 2021. 针对修正余弦相似度改进的协同过滤推荐算法[J]. 烟台大学学报(自然科学与工程版), 34(3): 330-336.

汤筠筠，李长城. 2011. 基于灰色聚类和层次分析法的汛期公路交通气象灾害后评估方法[J]. 公路, (1): 171-177.

张洁玲，白清源. 2014. 一种高效的 K-means 聚类改进算法[J]. 福州大学学报(自然科学版), 42(4): 537-542.

张美霞，李丽，杨秀，等. 2020. 基于高斯混合模型聚类和多维尺度分析的负荷分类方法[J]. 电网技术, 44(11): 4283-4296.

Karabašević D, Stanujkić D, Zavadskas E K, et al. 2020. A Novel extension of the TOPSIS method adapted for the use of single-valued neutrosophic sets and Hamming distance for e-commerce development strategies selection[J]. Symmetry, 12(8): 1263.

第 7 章　模 式 识 别

学习目标

- 了解模式识别的基本任务和逻辑
- 掌握常见模式识别技术的原理
- 了解模式识别技术在灾害风险评估中的应用

7.1　基 础 理 论

7.1.1　什么是模式识别

模式识别（pattern recognition）就是让机器自动地识别图像、信号中所蕴含的模式，包括事物间的关联、规律、固有结构等。

实际上，我们人类就比较善于进行这一类任务。例如，我们可以根据他人的面部表情判断其心情，识别他人潦草的手写文字，或是根据天空及云的颜色辨别是否要下暴雨。随着人类社会和科技的发展，我们往往需要进行更多、更复杂的模式识别任务。例如，通过观察脑部影像对病人进行诊断，通过对比指纹或 DNA 来识别罪犯，通过雷达或声呐信号检测是否有导弹来袭，或是根据客户信息判断其是否有信用风险，等等。对于这些任务，专业人士已经可以非常准确地完成。然而，考虑到此类任务中人的失误的严重后果、任务量的指数增长，以及相关人力成本的控制，当前的各种应用场景都急迫地需要能够更准确、更快速、更廉价地完成这些任务的机器。

让机器学会处理这样的任务，就是模式识别的主要目的。简言之，模式识别是基于已有的知识及从数据表征中抽取的统计信息，让机器对数据进行判断和分类的过程。Fukunaga（1990）在其著作中这样描述模式识别：“人类的决策过程在某种程度上与模式识别有关。例如，国际象棋的下一步行动取决于棋盘上当前棋子的分布模式，而买卖股票的决定是根据复杂的信息模式进行的。模式识别研究的目的是弄清决策过程的这些复杂机制，并使用计算机使这些功能自动化。但是，由于问题的复杂性，大多数模式识别研究都集中在更现实的问题上。例如，拉丁字符的识别和波形分类等。”

模式识别起源于 20 世纪中叶，伴随着计算机的出现及人工智能的兴起与发展，模式识别逐渐发展为一门独立学科。上文 Fukunaga 有关模式识别的描述是在 1990 年写下的。由于当时的模式识别主要关注于简单的实际问题，因此他提到的国际象棋和股票市场都还只是畅想。30 多年来，随着计算机运算性能的急剧提升、数据的极大丰富，加之机器学习与深度学习等技术的飞速发展，模式识别的技术和应用场景都得到了长足的发展。如今，股市的分析早已离不开模式识别的技术，AlphaGo 也已经在围棋领域击败了最强的人类棋手（Silver et al.，2016，2017）。

更抽象地讲，模式识别是挖掘样本和模式类之间的映射关系。样本一般指的是个体研究对象，而模式类则是样本集合中的子集，其中的样本具有同样的属性或者规律。以识别手写数字为例，任意一个手写的数字就是样本，而这里的模式类就包含 0、1、2、3、4、5、6、7、8、9。此时模式识别的任务就是建立样本（手写的数字）和模式类（具体是哪一个数字）之间的映射。

这里举的例子多数属于分类问题。实际上，对于模式识别的边界并没有十分确切的界定，大家对模式识别与分类的区别也有不同的理解。一般主流认知中，模式识别涵盖了特征提取、规律探索和预测三个阶段。其中的规律探索又可以分为有监督学习方法（即分类问题）及无监督学习方法（即聚类问题）。考虑到前面的章节已经对聚类进行了集中的介绍，本章主要围绕模式识别中的一些分类技术展开。

7.1.2　特征与模式的描述

如前文所述，每一个观测对象都是一个样品，一般记作 X，而一个样品集（也称数据集）是由众多样品所组成的。例如，包含了 N 个样品的集合可以记作 $\{X_1, X_2, \cdots, X_k, \cdots, X_N\}$。这里面的样品可能分别属于 M 个类别，如 $\{w_1, w_2, \cdots, w_M\}$，也就是说，这 N 个样品中属于 w_1 的有 N_1 个，属于 w_2 的有 N_2 个，等等。

每个样品都只是一个观测对象，想要对这些样品进行模式识别，就需要抽取能够描述该对象的一系列属性，这些属性往往被称为一个样品的特征。例如，以一个人为观测对象的话，可以利用他/她的身高、体重、年龄、性别、收入、教育背景等作为描述的特征。根据这些特征，就可以应用一些分析手段，对其进行模式识别。因此，在模式识别技术中，每个样品都可以由一个 n 维的向量进行描述，其中的每一个维度都对应着该样品的一个特征，而其取值可以是数值的（如年龄 25 岁），也可以类别的（如性别男或教育背景为本科）。这种向量一般称为样品 X 的特征向量，其中的元素，即特征一般用小写字母表示，记作：

$$X = \begin{pmatrix} x_1 \\ x_2 \\ \vdots \\ x_n \end{pmatrix} = (x_1, x_2, \cdots, x_n)^{\mathrm{T}} \tag{7-1}$$

自然地，每一个样品都可以由一个这样的特征向量来表示，一个样品集中的N个样品就具有N个特征向量，组合起来也就形成一个n行（特征）N列（样品量）的矩阵，如表7-1所示。

表7-1 一个具有N个样品及n个特征的数据的特征矩阵

特征	X_1	X_2	…	X_j	…	X_N
x_1	x_{11}	x_{21}	…	x_{j1}	…	x_{N1}
x_2	x_{12}	x_{22}	…	x_{j2}	…	x_{N2}
⋮	⋮	⋮		⋮		⋮
x_i	x_{1i}	x_{2i}	…	x_{ji}	…	x_{Ni}
⋮	⋮	⋮		⋮		⋮
x_n	x_{1n}	x_{2n}	…	x_{jn}	…	x_{Nn}

因此，模式识别要解决的问题就是如何根据观测个体X的n个特征来判断该个体属于$w_1, w_2, \cdots, w_M$类别中的哪一个。如果将这些描述个体属性的特征视作其特征空间，其中的模式，即这些类别，就可以被认为是数据的解释空间。由此，模式识别也就是在数据的特征空间和解释空间之间找到一种合理的映射关系。

特征抽取对于模式识别或是一般的机器学习模型来说都是至关重要的。选择合适的特征，并对其进行合理的度量，可以极大地提高这些模型的准确性及运行效率。一般地，我们需要选取那些与目标模式联系最为紧密的特征，其中也就需要人的专业知识的输入。

7.1.3 模式识别系统的功能单元

一个完整的模式识别系统一般包含数据收集、数据预处理、特征工程（feature engineering）、模型设计与训练及最终的决策应用。一般地，模式识别系统可以大致分为两个模块：设计和训练模块（图7-1上半部分）及应用和预测模块（图7-1下半部分）。其中，模型设计和训练是整个工作的核心，它负责收集具有已知模式（分类标签）的样本数据、确定其所需特征、设计合适的算法并对其进行训练、改进。训练好的模型，连同其参数、特征选取等信息就形成了一个预测模型，而模型应用和预测模块就是针对新的样品进行预测。

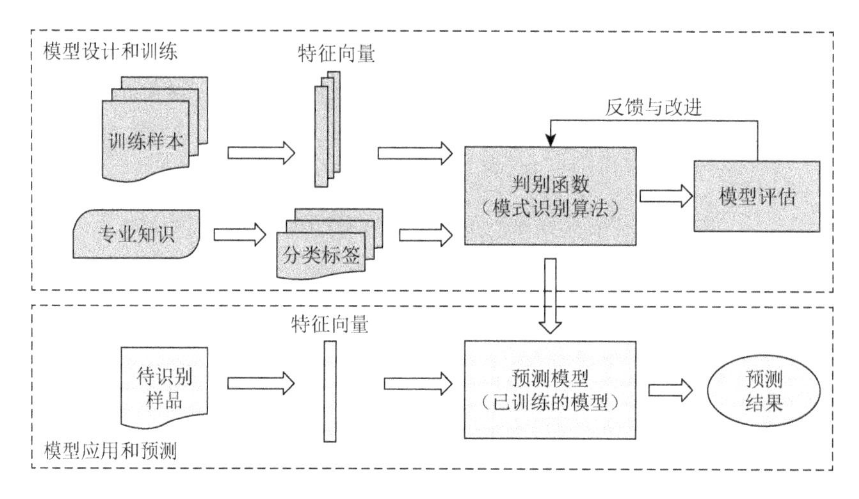

图 7-1　一个典型的模式识别系统框架

下面，我们分别针对模式识别系统中的几个重要单元进行逐一介绍。

（1）数据收集单元。数据收集是指获取和度量的目标对象相关的信息，从而形成数据集的过程。在此之前，我们默认已经确定了要分析的对象，如手写数字、指纹、照片或是顾客等。针对所选定的对象，数据收集就是获取大量的该类对象的信息，如大量的指纹数据等。一般情况下，数据收集单元还包含了一些数据预处理的工作，如剔除异常数据、补足缺失值等。

（2）特征工程单元。数据收集过程所产生的数据一般叫作原始数据，其往往不能全面、准确地描述研究对象的属性，或是难以直接被计算机处理。因此，我们需要特征工程单元对其进行处理。特征工程就是从原始数据中抽取、定义一系列的特征来刻画研究对象，从而将每个研究对象表示为一个特征向量。前文已经提及过特征工程的重要性，那么研究对象的特征应该是什么样子的呢？具体的特征定义，完全依赖于研究对象的性质。例如，对于图像类的研究对象，包括手写数字、地图、照片等，一般情况下要抽取其中每一个像素单元的色彩值作为其特征向量；对于信号类数据，包括脑电波、地震波、股票价格等，一般会将其作为时间序列，抽取其每个时刻的数值作为特征向量。

（3）训练标注单元。有了大量的数据样本及相应的特征向量后，我们一般还需要知道部分样品（即训练样本）所对应的“正确答案”，也就是其所属的类别。例如，手写数字的训练样本，就需要有明确的哪一个样品对应哪一个数字的信息。这样，我们就可以根据这些有正确答案的训练样本来总结模式及其规律。这种正确答案在不同情境下的获取难度也是不同的。在一些有历史可循的场景中，分类的标注可以直接在数据收集阶段完成。例如，历史上某段时间股票价格的波动对应的之后的涨跌是可以收集到的，或是历史上某段时间的地震波对应的地震等级也是已经被观测到的。然而，有的情境下需要人工的支持。例如，对猫和狗的照片打标签，就需要人工地去观察训练样本，并逐一标注每个样品对应的是猫还是狗，或者是手写数字的训练样本需要有人去判断每个样品是哪个数字。在一些更专业化的场景中，则需要具有一定专业知识的人来进行类别标注。

（4）模型设计单元。模式识别的核心是模型算法的选取。模型设计单元就是设计、选取最为合适的模型来完成模式识别的任务。已有的可供选择的模式识别算法技术有很多，如模板匹配法、统计模式识别法、神经网络算法等。一些常用的算法会在下一节中详细介绍。既然在前面的单元中已经收集到了训练样本数据并对其进行了特征向量的抽取及标签的标注，我们便可以运用这些数据对选定的模型进行训练。训练过程旨在让模型不断地拟合样本特征向量（特征空间）与标签（解释空间）之间的映射关系。当然，这个过程中还需要不断地检验训练结果，对模型进行相应的调整工作。经过这个单元的工作，就可以得到一个针对研究对象和场景的模型。

（5）预测单元。前面训练好的模型可以作为模式识别的预测模型加以应用。一般情况下，进行模型训练的目的是对未来的或者是新的样品进行模式的判断。在得到一个新样品后，我们同样要对其进行特征的抽取，而这个特征向量所对应的方法、维度都需要与前面对训练样本所做的处理保持一致。将得到的预测模型应用在新的特征向量上，我们便得到了模型对该样品模式/类别的一个预测结果。

7.1.4 模式识别作为风险评估模型

前面已经介绍了模式识别的一些基础概念和原理。那么，模式识别应该如何应用到风险评估的工作中呢？实际上，模式识别作为当前较为先进的技术，已经应用于各个领域。例如，日常生活中对于手写体数字与汉字的识别，军事领域对雷达、红外或声呐信号的识别，以及气象领域对卫星图像的识别。对于灾害防治，模式识别技术也可以用于分析以往的灾害数据，以达到对未来的灾害事件进行预测和评估的目的。

灾害风险评估的目标有很多，其中常见的包括根据当前的某种状态预测是否会发生灾害；或是根据已经发生的灾害的前期信息，预测该灾害的发展和影响程度等。一般地，这种从历史已经发生的事件中寻找规律，预测、预防未来事件的情景，都可以从模式识别技术中汲取模型和方法。

在过去的几年乃至几十年内，国内外都发生过大量的或大或小的自然灾害，从暴风暴雨到飓风洪灾，从山体滑坡到地震爆发，从土地干旱到山林大火。灾害预防与治理的专家一直致力于从这些过往案例中总结规律，剖析灾害的形成机制与灾后的控制、救援等。若有大量数据的支撑，机器学习或深度学习等模式识别技术就可以更优秀地完成上述工作。灾害风险评估往往具有时间紧迫性，尽早地预测灾害、尽快地进行治理对于保障人民的生命财产安全至关重要。因此，利用高性能的计算机辅助完成灾害风险评估，逐步成为重要的研究和发展方向。例如，模式识别技术可以通过对卫星图像、气象探测信号等数据的分析，来预测或评估极端气象类自然灾害的风险。迄今为止，已有诸多的机器学习或深度学习算法可以根据前期探测到的信号、图像，学习、挖掘其与后续极端天气发生与否及严重程度之间的映射关系，进而构建气象灾害风险的预测模型。相较于人类专家的主观判断，运用机器模型可以更有效地提高预测的速度及效率，相关防治部门也可以提早得到预警，部署防灾治理工作，从而大幅度降低极端天气带来的损失。诸如此类的应用还包括根据地质状况及探测信号进行的地震预警、根据受灾后地区的卫星图像或是航拍图像判断受灾严重程度等。有了这些强有力的工具，我们预防灾害及灾后进行评估与治理的能力都会有极大的提升。

那么，我们为什么要用模式识别的技术方法来进行灾害风险评估呢？传统的风险评估往往存在主观或人为的因素，而模式识别或广义的机器学习方法的风险评估是建立风险来源和风险评价系数的非线性映射（伊茹梦，2015）。另外，如今各界收集数据的途径更加丰富了，使用庞大的历史数据对机器学习模型进行训练，自组织构造风险评估拓扑模型，具有较好的客观性、可比性和公正性。

7.2　模式识别技术

模式识别在计算机领域已有几十年的发展历程，可以成熟地应用于各种场景的具体技术也有很多。本节将主要介绍几种常见的技术方法。

7.2.1　模板匹配法

在较早的模式识别技术的探索中，最常用到的场景是对图像的处理。图像中物体的检测和识别是模式识别领域的一个重要研究课题。模板匹配（template matching）法就是其中最基础、最早的方法之一（Perveen et al.，2013）。模板匹配法试图回答有关图像的最基本的问题之一：给定图像中是否存在特定对象或模式，以及是在何处找到的。因此，此处所指的模板就是对该对象或模式的描述，也就是图像本身。该方法主要是通过计算模板与给定图像中的所有可能的子区域（局部图像）之间的相似度，进行搜索、匹配。若给定图像中的某个区域与模板只有很小的差异，则可以将该区域认定为可能的目标模式。因此，模板匹配法是计算机视觉技术中常用的高级方法，它可以识别一个图像中到底哪些部分与目标模式相匹配。

模板匹配法的应用场景也是比较多元化的，尤其是在机器视觉、面部识别与医学图像处理领域。例如，模板匹配法可以通过匹配监控视频中出现的车牌数量，判断一个时间段内通过某路口或桥梁的车辆的数目（魏武等，2001）。对于灾害风险的预测与评估，模板匹配法可以对相关图像、信号进行模式的匹配进而判断其中的风险。例如，模板匹配法可以通过匹配地质探测波形中的某种特定波形来判断是否会发生地震（Skoumal et al.，2015）。

在具体的应用中，我们首先需要对要进行模板匹配的源数据进行数值的表示，也就是特征向量的抽取。模板匹配法的分析对象多为一维波形或是二维图像。对于一维波形，特征向量的抽取工作相对简单，只需按照一定的时间间隔（当然越小越精确，但计算量也会越大）将波形图转化为时间序列；对于二维图像，则需要将其像素化，再对每一个像素进行数值度量。如图 7-2 所示，以手写数字 2 为例，我们可以将该图像以一定的分辨率划分成像素。和一维波形的道理类似，像素越多，对图像中模式的刻画就会越精细，当然也会带来更大的计算量。此处，我们以 8 × 8 的像素划分为例（肉眼可见的是，这样的划分远不够精细），每个像素网格可以通过灰度或是色彩值进行量化，进而得到右侧的一个数值矩阵，该矩阵便可以当作图像的特征表示。当然，在很多实际的应用场景中，所需分析的图像可能会比这个例子更复杂，需要更精细的刻画，如更多的像素、更精准的灰度或色彩度量。

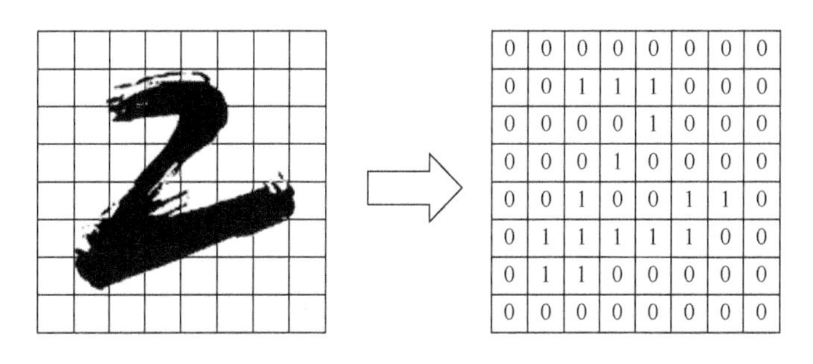

图 7-2 图像文件的特征抽取示例

要进行模板匹配，我们还需要定义模板，也就是指定目标模式。指定的模板可以通过上述的像素划分进行特征的度量，记作 $T=\{t(x_t, y_t)\}$，其中 (x_t, y_t) 表示模板图像中每个像素的坐标。需要进行识别的图像可以划分为众多子图，也就是拿原图像中的一些子区域和所定义的模板进行匹配。待进行匹配的图像也需要进行类似的像素划分，度量其灰度或色彩作为其特征，记作 $F=\{f(x,y)\}$。因此，我们便有了两个可以分别描述模板图像和待匹配图像的数值矩阵。运用模板匹配法，可以计算待匹配图像中所有可能的子矩阵（与模板大小一致）与模板矩阵的相似程度。若某子矩阵的匹配相似度较高，则可认为发现了一处可能的匹配结果。

度量两个图像矩阵的相似度，是模板匹配法中的核心步骤，其度量方法有很多。假设现在要对待匹配图像的某一子区域进行匹配，该子区域涵盖的像素起点（最小的坐标值）为 (u,v)。一个最直接的度量方法是平方差和：

$$\operatorname{diff}(u,v)=\sum_{\{x,y\}}[t(x,y)-f(x+u,y+v)]^2 \tag{7-2}$$

该方法的本质是对比模板图像与目标子图中每一个对应像素的取值的差别。差别越小，说明这两个图像就越相似。除此之外，也可以对其进行归一化平方差的度量：

$$\operatorname{diff}(u,v)=\frac{\sum_{\{x,y\}}[t(x,y)-f(x+u,y+v)]^2}{\sqrt{\sum_{\{x,y\}}t(x,y)^2\cdot\sum_{\{x,y\}}f(x+u,y+v)^2}} \tag{7-3}$$

上述两种度量方法都基于模板图像与待匹配图像的亮度、色彩等属性一致的假设。然而，现实中的图像识别具有诸多不确定因素。对于这种图像亮度不同的情况，可以运用另一种度量方式，即归一化互相关系数：

$$\operatorname{diff}(u,v)=\frac{\sum_{\{x,y\}}[t(x,y)-\bar{t}][f(x+u,y+v)-\bar{f}_{uv}]}{\sqrt{\sum_{\{x,y\}}[t(x,y)-\bar{t}]^2\cdot\sum_{\{x,y\}}[f(x+u,y+v)-\bar{f}_{uv}]^2}} \tag{7-4}$$

其中，$\bar{t}$ 为模板图像特征矩阵的平均值；$\bar{f}_{uv}$ 为待匹配图像中开始于像素 (u,v) 的子图像的特征矩阵的平均值。运用式（7-4），两个图像灰度的总体差异就会被有效避免。

7.2.2 句法模式识别法

在很多复杂场景中，目标模式也有分层的结构。在这种场景下，句法模式识别（syntactic pattern recognition），也称为结构模式识别（structural pattern recognition）更为适用。在句法模式识别中，模式被视为是由简单的子模式组成的，这些子模式本身是由更简单的子模式组成的。因此，该方法通过关注最细微的模式，识别更高层次的模式，也就是从简单任务开始，逐渐完成更复杂的识别任务。

要识别的最简单/基本的子模式称为基元（在图像识别中也常称作图元），根据这些基元之间的相互关系可以描述目标的复杂模式。在句法模式识别中，模式的结构与语言的语法之间形成了形式上的类比，此方法也因此得名。模式被视为属于一种语言的句子；基元被视为该语言的字母，并且根据语法生成句子。因此，可以通过少量的基元和语法规则来描述大量的复杂模式。但是，这也需要从可用的训练样本中推断出每个模式类的语法。

一个典型的句法模式识别系统的结构如图 7-3 所示。一般地，首先需要从训练样本中定义基元，并确定这些基元是如何组成某个特定模式的，也就是完成句法推断的过程。如此，当新样品进入系统时，就可以对其进行分割或是分解等预处理工作，将其拆分成一个个连续的、小的部分。进一步，可以利用训练推断出的句法结构来检测新样本是否具有这样的结构，从而得到最终的结果。若一个目标模式可以表示为(a,b,c)，而其中的a、b和c分别是一个基元，被检测样品的一个子部分(x,y,z)在满足条件$x=a$，$y=b$，$z=c$时可以被认为符合该模式，即

$$(a,b,c)=(x,y,z)\leftrightarrow x=a,y=b,z=c \tag{7-5}$$

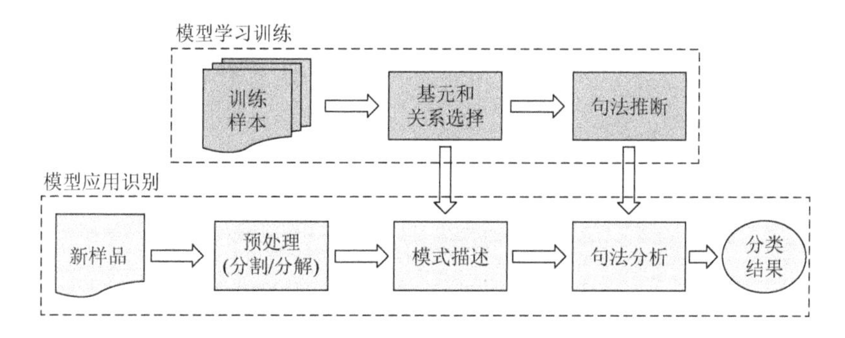

图 7-3 句法模式识别系统的结构

句法模式识别的优势在于，不仅完成了分类任务，还提供了有关如何根据基元构造目标模式的结构性描述。然而，句法模式识别在实践中也会遇到一些难点，如噪声的处理、基元的选定等。

7.2.3 统计模式识别法

统计模式识别（statistical pattern recognition）法是当前发展最为多元、应用最为广泛的方法之一。一般地，统计模式识别法将每个样品或模式用一个p维的特征向量表示，记作$X=(x_1,x_2,\cdots,x_p)$，其中的每个元素x_i都是该样品或模式的一

个特征的量化，如我们在 7.1.2 节中所述[式（7-1）]。例如，一个图像可以转化为一个灰度的像素矩阵，而这个矩阵又可以通过转换变为一个向量：

$$M=\begin{bmatrix}0&1&1\\1&0&0\\0&1&0\end{bmatrix}\rightarrow X=(0,1,1,1,0,0,0,1,0)^{\mathrm{T}} \tag{7-6}$$

每一个样品都可以视为一个 p 维空间中的一个点，而模式识别的任务也就转变为对该 p 维空间进行划分，得到若干个子空间，每个子空间也就是一种模式的范围。统计模式识别法就是要建立不同模式类在 p 维空间中的界限。如图 7-4 所示，在统计模式识别法中，每个样品个体都能通过一个向量表示为（二维）空间中的一个点，而相邻的样品则可认为是同一模式类。在选取了理想的特征后，不同的模式类之间将会存在明显的界限（虚线所示），而相同模式类的样品会密集分布于一个较小的区域。

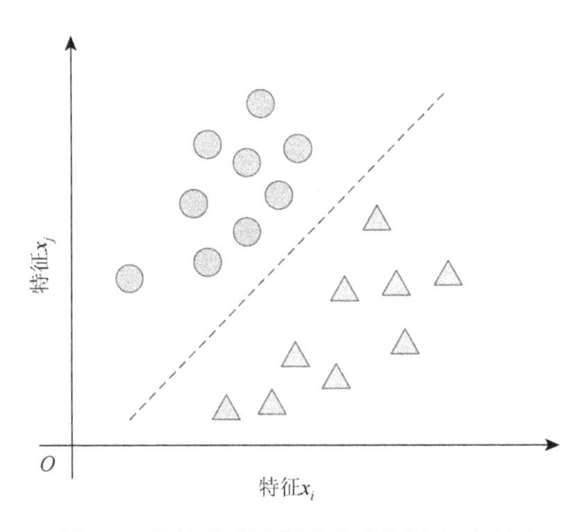

图 7-4　统计模式识别法模式类划分示意图

统计模式识别法是一系列相关技术的总称，其中就包含了一些目前十分常用的模型，如贝叶斯模型、支持向量机等。接下来，我们会对这些技术进行介绍。

1. 朴素贝叶斯模型

在模式识别的任务中，有时候样品的模式类是显而易见的。然而，在大多数情况下，一个样品到底属于哪一个模式类是不确定的。贝叶斯方法是基于概率统计的一种模式识别技术，它通过判断、对比每个样品属于各个模式类的可能性，达到模式识别的目的。其中，朴素贝叶斯（naive Bayes）方法在很多分类场景的应用中都展现出了非常出色的准确率和运算速度。

贝叶斯方法利用概率的方式来描述数据从属关系的不确定性。在得到一个新样品前，模型会对该样品的模式类进行一个判断，即有 $P(C_i)$ 的概率属于类别 C_i。这个概率 $P(C_i)$ 往往被称为先验概率（prior probability）。在得到这个新样品后，我们便可以观测到其特征向量 X，并进一步据特征向量对先验概率进行修正，得到 $P(C_i \mid X)$，即在 X 条件下，一个样品属于类别 C_i 的概率。因此这个概率也被称为后验概率（posterior probability）。那么，这里的先验概率和后验概率是如何计算的呢？

先验概率实际上就是任意一个样品属于某个模式类的概率，可以简单地从训练数据中计算：

$$P(C_i) = \frac{n(C_i)}{N} \tag{7-7}$$

其中，$n(C_i)$ 为训练样本中属于类别 C_i 的样品的个数；N 为训练样本的总量。同样，我们也能求得特征向量 X 的先验概率 $P(X)$，即在训练样本中具有属性 X 的样品所占的比例。后验概率实际上就是一种条件概率。想要针对新样品得到后验概率，首先要求得另一个条件概率 $P(X \mid C_i)$，即在已知属于模式类 C_i 的样品中，具有属性 X 的概率。类似地，该概率也可以简单地从训练样本中计算得到：

$$P(X \mid C_i) = \frac{n(X, C_i)}{n(C_i)} \tag{7-8}$$

其中，$n(X, C_i)$ 为属于类别 C_i 又具有特征 X 的样品的数量；$n(C_i)$ 为训练样本中属于类别 C_i 的样品的个数。

在得到 $P(C_i)$、$P(X)$ 及 $P(X \mid C_i)$ 后，可以通过式（7-9）计算后验概率 $P(C_i \mid X)$：

$$P(C_i \mid X) = \frac{P(X \mid C_i) P(C_i)}{P(X)} \tag{7-9}$$

了解了这些理论的计算方法，接下来我们来关注朴素贝叶斯的工作流程。

（1）假设有一个训练样本 D，其中包含了众多的样品及对应的模式类标号。每一个样品都可以表示为一个 p 维的特征向量 $X = \{x_1, x_2, \cdots, x_p\}$。

（2）假设该数据集中一共含有 m 个模式类，分别记作 $C_1, C_2, \cdots, C_m$。

（3）根据前面介绍的先验概率和后验概率的计算方法，针对每一个模式类，对一个新入样品计算其后验概率，即 $P(C_1 \mid X), P(C_2 \mid X), \cdots, P(C_m \mid X)$。

（4）为确定该样品属于哪个模式类，需要进一步对比各模式类对应的后验概率。若某一个模式类 C_i 的后验概率的取值最大，即 $P(C_i \mid X) > P(C_j \mid X), \forall j$，则表明算法预测该样品应属于模式类 C_i。

一般地，特征向量 X 的先验概率在一个训练样品中取常数，也就是对于所有模

式类都取同样的值。因此，在计算后验概率时，式（7-9）可以简化为只计算 $P(X|C_i)P(C_i)$，并对比该值来寻找最可能的模式类。进一步，如果在某些特定情境中，每个模式类的样品数相同，即模式类的先验概率相等，$P(C_i)=P(C_j),\forall i,j$，则式（7-9）可以进一步简化，只对比条件概率 $P(X|C_i)$ 即可。

样品特征向量的维度 p，对于算法的复杂度和所需的计算量是至关重要的。对于一些维度众多的情景，计算 $P(X|C_i)$ 将会是特别耗时的任务。为降低此类任务的计算量，往往会采用类条件独立假定，也就是不同维度的属性之间不存在相互依赖的关系。根据这样的假定，特征向量 X 的条件概率则可表示为

$$P(X|C_i)=\prod_{k=1}^{p}p(x_k|C_i)=p(x_1|C_i)p(x_2|C_i)\cdots p(x_p|C_i) \tag{7-10}$$

2. 支持向量机

在整体介绍统计模式识别方法时，我们利用图 7-4 向大家介绍了此类方法大多的逻辑是将训练样品映射到一个 p 维空间，然后试图寻找这个空间中不同模式类的界限。支持向量机（support vector machine，SVM）是这类方法中最为典型的方法之一。支持向量机利用支持向量和边缘来定义一个超平面，这个超平面总能将不同模式类的样品分离。特别地，支持向量机的目标是找到最优化的这种超平面。如图 7-5（a）所示，我们可以定义任意的直线对样品进行分割。显然，H1 并不能准确地分隔不同模式类的样品。虽然 H2 和 H3 都能够完成分隔任务，但 H2 并非最优的分割线，因为它在两个模式类的分布上留有的空间是很小的。相反，H3 是两个模式类分隔空间的一个中点线，因此在样品特征有所波动时它也可以尽可能地保证准确率。

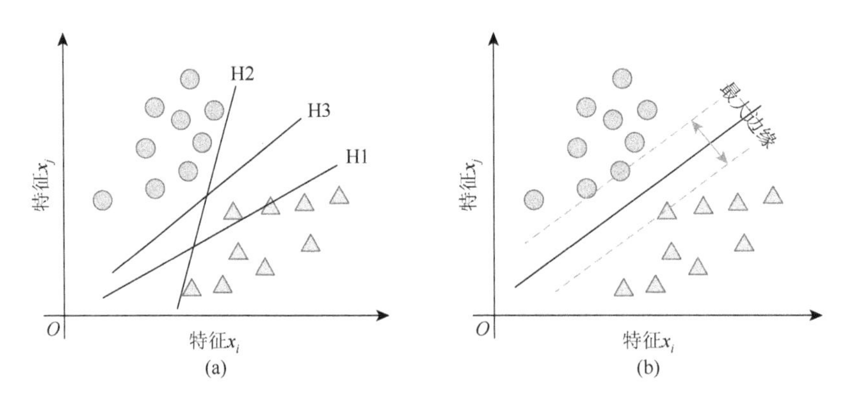

图 7-5　支持向量机示意图

如图 7-5（b）所示，支持向量机就是要找到这样最优的分割平面，使得该平

面到其所分割的模式类的极端值有最大的间距，也就是最大边缘。这样的平面，一般叫作最大边缘超平面（maximum marginal hyperplane）。进一步，我们定义其中的“侧面”为平行于超平面的两个平面，而侧面应该是紧贴不同模式类中最接近超平面的样品的，也就是图 7-5（b）中虚线所表示的。任意超平面到两个侧面的距离应该是相同的。

首先，超平面的数学定义如下：

$$W \cdot X + b = 0 \tag{7-11}$$

其中，X 仍为样品的特征向量；W 为对应特征空间不同维度的一个权重向量，并且有 $W = \{w_1, w_2, \cdots, w_p\}$；$b$ 为偏差的一个标量。为了简化这个过程，我们暂且考虑一个二维的情景，即样品仅有两个特征，$p=2$，$X=\{x_1,x_2\}$，$W=\{w_1,w_2\}$。那么，这样一个超平面（在二维情境中是一条直线）可以表示为

$$w_1x_1 + w_2x_2 + b = 0 \tag{7-12}$$

如此一来，若一个样品位于该平面的上方，则有

$$w_1x_1 + w_2x_2 + b > 0 \tag{7-13}$$

反之，若一个样品位于该平面的下方，则可以表示为

$$w_1x_1 + w_2x_2 + b < 0 \tag{7-14}$$

定义了超平面仍是不够的，我们还需进一步通过调整权重来得到该超平面的侧面，分别记作：

$$\begin{aligned} w_1x_1 + w_2x_2 + b &= 1 \\ w_1x_1 + w_2x_2 + b &= -1 \end{aligned} \tag{7-15}$$

对于简单的两个模式类的情景，我们可以将这两个模式类分别定义为 $y=1$ 及 $y=-1$。即若一个样品 a 属于某一模式类，则其对应 $y_a=1$，而另外一个类则记作 $y_a=-1$。通过这样的定义，便可以规定两个超平面的侧面应满足的属性为

$$y_a(w_1x_1 + w_2x_2 + b) \geqslant 1, \forall a \tag{7-16}$$

若一个样品 a 落在了某个侧面上，则式（7-16）中的等号成立，而该样品的特征向量 X_a 可以被称为支持向量（support vector）。

两个侧面之间的距离，由几何可得是 $\dfrac{2}{\|W\|}$，或者说，任意一个侧面到中心的超平面的距离是 $\dfrac{1}{\|W\|}$。由于支持向量机的目标是找到最大边缘超平面，因此需要使这个距离最大化，也就是使 $\|W\|$ 最小化，同时还要满足式（7-16）中的条件。由此，支持向量机的任务就是解决以下优化问题：

$$\min \| W \| \quad \text{s.t.}: y_a(w_1x_1 + w_2x_2 + b) \geqslant 1, \ \forall a \tag{7-17}$$

通过求解式（7-17），可以得到支持向量机的分类器，以便对新入样品进行分类。

需要注意的是，上述支持向量机方法是基于数据线性可分的假设的，也就是我们期望的类别界限是线性的，在 p 维空间中也就展现为超平面。但是，现实的情景或许会复杂很多，其中模式类的界限可能是非线性的。如图 7-6 所示，其中，若以线性模型寻找模式类边界，则会出现不准确的模式判断。这时，就需要利用非线性模型寻找能够良好分隔不同模式类的最大边缘超曲面，以及相应的侧面。考虑到篇幅限制，这里就不详细讨论非线性支持向量机模型了。

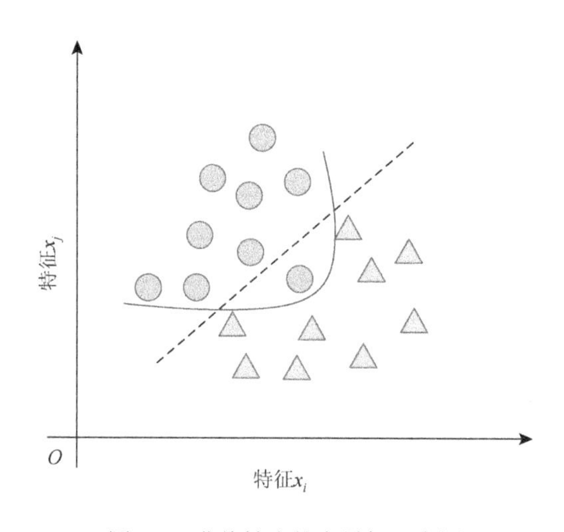

图 7-6　非线性支持向量机示意图

7.2.4　神经网络模式识别法

统计模式识别法的另一个重要分支，就是基于神经网络（neural network）的模式识别方法。鉴于神经网络算法在模式识别领域的重要作用，这里单独对其进行介绍。

神经网络可以看作由大量具有许多互连的简单处理器组成的大规模并行计算系统。该系统最初的灵感来源于对人类大脑的复杂识别模式的思考。因此，神经网络可以理解为神经元的网络。首先，神经网络中的神经元在算法中体现为一个个的点，负责对数据进行核心的运算。其次，这些神经元是相互连接的，而这些连接负责对上一个神经元所输出的结果进行加权并传递至下一个神经元作为输入。

在过去几十年的发展中，尤其是近十几年数据科学崛起后，神经网络已经有了多种多样的类别，包括多层神经网络（multilayer neural network）、卷积神经网络（convolutional neural network）、径向基函数神经网络（radial basis function neural network）、循环神经网络（recurrent neural network，或是 long short-term memory network）等。这些神经网络方法在不同的应用场景中各有所长。其中最基础的一种方法就是多层神经网络，它适用于很多模式识别任务，如人脸识别、机器视觉、语音识别等。本书主要就多层神经网络进行介绍。

就像名称里所指示的，一个多层神经网络是由多个层次的神经元所组成的。图 7-7 中就是一个典型的多层神经网络，其中包含了输入层、隐藏层和输出层。输入层是接收数据的神经元的集合。一般地，输入层的神经元数量与样品特征向量的维数 p 相同，每一个神经元接收一个相应维度的数值。接下来，输入层的神经元会对特征向量中的数值做进一步处理，然后将其传入隐藏层。之所以叫作隐藏层，是由于其中每个神经元所包含的数值与原数据和结果都没有明显的对应关系，而只是运算的中间步骤。在图 7-7 中，隐藏层包含两个层，在实际应用的时候，隐藏层的层数是可以调整的，应根据实际情况和数据的复杂度进行设计。并且，每一个隐藏层所包含的神经元的数量也是可调的。一般地，多层神经网络包含至少一个隐藏层。在进行运算后，输出层的神经元将汇总结果进行输出。输出层中所包含的神经元的数量与数据中的模式类有关。对于判断真假、是否的情

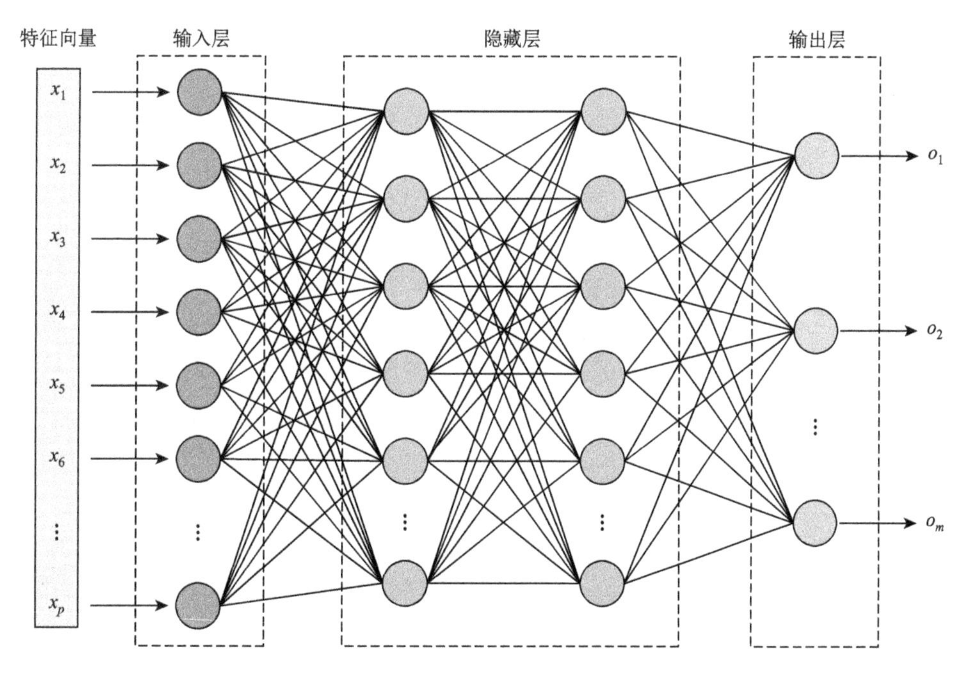

图 7-7　一个典型的多层神经网络

况，输出层往往只有一个神经元，而其输出的数值结果一般介于 0 到 1 之间，表示该样品的特征向量符合某种模式类的概率。对于多模式类判断的任务，如要判断样品属于 m 个模式类中的哪一个，则将在输出层中设计 m 个神经元，其中每个神经元的输出数值一般都会介于 0 到 1 之间，表示样品属于对应模式类的概率。这 m 个输出中，最大的值对应的模式类就是模型所预测的模式类。

相邻的层之间会建立连接，并且这种连接往往是全连接。前一层里的每一个神经元都会连接至后一层中的每一个神经元。这些连接本身也是一种运算，对前一层的结果进行加权汇总，并输入到下一层的神经元中。在这个过程中，应用最广泛的就是 M-P 模型（McCulloch-Pitts model），如图 7-8 所示。首先，一个神经元（非输入层）会接收来自上层每个神经元的数值输入，即 $x_1, x_2, \cdots, x_n$ 。这一系列的输入并不一定是原始的特征向量，而是上一层神经元的输出。所以，这里输入的数量 n 就是上一层神经元的数量。另外，这些输入也并不是直接输送到目标神经元，而是进行了一步加权求和的操作。也可以认为，每一个神经元到神经元的连接上，都嵌入了权值 $w_{1i}, w_{2i}, \cdots, w_{ni}$ 。如果这个加权求和的值大于某一个阈值 Θ_i ，则该目标神经元将被激活，并在神经网络中发挥作用。进而，该神经元以某个函数的形式对其输入进行处理，并继续将结果 y_i 输出至下一层，这里的处理可表达为

$$y_i = f\left(\sum_{k=1}^{n} x_k w_{ki} - \Theta_i\right) \tag{7-18}$$

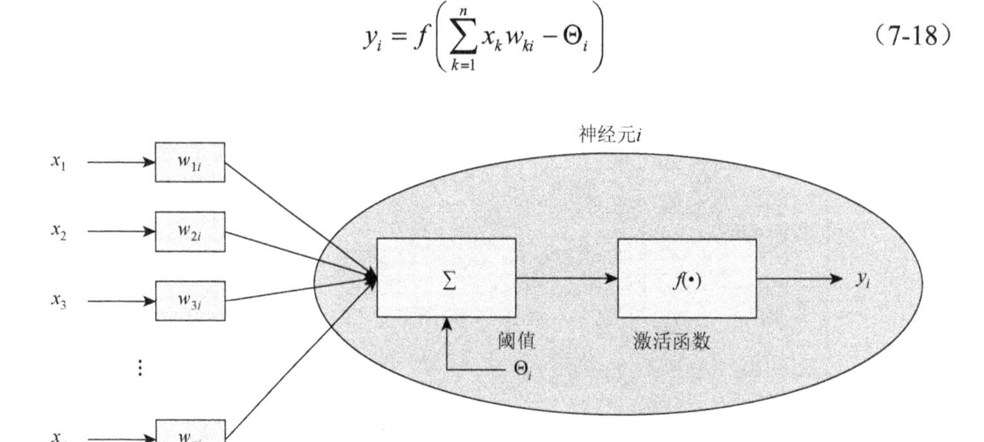

图 7-8　神经元 M-P 模型结构示意图

图 7-8 中的这个函数 $f(\bullet)$ 一般称为激活函数（activation function）或是传递函数，其具体形式包括了一些线性的及非线性的函数，不同的形式所对应的适用场景也各有不同。表 7-2 中列举了几个常用的激活函数的形式。

表 7-2 神经网络中常见的几种激活函数

激活函数	计算公式	图形	特点
非线性激活函数	$f(x)=\begin{cases} n, & x>m \\ k\cdot x, & \lvert x\rvert\leqslant m \\ -n, & x<-m \end{cases}$	f(x) n −m 0 m x −n	常用于基本模式识别
阈值函数	$f(x)=\begin{cases} 1, & x\geqslant 0 \\ 0, & x<0 \end{cases}$	f(x) 1 0	常用于基本模式识别
Sigmoid 型函数（“S”形函数）	$f(x)=\dfrac{1}{1+e^{x}}$	f(x) 1 0.5 0 x	函数连续可微，常用于 BP 算法。可以很好地控制信号增益，有效保障神经网络不陷入饱和状态
双曲正切型函数	$f(x)=\dfrac{1-e^{x}}{1+e^{x}}$	f(x) 1 0 x −1	函数连续可微，常用于 BP 算法。可以很好地控制信号增益，有效保障神经网络不陷入饱和状态

前面所介绍的神经网络，在一定程度上可以称为前馈神经网络（feed-forward neural network），因为其数据信号只由每一层的神经元传向下一层，并不具有反馈的过程。根据信息的传递方向，神经网络还可以是 BP 的。BP 神经网络较前馈神经网络更为复杂，它除了具有前馈神经网络的特点外，层与层之间还有反馈信息传递，每个层除了接收上一层输出传过来的信息外还接收下一层输出反馈的信息（往往是此系统对训练数据的输出结果与真实模式分类结果的误差），从而达到调整神经网络参数（连接上的权重），提高准确率的目的，这也是神经网络对训练数据进行模式学习的重要途径。一般地，BP 神经网络的学习过程遵循以下步骤。

（1）首先，要进行神经网络的初始化工作。这里就要确定神经网络中隐藏层的层数，以及包含输入、输出层在内的所有层的神经元的个数。另外，还需要对各层间连接上的权重值及阈值进行初始化（一般以随机方式）。

（2）前馈的过程中，神经网络按照前文所描述的方式，将样品的特征向量通过输入层，经过每一层神经元的计算，在输出层的神经元进行结果的输出。

（3）输出层的输出便是当前神经网络对一个样品的模式类的判断。此时，在训练模型的过程中，我们需要对这个输出与训练样品真实的模式类进行对比。假设该场景中有 m 个可能的模式类，而一个样品的模式类为 c_k，那么该样品的目标输出为 $\{t_1=0,t_2=0,\cdots,t_k=1,\cdots,t_m=0\}$。输出层（有 m 个神经元）输出的结果可以表示为 $\{o_1,o_2,\cdots,o_m\}$。由此，就可以计算每一个输出层的神经元 f 的误差：

$$E_j=o_j(1-o_j)(t_j-o_j),\quad j=1,2,\cdots,m \tag{7-19}$$

（4）有了误差，便可以根据误差对各层之间连接上的权重值进行调整。一般地，对于一个连接神经元 i 与 j 的权重值 w_{ij}，可以通过以下方式计算更新的改变量：

$$\Delta w_{ij}=(l)E_jo_j \tag{7-20}$$

其中，l 一般称为学习率，取 0 到 1 之间的常数。当然，学习率的取值越小，则每次对权重的改变就越小，学习的速度也就会越慢；而大的学习率虽然可以提高学习速度，但也可能导致模型对误差非常敏感，无法精确地找到最优解。根据权重改变量，神经网络中所有的权重值都能得到更新：

$$w_{ij}=w_{ij}+\Delta w_{ij} \tag{7-21}$$

（5）在更新了神经网络中的权重值后，就可以继续对下一个样品进行学习，也就是返回步骤（2）。

（6）一般情况下，神经网络的学习按照周期进行，而一个周期往往包含几个样品的训练。权重的改变也是按周期进行的。如果在某一个周期的学习后，所有连边权重的改变量都小于某一个给定的阈值，则可以认为该神经网络模型已经稳定，学习结束。

BP 神经网络因具有非线性映射、自学习自适应、泛化、容错等优点而被广泛使用在模式识别的任务中。但 BP 神经网络也具有如下缺点，这导致其在处理复杂度较高的一些问题时表现得不太理想。

第一，收敛速度慢。BP 神经网络在解决复杂的非线性问题时用的是梯度下降法，故训练过程中容易出现锯齿状现象。即在误差函数曲面的平整区域，即使调整学习率来加大权值的变化，误差的下降依然缓慢。另外，BP 神经网络本身需要大量的迭代样本进行训练，大量的样本训练也减缓了学习的速度。

第二，容易陷入局部最小值。BP 神经网络的反向传播是模型沿着误差函数曲面梯度下降的方向搜索更优解的过程，这个方法属于局部寻优方法，而且其误差函数是一个凹凸的多维曲面，本身就有多个局部极小值，这导致 BP 神经网络容易陷入局部最小值变得停滞不前（Prieto et al.，2016）。BP 神经网络陷入局部极值的具体反应为网络误差并没有随着训练次数的增加而减小，此时应该立即停止训练，改变 BP 神经网络的初始权值和阈值，重新开始训练。

第三，相关参数无成熟理论进行指导。BP 神经网络中需要对很多参数进行初始化，如学习速率、隐含层节点数等。这些参数的设定直接影响网络的性能。但目前还没有成熟的理论来对其进行指导，只能凭借一些前人总结出来的经验公式来确定大致范围，然后进行多次训练尝试，选取合适的数据。

7.2.5　模式识别技术的结果评估

前文已介绍了众多的可用于模式识别的技术方法、模型，然而，在实际应用中，如何对其识别效果、准确率等进行评估，也是值得思考的问题。

一般的模式识别模型都会经过训练和测试的过程，如图 7-9 所示。首先，我们需要获得大量的已知其所属模式类的数据，这些数据可以认为是有正确答案的，以便模型从中学习目标对象特征空间和解释空间之间的映射关系。这些数据将会被分为训练集和测试集，其中训练集将用于对模型进行参数的训练、学习，而测试集则用于评估习得模型的准确性。

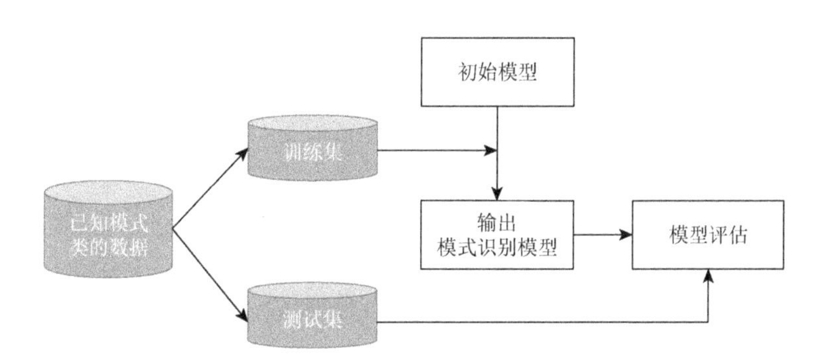

图 7-9　模式识别模型的训练、测试流程图

假设在测试集中，共有 N 个样品。已经训练好的模型可以对这些训练样品的模式类进行预测，其中预测模式类与真实模式类相同的，也就是预测准确的样品数记作 T，而预测错误的样品数记作 F。直观的一个关系是 $N=T+F$。那么，这一次测试的准确率可以计算为

$$\text{accuracy}=T/N \tag{7-22}$$

这里的准确率是对于全局而言的，并不是针对某个特定的模式类。更精细的度量则可以考虑不同模式类的精度与召回率。假设该情境下有 m 个模式类，对于一

个特定的模式类 c_k，我们可以定义以下四种情况。

（1）真阳性（true positive，TP_k），是指该测试样品属于模式类 c_k，模型预测其属于模式类 c_k。

（2）真阴性（true negative，TN_k），是指该测试样品不属于模式类 c_k，模型预测其不属于模式类 c_k。

（3）假阳性（false positive，FP_k），是指该测试样品不属于模式类 c_k，但模型预测其属于模式类 c_k。

（4）假阴性（false negative，FN_k），是指该测试样品属于模式类 c_k，但模型预测其不属于模式类 c_k。

由此，针对该特定模式类的精度和召回率分别可以计算如下：

$$
\begin{aligned}
\text{precision} &= \frac{\mathrm{TP}_k}{\mathrm{TP}_k + \mathrm{FP}_k} \\
\text{recall} &= \frac{\mathrm{TP}_k}{\mathrm{TP}_k + \mathrm{FN}_k}
\end{aligned}
\tag{7-23}
$$

7.3 基于模式识别的灾害风险建模案例分析

7.2 节对一些具体的模式识别技术方法做了简单介绍，但都较为理论，读者对于其在具体的灾害风险中如何运用可能并不明了。在本节，我们将介绍两个模式识别技术应用于灾害风险评估与治理的案例。当然，这两个案例中也仅仅用到了特定的技术方法，其他没有运用的方法，并不意味着就不能用于灾害风险的治理，只是需要根据具体场景选择合适的模型。

7.3.1 基于神经网络的森林野火分区域风险级别评估

森林野火长久以来都是威胁人类生命财产安全的一大隐患。在森林野火的预防及风险评估领域，已有很多模式识别的技术得到了应用。例如，支持向量机（黄玉霞等，2007）、随机森林算法（Tonini et al.，2020）等。这里，我们选取了一个利用神经网络算法来评估深林区域大火风险级别的案例进行介绍（Bisquert et al.，2012）。该案例的研究对象是位于西班牙西北部的加利西亚地区，该地区常年经受森林野火的侵扰。为了方便管理该区域的动植物并控制火灾风险，西班牙政府将该区域划分成了 10km×10km 的正方形区块，共计 360 个，并对每个区块进行了密切的检测和管理。

Bisquert 等利用中分辨率成像光谱仪（moderate resolution imaging spectroradiometer，MODIS）进行数据收集工作，用于收集植被指数的MOD13Q1提供了精确到250m范围的16天集成图像。地表温度（land surface temperature，LST）测度产品MOD11A1则被用于收集1km精确度的每日图像。另外，NASA陆地过程分布式数据档案中心（land processes distributed active archive center，LP-DAAC）提供了从2001年到2006年间的MODIS图像。Bisquert等对这些图像数据进行了进一步的处理，以消除一些错误数据，如云朵或其他传感器问题造成的数据抖动，具体的处理步骤这里不过多叙述。最终，经过整合其他数据及处理图像数据，用于训练模型、学习模型的数据包括了每个区块的火情历史数据（History）、时间数据（Period）、16天增强植被指数（EVI）、16天地面温度指数（LST16）、8天地面温度指数（LST8），以及连续两个周期的EVI变化（DEVI）。大约50 000个数据样品被收集到，为了训练模型，它们被分为三个集合，每个集合中发生火灾的样品的比例都与总样本一致。

（1）训练集（70%），用于模型的学习、训练。

（2）验证集（10%），用于模型训练过程中的验证环节，也就是对每一个周期进行训练后，对当前模型进行检验，以判断训练何时需要终止。

（3）测试集（20%），用于对最终得到的模型进行评估，以得到模型最终的表现。

Bisquert等建立了一个三层的BP神经网络模型。输入层负责导入上述收集到的每个区块的特征数据，并将其传到隐藏层的各个神经元进行计算。隐藏层神经元的计算结果经过加权融合后传到输出层，输出层的神经元将其转化为连续的结果数值，而这个连续的结果数值就用于描述存在火灾风险的可能性。根据这个数值设定阈值，便可将此种连续数值分为三个类别，即低风险（low risk）、中等风险（medium risk）及高风险（high risk）。

为了使模型能够做出准确的风险可能性的预测，就需要使用训练集的数据对模型进行训练。在训练的每一个周期内，都需要使用验证集的数据对当前模型结果的均方误差进行检查，以检测当前模型是否为最优模型。直到均方误差不再下降时，训练结束，可以认为此时的模型参数即为最优。那么，这个最后的模型便可以对测试集进行评估。

值得一提的是，模式识别模型的设计和训练只是这种应用中的一部分，另一个重要部分是对特征的选取。因此，在实践中，往往会测试不同的特征组合。此案例中，Bisquert等就对各种描述森林区块的特征进行组合，并将每种特征组合逐一填入输入层的神经元中进行测试。如此，可以通过结果的对比，来寻找最优化的特征组合，也就是哪些特征最能预测一个区块的火灾风险。

此案例测试了众多特征维度的组合，其中有5个组合的预测精度达到了60%，如表7-3所示。在这些组合中，准确度最高的训练模型有66%的精度及76%的召回率。换言之，模型预测为高风险的区块中，有66%的区块在现实中确实是高风险的；现实情境下高风险的区块中，有76%被模型预测准确。另外，从这些优秀组合中特征的出现频率上也可以发现，对预测火灾风险而言，每个区块的火情历史数据是至关重要的，其次是地表温度和植被指数，这与常理较为吻合。

表 7-3　不同特征组合下神经网络模型的评估结果

特征组合	精度/%	召回率/%
History+LST8+DEVI	60	74
History+LST16+DEVI	63	75
History+LST8+DEVI+EVI	62	75
History+LST16+DEVI+EVI	63	76
History+LST8+Period	66	76

图 7-10 展示了神经网络预测模型对 2006 年 7 月 12 日至 19 日之间该地区火灾风险的评估结果，从中可以更直观地看出该模型的效果。图 7-10 中每个区块中点的大小代表了真实发生火情的次数，点越大，发生森林火灾的次数就越多，也就是风险越高。另外，区块的颜色深度表示模型预测中该区块的风险等级。从图 7-10 中来看，被模型认定为高风险的区块发生火情的次数普遍偏多，而被模

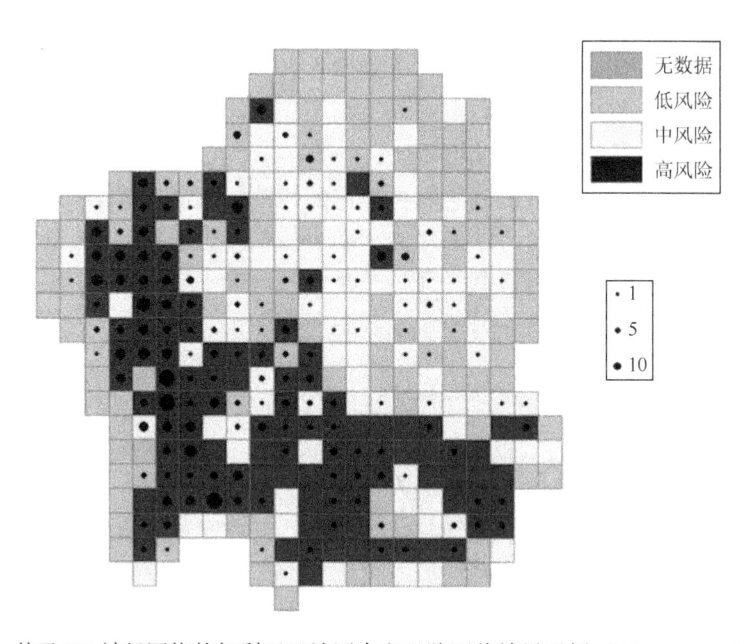

图 7-10　基于 BP 神经网络的加利西亚地区火灾风险评估结果示例（Bisquert et al.，2012）

型认定为低风险的区块仅有少量火情发生。总的来讲，神经网络模型的预测与真实发生的火情次数有比较高的契合度。

7.3.2 基于支持向量机模型的日本地震幅度预测案例

地震是人类面临的另外一个重大的自然灾害威胁。尤其是在地震多发的地区或国家，如日本，对地震的预测哪怕能够提前几秒钟都是有重要意义的。自然地，对于预测地震的研究也有很久的历史了。例如，Simons 等（2006）利用小波分解的方法对地震波数据进行了分析，以达到预测地震的目的。但是，他们的预测仍存在较大的误差（幅度偏差为±1）。本节将要介绍的案例，就是在小波分解方法的基础上，进一步应用模式识别技术中的支持向量机模型（Reddy and Nair，2013）进行研究。该案例的研究对象是日本的东北町和北海道两个地区。

Reddy 和 Nair 获得了 1998 年至 2011 年之间发生在东北町和北海道两个地区的 108 个地震事件的数据。这些地震的振幅介于 3 到 7.4 之间。对于每一个地震事件，他们收集到了多达 40 个信号检测站点的地震波数据，并将其用于分析。图 7-11 展示了两个地区的地震数据，其中，色彩深度表示海拔（以 m 为单位）。图 7-11 中圆点标记的是已发生地震的震中位置，而三角形标记的是每个探测站的位置。

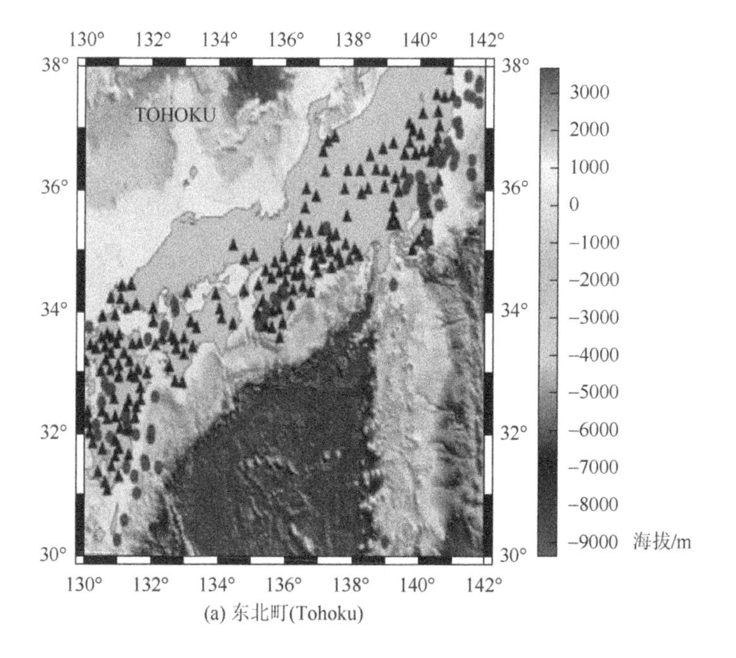

(a) 东北町(Tohoku)

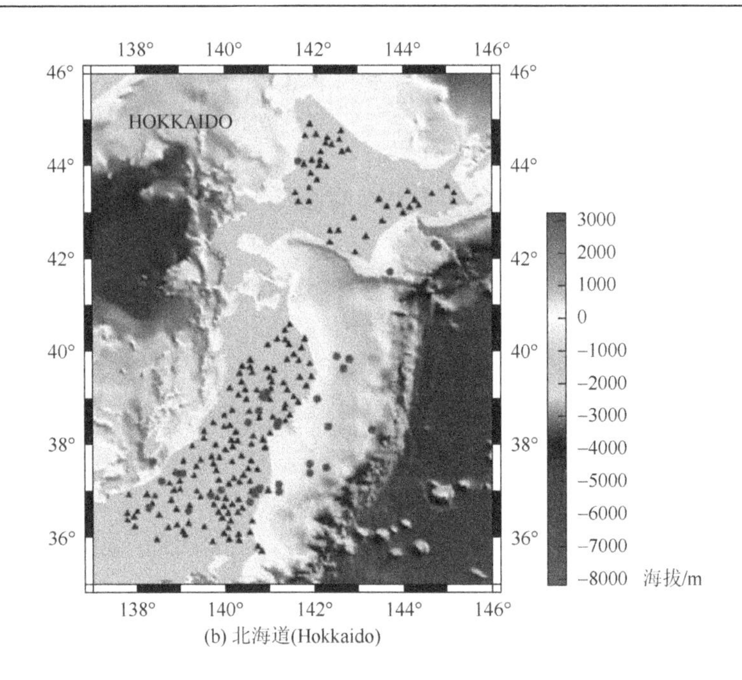

图 7-11　东北町和北海道地区的测深图（Reddy and Nair，2013）

此处，我们将简化有关地震波分析的相关技术细节。对地震波进行时间尺度的度量分析，可以得到一个尺度为 7 的小波系数（wavelet coefficient），这个小波系数就是预测地震振幅的重要指标，也将作为地震事件的特征数据。那么，这个任务可以简单地总结为，在地震最初期 P-Wave（地震中能够检测到的最早的波信号）出现时，以尽可能短时间内的小波系数预测此次地震的振幅。之前的方法都是直接运用小波系数进行计算，导致最终预测的偏差在±1 范围内。Reddy 和 Nair 利用小波系数进一步运用模式识别的支持向量机技术，对小波系数与 JMA 幅度（官方公布的地震震幅，作为模式类标签）之间的映射关系进行了探索。

支持向量机技术的应用，使得整个地震幅度预测模型的响应速度及准确度都有所提升。根据 P-Wave 检测到后的 2～3s 的波形，可以运用波形变换技术提取波形系数进行准确的地震幅度的预测，并且能够利用的地震波检测站点越多，这种预测就越准确。图 7-12 汇报了运用与没有运用支持向量机技术的模型的预测误差，可以看出，没有运用支持向量机技术的预测模型，误差有时高达±1.2，考虑到所预测的地震幅度往往也只是介于 3.5～7，这个误差已是较大的了。运用了支持向量机技术的预测模型，有效地将误差降至±0.8，平均误差小于±0.4。因此，该案例展现出了模式识别技术提升传统风险评估模型准确率的潜力。

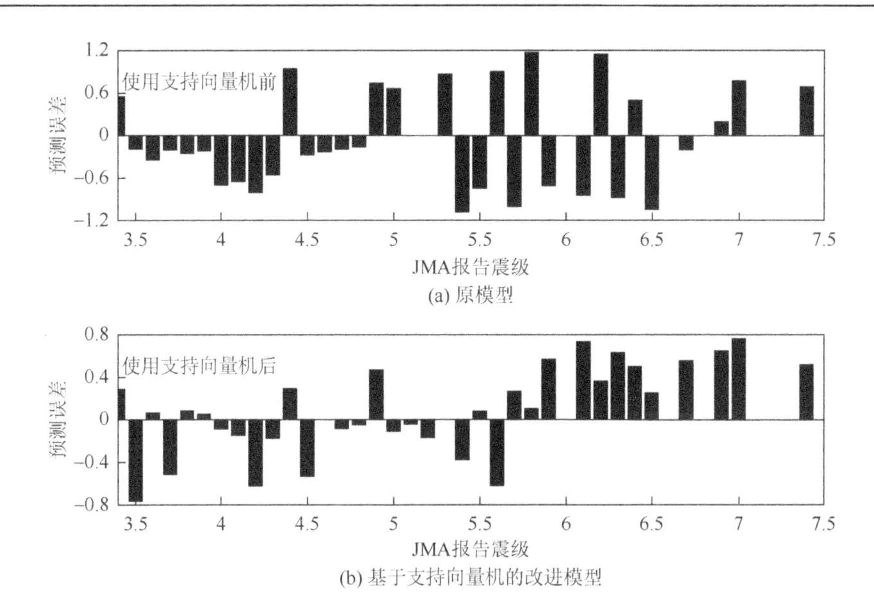

(a) 原模型

(b) 基于支持向量机的改进模型

图 7-12 原模型与基于支持向量机的改进模型误差分布的对比（Reddy and Nair，2013）

专 业 术 语

1. 模式识别（pattern recognition）：利用计算机程序，针对数据中的特定规律进行自动化的挖掘，并将此种规律应用到未知数据中的过程。

2. 特征工程（feature engineering）：针对特定场景，利用相应领域的知识从原始数据中提取对象特征的过程。

3. 模板匹配（template matching）法：一种数字图像处理技术，用于判断图像中的子区域是否与事先定义的模板图像一致。

4. 句法模式识别（syntactic pattern recognition）：将数据对象表示为符号化或名义化的特征，并根据这些特征之间的特定结构来进行对象模式识别的一种方法技术。

5. 朴素贝叶斯模型（naive Bayes model）：根据贝叶斯定理，挖掘数据对象特征与类别之间概率统计的一种模式识别技术。

6. 支持向量机（support vector machine）：将数据对象映射为一个 n 维空间之中的散点，寻找一个最优化的曲面将这些散点分割为两个类别，从而达到分类目的的一种算法。

7. 神经网络模型（neural network model）：受生物大脑工作原理启发，由众多人工神经元连接而成的一种计算模型。其中，每一个神经元都可接收信号并对其进行处理，而这些处理的结果经由连边传向下一个神经元。神经网络可从训练数据中学习，调整各连边的权重值，控制其中神经元是否激活，从而达到获得更准确的拟合结果的目的。

本 章 习 题

1. 简要叙述模式识别在一般场景中的必要性，并讨论模式识别技术应用于风险评估的优越性。

2. 数据对象特征的提取，是否越多越好？应该如何选定用于模式识别的数据对象特征？

3. 对模式识别模型进行训练和测试的目的是什么？

4. 简要叙述模板匹配法、句法模式识别法，以及统计模式识别法三种方法的特点和异同。

5. 朴素贝叶斯方法中的“朴素”指的是什么？简要叙述朴素贝叶斯方法的逻辑。

6. 假设有一艘轮船发生了沉船事故，现已统计到 14 个乘客的信息，包括其船舱等级、是否成年、性别，以及其最终是否遇难。请根据此数据构建朴素贝叶斯模型，预测结果未知的 5 名乘客是否遇难。

已知乘客数据								未知乘客数据			
船舱	成年	性别	遇难	船舱	成年	性别	遇难	船舱	成年	性别	遇难
1st	yes	male	yes	3rd	no	male	yes	3rd	yes	male	?
2nd	yes	male	yes	3rd	yes	male	yes	1st	yes	male	?
1st	yes	male	yes	2nd	no	male	no	3rd	yes	female	?
3rd	yes	male	yes	1st	yes	female	no	2nd	no	male	?
3rd	no	male	yes	2nd	no	male	no	1st	no	female	?
2nd	yes	male	yes	1st	yes	female	no				
3rd	yes	female	yes	3rd	yes	female	no				

7. 假设在一个神经网络模型中有下图所示的神经元，其激活函数为 Sigmoid 函数，根据给定的输入数值，计算该神经元的输出数值。

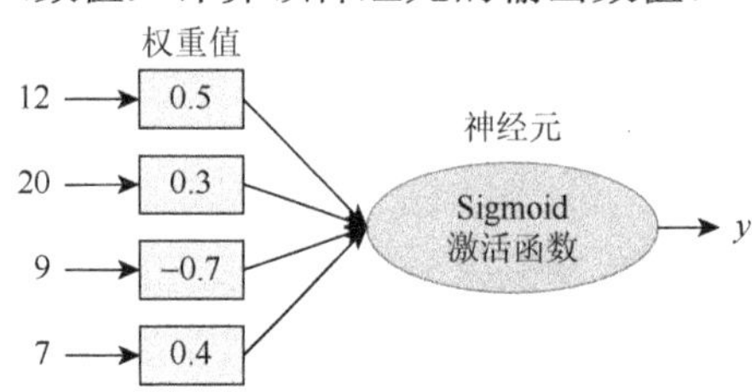

8. 假设有一个模式识别系统可用于预测一种自然灾害是否发生，默认灾害发生为阳性。如果这个系统在十次预测中的情况如下表所示，那么其中有多少例是真阳性、真阴性、假阳性、假阴性？这个系统的精度和召回率分别是多少？

系统预测	实际情况	系统预测	实际情况
预测发生	灾害发生	预测发生	灾害发生
预测不发生	灾害发生	预测发生	灾害未发生
预测发生	灾害发生	预测不发生	灾害未发生
预测不发生	灾害发生	预测不发生	灾害未发生
预测发生	灾害发生	预测不发生	灾害未发生

9. 在本章所提及的风险评估案例外，你还能想到何种模式识别技术的风险评估应用场景？应该利用何种算法、收集何种数据、解决何种风险评估问题？

参 考 文 献

黄玉霞，许东蓓，蒲肃. 2007. SVM方法在森林火险预测中的应用[J].林业科学, 43(10): 77-82.

魏武，张起森，王明俊，等. 2001. 一种基于模板匹配的车牌识别方法[J].中国公路学报, 14(1): 104-106.

伊茹梦. 2015. 人工神经网络理论与应用[J]. 科技经济导刊, 12: 59-60.

Bisquert M, Caselles E, Sánchez J M, et al. 2012. Application of artificial neural networks and logistic regression to the prediction of forest fire danger in Galicia using MODIS data[J]. International Journal of Wildland Fire, 21(8): 1025-1029.

Fukunaga K. 1990. Introduction to Statistical Pattern Recognition[M]. 2nd ed. San Diego: Academic Press.

Perveen N, Kumar D, Bhardwaj I. 2013. An overview on template matching methodologies and its applications[J]. International Journal of Research in Computer and Communication Technology, 2(10): 988-995.

Prieto A, Prieto B, Ortigosa E M, et al. 2016. Neural networks: an overview of early research, current frameworks and new challenges[J]. Neurocomputing, 214: 242-268.

Reddy R, Nair R R. 2013. The efficacy of support vector machines (SVM) in robust determination of earthquake early warning magnitudes in central Japan[J]. Journal of Earth System Science, 122(5): 1423-1434.

Silver D, Huang A, Maddison C J, et al. 2016. Mastering the game of go with deep neural networks and tree search[J]. Nature, 529(7587): 484-489.

Silver D, Schrittwieser J, Simonyan K, et al. 2017. Mastering the game of go without human knowledge[J]. Nature, 550(7676): 354-359.

Simons F J, Dando B D E, Allen R M. 2006. Automatic detection and rapid determination of earthquake magnitude by wavelet multiscale analysis of the primary arrival[J]. Earth and Planetary Science Letters, 250: 214-223.

Skoumal R J, Brudzinski M R, Currie B S. 2015. Distinguishing induced seismicity from natural seismicity in Ohio: demonstrating the utility of waveform template matching[J]. Journal of Geophysical Research: Solid Earth, 120(9): 6284-6296.

Tonini M, D'Andrea M, Biondi G, et al. 2020. A machine learning-based approach for wildfire susceptibility mapping. The case study of the liguria region in Italy[J]. Geosciences, 10(3): 105.

第 8 章　时间序列分析

学习目标

- 掌握时间序列的建模方法
- 熟悉时间序列的建模步骤
- 了解平稳时间序列的判定
- 理解时间序列的检验方法

8.1　基 础 理 论

时间序列分析是数理统计应用的一个分支，它从数量上揭示某一现象的发展变化规律，从动态角度刻画某一现象与其他现象之间的内在数量关系及其变化规律。运用时间序列模型可以预测和控制现象的未来行为，修正或重新设计系统以达到利用和改造客观事物的目的。

时间序列指某一个指标按时间序列排列而成的数值数列，如某公司按月、季度统计的商品销量、库存量、利润额等；按年、季度统计的某地区自然灾害受灾人数、经济损失等。这种数列受某种偶然因素的影响，往往表现出某种随机性。这种数据依赖于时间点，并按时间先后顺序排列，在整体上呈现出某种趋势性或周期性的变化，反映时间序列随时间变化的统计规律。

时间序列中的“时间”可以指时间，也可以指长度、温度等具有顺序的其他物理量。本节中时间序列分析的基础理论部分参考了孙祝岭（2016）的研究。

下面给出时间序列的严格定义。

定义 8.1　设 T 为离散时间集，当 $t \in T$ 时，$X(t)$ 是一随机向量，记为 X_t，则称 $\{X_t\}$ 为时间序列。

时间序列在每个时间点上的值可理解为随机变量在不同时间的取值，与简单的随机样本相比时间序列有其自身特点：由于时间序列描述的前后现象之间是有联系的，后面时刻的变量与前面时刻的变量不独立，因此它不满足样本变量的独立同分布条件。同时，时间是不可复制的，所以时间序列数据一般不能通过重复实验得到。

1. 时间序列的数字特征

在此主要介绍时间序列的均值函数、自协方差函数、方差函数、自相关函数的概念。$t \in T$，X_t 是一随机向量，其分布函数为 $F_t(x)=P\{X_t \leqslant x, t \in T\}$。

定义 8.2　称 $u_t=E(X_t)=\int_{-\infty}^{+\infty} x f_t(x)\mathrm{d}x, t \in T$ 为时间序列 $\{X_t\}$ 的均值函数。

定义 8.3　称 $r(s,t)=\mathrm{Cov}(X_s,X_t)=E[(X_s-u_s)(X_t-u_t)]$，$t,s \in T$ 为时间序列 $\{X_t\}$ 的自协方差函数。

自协方差函数的计算公式为

$$r(s,t)=E(X_s X_t)-u_s u_t$$

当 $s=t$ 时，引入时间序列方差的定义。

定义 8.4　称 $\sigma_t^2=r(t,t)=D(X_t), t \in T$ 为时间序列 $\{X_t\}$ 的方差函数。

定义 8.5　称 $\rho(s,t)=\dfrac{r(s,t)}{\sqrt{r(s,s)}\sqrt{r(t,t)}}=\dfrac{r(s,t)}{\sigma_s \sigma_t}$，$t,s \in T$ 为时间序列 $\{X_t\}$ 的自相关函数。

数字特征能反映时间序列中变量的某种关系的特征。

定义 8.6　设时间序列 $\{X_t, t \in T\}$ 的均值函数为 $u_t=0$，自协方差函数为

$$r(s,t)=\begin{cases}\sigma^2, & s=t \\ 0, & s \neq t\end{cases}$$

则称 $\{X_t, t \in T\}$ 为白噪声序列。记为 $X_t \sim N(0,\sigma^2)$，白噪声序列即零均值同方差两两不相关的序列。

2. 时间序列的平稳性

1）时间序列平稳性的概念

时间序列的平稳性有两种定义，即宽平稳与严平稳。

定义 8.7　设时间序列为 $\{X_t, t \in T\}$，如果对任意的自然数 m，$s \in T$，$t_1 < t_2 < \cdots < t_m$，$t_1+s, t_2+s, \cdots, t_m+s \in T$，对应的 $X_{t_1}, X_{t_2}, \cdots, X_{t_m}$ 的联合分布与 $X_{t_1+s}, X_{t_2+s}, \cdots, X_{t_m+s}$ 的联合分布相同，则称 $\{X_t\}$ 是严平稳的时间序列。

定义 8.8　设时间序列为 $\{X_t, t \in T\}$，如果 X_t 的二阶矩存在且满足：① $E(X_t)=c$(常数)；② $r(s,t)=r(t-s,0)$，$t,s \in T$，则称 $\{X_t\}$ 是宽平稳（简称平稳）的时间序列。

当 $t > s$ 时，$t-s$ 为时间间隔，可见宽平稳要求自协方差函数仅是时间间隔的一元函数。严平稳与宽平稳都是指随时间平移的某种不变性，前者是指分布不变，后者是指二阶矩不变。

直观上来看严平稳要求随时间平移取值规律性保持不变，而宽平稳要求随时间平移部分数字特征保持不变，严平稳要求的条件强。两种平稳性的联系如下。

性质 8.1　若 $\{X_t\}$ 是严平稳的，X_t 的二阶矩存在，则 $\{X_t\}$ 也是宽平稳的。

性质 8.2 若$\{X_t\}$是正态序列，则$\{X_t\}$是严平稳，与宽平稳等价[①]。

2）时间序列平稳性的数字特征

设$\{X_t\}$是宽平稳的，则$\{X_t\}$的均值函数、方差函数、自协方差函数、自相关函数是一元函数。记均值函数$u=c$，由于$c\neq 0$时，可以构造新的序列$\{Y_t\}=\{X_t-c\}$，则$\{Y_t\}$为零均值平稳序列，本章只讨论$\{Y_t\}$，所以在后面的讨论中不妨假定$c=0$（以下若没有特殊说明都有此假定）。记自协方差函数$r(t,t+k)=r_k$，k可正可负，有$r_{-k}=r_k$，k非负时表示时间间隔。

8.2 时间序列建模

8.2.1 时间序列模型

时间序列数据反映了事物随时间推移的变化规律，可采用模型对已有数据进行处理，预测事物未来的发展趋势。

1. 时间序列的分解

时间序列的变化受到长期趋势、季节变动、周期变动和不规则变动这四个因素的影响，具体解释如下。

1）长期趋势因素（T_t）

长期趋势因素反映了经济现象在一个较长的时间内的发展方向，它可以在一个相当长的时间内表现为一种近似直线的持续向上或持续向下或平稳的趋势。

2）季节变动因素（S_t）

季节变动因素是指经济现象受季节变动影响所形成的一种长度和幅度固定的周期波动。

3）周期变动因素（C_t）

周期变动因素也称循环变动因素，它是受各种经济因素影响形成的上下起伏不定的波动。

4）不规则变动因素（I_t）

不规则变动又称随机变动，它是受各种偶然因素影响所形成的。

时间序列$\{X_t,t\in T\}$的表现值可以表示为以上四个因素的函数，即$X_t=f(T_t,S_t,C_t,I_t)$。

时间序列分解的方法有很多，较常用的有加法模型和乘法模型。

① 本书主要讨论宽平稳时间序列，以下若无特殊说明，平稳均指宽平稳。

加法模型：

$$X_t = T_t + S_t + C_t + I_t \tag{8-1}$$

乘法模型：

$$X_t = T_t \times S_t \times C_t \times I_t \tag{8-2}$$

一个时间序列可能包括上面四个因素的全部或者几个因素。观察图形，如果数值偏离长期趋势的大小不随时间而改变，则用加法模型；如果数值偏离长期趋势的大小随时间改变而增加，则用乘法模型。

2. 平滑方法

搜集到的时间序列通常包含各种扰动数据，去掉随机扰动后，得到的平滑后的数据，能够把其本质的规律反映出来，在此平滑数据的基础上可做进一步的数据分析。比较简单且常用的平滑方法有：简单移动平均法和指数平滑法。

1）简单移动平均法

简单移动平均法是收集一组观察值，计算这组观察值的均值，然后使这一均值作为下一期的预测值。

在计算过程中，首先必须明确规定需要多少个过去的观察值，每出现一个新的观察值，就要从计算中减去一个最早的观察值，再加上一个最新的观察值。

设时间序列为 $x_t, x_{t-1}, \cdots, x_{t-M+1}$，则简单移动平均法的公式为

$$F_{t+1} = \frac{x_t + x_{t-1} + \cdots + x_{t-M+1}}{M} \tag{8-3}$$

其中，x_t 为当期观察值；F_{t+1} 为下一期的预测值。

当数据的随机因素较多时，宜选用较大的 M，这样有利于较大限度地平滑随机性带来的严重偏差；反之，当数据的随机因素较少时，宜选用较小的 M，这样有利于跟踪最新数据的变化，并且预测值滞后的期数也较少。

2）指数平滑法

指数平滑法不需要保留较多的历史数据，只要有最近一期的实际观测值 x_t 和这期的预测误差 $e_t = x_t - F_t$，就可以对未来时期进行预测。

计算公式为

$$F_{t+1} = \alpha x_t + (1-\alpha) F_t，\ 0 \leqslant \alpha \leqslant 1 \tag{8-4}$$

其中，α 为平滑系数。

指数平滑法是一种加权预测，权数为 α，该方法既不需要存储全部历史数据，也不需要存储一组数据，可以大大减少数据存储问题，有时甚至只需一个最新观

察值、最新预测值和α值，就可以进行预测。它提供的预测值是前一期预测值加上前期预测值中产生的误差的修正值。

指数平滑法初值的确定有两种方法：取第一期的实际值为初值；取最初几期的平均值为初值。

指数平滑法适用于平稳时间序列。平滑常数值的确定可采用最小均方差的原则，即先取一组适当的α值。

8.2.2　平稳时间序列模型

本节将介绍自回归模型、移动平均模型、自回归移动平均模型。

1. AR(p)模型

自回归模型针对与当前时刻t的数据x_t及它以前时刻$t-1$，$t-2$，$\cdots$的数据x_{t-1}，x_{t-2}，$\cdots$和时刻t的扰动ε_t有直接关系，而与前期的扰动ε_{t-j}，$j=1,2,\cdots$无直接关系的问题进行建模。

如果时间序列$\{x_t,t\in T\}$满足：

$$x_t=\varphi_1 x_{t-1}+\cdots+\varphi_p x_{t-p}+\varepsilon_t \tag{8-5}$$

其中，$\varphi_p\neq 0$；$\{\varepsilon_t\}$为独立同分布的随机变量序列；$E(\varepsilon_t)=0$，$s\neq t$，$\mathrm{Var}(\varepsilon_t)=\sigma_\varepsilon^2>0$，$E(x_s\varepsilon_t)=0,\forall s<t$，则称时间序列$\{x_t,t\in T\}$服从$p$阶自回归模型，记为AR($p$)模型。$\varphi_1,\varphi_2,\cdots,\varphi_p$为未知参数，称为自回归系数。

1）AR(p)模型的参数估计——Yule-Walker估计

AR(p)模型的自相关函数$\{\rho_k\}$满足下面关系：

$$\begin{cases}\rho_1=\varphi_1+\varphi_2\rho_1+\cdots+\varphi_p\rho_{p-1}\\ \rho_2=\varphi_1\rho_1+\varphi_2+\cdots+\varphi_p\rho_{p-2}\\ \qquad\vdots\\ \rho_p=\varphi_1\rho_{p-1}+\varphi_2\rho_{p-2}+\cdots+\varphi_p\end{cases}$$

写成矩阵：

$$\begin{pmatrix}\rho_1\\ \rho_2\\ \vdots\\ \rho_p\end{pmatrix}=\begin{pmatrix}1 & \rho_1 & \cdots & \rho_{p-1}\\ \rho_1 & 1 & \cdots & \rho_{p-2}\\ \vdots & \vdots & & \vdots\\ \rho_{p-1} & \rho_{p-2} & \cdots & 1\end{pmatrix}\begin{pmatrix}\varphi_1\\ \varphi_2\\ \vdots\\ \varphi_p\end{pmatrix}$$

则可得AR(p)模型的参数估计为

$$\begin{pmatrix} \hat{\varphi}_1 \\ \hat{\varphi}_2 \\ \vdots \\ \hat{\varphi}_p \end{pmatrix} = \begin{pmatrix} 1 & \rho_1 & \cdots & \rho_{p-1} \\ \rho_1 & 1 & \cdots & \rho_{p-2} \\ \vdots & \vdots & & \vdots \\ \rho_{p-1} & \rho_{p-2} & \cdots & 1 \end{pmatrix}^{-1} \begin{pmatrix} \hat{\rho}_1 \\ \hat{\rho}_2 \\ \vdots \\ \hat{\rho}_p \end{pmatrix}$$

$\hat{\varphi}_1,\hat{\varphi}_2,\cdots,\hat{\varphi}_p$ 即为所求 $\mathrm{AR}(p)$ 模型的参数估计。

2）$\mathrm{AR}(p)$ 模型的定阶——AIC①定阶

准则函数 $\mathrm{AIC}(k)=\ln\hat{\sigma}^2(k)+\dfrac{2k}{n}$，$k=0,1,\cdots,P$，其中，$\hat{\sigma}^2(k)$ 是给定 $p=k$ 时 σ^2 的估计，P 是 p 的某个上界。若存在 $\mathrm{AIC}(\hat{p})=\min\limits_{0\leqslant k\leqslant P}\mathrm{AIC}(k)$，则 $\hat{p}$ 是 p 的 AIC 估计。

3）$\mathrm{AR}(p)$ 模型的拟合检验

设样本为 $x_1,x_2,\cdots,x_n$，原假设 $\mathrm{H}_0: x_1,x_2,\cdots,x_n$ 来自 $\mathrm{AR}(p)$ 序列，则检验步骤如下。

第一步：估计阶数 $\hat{p}$，参数 $\hat{\varphi}_1,\hat{\varphi}_2,\cdots,\hat{\varphi}_p$，$\hat{\sigma}^2$。

第二步：由 $x_t=\hat{\varphi}_1x_{t-1}+\cdots+\hat{\varphi}_px_{t-\hat{p}}+\varepsilon_t$，得 $\varepsilon_t=x_t-\hat{\varphi}_1x_{t-1}-\cdots-\hat{\varphi}_px_{t-\hat{p}}$，取 $t=\hat{p}+1,\cdots,n$，计算得 $\hat{\varepsilon}_{\hat{p}+1},\hat{\varepsilon}_{\hat{p}+2},\cdots,\hat{\varepsilon}_n$。

第三步：检验 $\hat{\varepsilon}_{\hat{p}+1},\hat{\varepsilon}_{\hat{p}+2},\cdots,\hat{\varepsilon}_n$ 是否独立同分布。

若通过检验则接受 H_0，认为建模有效；否则拒绝 H_0，认为建模无效。

2. $\mathrm{MA}(q)$ 模型

如果时刻 t 的数据 x_t 与它以前时刻 $t-1$, $t-2$, $\cdots$ 的数据 x_{t-1}, x_{t-2}, $\cdots$ 无直接关系，而与以前时刻 $t-1$, $t-2$, $\cdots$ 的扰动 $\varepsilon_{t-1},\varepsilon_{t-2},\cdots$ 有一定的相关关系，则采用移动平均模型或滑动平均模型。

时间序列 $\{x_t\}$ 满足

$$x_t=\varepsilon_t-\theta_1\varepsilon_{t-1}-\cdots-\theta_q\varepsilon_{t-q} \tag{8-6}$$

$\theta_q\neq0$，$E(\varepsilon_t)=0$，$E(\varepsilon_t\varepsilon_s)=0$（$s\neq t$），$\mathrm{Var}(\varepsilon_t)=\sigma_\varepsilon^2>0$，则称时间序列 $\{x_t\}$ 为 q 阶移动平均模型，简记为 $\mathrm{MA}(q)$ 模型。$\theta_1,\theta_2,\cdots,\theta_q$ 为移动平均系数。

1）$\mathrm{MA}(q)$ 模型的参数估计

利用 $\rho_k=\dfrac{-\theta_k+\theta_1\theta_{k+1}+\cdots+\theta_{q-k}\theta_q}{1+\theta_1^2+\cdots+\theta_q^2}$，$k=1,2,\cdots,q$ 得出参数的矩估计。但是此方

---

① AIC 即赤池信息量准则，Akaike information criterion。

程是非线性的，无法直接给出解，需要利用迭代法得出此方程的解。

2）MA(q)模型的定阶——AIC 定阶

准则函数 $\mathrm{AIC}(k)=\ln\hat{\sigma}^2(k)+\dfrac{2k}{n}$，$k=0,1,\cdots,Q$，其中，$\hat{\sigma}^2(k)$ 是给定 $q=k$ 时 σ^2 的估计，Q 是 q 的某个上界。若存在 $\mathrm{AIC}(\hat{q})=\min\limits_{0\leqslant k\leqslant Q}\mathrm{AIC}(k)$，则 $\hat{q}$ 是 q 的 AIC 估计。

3）MA(q)模型的拟合检验

设样本为 $x_1,x_2,\cdots,x_n$，原假设 $\mathrm{H}_0: x_1,x_2,\cdots,x_n$ 来自 MA(q)序列。检验步骤如下。

第一步：取初值 $\varepsilon_0=\varepsilon_{-1}=\cdots=\varepsilon_{-q+1}=0$。

第二步：计算得 $\hat{\varepsilon}_t=x_t+\theta_1\varepsilon_{t-1}+\cdots+\theta_q\varepsilon_{t-\hat{q}}$，$t=1,2,\cdots,n$。

第三步：检验 $\hat{\varepsilon}_1,\hat{\varepsilon}_2,\cdots,\hat{\varepsilon}_n$ 是否独立同分布。

若通过检验则接受 H_0，认为建模有效；否则拒绝 H_0，认为建模无效。

3. ARMA(p,q)模型

如果时刻 t 的数据 x_t 与它以前时刻 $t-1$，$t-2$，$\cdots$ 的数据 x_{t-1}，x_{t-2}，$\cdots$ 有直接关系，而且与以前时刻 $t-1$，$t-2$，$\cdots$ 的扰动 $\varepsilon_{t-1},\varepsilon_{t-2},\cdots$ 有一定的相关关系，则采用自回归移动平均模型。

如果时间序列 $\{x_t\}$ 满足

$$x_t=\varphi_1x_{t-1}+\cdots+\varphi_px_{t-p}+\varepsilon_t-\theta_1\varepsilon_{t-1}-\cdots-\theta_q\varepsilon_{t-q} \tag{8-7}$$

$\varphi_p\neq0$，$\theta_q\neq0$，$E(\varepsilon_t)=0$，$E(\varepsilon_t\varepsilon_s)=0$（$s\neq t$），$\mathrm{Var}(\varepsilon_t)=\sigma_\varepsilon^2>0$，$E(x_s\varepsilon_t)=0,\forall s<t$，则称时间序列 $\{x_t\}$ 服从 p,q 阶自回归移动平均模型，记为 ARMA(p,q)模型。$\varphi_1,\varphi_2,\cdots,\varphi_p$ 称为自回归系数，$\theta_1,\theta_2,\cdots,\theta_q$ 为移动平均系数。

对于 ARMA(p,q)模型，当 $q=0$ 时，即为 AR(p)模型；当 $p=0$ 时，即为 MA(q)模型。

对于 ARMA(p,q)模型来说，自相关函数和偏自相关函数均具有拖尾性。在实际问题中，我们无法得到确切的自相关函数和偏自相关函数的理论值，我们所能得到的是样本自相关函数和偏自相关函数。在此基础上，根据样本自相关函数和偏自相关函数进行讨论。

1）ARMA(p,q)的参数估计

先求 $\varphi_1,\varphi_2,\cdots,\varphi_p$ 的矩估计。

当 $k>q$ 时，有 $r_k=\varphi_1r_{k-1}+\varphi_2r_{k-2}+\cdots+\varphi_pr_{k-p}$。

由 $\begin{pmatrix} \hat{r}_{q+1} \\ \hat{r}_{q+2} \\ \vdots \\ \hat{r}_{q+p} \end{pmatrix} = \begin{pmatrix} \hat{r}_q & \hat{r}_{q-1} & \cdots & \hat{r}_{q-p+1} \\ \hat{r}_{q+1} & \hat{r}_q & \cdots & \hat{r}_{q-p+2} \\ \vdots & \vdots & & \vdots \\ \hat{r}_{q+p-1} & \hat{r}_{q+p-2} & \cdots & \hat{r}_q \end{pmatrix} \begin{pmatrix} \varphi_1 \\ \varphi_2 \\ \vdots \\ \varphi_p \end{pmatrix}$，得

$$\begin{pmatrix} \varphi_1 \\ \varphi_2 \\ \vdots \\ \varphi_p \end{pmatrix} = \begin{pmatrix} \hat{r}_q & \hat{r}_{q-1} & \cdots & \hat{r}_{q-p+1} \\ \hat{r}_{q+1} & \hat{r}_q & \cdots & \hat{r}_{q-p+2} \\ \vdots & \vdots & & \vdots \\ \hat{r}_{q+p-1} & \hat{r}_{q+p-2} & \cdots & \hat{r}_q \end{pmatrix}^{-1} \begin{pmatrix} \hat{r}_{q+1} \\ \hat{r}_{q+2} \\ \vdots \\ \hat{r}_{q+p} \end{pmatrix}$$

可以求得 $\theta_1,\theta_2,\cdots,\theta_q$，$\sigma^2$ 的矩估计。当 $k=0$ 时，有 $\sum_{j=0}^{p}\sum_{i=0}^{p}\hat{\varphi}_j\hat{\varphi}_i\hat{r}_{j-i}=\sigma^2\left(1+\sum_{j=1}^{q}\theta_j^2\right)$；当 $1\leqslant k\leqslant q$ 时，有 $\sum_{j=0}^{p}\sum_{i=0}^{p}\hat{\varphi}_j\hat{\varphi}_i\hat{r}_{k-i+j}=\sigma^2\left(-\theta_k+\sum_{j=1}^{q-k}\theta_j\theta_{j+k}\right)$。解此方程组可得 $\theta_1,\theta_2,\cdots,\theta_q$，$\sigma^2$ 的矩估计，一般无显式解。

2） ARMA(p,q) 模型的定阶——AIC 定阶

准则函数 $\text{AIC}(k,j)=\ln\hat{\sigma}^2(k,j)+\dfrac{2\varphi(k+j)}{n}$，$0\leqslant k,j\leqslant N$，$N$ 是 p,q 的某个公共上界。若存在 $\text{AIC}(\hat{p},\hat{q})=\min\limits_{0\leqslant k,j\leqslant N}\text{AIC}(k,j)$，则 $\hat{p},\hat{q}$ 是 p,q 的 AIC 估计。

3） ARMA(p,q) 模型的拟合检验

设样本为 $x_1,x_2,\cdots,x_n$，原假设 $\text{H}_0: x_1,x_2,\cdots,x_n$ 来自 ARMA(p,q) 序列。检验步骤如下。

第一步：取初值 $x_0=x_{-1}=\cdots=x_{-\hat{p}+1}=\varepsilon_0=\varepsilon_{-1}=\cdots=\varepsilon_{-\hat{q}+1}=0$。

第二步：计算得 $\hat{\varepsilon}_t=x_t-\hat{\varphi}_1x_{t-1}-\cdots-\hat{\varphi}_{\hat{p}}x_{t-\hat{p}}+\hat{\theta}_1\varepsilon_{t-1}+\cdots+\hat{\theta}_q\varepsilon_{t-\hat{q}}$，$t=1,2,\cdots,n$。

第三步：检验 $\hat{\varepsilon}_1,\hat{\varepsilon}_2,\cdots,\hat{\varepsilon}_n$ 是否独立同分布。

若通过检验则接受 H_0，认为建模有效；否则拒绝 H_0，认为建模无效。

8.2.3　波动性建模

在对时间序列进行拟合时，我们通常假设方差不会随时间的变化而变化，而考虑预测精度时，需要了解误差的方差大小和随时间变化的方差的变化。波动率模型对扰动项的方差建立模型，不仅可以修正错误的方差、改进参数估计的有效性、改进预测置信区间的精确程度，还可以预测出误差的方差大小。波动率模型主要应用于金融领域，其中最为典型的模型为自回归条件异方差模型及它的变化形式。自回归条件异方差（autoregressive conditional heteroscedasticity）模型，简称 ARCH 模型

（王沁，2008），许多学者对该模型进行了变形，发展出了各种异方差模型。

1. 异方差的含义

异方差是相对于同方差而言的，在经典的线性回归模型中，误差项的方差通常被假定为常数，即任一时点的随机误差是同方差的，$D(\varepsilon_i)=\sigma_i^2=C$（常数）。但是在实际情况中，许多时间序列的波动率是时变的，误差项的方差会随着时间的变化而变化。如果同一序列随机误差项的方差不是常数，$D(\varepsilon_i)=\sigma_i^2=f(X_i)$，那我们就称该随机误差项序列存在异方差性。

建模时遗漏了某些重要的解释变量，模型设定形式有偏误或截面数据中总体各单元有差异等都是产生异方差的原因。异方差一般可以归结为以下三种类型。

（1）单调递增型：$D(\varepsilon_i)$ 随 X_i 的增大而增大，即随着 X_i 的增大，时间序列的波动率越来越大。

（2）单调递减型：$D(\varepsilon_i)$ 随 X_i 的增大而减小，即随着 X_i 的增大，时间序列的波动率越来越小。

（3）复杂型：$D(\varepsilon_i)$ 与 X_i 的变化呈复杂形式，即时间序列的波动率与 X_i 的变化并没有系统关系。

如果模型存在异方差时，仍采用传统的最小二乘法估计模型参数，则参数的估计量依然具有无偏性，但是估计的方差不再具有最小方差性，且变量的显著性检验也会失去作用。对此，Engle 提出用 ARCH 模型来表现误差项的条件方差随时间变化的动态特征。

2. ARCH 模型

对于一个时间序列而言，在不同时刻可利用的信息不同，相应的条件方差也不同，利用 ARCH 模型，可以刻画出随时间变化的条件异方差，且这个条件异方差是过去有限项噪声值平方的自回归线性组合。

$$X_t=f(t,X_{t-1},X_{t-2},\cdots)+\varepsilon_t \tag{8-8}$$

$$\varepsilon_t=\sqrt{h_t}e_t \tag{8-9}$$

$$h_t=a_0+\sum_{j=1}^{q}a_j\varepsilon^2{}_{t-j} \tag{8-10}$$

其中，式（8-8）为 X_t 关于 $X_{t-1},X_{t-2},\cdots,X_1$ 的一般回归模型；$\{\varepsilon_t\}$ 为残差序列；序列 $\{e_t\}$ 服从独立同标准正态分布；$a_j>0\ (j=0,1,\cdots,q)$；$a_1+a_2+\cdots+a_q<1$。式（8-8）即 ARCH(q) 模型，q 表示模型的阶数。

由以上公式可以得到

$$E(\varepsilon_t\mid S(X_{t-1},X_{t-2},\cdots,X_1))=\sqrt{h_t}Ee_t=0$$

$$E(\varepsilon_t^2 \mid S(X_{t-1}, X_{t-2}, \cdots, X_1)) = h_t E e_t^2 = a_0 + \sum_{j=1}^{q} a_j \varepsilon^2_{t-j}$$

其中，$S(X_{t-1}, X_{t-2}, \cdots, X_1)$ 为 $t-1$ 时刻所有可以利用的信息合集；h_t 为 $\{\varepsilon_t\}$ 在 t 时刻的条件方差，主要由常数项和前 q 个时刻关于变化量的信息组成，它反映了序列条件方差的时变性，即条件异方差性。ARCH 模型的实质是用残差平方序列的 q 阶移动平均拟合当前异方差函数的值。

对于式（8-9），限定序列 $\{e_t\}$ 服从独立同标准正态分布是为了方便求极大似然估计。

对于式（8-10），为了保证条件方差为正数，限定 $a_j > 0$（$j = 0, 1, \cdots, q$）；为了保证模型的平稳性，限定 $a_1 + a_2 + \cdots + a_q < 1$。

ARCH 模型能够刻画出随时间变化的条件异方差，但是 ARCH 模型实际上只适用于异方差函数短期自相关系数，当模型阶数 q 过高时，参数估计不精确，计算出的条件方差会存在较大误差。为解决此问题，有学者提出了广义自回归条件异方差（generalized autoregressive conditional heteroscedasticity，GARCH）模型（王沁，2008）。

8.2.4　包含趋势的模型

当随机变量随时间变化呈现某种上升或下降趋势，且无明显的季节波动，无跳跃式变化，又能找到一条合适的函数曲线反映这种变化趋势时，即可建立趋势模型：$x = f(t)$。若有依据判断这种趋势能够延伸到未来，则赋予 t 所需要的值，就可得到相应时刻时间序列的预测值。

1. 趋势模型的种类

1）多项式曲线外推模型

一次（线性）预测模型：$\hat{x}_t = b_0 + b_1 t$。

二次（二次抛物线）预测模型：$\hat{x}_t = b_0 + b_1 t + b_2 t^2$。

三次（三次抛物线）预测模型：$\hat{x}_t = b_0 + b_1 t + b_2 t^2 + b_3 t^3$。

一般形式：$\hat{x}_t = b_0 + b_1 t + b_2 t^2 + \cdots + b_k t^k$。

2）指数曲线预测模型

一般形式：$\hat{x}_t = a\mathrm{e}^{bt}$。

修正的指数曲线预测模型：$\hat{x}_t = a + bc^t$。

3）对数曲线预测模型

对数曲线预测模型：$\hat{x}_t = a + b\ln t$。

4）生长曲线预测模型

皮尔曲线预测模型：$\hat{x}_t = \dfrac{L}{1 + a\mathrm{e}^{-bt}}$。

龚珀兹曲线预测模型：$\hat{x}_t = ka^{b^t}$。

2. 趋势模型的选择

（1）散点图法：将时间序列的数据绘制成以时间 t 为横轴、时序观察值为纵轴的图形，观察并将其变化曲线与各类函数曲线模型的图形进行比较，以便选择较为合适的模型。

（2）差分法：利用差分法把数据修匀，使非平稳序列达到平稳序列。

一阶向后差分可以表示为：$x_t' = x_t - x_{t-1}$。

二阶向后差分可以表示为：$x_t'' = x_t' - x_{t-1}' = x_t - 2x_{t-1} + x_{t-2}$。

k阶向后差分可以表示为：$x_t^{\ k} = x_t^{\ k-1} - x_{t-1}^{\ \ k-1} = x_t + \sum_{r=1}^{k}(-1)^r C_k^r x_{t-r}$。

差分法识别标准如表 8-1 所示。

表 8-1　差分法识别标准

差分特性	使用模型
一阶差分相等或大致相等	一次（线性）预测模型
二阶差分相等或大致相等	二次（二次抛物线）预测模型
三阶差分相等或大致相等	三次（三次抛物线）预测模型
一阶差分比率相等或大致相等	指数曲线预测模型
一阶差分的一阶比率相等或大致相等	修正的指数曲线预测模型

3. 趋势模型的参数估计

1）多项式曲线外推模型

多项式曲线外推模型一般形式：$\hat{x}_t = b_0 + b_1 t + b_2 t^2 + \cdots + b_k t^k$。

这里给出当 $k=2$ 时二次多项式曲线模型参数估计的方法。根据已有数据 $x_1, x_2, \cdots, x_n$，采用最小二乘法，令 $Q(b_0, b_1, b_2) = \sum_{t=1}^{n}(x_t - \hat{x}_t)^2$ 取最小值。结合微分原理，对 $Q(b_0, b_1, b_2)$ 关于 b_0, b_1, b_2 分别求偏导，令偏导等于 0，得

$$\begin{cases} \sum y = nb_0 + b_1 \sum t + b_2 \sum t^2 \\ \sum ty = b_0 \sum t + b_1 \sum t^2 + b_2 \sum t^3 \\ \sum t^2 y = b_0 \sum t^2 + b_1 \sum t^3 + b_2 \sum t^4 \end{cases} \tag{8-11}$$

解此三元一次方程，可求得 b_0,b_1,b_2 三个参数。其他多项式曲线模型的参数估计与此类似。

2）指数曲线预测模型

指数曲线预测模型的一般形式：$\hat{x}_t = a\mathrm{e}^{bt}$ 。

对方程两边分别求对数，$\ln\hat{x}_t = \ln a + bt$ ，令 $Y_t = \ln\hat{x}_t$，$A = \ln a$ ，则 $Y_t = A + bt$ 。这样就把指数曲线模型转化为直线模型了，然后可以通过最小二乘法求待定参数。

对于修正的指数曲线预测模型：$\hat{x}_t = a + bc^t$ ，可将时间序列分成项数相等的三个组，把三个组的总量联系起来求导，估计未知参数 a,b,c 。

$$
\begin{cases}
c = \left\{\dfrac{\sum \mathrm{III}y - \sum \mathrm{II}y}{\sum \mathrm{II}y - \sum \mathrm{I}y}\right\}^{\frac{1}{n}} \\
b = \left\{\sum \mathrm{II}y - \sum \mathrm{I}y\right\} \cdot \dfrac{c-1}{(c^n-1)^2} \\
a = \dfrac{1}{n}\left\{\sum \mathrm{I}y - b \cdot \dfrac{c^n-1}{c-1}\right\}
\end{cases}
\tag{8-12}
$$

对数曲线预测模型和生长曲线预测模型采用类似的方法估计参数。

8.2.5　多方程时间序列模型

许多时间序列变量不仅受过去值和随机因素的影响，还受某个外生变量序列的时间路径的影响。回归分析是用外生变量的变化解释内生变量的平均变化。但单方程回归模型并不能研究所有的经济问题，如产品的价格会影响需求，同时产品的需求也会影响该产品的价格，即这两个变量是相互影响的，可以用联立方程模型描述两变量间的相互关系。多个变量之间的动态关系经常使用向量自回归（vector autoregression，VAR）过程表示，Smis 在 1980 年提出了 VAR 模型。这种模型采用了多方程联立的形式，联立方程模型需要区分内生变量和外生变量，而 VAR 模型假定模型中的变量全部为内生变量，该模型不以经济理论为基础，在模型的每一个方程中，内生变量对模型的全部内生变量的滞后值进行回归，从而估计全部内生变量的动态关系。由于 VAR 模型在预测方面的精度远高于联立方程模型，且估计方法较联立方程模型简单，因而 VAR 模型逐渐取代了联立方程模型，更广泛地应用到实际问题中（王德发，2016）。

1. VAR 模型

举一个简单的双变量 VAR 模型。假设某产品的销售额 y_t 与需求量 x_t 之间的关系用式（8-13）表示：

$$\begin{cases} y_t=\alpha_1+\varphi_{11}y_{t-1}+\varphi_{12}x_{t-1}+u_{1t} \\ x_t=\alpha_2+\varphi_{21}y_{t-1}+\varphi_{22}x_{t-1}+u_{2t} \end{cases} \tag{8-13}$$

其中，随机误差项$u_{1t},u_{2t}\sim N(0,\sigma_u^2)$, $\mathrm{Cov}(u_{1t},u_{2t})=0$。

式（8-13）用矩阵可以表示为

$$Y_t=\alpha+\Phi_1 Y_{t-1}+U_t \tag{8-14}$$

其中，$Y_t=\begin{pmatrix} y_t \\ x_t \end{pmatrix}$，$\alpha=\begin{pmatrix} \alpha_1 \\ \alpha_2 \end{pmatrix}$，$\Phi_1=\begin{pmatrix} \varphi_{11} & \varphi_{12} \\ \varphi_{21} & \varphi_{22} \end{pmatrix}$，$Y_{t-1}=\begin{pmatrix} y_{t-1} \\ x_{t-1} \end{pmatrix}$，$U_t=\begin{pmatrix} u_{1t} \\ u_{2t} \end{pmatrix}$。

式（8-14）称为一阶向量自回归模型，记为VAR(1)模型。所谓自回归，是因为模型的右端有被解释变量的滞后项，而模型中向量是指两个或两个以上的变量，不同于前述单变量的AR(p)模型。

一般地，若有n个内生变量并滞后p期，即

$$Y_t=\begin{pmatrix} y_{1t} \\ y_{2t} \\ \vdots \\ y_{nt} \end{pmatrix},\quad Y_{t-1}=\begin{pmatrix} y_{1t-1} \\ y_{2t-1} \\ \vdots \\ y_{nt-1} \end{pmatrix},\cdots,\quad Y_{t-p}=\begin{pmatrix} y_{1t-p} \\ y_{2t-p} \\ \vdots \\ y_{nt-p} \end{pmatrix}$$

n个变量的VAR(p)模型为

$$Y_t=\alpha+\Phi_1 Y_{t-1}+\Phi_2 Y_{t-2}+\cdots+\Phi_p Y_{t-p}+U_t \tag{8-15}$$

式（8-15）称为n元p阶VAR模型。

VAR模型不以严格的经济理论为依据，对变量不施加任何协整限制。VAR模型的解释变量中不包含任何当期变量，用于样本外一期预测。其优点是不必对解释变量在预测期内的取值做任何预测。一般而言，此模型针对的是平稳数据的模型，在建模之前，可对数据进行平稳性检验，检验方法可按照AR(p)模型的平稳性检验进行。

2. VAR模型滞后期的选择

滞后期k的确定尤为重要。如果k值过大，会导致自由度减小，影响VAR模型参数估计量的有效性；如果k值太小，误差项的自相关会很严重，从而导致参数的非一致性估计。因此，适当增加滞后变量的个数，可以消除误差项中存在的自相关。

确定滞后阶数的AIC

$$\min \mathrm{AIC}=\log\left(\sum_{t=1}^{T}\hat{u}_t^2/T\right)+\frac{2k}{T} \tag{8-16}$$

确定滞后阶数的施瓦茨准则

$$\min \mathrm{SC} = \log\left(\sum_{t=1}^{T} \hat{u}_t^2 / T\right) + \frac{k \log T}{T} \tag{8-17}$$

其中，$\hat{u}$ 为残差；T 为样本容量；k 为最大滞后期。

3. VAR 模型的参数估计

VAR 模型的每个方程中只包含内生变量及其滞后项，与误差项 $\hat{u}_{it}(i=1, 2,\cdots,n)$ 是渐近不相关的，所以可用常规的 OLS（ordinary least squares，普通最小二乘法）依次估计每一个方程，得到参数的一致估计量。即使误差项有同期相关，OLS 估计仍然适用。

4. 格兰杰因果关系检验

有时候我们关心的问题是一个随机向量 Y_t 对于预测另一个随机向量 X_t 是否有帮助。如果没有任何帮助，则称变量 Y_t 不是变量 X_t 的格兰杰原因。更为正式地，如果对所有 $S>0$，X_{t+s} 基于 $(X_t, X_{t-1}, \cdots)$ 进行预测的均方误差与基于 $(X_t, X_{t-1}, \cdots)$ 和 $(Y_t, \mathrm{Y}_{t-1}, \cdots)$ 进行预测的均方误差是一样的，则称变量 Y_t 不是变量 X_t 的格兰杰原因。从 VAR(p) 模型的角度来说，在描述 X_t 和 Y_t 的二元 VAR(p) 模型中，如果对于所有 j，模型：

$$\begin{aligned}\begin{bmatrix} X_t \\ Y_t \end{bmatrix} &= \begin{bmatrix} c_1 \\ c_2 \end{bmatrix} + \begin{bmatrix} \Phi_{11}^{(1)} & 0 \\ \Phi_{21}^{(1)} & \Phi_{22}^{(1)} \end{bmatrix} \begin{bmatrix} X_{t-1} \\ Y_{t-1} \end{bmatrix} + \begin{bmatrix} \Phi_{11}^{(2)} & 0 \\ \Phi_{21}^{(2)} & \Phi_{22}^{(2)} \end{bmatrix} \begin{bmatrix} X_{t-2} \\ Y_{t-2} \end{bmatrix} + \cdots \\ &+ \begin{bmatrix} \Phi_{11}^{(p)} & 0 \\ \Phi_{21}^{(p)} & \Phi_{22}^{(p)} \end{bmatrix} \begin{bmatrix} X_{t-p} \\ Y_{t-p} \end{bmatrix} + \begin{bmatrix} \varepsilon_{1t} \\ \varepsilon_{2t} \end{bmatrix}\end{aligned} \tag{8-18}$$

中系数矩阵 Φ_j 是下三角矩阵，则称变量 Y_t 不是变量 X_t 的格兰杰原因。

在计量检验两个具体的可以观测到的变量之间是否具有格兰杰因果关系的方法中，最简单的是自回归方程中的下三角矩阵形式。为了进行这样的检验，我们假设一个特殊的滞后阶数为 p 的自回归方程，并进行 OLS 估计：

$$X_t = c_1 + \alpha_1 X_{t-1} + \alpha_2 X_{t-2} + \cdots + \alpha_p X_{t-p} + \beta_1 Y_{t-1} + \beta_2 Y_{t-2} + \cdots + \beta_p Y_{t-p} + \varepsilon_{1t} \tag{8-19}$$

然后对下述原假设进行 F 检验：$\mathrm{H}_0 : \beta_1 = \beta_2 = \cdots = \beta_p = 0$。

记上述回归残差平方和为 $\mathrm{RSS}_1 = \sum_{t=1}^{T} \tilde{\varepsilon}_{1t}^2$。仅采用 X_t 的滞后期进行回归，建立模型：

$$X_t = c_1 + \gamma_1 X_{t-1} + \gamma_2 X_{t-2} + \cdots + \gamma_p X_{t-p} + \varepsilon_{2t} \tag{8-20}$$

将式（8-20）得到的残差平方和记为$\mathrm{RSS}_0=\sum_{t=1}^{T}\tilde{\varepsilon}_{2t}^2$。定义$F$统计量为

$$F=\frac{(\mathrm{RRS}_0-\mathrm{RRS}_1)/p}{\mathrm{RSS}_1/(T-2p-1)}:F(p,T-2p-1) \tag{8-21}$$

如果F统计量大于$F(p,T-2p-1)$分布某个指定显著性水平对应的临界值，则我们拒绝“变量Y_t不是变量X_t的格兰杰原因”的原假设。也就是说，当F充分大的时候，我们能够得到“变量Y_t是变量X_t的格兰杰原因”的结论。对于“变量X_t不是变量Y_t的格兰杰原因”的检验也可以类似进行，只要在式（8-19）中互换变量Y_t和X_t即可。

上述检验结果与滞后长度p的值有关，一般要多选择几个不同的取值来检验是否具有格兰杰因果关系，只有对于选择的所有滞后期，检验都不存在格兰杰因果关系时，才能得出不存在格兰杰因果关系的结论。另外，由于格兰杰因果关系检验是基于回归模型来进行的，因此原始的VAR(p)模型是平稳的，或者两个检验变量之间具有协整关系，否则，可能使用伪回归得到错误的结论。

5. 脉冲响应

由于VAR(p)模型不是以经济理论为依据，而是数据导向型的建模过程，故模型中的许多参数可能并不具有明显的经济意义，因此对参数做出合理的经济解释有时很困难。实际利用VAR(p)模型进行分析时，我们往往考虑某个变量的误差项的变动对其本身及系统中其他变量的影响情况，这就是所谓的脉冲响应分析。

和单变量AR(p)模型一样的是，如果VAR(p)模型是平稳的，则一定可以表示成一个无穷阶的移动平均模型MA(∞)的形式。假设n阶平稳的VAR(p)模型为

$$X_t=C+\Phi_1X_{t-1}+\Phi_2X_{t-2}+\cdots+\Phi_pX_{t-p}+\varepsilon_t \tag{8-22}$$

假设$E\varepsilon_t\varepsilon_t^{\mathrm{T}}=\Omega$不是对角阵，根据乔里斯基（Cholesky）分解方法，存在唯一一个对角线元素为 1 的下三角矩阵A及一个元素全为正的对角矩阵Λ，使得$\Omega=A\Lambda A^{\mathrm{T}}$。

如果令$\eta_t=A^{-1}\varepsilon_t$，则显然有$E\eta_t\eta_t^{\mathrm{T}}=\Lambda=\mathrm{diag}\left[\lambda_1,\lambda_2,\cdots,\lambda_n\right]$，则有$\dfrac{\partial X_{it+s}}{\partial\eta_{lt}^{\mathrm{T}}}=\gamma_{il}^{(s)}$（$s=0,1,2,\cdots,i$；$l=1,2,\cdots,n$），表示第$i$个分量$X_i$在$t+s$时刻对$l$个分量对应的误差项$\eta_t$在$t$时刻变动一个单位（保持其他误差项不变）的响应值，这些响应都是时间间隔s的函数，称为脉冲响应函数。显然总共有n^2个这样的脉冲响应函数。

8.2.6　协整与误差修正模型

1. 协整的概念

如果一个序列随着时间的变化保持稳定不变，那我们就称这个序列具有平稳性，很多经典的统计技术都是建立在平稳数据序列上的，而现实生活中，大多数时间序列都是非平稳的。之前，人们为了避免出现谬误回归，往往只采用平稳时间序列来建立回归模型，或者先将非平稳时间序列转化为平稳时间序列，然后再做回归。但是这种变换后的序列不具有直接经济意义，难以确定通过其建立的时间序列模型是否有意义。我们可以利用协整关系来处理多个非平稳时间序列，使得建立的回归模型具有实际意义（王德发，2016）。

定义 8.9　如果一个时间序列$\{y_t\}$只经过一次差分就可以变成平稳序列，则称该序列是一阶单整的；如果一个时间序列$\{y_t\}$成为平稳序列之前必须经过 d 次差分，则称该时间序列是 d 阶单整的。

定义 8.10　设随机向量X_t中所含分量均为d阶单整，记为$X_t \sim I(d)$。如果存在一个非零向量β，使得随机向量$Y_t = \beta X_t \sim I(d-b)$，$d \geqslant b \geqslant 0$，则称随机向量$X_t$是$(d,b)$阶协整，记为$X_t \sim \mathrm{CI}(d,b)$，向量$\beta$为协整向量。

特别地，y_t和x_t为随机变量，且$y_t, x_t \sim I(1)$，当$y_t = k_0 + k_1 x_t \sim I(0)$，称$y_t$和$x_t$是协整的，$(k_0, k_1)$称为协整系数。

也就是说，两个同阶单整的非平稳时间序列之间可能存在一种长期的稳定关系，其线性组合可以降低单整阶数，我们把这种关系称为协整关系。只有当两个序列所含分量的单整阶数相同时，才可能出现协整关系；但是对于三个以上的变量来说，即使变量具有不同的单整阶数，也有可能经过线性组合构成低阶单整变量。需要注意的是，协整关系并不是一种相关关系。

2. 协整检验

通过协整的定义可知，如果两个时间序列是非平稳的但却被验证具有协整关系，那我们仍可以用经典的回归分析方法来建立回归模型，因此，检验变量之间的协整关系显得尤为重要。协整检验的方法有很多种，在这里只介绍 E-G（Engle-Granger）检验法。

为了检验两变量是否具有协整关系，恩格尔（Engle）和格兰杰（Granger）于 1987 年提出了两步协整检验法，其主要思想是用 OLS 估计这些变量之间的平稳关系系数，然后用 ADF（augmented Dickey-Fuller）统计量或者 DF（Dickey-Fuller）统计量来检验残差估计值的平稳性。拒绝存在单位根的零假设是协整关系存在的证据。E-G 两步法的基本步骤如下。

设两个变量 y_t和x_t 都是 $I(1)$ 序列，考虑下列长期静态回归模型：

$$y_t=\beta_0+\beta_1 x_t+\varepsilon_t$$

第一步，协整回归。对于上述模型的参数，我们用 OLS 给出其参数估计。得到：

$$\hat{y}_t=\hat{\beta}_0+\hat{\beta}_1 x_t$$

$$e_t=y_t-\hat{y}_t$$

第二步，残差的单整检验。利用 ADF 或者 DF 统计量，检验在上述估计下得到的回归方程的残差序列是否平稳。如果残差序列是平稳序列 $I(0)$，则认为 y_t 与 x_t 存在协整关系。协整回归要求所有的解释变量都是一阶单整的，因此，高阶单整变量需要进行差分以获得 $I(1)$ 序列。

在进行检验时，拒绝原假设 $\mathrm{H}_0:\delta=0$，意味着残差序列是平稳序列，也就说明两变量之间存在协整关系。需要注意的是，这里使用 ADF 或者 DF 统计量进行检验是对第一步协整回归后得到的残差序列进行检验，而不是真正的误差序列。

以上是针对双变量的协整检验步骤，E-G 检验也可以用于多变量协整关系的检验。多变量协整关系的检验要比双变量更复杂一些，主要是因为不同的协整变量之间可能存在多种稳定的线性组合。

多变量的协整检验步骤和双变量大体一致，第一步仍是协整回归，第二步是检验残差序列的平稳性。但是在多元回归模型中，需要先设定一个变量为被解释变量，其他变量为解释变量，然后进行回归残差估计及残差检验，检验残差序列是否平稳，如果不平稳则需要更换被解释变量，再进行协整回归建模及相应的残差项检验。如果所有的变量都作为被解释变量进行检验之后仍没有得到平稳的残差序列，则认为这些变量之间并不存在协整关系。

3. 误差修正模型

上文提到，非平稳的时间序列可以通过差分的方法转化为平稳序列，进而建立经典的回归分析模型。但是用这种方法进行参数估计时，变量水平值的某些重要信息会被忽略，此时模型并未揭示出它们之间的长期关系，只是表达了变量之间的短期关系。因此，简单差分的方法并不能解决非平稳序列，这时就出现了误差修正模型。

误差修正模型（error correction model），简称 ECM，也称 DHSY（Davidson、Hendry、Srba、Yeo）模型。为了便于理解，这里通过一个两变量的误差修正模型来分析它的结构。

假设两变量的长期静态回归模型为 $y_t=\alpha_0+\alpha_1 x_t+\mu_t$，该模型的(1, 1)阶分布滞后模型为

$$y_t=\beta_0+\beta_1 x_t+\beta_2 x_{t-1}+\mu y_{t-1}+\varepsilon_t \tag{8-23}$$

从式（8-23）可以看出，y_t 不仅与 x 的变化有关，而且还和前一时刻 x 与 y 的状态值有关。对上述分布滞后模型进行适当变形得

$$\Delta y_t=\beta_1\Delta x_t-\lambda(y_{t-1}-\alpha_0-\alpha_1 x_{t-1})+\varepsilon_t \tag{8-24}$$

其中 $\lambda=1-\mu$，$\alpha_0=\dfrac{\beta_0}{1-\mu}$，$\alpha_1=\dfrac{\beta_1+\beta_2}{1-\mu}$。

我们将式（8-24）称为一阶误差修正模型，且 $y_{t-1}-\alpha_0-\alpha_1 x_{t-1}$ 表示误差修正项，由 $y_t=\beta_0+\beta_1 x_t+\beta_2 x_{t-1}+\mu y_{t-1}+\varepsilon_t$ 可知，$|\mu|<1$，因此 $0<\lambda=1-\mu<2$。对误差修正项的作用做以下分析。

（1）若 $y_{t-1}>\alpha_0+\alpha_1 x_{t-1}$，误差修正项为正，则 $-\lambda(y_{t-1}-\alpha_0-\alpha_1 x_{t-1})$ 为负数，Δy_t 减小。

（2）若 $y_{t-1}<\alpha_0+\alpha_1 x_{t-1}$，误差修正项为负，则 $-\lambda(y_{t-1}-\alpha_0-\alpha_1 x_{t-1})$ 为正数，Δy_t 增大。

以上构建的是一阶误差修正模型，更复杂的误差修正模型可依照上述步骤类似地建立。误差修正模型的方程中包括协整方程残差的一阶滞后变量。在对非平稳时间序列建模时，首先要判断它们之间是否存在协整关系，如果存在，则用协整方程来表示序列间的长期关系。

8.2.7　非线性时间序列模型

对于经济时间序列，前面介绍的模型都是线性模型，线性模型简单且易于理解，而且对真实数据的生成过程有很好的近似，所以线性模型的应用非常广泛。但是这并不意味着时间序列一定是线性的。非线性时间序列在生活中也非常常见，许多时间序列会出现一段时期的均值与另一段时期的均值不同，或者一段时期的波动率与另一段时期的波动率不同的现象。对于非线性模型并没有一个公认的定义。

1. 非线性模型

我们这样来描述一个非线性模型。

$$y_t=g(\varepsilon_t,\varepsilon_{t-1},\cdots)+h(\varepsilon_t,\varepsilon_{t-1},\cdots) \tag{8-25}$$

ε_t 是均值为 0，方差为 1 的独立同分布序列，记为 $\varepsilon_t\sim \text{i.i.d.}(0,1)$。$g,h$ 是非线性函数并且分别对应 y_t 的条件均值和条件标准差。

下面介绍两种常见的非线性模型。

1）双线性模型

双线性模型最早在 1978 年被提出，是 ARMA 模型的一个推广，其表达式如下：

$$\Phi(L)(y_t-\mu)=\Theta(L)\varepsilon_t+\sum_{i=1}^{m}\sum_{j=1}^{s}\beta_{ij}y_{t-i}\varepsilon_{t-j} \tag{8-26}$$

$\varepsilon_t \sim \text{i.i.d.}(0,\sigma^2)$，$\varepsilon_t$是均值为 0，方差为$\sigma^2$的独立同分布序列。该模型的最后一项$\sum_{i=1}^{m}\sum_{j=1}^{s}\beta_{ij}y_{t-i}\varepsilon_{t-j}$是$y$和$\varepsilon$的双线性形式，刻画了非线性特征，如果所有的$\beta_{ij}$都等于 0，该模型就退化为一个 ARMA 模型。一个简单的双线性模型是

$$y_t=\beta y_{t-2}\varepsilon_{t-1}+\varepsilon_t$$

其中，y_t为弱白噪声过程；$E(\varepsilon_t^2)=\sigma^2$。

2）门限自回归模型

有时断点发生的时刻与过程的水平取值有关，对自回归模型进行推广得到门限自回归（threshold autoregressive，TAR）模型，式（8-27）是一个简单的 TAR 模型：

$$y_t=\begin{cases}\mu_1+\phi_1 y_{t-1}+\varepsilon_t, & y_{t-1}<r\\ \mu_2+\phi_2 y_{t-1}+\varepsilon_t, & y_{t-1}\geqslant r\end{cases} \tag{8-27}$$

其中，r为门限值。因此，如果状态决定变量y_{t-1}比门限值r低的话，内生变量y_t应该服从一个截距为μ_1、自回归系数为ϕ_1的自回归过程；如果y_{t-1}大于或者等于门限值r的话，y_t就服从一个截距为μ_2、自回归系数为ϕ_2，跟前一个完全不同的自回归过程。

2. 非线性检验

非线性检验有很多种，这里介绍两种，一种是检验是否存在自回归条件的异方差检验；另一种是计量经济学中介绍过的检验函数形式设定是否正确的 RESET（regression specification error test，回归误差设定检验）。在零假设是线性的情况下，一个正确设定的线性模型的残差应该是相互独立的。残差独立性的任何偏离都表明模型形式的不充分，包括线性假定的不充分。这是不同非线性检验的理论基础。

1）残差的Q统计量

使用 Ljung-box 统计量，检验统计量为

$$Q(m)=T(T+2)\sum_{i=1}^{T}\frac{\rho_i^2(\varepsilon_t^2)}{T-i} \tag{8-28}$$

其中，T为样本容量；m为检验中正确选择的自相关的数目；ε_t为模型的残差序列；$\rho_i^2(\varepsilon_t^2)$为$\varepsilon_t^2$滞后$i$阶的自相关函数。如果线性模型是适当的，则$Q(m)$渐进服从$\chi^2$分布。上述$Q$统计量可以检验$\varepsilon_t$的条件异方差性。如果存在条件异方差，则残差的平方是自回归过程，平方后的序列呈现自相关的特点。

2）RESET

RESET 是一种关于最小二乘线性回归分析函数形式的检验。考虑以下线性模型：

$$Y_t = c + \sum_{i=1}^{P} \phi_i Y_{t-i} + \varepsilon_t$$

第一步：用最小二乘法估计方程，计算残差 ε_t 和残差平方和 $\sum_{t=p+1}^{T} \varepsilon_t^2$，其中 T 代表样本容量。

第二步：估计下面的辅助线性回归模型：

$$Y_t = c + \sum_{i=1}^{P} \phi_i Y_{t-i} + \delta_2 Y_t^2 + \cdots + \delta_q Y_t^q + v_t$$

8.2.8　面板数据预测模型

面板数据是同时在时间和截面空间上取得的二维数据，也称时间序列截面数据。面板数据从纵剖面看是一个时间序列，从横截面看是若干个个体在某一时刻的截面数据，是变量在截面空间上按序数得到的数据。面板数据模型是社会和经济问题研究中的重要内容，它不仅可以同时利用截面数据和时间序列数据建立计量经济模型，而且能够更好地识别和度量单纯的时间序列模型和截面数据模型不能发现的影响因素，能够构造和检验更复杂的行为模型。面板数据模型在很多领域有很好的应用前景（白仲林，2008）。

面板数据表示为 $x_{it}(i=1,2,\cdots,N；t=1,2,\cdots,T)$，$N$ 表示面板数据中含有 N 个个体，T 表示时间序列的最大长度。若 t 固定不变，则 $x_{i\cdot}(i=1,2,\cdots,N)$ 是横截面上的 N 个随机变量；若 i 固定不变，则 $x_{\cdot t}(t=1,2,\cdots,T)$ 是一个时间序列。例如，2005～2020 年某地区 10 个市的地区生产总值数据。任给定某一年，10 个市的地区生产总值数据组成了截面数据；任给定某一市，16 年地区生产总值数据组成一个时间序列。该面板数据由 10 个个体组成，共有 160 个观测值。

面板数据模型的一般形式如下：

$$y_{it} = \sum_{k=1}^{K} \beta_{ki} x_{kit} + u_{it} \quad (i=1,2,\cdots,N;\ t=1,2,\cdots,T) \tag{8-29}$$

其中，y_{it} 为被解释变量对个体 i 在 t 时的观测值；x_{kit} 为第 k 个非随机解释变量对个体 i 在 t 时的观测值；β_{ki} 为待估计的参数；u_{it} 为随机误差项。

式（8-29）用矩阵表示为

$$Y_i = X_i\beta_i + U_i \quad (i = 1, 2, \cdots, N) \tag{8-30}$$

其中，$Y_i = \begin{bmatrix} y_{i1} \\ y_{i2} \\ \vdots \\ y_{iT} \end{bmatrix}_{T\times 1}$；$X_i = \begin{bmatrix} x_{1i1} & x_{2i1} & \cdots & x_{Ki1} \\ x_{1i2} & x_{2i2} & \cdots & x_{Ki2} \\ \vdots & \vdots & & \vdots \\ x_{1iT} & x_{2iT} & \cdots & x_{KiT} \end{bmatrix}_{T\times K}$；$\beta_i = \begin{bmatrix} \beta_{1i} \\ \beta_{2i} \\ \vdots \\ \beta_{Ki} \end{bmatrix}_{K\times 1}$；$U_i = \begin{bmatrix} u_{i1} \\ u_{i2} \\ \vdots \\ u_{iT} \end{bmatrix}_{T\times 1}$。

不同的限制假设有不同类型的面板数据回归模型，常用的面板数据回归模型有混合回归模型、固定效应模型、随机效应模型、确定系数面板数据模型、随机系数面板数据模型、平均个体回归模型、平均时间回归模型。这里仅介绍混合回归模型。

1. 混合回归模型

从时间上看，不同个体之间不存在显著性差异；从截面上看，不同截面之间也不存在显著性差异，这种情况下可以把面板数据混合在一起，用最小二乘法估计参数。混合回归模型假设解释变量对被解释变量的影响与个体无关。

模型

$$Y = X\beta + U \tag{8-31}$$

其中，$Y = \begin{bmatrix} Y_1 \\ Y_2 \\ \vdots \\ Y_N \end{bmatrix}_{NT\times 1}$；$X = \begin{bmatrix} X_1 \\ X_2 \\ \vdots \\ X_N \end{bmatrix}_{NT\times K}$；$\beta = \begin{bmatrix} \beta_1 \\ \beta_2 \\ \vdots \\ \beta_K \end{bmatrix}_{K\times 1}$；$U = \begin{bmatrix} U_1 \\ U_2 \\ \vdots \\ U_N \end{bmatrix}_{NT\times 1}$。

模型假设如下。

假设 1：$E(U_i) = 0$。

假设 2：$E(U_i U_i^{\mathrm{T}}) = \sigma^2 I_T$，其中，$\sigma^2$ 是 u_{it} 的方差，I_T 是 T 阶方阵。

假设 3：$E(U_i U_j^{\mathrm{T}}) = 0$，$i \neq j$。

假设 4：解释变量与误差项相互独立，即，$E(X^{\mathrm{T}} U) = 0$。

假设 5：解释变量之间线性无关，即 $\mathrm{rank}(X^{\mathrm{T}} X) = \mathrm{rank}(X) = K$。

假设 6：解释变量是非随机的，且当 $N, T \to \infty$ 时，$T^{-1} X^{\mathrm{T}} X \to Q$，其中 Q 是一个有限值的非退化矩阵。

2. 模型参数估计

如果模型（8-31）满足假设条件，则存在有效无偏估计 $\hat{\beta}_p = (X^{\mathrm{T}} X)^{-1} X^{\mathrm{T}} Y$。若强约束条件假设 3 弱化为假设 2，则模型（8-31）的有效无偏估计为 $\hat{\beta} = (X^{\mathrm{T}} \Omega^{-1} X)^{-1} \times X^{\mathrm{T}} \Omega^{-1} Y$，

其中，$\Omega=\begin{bmatrix}\sigma_1^2 I_T & 0 & \cdots & 0\\ 0 & \sigma_2^2 I_T & \cdots & 0\\ \vdots & \vdots & & \vdots\\ 0 & 0 & \cdots & \sigma_N^2 I_T\end{bmatrix}$。

这里的未知参数σ_i^2有一致估计

$$s_i^2=\frac{1}{T-K}\sum_{t=1}^{T}\hat{u}_{it}^2 \quad (i=1,2,\cdots,N)$$

其中，$\hat{u}_{it}$为第i个个体的回归模型的 OLS 回归残差项。

混合回归模型假设所有的解释变量对被解释变量的影响与个体和时间无关，但在实际问题的研究中，也许只有部分解释变量的系数是与个体无关的。假设模型（8-31）中的前K_1个解释变量的系数与个体无关，后K_2个解释变量的系数随个体变化，即将X_i分解为两部分：X_{1i}和X_{2i}；参数β_i也分解为β_{1i}和β_{2i}两部分。模型（8-31）被放宽为模型（8-32）：

$$Y=X_{1i}\beta_{1i}+X_{2i}\beta_{2i}+U_i \quad (i=1,2,\cdots,N) \tag{8-32}$$

令$Y=\begin{bmatrix}Y_1\\ Y_2\\ \vdots\\ Y_N\end{bmatrix}_{NT\times 1}$，$X_1=\begin{bmatrix}X_{11}\\ X_{12}\\ \vdots\\ X_{1N}\end{bmatrix}_{NT\times K_1}$，$X_2=\begin{bmatrix}X_{21} & 0 & \cdots & 0\\ 0 & X_{22} & \cdots & 0\\ \vdots & \vdots & & \vdots\\ 0 & 0 & \cdots & X_{2N}\end{bmatrix}_{NT\times NK_2}$，$\beta_1=\begin{bmatrix}\beta_{11}\\ \beta_{12}\\ \vdots\\ \beta_{1K_1}\end{bmatrix}_{K_1\times 1}$，

$\beta_2=\begin{bmatrix}\beta_{21}\\ \beta_{22}\\ \vdots\\ \beta_{2N}\end{bmatrix}_{NK_2\times 1}$，$U=\begin{bmatrix}U_1\\ U_2\\ \vdots\\ U_N\end{bmatrix}_{NT\times 1}$。

则模型（8-32）的矩阵形式为

$$Y=X_1\beta_1+X_2\beta_2+U \tag{8-33}$$

类似地，可以用 OLS 估计模型（8-32）的参数。

3. 设定检验

混合回归模型假设所有的解释变量对被解释变量的边际影响与个体无关，运用此模型之前，需要对面板数据进行模型设定检验。

$$\mathrm{H}_0:\beta_{21}=\beta_{22}=\cdots=\beta_{2N}$$

若模型（8-33）和模型（8-31）的随机误差项U服从正态分布，则用 Chow 检验得F统计量

$$F_1=\frac{(\mathrm{RRSS}-\mathrm{URSS})/(NK_2+K_1-K)}{\mathrm{URSS}/(NT+K_1-NK_2)}\sim F(NK_2+K_1-K,NT+K_1-NK_2)$$

URSS是无约束模型（8-33）的残差平方和，RRSS是有约束模型（8-31）的残差平方和。因此，在给定的显著水平下，如果接受原假设，则将模型设定为混合回归模型是可以接受的。

根据此理论，可使用EViews软件对面板数据进行建模及预测。

8.3 基于时间序列预测的灾害风险建模案例分析

8.3.1 案例背景介绍

近年来城市火灾频发，造成了大量的人员死亡、财产损失、生态平衡的破坏、不良的社会政治影响等，对城市建设的破坏十分严重。城市火灾在大量随机和偶然性的现象中，隐藏着一定的规律性，是随时间而变化的事件，它是一个时间序列，有其自身的特点和规律。姜立平和张晓珺（2013）通过研究城市火灾系统的时间序列在数值上的统计相关关系，揭示了城市火灾风险的动态结构特征（如周期）及其发展变化规律。从北京市和上海市的火灾发生次数的月统计图可以看出，城市火灾的发生次数随时间的变化呈现一定的周期性，见图8-1和图8-2（姜立平和张晓珺，2013）。为了进一步研究城市火灾风险的时间规律性，本节将采用样本周期图法来定量分析城市火灾风险所隐含的时间规律性，从带有随机干扰项的时间序列观测数据中提取隐含的周期信息，并对其进行检验。如果时间序列中存在周期性或准周期性的样本数据，则它们反映到时间序列的周期图上就会出现尖峰。

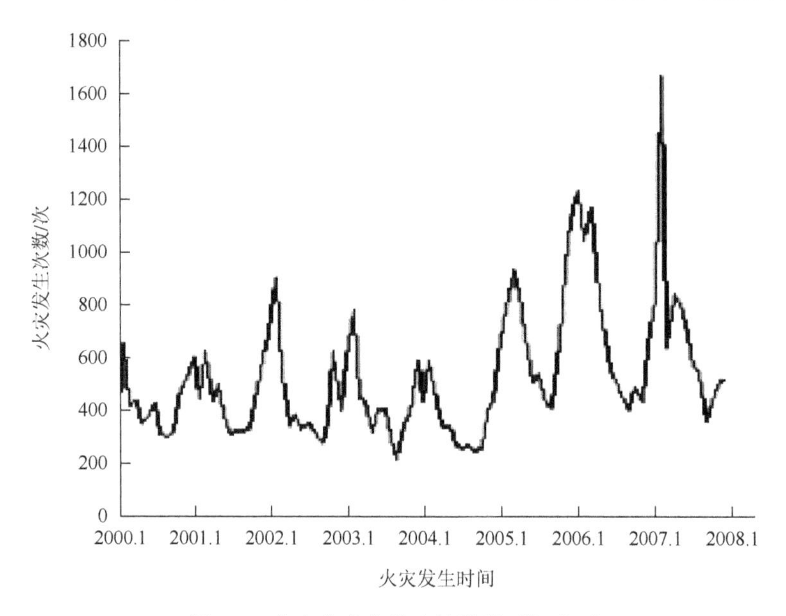

图8-1 北京市火灾发生次数的时间序列

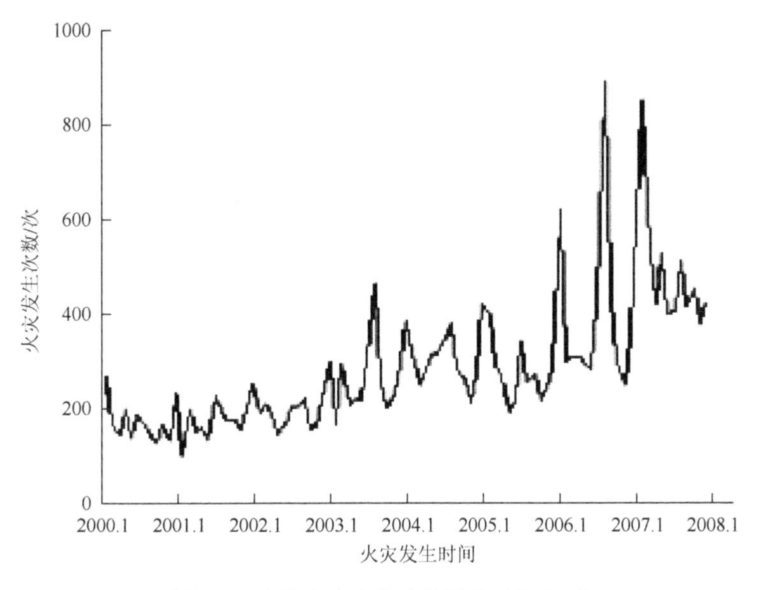

图 8-2　上海市火灾发生次数的时间序列

8.3.2　模型框架

按照图 8-3 构建模型框架。

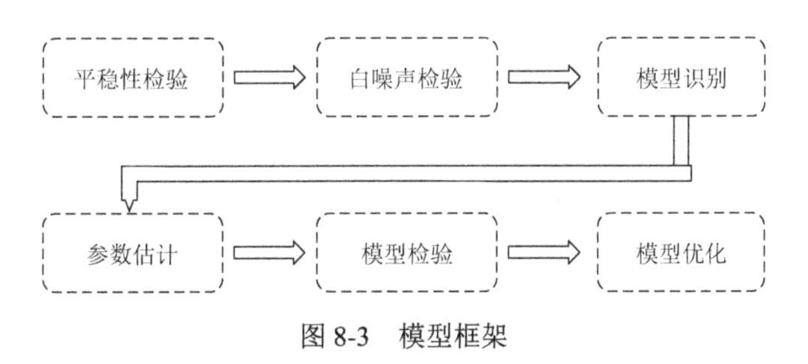

图 8-3　模型框架

8.3.3　实现途径

根据傅里叶的基本思想，确定性的周期函数在一定条件下可以看成是由一些正余弦 $[\sin(ks)\cos(ks), k=0,1,2,\cdots]$ 波构成的。如果把时间序列 X_t 看成是由不同频率的正余弦波叠加而成的，那么 X_t 可以表示为

$$X_t = \sum_{i=1}^{k} C_i(2\pi f_i t + \varphi_i) + \varepsilon_i$$

其中，k 为常数；C_i 为主周期及其谐波的个数，是第 i 个周期波的振幅；f_i 为第 i

个周期波的频率；φ_i 为第 i 个周期波的相位；ε_i 为独立于 φ_i 的纯随机序列。将上式系数化，可得

$$X_t = \sum_{i=1}^{k} (a_i \cos 2\pi f_i t + b_i \sin 2\pi f_i t)_i + \varepsilon_i$$

当频率给定时，上式可以看作一个多变量线性回归模型，未知参数 a_i 和 b_i 的最小二乘估计为

$$\hat{a}_i = \sum_{i=1}^{N} X_t \cos(2\pi f_i t)$$

$$\hat{b}_i = \sum_{i=1}^{N} X_t \sin(2\pi f_i t)$$

其中，N 为观测值的个数。具有 N 个观测值的序列 X_t 在频率 f_i 处的强度为

$$I(f_i) = \frac{2}{N}(\hat{a}_i^2 + \hat{b}_i^2), \quad i = 1, 2, \cdots, k\ , \quad f_i = i / N\ , \quad i = 1, 2, \cdots, N / 2$$

以北京市 2000～2007 年火灾的月统计数据为分析样本，研究该市火灾风险隐含的周期性。

8.3.4　模型结果展示

根据上式得出北京市火灾时间序列周期图的计算结果，如表 8-2 所示（姜立平和张晓珺，2013）。样本周期图如图 8-4 所示（姜立平和张晓珺，2013）。根据图 8-4 可以看出图中有一个明显的峰值，下面对周期图中出现的峰值进行检验。

表 8-2　北京市 2000～2007 年火灾时间序列周期图的计算结果

f_i	I_p	f_i	I_p	f_i	I_p
0.010 42	124 947.500	0.114 58	9 405.431	0.218 75	79 737.670
0.020 83	70 353.200	0.125 00	51 325.810	0.229 17	54 373.020
0.031 25	23 992.950	0.135 42	47 007.740	0.239 58	9 748.560
0.041 67	134 821.700	0.145 83	20 224.440	0.250 00	38 639.320
0.052 08	95 147.590	0.156 25	1 698.383	0.260 42	2 402.536
0.062 50	204 804.800	0.166 67	99 255.020	0.270 83	34 127.130
0.072 92	221 720.100	0.177 08	11 289.830	0.281 25	14 198.170
0.083 33	1 872 589.000	0.187 50	27 856.240	0.291 67	17 440.230
0.093 75	59 537.260	0.197 92	19 134.680	0.302 08	22 622.100
0.104 17	88 369.760	0.208 33	19 165.510	0.312 50	52 592.270

续表

f_i	I_p	f_i	I_p	f_i	I_p
0.322 92	15 011.430	0.385 42	2 458.737	0.447 92	52 872.930
0.333 33	70 753.840	0.395 83	45 737.330	0.458 33	7 962.447
0.343 75	1 831.408	0.406 25	3 196.771	0.468 75	29 714.740
0.354 17	33 814.870	0.416 67	29 886.550	0.479 17	92 476.880
0.364 58	63 813.760	0.427 08	9 603.269	0.489 58	16 792.840
0.375 00	13 911.800	0.437 50	35 314.220	0.500 00	21 126.020

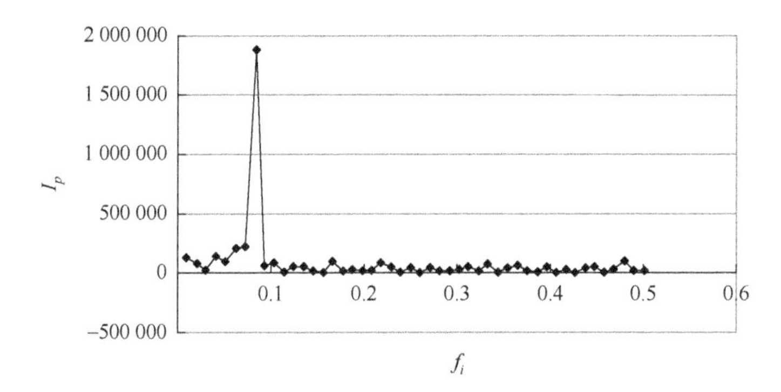

图 8-4　北京市 2000～2007 年火灾时间序列的周期图

由 Fisher 检验可知，北京市火灾次数时间序列的周期图中只有 1 个显著峰值，$\max\limits_{i\leqslant p\leqslant k} I_p = I_5$。北京市火灾时间序列的隐含周期如下：

$$T=\frac{1}{f_8}=\frac{1}{8/N}=\frac{N}{8}=\frac{96}{8}=12$$

以上分析表明，北京市火灾的月统计时间序列存在长度为 12 个月的隐含周期。

本节通过观察城市火灾发生次数随时间的周期性变化，利用样本周期图法建立了城市火灾时间序列的周期性模型，并以北京市为例，定量分析了北京市火灾时间序列的周期性并进行了检验，最后得出北京市火灾月统计时间序列存在长度为 12 个月的隐含周期。模型的预测结果为城市火灾预防、消防力量部署和消防投入等提供了科学的依据。

8.3.5　结论

本节针对城市火灾发生次数对火灾风险进行分析，分析火灾发生次数时间序列的规律性，挖掘其周期性特征，采用季节因子和不规则因子对火灾时间序列进行拟合，得到了城市火灾时间序列的基本态势，为消防监控、消防调度提供了一定的科学依据。

专 业 术 语

1. 自回归模型：统计上处理时间序列的方法，用某变量之前各期的数据预测本期数据，只是用来预测自身，不需要预测其他变量，因此为自回归。

2. 移动平均模型：系统当前值与其以前时刻的自身值无关，而与在此之前进入系统的扰动（噪音）存在一定的关系，通过移动平均、周期（及其整数倍）与移动平均项数相等的周期性变动，消除时间序列中的不规则变动和其他变动，从而揭示时间序列的长期趋势。

3. 自回归移动平均模型：时间序列当期值为其历史值和误差项历史值的线性函数所形成的模型。

4. VAR 模型：VAR 模型为向量自回归模型，它假定模型中的变量全部为内生变量，该模型不以经济理论为基础，在模型的每一个方程中，内生变量对模型的全部内生变量的滞后值进行回归，从而估计全部内生变量的动态关系。

本 章 习 题

1. 平稳序列。设 $X_t = A\cos(\omega t + \theta)$ ，$t \in N^+$ ，A,ω 是两个常数，随机变量 $\theta \sim U(0,2\pi)$ ，证明 $\{X_t\}$ 是平稳序列。

2. 某公司 1～11 月的月营业额（万元）分别为 150，154，163，161，159，168，164，165，162，159，160。试选用 $M=3$ 和 $M=5$ ，采用简单移动平均法对 12 月的营业额进行预测。

3.设 $\{X_t\}$ 是 AR(1)序列，$X_t = aX_{t-1} + \varepsilon_t, \forall s < t$ ，$EX_s\varepsilon_t = 0$ ，来自 $\{X_t\}$ 的样本为：$X_1, X_2, \cdots, X_n$ ，试求 a 的 Yule-Walker 估计。

4. GARCH(1, 1)模型可以反映时间序列的什么特点？

5. 某公司近 9 年的利润（万元）如下表所示：

年份	2012	2013	2014	2015	2016	2017	2018	2019	2020
利润/万元	60	68	75	80.5	85	88	90	89.5	88

试预测该公司 2021 年的利润。

6. 格兰杰因果关系检验与我们通常理解的因果关系是不是一样的？为什么？

7. VAR 模型的脉冲响应函数和方差分解的本质含义是什么？
8. 面板数据能否拆分成时间序列数据和截面数据进行预测？

参考文献

白仲林. 2008. 面板数据的计量经济分析[M]. 天津: 南开大学出版社.
姜立平, 张晓珺. 2013. 城市火灾风险的时间序列分析[J]. 消防技术与产品信息, (8): 8-12.
孙祝岭. 2016. 时间序列与多元统计分析[M]. 上海: 上海交通大学出版社.
王德发. 2016. 计量经济学[M]. 上海: 上海财经大学出版社.
王沁. 2008. 时间序列分析及其应用[M]. 成都: 西南交通大学出版社.

第 9 章　非线性优化

学习目标

- 了解数学优化模型的基本类型
- 掌握非线性规划的基本求解方法
- 了解智能优化算法的基本框架
- 理解灾害风险优化建模的思想

9.1　基 础 理 论

在风险管理与控制的过程中，最优化思想也是一类重要的定量分析方法。它主要是从实际问题出发，分析各种因素的逻辑关系，建立数学优化模型，运用最优化理论寻找最佳的决策方案，以实现最好的实际效益。例如，在灾后救援过程中，决策者需要根据各地的受灾情况合理分配救援人员，需要在救援物资进场前充分考虑有限的场地空间进行物资调度，还需要根据受灾道路的拥堵和受损情况规划出最短的救援路径等。在这些实际情境中，数学优化思想为决策者制订有效的科学方案提供了重要依据。

由于实际问题具有复杂性，因而利用最优化思想建立的数学模型会表现出多种多样的形式，运用的理论分析方法也不尽相同。为了更好地应用最优化理论解决实际问题，本节将首先介绍数学优化模型的基本结构和基本分类。

9.1.1　数学优化模型的基本结构

数学优化模型的基本结构主要包括以下三个方面。

1. 决策变量

决策变量是由决策者按照实际需求选择的用来描述系统特征的可操作变量。例如，在生产计划问题中不同产品的产量即可视为一种决策变量。决策变量的个数称为自由度。自由度为 n 的决策变量通常记为 $x=(x_1,x_2,\cdots,x_n)^{\mathrm{T}}$ 。

2. 目标函数

目标函数是一种利用决策变量进行表达的系统性能指标。例如，最低成本、最大利润、最小费用等。目标函数是关于决策变量的函数，通常记为 $f(x)$。

3. 约束条件

约束条件是在一定的系统环境中对决策变量的各种限制。例如，原材料的供应量、设备的生产能力、人员的工作时间等均对生产方案的制订起到限制作用。约束条件通常由 m 个不等式和 l 个等式组成，记为

$$\begin{cases} g_i(x) \leqslant 0, & i=1,2,\cdots,m \\ h_j(x)=0, & j=1,2,\cdots,l \end{cases} \tag{9-1}$$

因此在满足约束条件的情况下，对目标函数进行优化的数学模型可以表述为

$$\min f(x)$$
$$\text{s.t.} \quad \begin{cases} g_i(x) \leqslant 0, & i=1,2,\cdots,m \\ h_j(x)=0, & j=1,2,\cdots,l \end{cases} \tag{9-2}$$

其中满足约束条件式（9-1）的点 x 被称为可行解。所有可行解构成的集合被称为可行域。如果在可行域 S 中存在一点 x^*，使得对任意的 $x \in S$ 均有 $f(x) \geqslant f(x^*)$，则称 x^* 为最优化问题式（9-2）的最优解或全局最优解。如果 $x^* \in S$ 且存在 x^* 的一个 $\varepsilon-$邻域 $N_\varepsilon(x^*)$，使得对任意的 $x \in S \bigcap N_\varepsilon(x^*)$，均有 $f(x) \geqslant f(x^*)$，则称 x^* 为局部最优解。

值得注意的是，在最优化问题中也可能出现寻找目标函数的极大值的情形。由于 $\max\ f(x) = -\min\ -f(x)$，所以最优化问题中的极大化情形可以通过极小化形式进行等价转化，故本章只对极小化数学模型进行讨论。

9.1.2　数学优化模型的基本分类

在数学优化模型中，可行域的范围、目标函数和约束条件的特征及决策变量的性质多种多样，所以数学优化模型可以从以下视角进行一些基本分类。

1. 根据可行域的范围分类

若可行域 $S=\mathbb{R}^n$，则称最优化问题为无约束优化问题；若 $S \neq \mathbb{R}^n$，则称最优化问题为约束优化问题。

2. 根据函数的特征分类

若目标函数 f 和各约束函数 $g_1,\cdots,g_m$，$h_1,\cdots,h_l$ 均为线性函数，则称最优化问题为线性规划问题；若目标函数和各约束函数中存在至少一个非线性函数，则称最优化问题为非线性规划问题。特别地，若目标函数为二次函数，各约束函数为线性函数，则称最优化问题为二次规划问题；若目标函数 f 和不等式约束函数 $g_1,\cdots,g_m$ 均为凸函数，等式约束函数 $h_1,\cdots,h_l$ 为线性函数，则称最优化问题为凸

规划问题。进一步地，若约束中含有矩阵的半正定条件，则称最优化问题为半正定规划问题。线性规划问题也可以看成一类特殊的非线性规划问题。

3. 根据函数的可微性分类

若目标函数 f 和各约束函数 $g_1,\cdots,g_m$， $h_1,\cdots,h_l$ 均是连续可微的，则称最优化问题为光滑优化问题；若目标函数和各约束函数中存在至少一个是不可微的，则称最优化问题为非光滑优化问题。

4. 根据目标函数的个数分类

若在可行域上研究多于一个目标函数，即目标函数是向量值函数，则称最优化问题为多目标规划问题；若目标函数只有一个，即目标函数是单个实值函数，则称最优化问题为单目标规划问题。

5. 根据决策变量的取值分类

若可行域内含有无穷多个不可数的点，且可行域内的点连续变化，则称最优化问题为连续优化问题；若可行域是由一系列可数个离散的点构成的，则称最优化问题为离散优化问题。特别地，在离散优化问题中，若决策变量只能取整数，则称最优化问题为整数规划问题；若部分决策变量取整数，其余决策变量连续变化，则称最优化问题为混合整数规划问题；若决策变量只能取值 0 或 1，则称最优化问题为 0-1 规划问题。

6. 根据决策变量的确定性分类

若最优化问题中存在随机因素或含有随机变量，则称最优化问题为随机规划问题；若最优化问题中不含随机因素或随机变量，则称最优化问题为确定型数学规划问题。

目前，针对数学模型的自身特点和处理手段，最优化问题的分类方法还有很多。本章主要讨论实际应用非常广泛的非线性规划问题，其中决策变量为确定型，目标函数和约束条件均为关于决策变量的连续可微函数。在最优化理论和算法设计的发展过程中，非线性规划中的许多基本理论和方法为最优化研究奠定了非常重要的基础。

9.2 非线性规划建模

9.2.1 凸规划

在非线性规划中，凸性的概念非常重要。凸集和凸函数中的许多性质为分析非线性规划问题提供了有力的工具。本小节主要介绍凸集、凸函数及凸规划的基本概念和性质。

1. 凸集和凸函数

定义 9.1　在非空集合 $S \subseteq \mathbb{R}^n$ 中，如果任意两点的连线仍包含于该集合中，即对任意的 $x, y \in S$ 及 $\alpha \in [0,1]$，有

$$(1-\alpha)x + \alpha y \in S \tag{9-3}$$

则称集合 S 为凸集。

凸集的几何说明如图 9-1 所示。

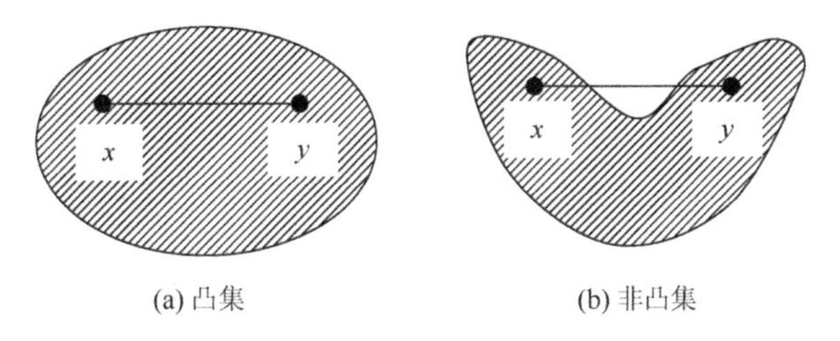

(a) 凸集　　(b) 非凸集

图 9-1　凸集的几何说明

定义 9.2　设函数 $f: S \to \mathbb{R}$，其中 $S \subseteq \mathbb{R}^n$ 是一个非空凸集。若对任意的 $x, y \in S$ 及 $\alpha \in (0,1)$，有

$$f((1-\alpha)x + \alpha y) \leqslant (1-\alpha)f(x) + \alpha f(y) \tag{9-4}$$

则称函数 f 在 S 上为凸函数。若对 S 中任意两个不同的点，式（9-4）严格成立，即当 $x \neq y$ 时总有

$$f((1-\alpha)x + \alpha y) < (1-\alpha)f(x) + \alpha f(y) \tag{9-5}$$

则称函数 f 在 S 上为严格凸函数。

凸函数的几何意义如图 9-2 所示，它表示 $f(x)$ 中任意两点连线的线段在该函数曲线的上方。

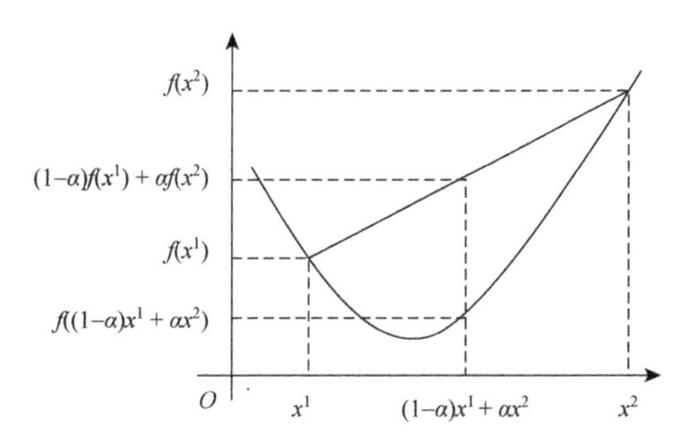

图 9-2　凸函数的几何意义

2. 凸规划的定义及性质

在非线性规划中，若可行域 S 是凸集，目标函数 f 在 S 上是凸函数，则该非线性规划为凸规划，它的数学模型可以表述为

$$\begin{aligned}&\min f(x)\\&\text{s.t.}\ \ x\in S\end{aligned}\tag{9-6}$$

其中，S 为凸集；函数 $f:S\to\mathbb{R}$ 为凸函数。

在一般的数学模型中，凸规划问题式（9-6）也可以具体描述为

$$\begin{aligned}&\min f(x)\quad [f(x)\text{是凸函数}]\\&\text{s.t.}\ \ \begin{cases}g_i(x)\leqslant 0, i=1,2,\cdots,m & [g_i(x)\ \text{是凸函数}]\\ h_j(x)=0, j=1,2,\cdots,l & [h_j(x)\ \text{是线性函数}]\end{cases}\end{aligned}\tag{9-7}$$

在凸规划中，若 $x^*\in S$ 是一个局部最优解，则 x^* 一定是全局最优解。进一步地，若目标函数 f 是一个严格凸函数，则最优解 x^* 是唯一的全局最优解。这在凸规划中是一个非常重要的性质。在凸规划的求解过程中，若在某一可行解附近搜索不到更优的点，则可以判定该可行解一定是全局最优解。

9.2.2 非线性规划模型

在一般的非线性规划中，直接求解全局最优解是非常困难的，通常只能利用函数的梯度信息获取局部最优解。本小节将分别针对无约束优化问题、等式约束优化问题和一般约束优化问题分析局部最优解的一些基本性质和求解方法。

1. 无约束优化问题

无约束优化问题的数学模型表述如下：

$$\begin{aligned}&\min f(x)\\&\text{s.t.}\ \ x\in\mathbb{R}^n\end{aligned}\tag{9-8}$$

记函数 f 的梯度为 $\nabla f(x)=\left(\dfrac{\partial f}{\partial x_1},\dfrac{\partial f}{\partial x_2},\cdots,\dfrac{\partial f}{\partial x_n}\right)^{\mathrm{T}}$，若 $\bar{x}$ 是无约束优化问题的局部最优解，则 $\nabla f(\bar{x})=0$；反之，满足 $\nabla f(x)=0$ 的点不一定是局部最优解，它可能是极小值点，也可能是极大值点，甚至可能两者都不是。例如，函数 $f(x)=x^3$ 在 $x=0$ 处有 $\nabla f(0)=0$，显然它既不是极小值点，也不是极大值点。

为了求解局部极小值点，我们还需要进一步引入函数 f 的二阶偏导数。

记函数 f 的 Hessian（黑塞）矩阵为

$$\nabla^2 f(x)=\begin{pmatrix}\frac{\partial^2 f}{\partial x_1^2} & \frac{\partial^2 f}{\partial x_1\partial x_2} & \cdots & \frac{\partial^2 f}{\partial x_1\partial x_n}\\ \frac{\partial^2 f}{\partial x_2\partial x_1} & \frac{\partial^2 f}{\partial x_2^2} & \cdots & \frac{\partial^2 f}{\partial x_2\partial x_n}\\ \vdots & \vdots & & \vdots\\ \frac{\partial^2 f}{\partial x_n\partial x_1} & \frac{\partial^2 f}{\partial x_n\partial x_2} & \cdots & \frac{\partial^2 f}{\partial x_n^2}\end{pmatrix} \tag{9-9}$$

简记作 $H(x)$。若 $\nabla f(\overline{x})=0$ 且满足 $H(\overline{x})$ 正定，则求解得到的 $\overline{x}$ 是无约束优化问题式（9-8）的一个局部极小值点。

特别地，在无约束的凸规划问题中只需要令 $\nabla f(\overline{x})=0$，然后求解该方程组即可获得全局最优解。

2. 等式约束优化问题

等式约束优化问题的数学模型表述如下：

$$\begin{aligned}&\min f(x)\\&\text{s.t. } h_j(x)=0,\quad j=1,2,\cdots,l\end{aligned} \tag{9-10}$$

处理该优化问题通常需要构建 Lagrange 函数，将具有等式约束的非线性规划问题转化为无约束优化问题。

首先针对每个等式约束引入 Lagrange 乘子 $\lambda_j\in\mathbb{R}$，$j=1,2,\cdots,l$，接着构建 Lagrange 函数：

$$L(x,\lambda_1,\lambda_2,\cdots,\lambda_l)=f(x)-\sum_{j=1}^{l}\lambda_j h_j(x) \tag{9-11}$$

则等式约束优化问题式（9-10）被转化为如下的无约束优化问题：

$$\begin{aligned}&\min f(x)-\sum_{j=1}^{l}\lambda_j h_j(x)\\&\text{s.t.}\quad x\in\mathbb{R}^n,\ \lambda_j\in\mathbb{R},\ j=1,2,\cdots,l\end{aligned} \tag{9-12}$$

然后，通过求解式（9-12）即可获得等式约束优化问题的局部最优解。

特别地，当目标函数 $f(x)$ 为二次函数，等式约束为线性函数时，易知该非线性规划问题是二次规划问题，记它的 Lagrange 函数为 L，则它的最优解可以通过求解方程（9-13）获取：

$$\frac{\partial L}{\partial x_1}=\frac{\partial L}{\partial x_2}=\cdots=\frac{\partial L}{\partial x_n}=\frac{\partial L}{\partial \lambda_1}=\frac{\partial L}{\partial \lambda_2}=\cdots=\frac{\partial L}{\partial \lambda_l}=0 \tag{9-13}$$

3. 一般约束优化问题

下面讨论具有等式和不等式约束的一般非线性规划问题，它的数学模型表述如下：

$$\begin{aligned}&\min f(x)\\&\text{s.t.}\ \begin{cases}g_i(x)\leqslant 0,\ i=1,2,\cdots,m\\h_j(x)=0,\ j=1,2,\cdots,l\end{cases}\end{aligned}\tag{9-14}$$

记可行点 $\bar{x}$ 处的有效约束集为

$$I(\bar{x})=\left\{i\ \middle|\ g_i(\bar{x})=0,\ i=1,2,\cdots,m\right\}\cup\left\{j\ \middle|\ h_j(\bar{x})=0,\ j=1,2,\cdots,l\right\}$$

若 $\bar{x}$ 是非线性规划问题式（9-14）的局部最优解且对所有的 $i,j\in I(\bar{x})$ ，梯度 $\nabla g_i(\bar{x})$ 和 $\nabla h_j(\bar{x})$ 线性无关，则存在一个乘子向量 $(u_1,u_2,\cdots,u_m,v_1,v_2,\cdots,v_l)^{\mathrm{T}}$ ，使得

$$\begin{cases}\nabla f(\bar{x})+\sum\limits_{i=1}^{m}u_i\nabla g_i(\bar{x})+\sum\limits_{j=1}^{l}v_j\nabla h_j(\bar{x})=0\\g_i(\bar{x})\leqslant 0,\ u_i\geqslant 0,\ u_ig_i(\bar{x})=0,\ i=1,2,\cdots,m\\h_j(\bar{x})=0,\ j=1,2,\cdots,l\end{cases}\tag{9-15}$$

最优性必要条件式（9-15）也称作 KKT 条件。

值得注意的是，通过 KKT 条件求得的可行解不一定是局部最优解，但是在凸规划中满足 KKT 条件的点一定是局部最优解，也是全局最优解。

9.2.3　多目标规划模型

在非线性规划问题中若存在 $p\geqslant 2$ 个关于决策变量 x 的目标函数 $f_1(x)$, $f_2(x)$, $\cdots$, $f_p(x)$ ，则该优化问题为多目标规划问题，它的数学模型一般可以表述如下：

$$\begin{aligned}&\min f(x)=(f_1(x),f_2(x),\cdots,f_p(x))^{\mathrm{T}}\\&\text{s.t.}\begin{cases}g_i(x)\leqslant 0,\ i=1,2,\cdots,m\\h_j(x)=0,\ j=1,2,\cdots,l\end{cases}\end{aligned}\tag{9-16}$$

在多目标规划问题式（9-16）中，目标函数是一个向量值函数，如何比较向

量的大小并界定最优解的概念是多目标规划问题首先要解决的问题。

1. 多目标规划问题的解

设 $X \subseteq \mathbb{R}^n$， $x^0=(x_1^0,x_2^0,\cdots,x_n^0)^{\mathrm{T}} \in X$ ，若对任意的 $x=(x_1,x_2,\cdots,x_n)^{\mathrm{T}} \in X$ ，有 $x_i^0 \leqslant x_i$ ， $i=1,2,\cdots,n$ ，即 $x^0 \leqslant x$ ，则称 x^0 是 X 的绝对最小向量。若不存在异于 x^0 的点 $x \in X$ ，使得 $x \leqslant x^0$ ，则称 x^0 是 X 的最小向量。若不存在 $x \in X$ ，使得 $x < x^0$ ，则称 x^0 是 X 的弱最小向量。下面通过图 9-3 说明弱最小向量、最小向量和绝对最小向量的区别。

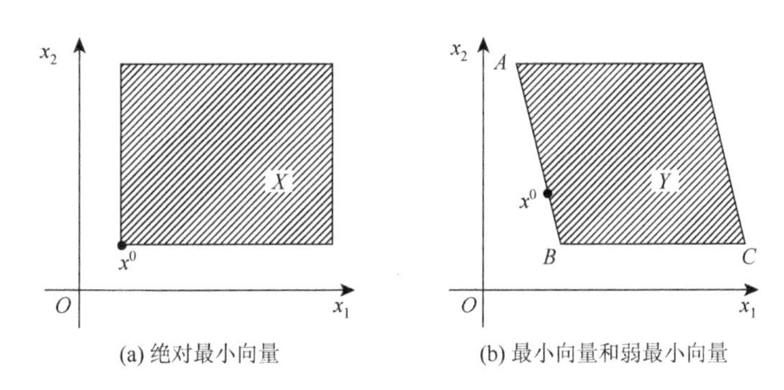

图 9-3　向量大小的比较

如图 9-3（a）所示，给定向量 $x^0=(x_1^0,x_2^0)^{\mathrm{T}} \in X$ ，对于任意的 $x=(x_1,x_2)^{\mathrm{T}} \in X$ ，均有 $x_i^0 \leqslant x_i$ ， $i=1,2$ ，所以 x^0 是集合 X 中的绝对最小向量。但是该条件通常不易满足，如图 9-3（b）的集合 Y 内就不存在绝对最小向量。通过观察集合 Y 可以发现，若 x^0 处于线段 AB 上，则在 Y 中找不到向量 x ，使得 $x \leqslant x^0$，故线段 AB 上任意一点均为集合 Y 的最小向量。若 x^0 处于线段 BC 上，则在集合 Y 中找不到点 x ，使得 $x < x^0$，则线段 BC 上任意一点均为集合 Y 中的弱最小向量。显然，最小向量一定是弱最小向量。

在多目标规划问题式（9-16）中，设 $X \subseteq \mathbb{R}^n$， $x^* \in X$ ，若对任意的 $x \in X$ 均有

$$f(x^*) \leqslant f(x) \tag{9-17}$$

即对所有的 $k=1,2,\cdots,p$ ，均有 $f_k(x^*) \leqslant f_k(x)$ ，则称 x^* 为绝对最优解。若不存在异于 x^* 的点 $x \in X$ ，使得 $f(x) \leqslant f(x^*)$ ，则称 x^* 为有效解，也称作 Pareto（帕累托）最优解。若不存在 $x \in X$ ，使得 $f(x) < f(x^*)$ ，则称 x^* 为弱有效解。

多目标规划最优解的几何说明如图 9-4 所示。由多目标最优解的定义可知，图 9-4（a）中不存在绝对最优解，但存在有效解和弱有效解，且有效解集等于

弱有效解集。在图 9-4（b）中，绝对最优解集等于有效解集，且包含于弱有效解集。

2. 多目标规划问题的解法

1）主要目标法

在多目标规划问题的解法中，将多目标转化为单目标进行求解是一种常用的方法。首先，我们可以选取一个目标作为最主要的目标，而将其他目标作为次要目标进行处理。这种方法被称为主要目标法，具体表述如下。

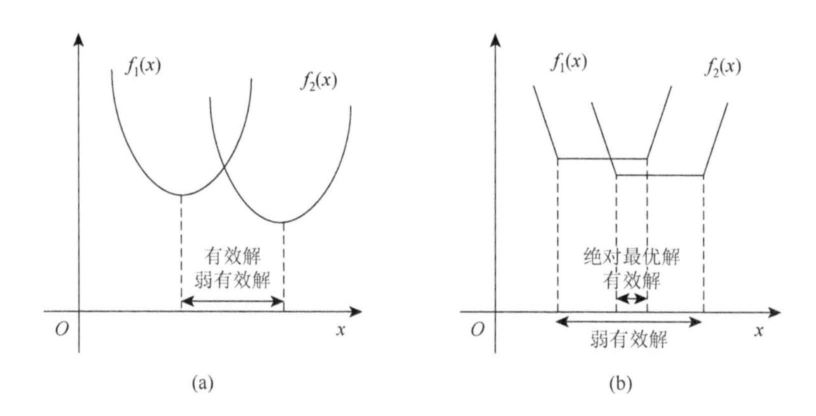

图 9-4　多目标规划最优解的几何说明

设多目标规划问题式（9-16）中存在 p 个目标函数，分别记为 $f_k(x)$，$k=1,2,\cdots,p$，不妨令 $f_1(x)$ 为主要目标，其余的 $p-1$ 个目标函数 $f_k(x)$ 有一组允许上界，分别记为 a_k，$k=2,3,\cdots,p$，则该多目标规划问题被转化为如下的单目标规划问题：

$$\min f_1(x)$$
$$\text{s.t.}\quad \begin{cases} f_k(x)\leqslant a_k, & k=2,3,\cdots,p \\ g_i(x)\leqslant 0, & i=1,2,\cdots,m \\ h_j(x)=0, & j=1,2,\cdots,l \end{cases} \tag{9-18}$$

式（9-18）属于非线性规划问题，所以可以应用一般约束优化方法获得该单目标规划问题的最优解。

通过主要目标法转化后的单目标规划问题式（9-18）的最优解是原多目标规划问题式（9-16）的弱有效解。

2）线性加权法

在多目标规划问题中，我们还可以根据各个目标函数的重要程度为其分配相应的权重，通过线性加权的形式将多目标规划问题转化为单目标规划问题。这种方法称为线性加权法，具体表述如下。

设多目标规划问题式（9-16）中存在 p 个目标函数，分别记为 $f_k(x)$，$k=1,2,\cdots,p$，根据各个目标函数的重要程度，分别赋予其一定的权重，记为 α_k，$k=1,2,\cdots,p$，通过将各权重系数与相应的目标函数相乘并求和，多目标规划问题式（9-16）被转化为如下的单目标规划问题：

$$\begin{aligned} &\min r(x)=\sum_{k=1}^{p}\alpha_k f_k(x)=\alpha^{\mathrm{T}}f(x) \\ &\text{s.t.}\quad \begin{cases} g_i(x)\leqslant 0, & i=1,2,\cdots,m \\ h_j(x)=0, & j=1,2,\cdots,l \end{cases} \end{aligned} \tag{9-19}$$

其中，权重 $\alpha=(\alpha_1,\alpha_2,\cdots,\alpha_p)^{\mathrm{T}}$，对任意 $k=1,2,\cdots,p$，有 $\alpha_k>0$ 且 $\sum_{k=1}^{p}\alpha_k=1$。

通过线性加权法转化后的单目标规划问题式（9-19）的最优解是原多目标规划问题式（9-16）的有效解。若权重系数的取值为 $\alpha_k\geqslant 0$ 且 $\sum_{k=1}^{p}\alpha_k=1$，则转化后的单目标规划问题式（9-19）的最优解是原多目标规划问题式（9-16）的弱有效解。

3）极大极小法

在多目标规划问题中，我们还经常考虑在所有目标的最差情形中获得最优解。这是一种极大极小化的思想，它可以将多目标规划问题转化为单目标规划问题，该方法被称为极大极小法，具体表述如下。

设多目标规划问题式（9-16）中存在 p 个目标函数，分别记为 $f_k(x)$，$k=1,2,\cdots,p$，对任意的可行点 x，选取所有目标函数中的最大值则可以获得一个最大值函数，记为 $v(x)=\max\limits_{1\leqslant k\leqslant p}\{f_k(x)\}$。在给定的约束条件下，通过求解最大值函数 $v(x)$ 的最小值即可将原多目标规划问题式（9-16）转化为如下的单目标规划问题：

$$\begin{aligned} &\min v(x)=\max_{1\leqslant k\leqslant p}\{f_k(x)\} \\ &\text{s.t.}\quad \begin{cases} g_i(x)\leqslant 0, & i=1,2,\cdots,m \\ h_j(x)=0, & j=1,2,\cdots,l \end{cases} \end{aligned} \tag{9-20}$$

通过极大极小法转化后的单目标规划问题式（9-20）的最优解是原多目标规划问题式（9-16）的弱有效解。

以上模型转化方法是求解多目标规划问题的一些常用方法。在多目标规划问题的处理中，除了可以将多个目标转化为单个目标外，还可以将原问题转化为多个单目标的非线性规划问题，甚至可以根据函数的一些性质直接对多目标规划问题进行处理，读者可以查阅相关文献深入研究。

9.2.4 智能算法

在非线性规划中，常规的最优化方法只能针对具有特殊结构和性质的函数和可行域进行分析和求解，但是在许多实际问题的数学建模中，对函数的表达形式和可行域的刻画通常比较复杂，这给设计精确搜索算法带来了较大困难。随着计算机技术的发展，一些用计算机模拟自然界的物理过程和生物行为特征的智能算法被开发并应用于非线性规划问题的求解中，如模拟退火算法、遗传算法、粒子群算法等，它们在交叉学科领域逐渐发挥重要作用。

1. 模拟退火算法

模拟退火算法是一种通用的概率演算法，它的思想主要源于固体的退火过程，即先将固体加热至足够高的温度，然后再让其慢慢冷却。根据统计力学可知，当温度升高时，固体内部粒子的能量增加，粒子的运动变得自由且无序，所以在高温条件下，固体内部的粒子得以重新排列。当温度缓慢下降时，固体内部粒子的能量减少，粒子的运动逐渐变得有序，且在每一个温度下固体都可以达到热平衡。当温度完全冷却至常温时，固体内部粒子的能量达到最小。

为了描述这种退火过程，Metropolis 准则给出了一种简单的运作过程。设在温度T下固体从状态i向状态j趋于热平衡，若状态j时的内能E_j小于状态i时的内能E_i，则接受状态转换；否则，以概率$e^{\frac{-(E_j-E_i)}{\kappa T}}$接受状态转换，其中$\kappa$为 Boltzmann 常数。

在将模拟退火思想应用到非线性规划求解的过程中，一般将内能E视为目标函数值f，将温度T视为控制参数，固体在某一温度T时的状态对应一个解x。由初始解x^0和一个充分大的控制参数初值T_0开始，设置任意温度下的最大迭代次数L和冷却温度终值T_f，依据“产生新的解→计算目标函数差→接受或舍弃新的状态”的迭代过程，逐步降低控制参数T，使得目标函数值f逐渐减小。当温度降低至T_f时，算法终止，保留下的当前解即为非线性规划问题的近似最优解。

模拟退火算法的基本步骤具体表述如下。

（1）设初始温度T_0，冷却温度T_f，任意温度下的最大迭代次数L。随机生成一个初始解x^0，计算目标函数值$E_0=f(x^0)$，令当前最优解$x^*=x^0$，当前温度$T=T_0$，记$k=0$。

（2）在 x^k 的邻域内生成一个新解 x^{k+1}，计算目标函数值 $E_{k+1}=f(x^{k+1})$，令当前迭代次数 $L_k=1$。

（3）计算目标函数值的差 $\Delta E=E_{k+1}-E_k$。若 $\Delta E<0$，则新解 x^{k+1} 被接受，更新当前最优解为 $x^*=x^{k+1}$；若 $\Delta E\geqslant 0$，则新解 x^{k+1} 被接受的概率为

$$P[x^k\to x^{k+1}]=\mathrm{e}^{\frac{-\Delta E}{\kappa T_k}} \tag{9-21}$$

（4）令 $L_k=L_k+1$。若 $L_k=L$，则转步骤（5）；否则，返回步骤（2）。

（5）选取衰减函数进行降温，即令 $T_{k+1}=\alpha T_k$，$\alpha\in(0.5,1)$。若 $T_{k+1}\leqslant T_f$，则终止算法；否则，令 $k=k+1$，转步骤（2）。

值得注意的是，在模拟退火算法的寻优过程中，降温过程要足够缓慢，热平衡时间要足够长，这样算法才能够搜索到较为满意的最优解，但是，这也会导致算法的迭代次数过高，计算时间过长。如果降温速度过快，或初始温度与冷却温度的差值过小，则算法很可能无法搜索到全局最优解。在执行模拟退火算法时参数的设置需要综合权衡算法的搜索性能和计算时间。

2. 遗传算法

遗传算法的基本思想主要源于自然选择原理和遗传进化机制。现代生物进化论认为，种群是生物进化的基本单位，基因的重组和突变使种群进化成为可能，自然选择决定了生物进化的方向，隔离是新物种形成的必要条件。在生物进化的过程中，种群里的每一个个体对自然都有一定的适应度，根据适者生存的原则，只有优良的个体可以存活。在优良个体两两配对的过程中，染色体中的基因会发生交叉和变异并产生下一代群体。经过逐代进化，新的种群最终可以达到适应自然的最佳状态。

在利用计算机模拟生物进化机制并用于非线性规划求解的过程中，遗传算法首先需要根据给定的可行域确定一种可行解的编码方式并产生一个初始种群。根据计算机的运算逻辑，遗传算法主要采用二进制的编码方式。其次，令目标函数为适应度函数，则每一个可行解都有一个适应度。最后，按照优胜劣汰的原则保留当前最优的群体并通过可行解的编码确定交配点和变异方式以产生下一代种群。在遗传算法中，适应度大的个体的基因更容易被遗传到下一代，所以经过逐代进化，目标函数值逐渐趋向最优。

遗传算法的基本步骤表述如下。

1）编码

设可行解的取值范围为 $[L,U]$，令二进制编码的长度为 k，则该种群共有 2^k 个编码，即个体的染色体，分别对应可行域中的可行解，如

$$00\cdots00\to L,\ 00\cdots01\to L+\delta,\ 00\cdots10\to L+2\delta,\cdots,\ 11\cdots11\to U$$

其中，$\delta=\dfrac{U-L}{2^k-1}$。

2）解码

将二进制编码 $b_k b_{k-1}\cdots b_2 b_1$ 还原成十进制数值，其中还原公式为

$$x=L+\left(\sum_{i=1}^{k} b_i 2^{i-1}\right)\delta \tag{9-22}$$

3）交叉

在染色体中选取一个或多个固定的交叉点位，将种群中的个体两两配对并在交叉点位互换染色体中的部分基因码，生成两个子代个体。

4）变异

将染色体中的某些基因按照给定的变异率进行突变，即 0 变为 1 或 1 变为 0 的翻转，生成子代个体。

5）选择

计算目标函数值作为个体适应度的大小并决定子代遗传的可能性，设种群中个体的总数为 N，则个体 i 被选取进化到下一代的概率为 $P_i=\dfrac{f_i}{\sum_{j=1}^{N} f_j}$。

6）终止

当最优个体的适应度达到给定的阈值，或最优个体的适应度和群体适应度不再增加，抑或迭代次数达到给定的代数时，算法终止。

在遗传算法中，基因变异可以避免算法在迭代过程中出现过早收敛的情形，使算法能够跳出当前局部最优区域，尽可能地搜寻全局最优解，它的变异方式除了基因点位翻转外，还可以选取一段正常的基因码按照倒序的方式重新排列，这样有利于产生具有生殖隔离特性的新种群。在子代的选择过程中，个体的适应度越高，被选取的概率越大，在迭代过程中更易被多次选中，它的遗传基因将在种群中不断扩散。若个体的适应度较低，则该个体将逐渐被淘汰。

3. 粒子群算法

粒子群算法也属于一种进化算法，但它比遗传算法简单且可以实现并行计算，它的寻优思想主要基于群鸟觅食行为。在群鸟觅食的过程中，每只鸟的初始位置和飞行方向都是随机的，且它们并不知晓食物在何处。随着时间的推移，群鸟通过有限次位移积累各自的觅食经验并进行信息共享，当有一只鸟寻找到最大价值的食物时，绝大部分的鸟会自组织地追随过去，最终它们会聚集在食物附近并找到最有价值的食物。

计算机在模拟群鸟觅食时，首先需要随机生成一系列粒子作为鸟群的个体，所

有粒子构成的粒子群即为鸟群。假设在 $\mathbb{R}^n$ 空间中随机生成 m 个粒子构成一个粒子群，记第 i 个粒子为 $x^i=(x_1^i,x_2^i,\cdots,x_n^i)^{\mathrm{T}}$ ，$i=1,2,\cdots,m$ ，则该粒子在空间中的初始位置已知。其次，计算该粒子的目标函数值 $f(x^i)$ 即可获得当前个体的适应度。最后，对各个粒子赋予一定的速度以确定它们的飞行方向和距离，记为 $v^i=(v_1^i,v_2^i,\cdots,v_n^i)^{\mathrm{T}}$ ，$i=1,2,\cdots,m$ 。设各个粒子所经历的最优位置分别为 $p^i=(p_1^i,p_2^i,\cdots,p_n^i)^{\mathrm{T}}$ ，$i=1,2,\cdots,m$ ，整个粒子群所经历的最优位置为 $g=(g_1,g_2,\cdots,g_n)^{\mathrm{T}}$ ，则粒子群算法采用如下迭代方式更新各个粒子的速度和所在的位置：

$$\begin{gathered} v_j^i=wv_j^i+c_1r_1(p_j^i-x_j^i)+c_2r_2(g_j-x_j^i) \\ x_j^i=x_j^i+v_j^i \\ i=1,2,\cdots,m \\ j=1,2,\cdots,n \end{gathered} \tag{9-23}$$

其中，$w>0$ 为惯性因子；$c_1>0$ 和 $c_2>0$ 为学习因子或加速常数；r_1 和 r_2 为[0,1]范围内的随机数。在式(9-23)中，wv_j^i 反映了粒子维持当前速度的运动惯性；$c_1r_1(p_j^i-x_j^i)$ 表示粒子对自身经历的记忆，反映了粒子向自身历史最优位置逼近的趋势；$c_2r_2(g_j-x_j^i)$ 表示粒子间的信息共享，反映了粒子向群体历史最优位置逼近的趋势。

粒子群算法的基本步骤表述如下。

（1）设惯性因子 w，学习因子 c_1 和 c_2，最大迭代次数 N 和最小允许误差 ε 。随机选取一组粒子，初始化各粒子的速度 v^i 和位置 x^i，$i=1,2,\cdots,m$ 。记当前最优位置为 p^*，当前最优适应值为 J^* 。

（2）计算各粒子的适应值 $f(x^i)$，$i=1,2,\cdots,m$ ，并进行评估。

（3）根据式（9-23）更新各个粒子的速度和位置，计算新位置的适应值并与当前最优适应值进行比较。若新的适应值更优，则将当前最优适应值更新为新位置的适应值，并更新当前最优位置；否则，保持不变。

（4）在整个粒子群中比较各个粒子的最优适应值，以确定当前全局最优适应值并更新当前全局最优位置。

（5）当最优适应值满足最小允许误差或算法达到最大迭代次数时，算法终止，输出最优适应值和位置；否则，返回步骤（3）。

粒子群算法具有通用性强、容易实现、收敛速度快等特点，有利于开展并行计算和有效处理多目标规划问题，能够同时搜索多个 Pareto 最优解，同时易于同其他算法相结合，改进自身算法的局限性。但是，粒子群算法也存在一些缺点，当粒子的运动速度过快时，迁移距离增大，不利于全局最优解的搜索，而且算法的过快收敛也容易造成粒子飞行动力不足，很可能落入局部最优点，甚至是局部最优点附近的非最优点处。就生物学本身而言，群鸟觅食行为的理论体系尚未完善，所以粒子群算法的理论分析还有待进一步研究。

9.3　基于最优化理论的灾害风险建模案例分析

9.3.1　案例背景介绍

某地区有 3 处受灾点需要应急管理中心调配物资救援。根据受灾统计情况，各受灾点所需的物资分别需要 3 辆、2 辆和 3 辆运输车运送，救援物资到达受灾点的及时程度对于受灾地区的伤亡损失具有重要影响。记 t_{ij} 为第 j 辆物资运输车到达受灾点 i 的时间，3 处受灾点的损失分别为 $3t_{11}^2+t_{12}^2+2t_{13}^2$，$t_{21}^2+3t_{22}^2$，$2t_{31}^2+7t_{32}^2+4t_{33}^2$。目前应急管理中心正好有 8 辆运输车可供调度，它们分布在 4 个救援物资供应站，其中各物资供应站的运输车的数量分别是 2 辆、2 辆、2 辆、2 辆。运输车从 4 个物资供应站到 3 处受灾点所需要的时间如表 9-1 所示。应急管理中心应该如何调度车辆才能使受灾地区的总损失最小？

表 9-1　物资供应站到受灾点所需时间（单位：min）

物资供应站	受灾点 1	受灾点 2	受灾点 3
物资供应站 1	7	12	15
物资供应站 2	8	6	12
物资供应站 3	12	11	9
物资供应站 4	10	14	11

9.3.2　模型框架

本案例是灾后救援中经常需要考虑的最优车辆调度问题。由于各受灾点的损失情况与救援物资的抵达时间密切相关，所以应急管理中心需要在运输车数量有限的条件下根据 4 个物资供应站到各受灾点的运输时间合理分配车辆，以使得灾区的总损失降到最低。

该问题本质上属于一类指派问题，所以在数学建模时可以设置 0-1 决策变量来描述车辆的具体分配情况。将物资供应站到受灾点的运输时间与各受灾点的损失函数相结合，8 辆运输车与 3 处受灾点的损失情况将形成一个损失矩阵，因此，灾区的总损失可以利用损失矩阵构建线性函数进行数学描述。由于应急管理中心可供调度的车辆有限，所以在数学建模时应该考虑具有线性约束的 0-1 规划模型，它的基本模型框架为

$$
\begin{aligned}
&\min J = c^T x \\
&\text{s.t.} \quad \begin{cases} Ax \leqslant b \\ Bx = d \\ x \in \{0,1\} \end{cases}
\end{aligned} \tag{9-24}
$$

9.3.3　实现途径

1. 决策变量分析

在本案例中，每个供应站均可提供 2 辆运输车运送物资，而 3 处受灾点分别需要 3 辆、2 辆、3 辆运输车将物资送达，如何从 4 个物资供应站中安排车辆并分配到各受灾点处尚未可知。为此，我们将 3 处受灾点按照运输车总数分解成 8 个需求点并设 0-1 决策变量 x_{ij} 表示物资供应站 i 是否向第 j 个需求点派车，其中 $j=1,2,3$ 表示受灾点 1，$j=4,5$ 表示受灾点 2，$j=6,7,8$ 表示受灾点 3。若 $x_{ij}=1$，则派车；若 $x_{ij}=0$，则不派车，故本案例中共存在 $4\times 8=32$ 个 0-1 决策变量。

2. 目标分析

根据 3 处受灾点关于运输车到达时间的损失函数及 4 个物资供应站到各受灾点所需的时间（表 9-1）可以得到损失情况（表 9-2）。例如，供应站 $i=1$ 向需求点 $j=7$ 派车，表示供应站 1 派出的运输车将到达受灾点 3，由表 9-1 可知它耗费的时间是 15min，而到达需求点 $j=7$ 则表示它是到达受灾点 3 的第 2 辆车，由损失函数可知，它引起的损失值为 $7\times 15^2=1575$，该数值即为损失情况表 9-2 中 $i=1, j=7$ 所对应的数据。

表 9-2　各受灾点的损失情况

供应站	受灾点 1			受灾点 2		受灾点 3		
	$j=1$	$j=2$	$j=3$	$j=4$	$j=5$	$j=6$	$j=7$	$j=8$
供应站 $i=1$	147	49	98	144	432	450	1575	900
供应站 $i=2$	192	64	128	36	108	288	1008	567
供应站 $i=3$	432	144	288	121	363	162	567	324
供应站 $i=4$	300	100	200	196	588	242	847	484

接着考虑运输车到达各受灾点的先后次序，本案例将损失情况（表 9-2）按照各受灾点的损失大小进行重新排列并用损失矩阵 C 表示，其中

$$C=\left[c_{ij}\right]_{4\times 8}=\begin{bmatrix}49 & 98 & 147 & 144 & 432 & 450 & 900 & 1575\\ 64 & 128 & 192 & 36 & 108 & 288 & 567 & 1008\\ 144 & 288 & 432 & 121 & 363 & 162 & 324 & 567\\ 100 & 200 & 300 & 196 & 588 & 242 & 484 & 847\end{bmatrix}$$

则使总损失达到最小的目标函数可以表述为

$$\min\ J(x)=\sum_{j=1}^{8}\sum_{i=1}^{4}c_{ij}x_{ij} \tag{9-25}$$

3. 约束条件分析

由于各物资供应站可供调度的运输车的数量分别为 2 辆、2 辆、2 辆、2 辆，故有如下四个约束：

$$\begin{aligned}&x_{11}+x_{12}+x_{13}+x_{14}+x_{15}+x_{16}+x_{17}+x_{18}=2\\&x_{21}+x_{22}+x_{23}+x_{24}+x_{25}+x_{26}+x_{27}+x_{28}=2\\&x_{31}+x_{32}+x_{33}+x_{34}+x_{35}+x_{36}+x_{37}+x_{38}=2\\&x_{41}+x_{42}+x_{43}+x_{44}+x_{45}+x_{46}+x_{47}+x_{48}=2\end{aligned} \tag{9-26}$$

又由于各个需求点均需要分配一辆运输车进行救灾，故得到如下八个约束：

$$\sum_{i=1}^{4}x_{ij}=1,\quad j=1,2,3,4,5,6,7,8 \tag{9-27}$$

根据表 9-1，按照各运输车到达各受灾点的先后次序建立约束条件。例如，供应点 1 到达受灾点 1 的运输车是到达该受灾点的第二辆车时，根据表 9-1 可知，到达受灾点 1 的第一辆车一定是从供应点 1 派出的，故有不等式约束 $x_{12}\leqslant x_{11}$。如果供应点 2 到达受灾点 1 的运输车是到达该受灾点的第二辆车时，根据表 9-1 可知，到达受灾点 1 的第一辆车可能是从供应点 1 派出的，也可能是从供应点 2 派出的，故有不等式约束 $x_{22}\leqslant x_{11}+x_{21}$。同理可得，到达 3 处受灾点的派车次序约束分别如下所示。

受灾点 1 的派车次序约束：

$$\begin{aligned}&x_{12}\leqslant x_{11}\\&x_{22}\leqslant x_{11}+x_{21}\\&x_{42}\leqslant x_{11}+x_{21}+x_{41}\\&x_{13}\leqslant x_{12}\\&2x_{23}\leqslant x_{11}+x_{12}+x_{21}+x_{22}\\&2x_{43}\leqslant x_{11}+x_{12}+x_{21}+x_{22}+x_{41}+x_{42}\end{aligned} \tag{9-28}$$

受灾点 2 的派车次序约束：

$$
\begin{aligned}
& x_{15} \leqslant x_{14} + x_{24} + x_{34} \\
& x_{25} \leqslant x_{24} \\
& x_{35} \leqslant x_{24} + x_{34}
\end{aligned}
\tag{9-29}
$$

受灾点 3 的派车次序约束：

$$
\begin{aligned}
& x_{37} \leqslant x_{36} \\
& x_{47} \leqslant x_{36} + x_{46} \\
& x_{27} \leqslant x_{36} + x_{46} + x_{26} \\
& x_{38} \leqslant x_{37} \\
& 2x_{48} \leqslant x_{36} + x_{37} + x_{46} + x_{47} \\
& 2x_{28} \leqslant x_{26} + x_{27} + x_{36} + x_{37} + x_{46} + x_{47}
\end{aligned}
\tag{9-30}
$$

基于模型框架式（9-24）并结合式（9-25）～式（9-30）中的具体函数表达，本案例中的灾后救援物资车辆的最优调度模型即可被完整构建。

9.3.4　模型结果展示

本案例的数学模型可以通过 LINDO 软件求解，计算结果如图 9-5 所示。

File Edit LINGO Window Help

Global optimal solution found.
Objective value: 2216.000
Extended solver steps: 0
Total solver iterations: 14

Variable	Value	Reduced Cost
X11	1.000000	49.00000
X12	1.000000	98.00000
X13	0.000000	147.0000
X14	0.000000	144.0000
X15	0.000000	432.0000
X16	0.000000	450.0000
X17	0.000000	900.0000
X18	0.000000	1575.000
X21	0.000000	64.00000
X22	0.000000	128.0000
X23	0.000000	192.0000
X24	1.000000	36.00000
X25	1.000000	108.0000
X26	0.000000	288.0000
X27	0.000000	567.0000
X28	0.000000	1008.000
X31	0.000000	144.0000
X32	0.000000	288.0000
X33	1.000000	432.0000
X34	0.000000	121.0000
X35	0.000000	363.0000
X36	1.000000	162.0000
X37	0.000000	567.0000
X38	0.000000	324.0000
X41	0.000000	100.0000
X42	0.000000	200.0000
X43	0.000000	300.0000
X44	0.000000	196.0000
X45	0.000000	588.0000
X46	0.000000	242.0000
X47	1.000000	484.0000
X48	1.000000	847.0000

图 9-5　计算结果

由LINDO软件可得最优解为：$x_{11}=x_{12}=x_{24}=x_{25}=x_{33}=x_{36}=x_{47}=x_{48}=1$，其余变量为0，最优目标值为$J_{\min}=2216$，所以应急管理中心的最优调度方案如下。

受灾点1的第1、2辆车由供应站1派出，第3辆车由供应站3派出。

受灾点2的第1、2辆车均由供应站2派出。

受灾点3的第1辆车由供应站3派出，第2、3辆车由供应站4派出。

9.3.5 结论

在数学建模过程中，本案例首先将车辆的分配任务作为研究对象，引入0-1决策变量作为各供应站的车辆到不同受灾点的分配方案。其次，根据各物资供应站所能提供的车辆的数量及各个受灾点的需求量建立一系列等式约束。再次，按照各供应站派出的车辆抵达受灾点的先后次序建立不等式约束。最后，根据各受灾点的损失情况构建目标函数并进行极小化处理。通过运行最优化软件，一个符合抵达受灾点时间次序的最优决策方案即可被制订。

如今，最优化理论已经广泛地应用于灾害风险管理领域，它将现代科学技术与数学工具相结合，通过定量分析的方式为决策者提供最优的决策方案，这对于提高灾后救援的效率、减少伤亡和降低风险损失等具有重要意义。

专业术语

1. 最优化（optimization）：满足一定限制的条件下，在众多可行方案中选取能够使目标达到最佳的方案。

2. 非线性规划（nonlinear programming）：目标函数和各约束函数中存在至少一个非线性函数的数学规划模型。

3. 凸集（convex set）：非空集合中任意两点的连线仍包含于该集合。数学语言描述：对任意的$x,y\in S$及$\alpha\in[0,1]$，均有$(1-\alpha)x+\alpha y\in S$，则称集合$S$为凸集。

4. 凸函数（convex function）：设函数$f:S\to\mathbb{R}$，其中$S\subseteq\mathbb{R}^n$是一个非空凸集。若对任意的$x,y\in S$及$\alpha\in(0,1)$，有$f((1-\alpha)x+\alpha y)\leqslant(1-\alpha)f(x)+\alpha f(y)$，则称函数$f$在$S$上为凸函数。

5. 凸规划（convex programming）：可行域为凸集，目标函数和不等式约束为凸函数，等式约束为线性函数的非线性规划。

6. 无约束优化（unconstrained optimization）：没有约束条件或约束条件起不到限制作用的最优化问题。

7. 约束优化（constrained optimization）：存在约束条件或决策变量受到一定限制的最优化问题。

8. KKT 条件（KKT conditions）：在满足一些约束规范的条件下，判定可行点是否是非线性规划的局部最优解的一个必要条件。

9. 多目标规划（multi-objective programming）：目标多于一个或目标函数是一个向量值函数的数学规划。

本 章 习 题

1. 设 S_1 和 S_2 为凸集，证明对任意的 α,β，有 $\alpha S_1+\beta S_2$ 是凸集。

2. 在非空凸集 S 上，若函数 $f_i:S\to\mathbb{R}$，$i=1,2,\cdots,m$，均为凸函数，证明对任意的 $\alpha_i\geqslant 0$，$i=1,2,\cdots,m$，如下函数也是定义在 S 上的凸函数，

$$f(x)=\alpha_1 f_1+\alpha_2 f_2+\cdots+\alpha_m f_m\text{。}$$

3. 设 $S\subseteq\mathbb{R}^n$ 为一个非空开凸集，函数 $f:S\to\mathbb{R}$ 在 S 上可微，证明 f 为一个凸函数的充分必要条件是，对任意 $x,y\in S$，有

$$f(y)\geqslant f(x)+\nabla f(x)^{\mathrm{T}}(y-x)\text{。}$$

4. 设 $S\subseteq\mathbb{R}^n$ 为一个非空凸集，函数 $f:S\to\mathbb{R}$ 为一个凸函数，在 S 上考虑 f 的极小化问题。若 $x^*\in S$ 是该问题的一个局部最优解，证明 x^* 是全局最优解。

5. 判断如下非线性规划是否为凸规划：

$$\min f(x)=2x_1^2-4x_1x_2+4x_2^2+x_1+3x_2$$
$$\text{s.t.}\quad\begin{cases}x_1^2+2x_2^2\leqslant 6\\3x_1+x_2=9\\x_1,x_2\geqslant 0\end{cases}$$

6. 已知非线性规划：

$$\min f(x)=x_1^2+x_2^2$$
$$\text{s.t.}\quad\begin{cases}x_1^2+x_2^2\leqslant 5\\-x_1\leqslant 0\\-x_2\leqslant 0\\x_1+2x_2=4\end{cases}$$

（1）写出 KKT 条件。

（2）判别点 $x=\left(\dfrac{4}{5},\dfrac{8}{5}\right)^{\mathrm{T}}$ 是否为 KKT 点。

（3）求最优解和最优目标函数值。

7. 试求集合$\left\{(f_1,f_2)^{\mathrm{T}}\middle| f_1=f_2^2+2f_2\right\}$中的最大向量集、弱最大向量集、最小向量集和弱最小向量集。

8. 求$\min\ f(x)=\left(f_1(x),f_2(x)\right)$的有效解和弱有效解，其中$f_1(x)=x^2-2x$，$f_2(x)=1-x$，$x\in[0,3]$。

9. 靠近某河流有两个化工厂，流经第一化工厂的河流流量为每天500万m^3，在两个工厂之间有一条流量为每天200万m^3的支流。化工厂1每天排放含有某种有害物质的工业污水2万m^3，化工厂2每天排放的工业污水为1.4万m^3。从化工厂1排出的污水流到化工厂2前，有20%可自然净化。根据环保要求，河流中工业污水的含量应不大于0.2%。因此这两个工厂都需处理一部分工业污水。化工厂1处理污水的成本是1000元/万m^3，化工厂2处理污水的成本是800元/万m^3。问：在满足环保要求的条件下，每个工厂各应处理多少工业污水，可以使两个工厂处理工业污水的总费用最小。

参考文献

林锉云，董加礼. 1992. 多目标优化的方法与理论[M]. 长春：吉林教育出版社.

温正，孙华克. 2017. MATLAB智能算法[M]. 北京：清华大学出版社.

谢金星，薛毅. 2005. 优化建模与LINDO/LINGO软件[M]. 北京：清华大学出版社.

袁亚湘，孙文瑜. 1997. 最优化理论与方法[M]. 北京：科学出版社.

Bazaraa M S, Sherali H D, Shetty C M. 2006. Nonlinear Programming: Theory and Algorithms[M]. 3rd ed. Hoboken: John Wiley & Sons, Inc.

Fukushima M. 2011. 非线性最优化基础[M]. 林贵华，译. 北京：科学出版社.

Rockafellar R T. 1970. Convex Analysis[M]. Princeton: Princeton University Press.

第 10 章　数据包络分析

学习目标

- 了解数据包络分析方法的基本原理
- 掌握 CCR 模型与 BCC 模型
- 掌握数据包络分析的拓展模型
- 掌握数据包络分析模型在灾害风险建模中的应用

10.1　基础理论

10.1.1　基本原理与适用范围

数据包络分析（data envelopment analysis，DEA）是运筹学、管理学、计算机科学等多学科交叉的一个研究领域，最先由美国著名的运筹学家 A. Charnes、W. W. Cooper 和 E. Rhodes 为解决决策单元（decision making unit，DMU）相对有效性评价问题而提出和命名（Charnes et al.，1978）。它把单投入、单产出的工程效率概念推广到多投入、多产出的同质决策单元的有效性评价中，极大地丰富了微观经济学中的生产函数理论及应用技术。具体来说，DEA 使用数学规划建立评价模型，对具有多投入和多产出的决策单元进行相对有效性评价。DEA 有效性评价的本质是判断决策单元是否位于生产可能集的前沿面上。生产前沿面是生产函数向多产出情况的推广，是以投入最小、产出最大为目标的 Pareto 最优解构成的面。在 DEA 方法中，生产前沿面直接由投入产出的数据确定，所以 DEA 方法也可被视为一种非参数的统计估计方法。

由于具有避免主观因素、算法简便、误差量少，且能模拟生产过程等优点，DEA 方法一出现就受到了人们的关注，无论是在理论研究还是在实际应用之中均得到了快速发展，已经成为管理决策、评价技术、系统工程等领域重要而且有效的研究工具。从理论研究来看，在第一个 DEA 模型——CCR 模型的基础上，学者已经派生出了一系列新的 DEA 理论模型，包括适应不同规模效益的 DEA 模型（BCC 模型、FG 模型、ST 模型等）、含有偏好 DEA 模型（CCWH 模型）、无限多决策单元 DEA 模型（CCW 模型）、综合 DEA 模型（CCWY 模型）、模糊 DEA 模型、动态 DEA 模型、随机 DEA 模型、网络 DEA 模型等。从应用层面看，自第一个 DEA 模型被成功应用后(评价为智力障碍儿童开设的公立学校的项目效果),DEA 方法在越来越多的领域得到了应用,主要包括生产函数刻画、经济效率评价、区域经济研究、资源配置优化、物流与供应链管理研究、银行评价、风险评估等。

总而言之,DEA 方法理论背景深厚、应用范围广泛,随着经济和社会的发展,DEA 方法也将被不断地完善,在更多的领域发挥作用。

10.1.2 数据包络分析方法的工作步骤

为获得稳定可靠的评价结果,在运用 DEA 方法时,主要的工作步骤包含问题明确阶段、建模计算阶段、结果分析阶段,有时还需要在这三个步骤上多次反复,并结合其他定性与定量方法。具体实施步骤如下。

(1)问题明确阶段。首先需要明确评价目标,围绕评价目标确定评价对象,并对其进行分析,包括主目标、子目标的辨识,影响目标的因素的梳理等。在此基础上对各类因素进行性质辨别,如因素可分为可变的或不可变的、可控的或不可控的、定性的或定量的。考虑到某些决策单元是开放性的,因此还需要对决策单元的边界进行界定。最后对结果进行初步的定性分析和预测。

(2)建模计算阶段。这一阶段的工作首先需要根据第一阶段的分析结果建立全面、科学的评价指标体系。其次,针对评价对象,依据同质性、代表性原则选取评价参考集。最后,收集数据,并根据问题的实际背景选用适当的 DEA 模型进行建模计算。

(3)结果分析阶段。在上述工作的基础上,将计算结果与定性分析和预测结果进行对比,考察计算结果的合理性与正确性。如出现重大偏离则可采取多种模型进行佐证验算,也可结合其他评价方法进行综合分析。在确保结果可靠的基础上,找出无效单元的无效原因,并提供进一步改进的途径。

10.2 数据包络分析建模

10.2.1 分式规划

在生产系统或经济系统中,一个部门或单元能够通过投入一定数量的要素生产出一定数量的产品。虽然生产活动的具体方式与具体内容各不相同,但目的均是尽可能地使生产效益最大化。假设有 n 个具有相同性质的决策单元,每个决策单元以 m 种类型的投入(表示决策单元生产活动中消耗的生产要素)生产出 s 种类型的产出(表明生产活动成效的结果),决策单元的投入产出数据如表 10-1 所示。

表 10-1　决策单元投入产出数据

投入权	投入	DMU						产出	产出权
		1	2	…	j	…	n		
v_1	1	x_{11}	x_{12}	…	x_{1j}	…	x_{1n}	—	—
v_2	2	x_{21}	x_{22}	…	x_{2j}	…	x_{2n}	—	—
⋮	⋮	⋮	⋮		⋮		⋮	—	—
v_m	m	x_{m1}	x_{m2}	…	x_{mj}	…	x_{mn}	—	—
—	—	y_{11}	y_{12}	…	y_{1j}	…	y_{1n}	1	u_1
—	—	y_{21}	y_{22}	…	y_{2j}	…	y_{2n}	2	u_2
—	—	⋮	⋮		⋮		⋮	⋮	⋮
—	—	y_{s1}	y_{s2}	…	y_{sj}	…	y_{sn}	s	u_s

表 10-1 中 x_{ij} 为第 j 个决策单元的第 i 种投入的数量，$x_{ij}>0$；y_{rj} 为第 j 个决策单元的第 r 种产出的数量，$y_{rj}>0$；v_i 为衡量第 i 种投入的重要性的指标，或称为投入权；u_r 为衡量第 r 种产出的重要性的指标，或称为产出权；$i=1,2,\cdots,m$，$r=1,2,\cdots,s$，$j=1,2,\cdots,n$。x_{ij} 和 y_{rj} 为已知数据，v_i 和 u_r 为决策变量。为方便起见，记为 $x_j=(x_{1j},x_{2j},\cdots,x_{mj})^{\mathrm{T}}$，$y_j=(y_{1j},y_{2j},\cdots,x_{sj})^{\mathrm{T}}$，$v=(v_1,v_2,\cdots,v_m)^{\mathrm{T}}$，$u=(u_1,u_2,\cdots,u_s)^{\mathrm{T}}$，称 $T=\{(x_j,y_j)\mid j=1,2,\cdots,n\}$ 为参考集。

现在建立决策单元 DMU_{j0} 的分式规划模型。为书写方便，记为 $x_{j0}=x_0$，$y_{j0}=y_0$。

对于任意一个生产活动来说，在权系数的作用下，每一个决策单元的多维投入数据均可被转化成一个综合投入量，记为 $v^{\mathrm{T}}x_j$；同理，多维产出数据也可被转化成一个综合产出量，记为 $u^{\mathrm{T}}y_j$。因此，每个决策单元的效率评价指数为

$$h_j=\frac{u^{\mathrm{T}}y_j}{v^{\mathrm{T}}x_j} \tag{10-1}$$

由于生产过程中存在消耗，投入无法完全转化为产出，不失一般性，总是可以适当地选取权系数 v 和 u，使效率评价指数满足：

$$\frac{u^{\mathrm{T}}y_j}{v^{\mathrm{T}}x_j}\leqslant 1 \tag{10-2}$$

当对 DMU_{j0} 进行相对有效性评价时（以参考集中的所有决策单元为比较对象），以权系数 v 和 u 为决策变量，以所有决策单元的效率评价指数不超过 1 为约束条件，以最大化自身效率评价指数为目标，构建如下最优化分式模型：

$$
(\text{CCR-f})\begin{cases} \max \dfrac{u^{\mathrm{T}} y_0}{v^{\mathrm{T}} x_0} = h_{j0} \\ \dfrac{u^{\mathrm{T}} y_j}{v^{\mathrm{T}} x_j} \leqslant 1, \quad j = 1,2,\cdots,n \\ v \geqslant 0, v \neq 0 \\ u \geqslant 0, u \neq 0 \end{cases} \tag{10-3}
$$

（CCR-f）模型就是第一个 DEA 模型——CCR 模型的分式规划形式。

定义 10.1　若（CCR-f）模型的最优解 v^0 与 u^0 使效率评价指数满足 $h_{j0} = \dfrac{u^{\mathrm{T}} y_0}{v^{\mathrm{T}} x_0} = 1$，则称 DMU_{j0} 为弱 DEA 有效。若（CCR-f）模型存在最优解 v^0 与 u^0 使效率评价指数满足 $h_{j0} = \dfrac{u^{\mathrm{T}} y_0}{v^{\mathrm{T}} x_0} = 1$，并且满足 $v > 0$ 和 $u > 0$，则称 DMU_{j0} 为 DEA 有效。

10.2.2　CCR 模型、BCC 模型、FG 模型与 ST 模型

1. CCR 模型

分式规划模型具有易理解的优点，但其作为非线性规划为后续的求解与性质探索带来了阻碍。为此 Charnes 和 Cooper 首先给出了分式处理方法（通常被称为 Charnes-Cooper 变化），将分式规划转化成等价的线性规划问题。令

$$
t = \frac{1}{v^{\mathrm{T}} x_0} \tag{10-4}
$$

$$
\omega = tv \tag{10-5}
$$

$$
\mu = tu \tag{10-6}
$$

则（CCR-f）模型的目标函数变为

$$
\frac{u^{\mathrm{T}} y_0}{v^{\mathrm{T}} x_0} = tu^{\mathrm{T}} y_0 = \mu^{\mathrm{T}} y_0 \tag{10-7}
$$

约束条件变为

$$
tu^{\mathrm{T}} y_j \leqslant tv^{\mathrm{T}} x_j \tag{10-8}
$$

即

$$
\omega^{\mathrm{T}} x_j - \mu^{\mathrm{T}} y_j \geqslant 0 \tag{10-9}
$$

又因为式（10-4）得到一个新的约束条件：

$$
\omega^{\mathrm{T}} x_0 = tv^{\mathrm{T}} x_0 = 1 \tag{10-10}
$$

由此（CCR-f）模型可转化为如下线性规划模型——（CCR-I）模型：

$$
(\text{CCR-I})\begin{cases}\max \mu^{\mathrm{T}} y_0 \\ \omega^{\mathrm{T}} x_j - \mu^{\mathrm{T}} y_j \geqslant 0, \ j=1,2,\cdots,n \\ \omega^{\mathrm{T}} x_0 = 1 \\ \omega \geqslant 0 \\ \mu \geqslant 0 \end{cases} \tag{10-11}
$$

（CCR-I）模型的对偶规划（D-CCR-I）模型如下：

$$
(\text{D-CCR-I})\begin{cases}\min \theta = h_{j0} \\ \sum_{j=1}^{n} x_j \lambda_j \leqslant \theta x_0 \\ \sum_{j=1}^{n} y_j \lambda_j \geqslant y_0 \\ \lambda_j \geqslant 0, j=1,2,\cdots,n; \theta \text{ 无约束} \end{cases} \tag{10-12}
$$

定义 10.2　若（D-CCR-I）模型的最优值为 1，则称 DMU_{j0} 为弱 DEA 有效。

DEA 模型不仅能够识别决策单元的生产效率，还可以通过决策单元在有效前沿面上的投影分析决策单元无效的原因，从而对决策单元的投入和产出进行调整。在（D-CCR-I）模型中加入松弛变量与非阿基米德无穷小量 ε，（D-CCR-I）模型可转化为

$$
(\text{D}_{\varepsilon}\text{-CCR-I})\begin{cases}\min \theta - \varepsilon(e^{\mathrm{T}} s^{-} + \overline{e}^{\mathrm{T}} s^{+}) \\ \sum_{j=1}^{n} x_j \lambda_j + s^{-} = \theta x_0 \\ \sum_{j=1}^{n} y_j \lambda_j - s^{+} = y_0 \\ \lambda_j \geqslant 0, j=1,2,\cdots,n, \ s^{-}, s^{+} \geqslant 0 \end{cases} \tag{10-13}
$$

其中，e 与 $\overline{e}$ 为单位向量。

定义 10.3　若（D_{ε}-CCR-I）模型的最优解为 θ^0，λ_j^0，$j=1,2,\cdots,n$，s^{0-} 和 s^{0+}。则称 $(\overline{x}_0 = \theta^0 x_0 - s^{0-}, \overline{y}_0 = y_0 + s^{0+})$ 为 DMU_{j0} 在有效面上的投影。若最优值 $\theta^0 = 1$，且 $s^{0-} = 0$，$s^{0+} = 0$，则 DMU_{j0} 为 DEA 有效。

2. BCC 模型

在使用 CCR 模型进行效率评价时，其生产可能集是遵循平凡性公理、凸性公

理、锥性公理、无效性公理和最小性公理的凸多面锥，由此 CCR 模型测算出的 DEA 效率既是规模有效的，也是技术有效的。这也说明 CCR 模型无法单纯地评价决策单元的技术有效性。为解决上述问题，Banker 等（1984）提出了评价决策单元技术有效性的 BCC 模型。其中输入型 BCC 模型为

$$(\text{D-BCC-I})\begin{cases}\min\theta = h_{j0} \\ \sum_{j=1}^{n} x_j\lambda_j \leqslant \theta x_0 \\ \sum_{j=1}^{n} y_j\lambda_j \geqslant y_0 \\ \sum_{j=1}^{n}\lambda_j = 1 \\ \lambda_j \geqslant 0,\ j=1,2,\cdots,n;\ \theta\text{ 无约束}\end{cases} \tag{10-14}$$

由此可见输入型 BCC 模型的目的是在产出保持不变的情况下，测算投入量能缩小的最大倍数，即在限制 $(\theta x_0, y_0)\in T_{\text{BCC}}$ 的条件下，求 θ 的最小值。

定义 10.4 若（D-BCC-I）模型的最优值为 1，则称 DMU_{j0} 为弱 DEA 有效。

在（D-BCC-I）模型中加入松弛变量与非阿基米德无穷小量 ε，（D-BCC-I）模型可转化为

$$(\text{D}_{\varepsilon}\text{-BCC-I})\begin{cases}\min\theta - \varepsilon(e^{\mathrm{T}}s^{-} + \overline{e}^{\mathrm{T}}s^{+}) \\ \sum_{j=1}^{n} x_j\lambda_j + s^{-} = \theta x_0 \\ \sum_{j=1}^{n} y_j\lambda_j - s^{+} = y_0 \\ \sum_{j=1}^{n}\lambda_j = 1 \\ \lambda_j \geqslant 0,\ j=1,2,\cdots,n,\ s^{-},s^{+}\geqslant 0\end{cases} \tag{10-15}$$

定义 10.5 若（D_{ε}-BCC-I）模型的最优解为 θ^0，λ_j^0，$j=1,2,\cdots,n$，s^{0-} 和 s^{0+}。则称 $(\overline{x}_0 = \theta^0 x_0 - s^{0-}, \overline{y}_0 = y_0 + s^{0+})$ 为 DMU_{j0} 在有效面上的投影。若最优值 $\theta^0 = 1$，且 $s^{0-}=0$，$s^{0+}=0$，则称 DMU_{j0} 为 DEA 有效。

令（D-CCR-I）模型的最优值为 h_{CCR}，（D-BCC-I）模型的最优值为 h_{BCC}。

定义 10.6 若 h_{CCR} 是（D-CCR-I）模型的最优值，h_{BCC} 是（D-BCC-I）模型的最优值，则称：h_{CCR} 是 DMU_{j0} 的整体效率，也称生产效率（productive efficiency)；h_{BCC} 是 DMU_{j0} 的技术效率（technical efficiency)；$SE=\frac{h_{CCR}}{h_{BCC}}$ 是 DMU_{j0} 的规模效率（scale efficiency)。

由定义 10.6 可知生产效率、技术效率、规模效率之间的关系为 $h_{CCR}\leqslant h_{BCC}\leqslant 1$ 且 $SE\leqslant 1$。从而，若整体有效（生产效率为 1)，则必定技术有效（技术效率也必定为 1)、规模有效（规模效率也必定为 1)。

3. FG 模型与 ST 模型

CCR 模型与 BCC 模型可分别用于规模报酬不变和规模报酬可变假设下的生产效率评价。为进一步刻画生产活动的非规模效益递增和非规模效益递减，Färe 和 Grosskopf、Seiford 和 Thrall 分别提出了 FG 模型（Färe and Grosskopf，1985）与 ST 模型（Seiford and Thrall，1990)。

输入型 FG 模型：

$$
(\text{D-FG-I})\begin{cases}\min\theta=h_{j0}\\ \sum\limits_{j=1}^{n}x_j\lambda_j\leqslant\theta x_0\\ \sum\limits_{j=1}^{n}y_j\lambda_j\geqslant y_0\\ \sum\limits_{j=1}^{n}\lambda_j\leqslant 1\\ \lambda_j\geqslant 0,\ j=1,2,\cdots,n;\ \theta\text{ 无约束}\end{cases}\tag{10-16}
$$

定义 10.7　若（D-FG-I）模型的最优值为 1，则称 DMU_{j0} 为弱 DEA 有效。

输入型 ST 模型：

$$
(\text{D-ST-I})\begin{cases}\min\theta=h_{j0}\\ \sum\limits_{j=1}^{n}x_j\lambda_j\leqslant\theta x_0\\ \sum\limits_{j=1}^{n}y_j\lambda_j\geqslant y_0\\ \sum\limits_{j=1}^{n}\lambda_j\geqslant 1\\ \lambda_j\geqslant 0,\ j=1,2,\cdots,n;\ \theta\text{ 无约束}\end{cases}\tag{10-17}
$$

定义 10.8　若（D-ST-I）模型的最优值为 1，则称 DMU_{j0} 为弱 DEA 有效。

相比之下，FG 模型、ST 模型与 BCC 模型唯一的区别在于权系数之和不同。

FG 模型要求权系数之和小于 1，以表征非规模效益递增，而 ST 模型要求权系数之和大于 1，以表征非规模效益递减。

10.2.3　数据包络分析的交叉效率理论方法

经典 DEA 模型是一种自评性模型，即各个决策单元通过求解各自的线性规划问题，寻求一组最优投入产出权重使自身的效率最大化。因此，经典 DEA 模型存在两大缺陷：第一，经典 DEA 模型将所有的决策单元一分为二，只能判定决策单元是有效还是无效，尤其是对于效率值为 1 的决策单元，经典 DEA 模型无法进一步对其进行效率分级与排序；第二，经典 DEA 模型计算权系数以自身效率最大化为原则，这容易造成夸大长处、回避缺陷、以自评为主的氛围，一旦互评，则可能造成伪有效单元的现象。

为解决上述问题，有学者对经典 DEA 模型进行了拓展，其中交叉效率 DEA 模型是最为典型的一种（Sexton et al.，1986），该方法利用自评与互评相结合的方法，弥补经典 DEA 模型过于依赖自评体系的弊端。在交叉效率 DEA 模型中，决策单元的效率值不仅与自身投入产出的权重相关，还受到其他决策单元权系数的影响。由此，交叉效率 DEA 模型不仅能够对所有的决策单元进行效率评价，甄别全局最优决策单元，还能够避免经典 DEA 模型中权系数不现实的问题。

假设 μ^0 和 ω^0 为（CCR-I）模型的最优解，对应的最优值为 h_{j0}。同样地，其他决策单元 DMU_j（$j=1,2,\cdots,n$）也可以得到最优解 μ^j 和 ω^j，最优值 h_j。那么 DMU_j 在决策单元 DMU_d 最优权系数下的交叉效率为

$$h_{dj}=\frac{\mu^d y_j}{\omega^d x_j} \tag{10-18}$$

重复上述计算过程，可以得到如表 10-2 所示的交叉效率矩阵。

表 10-2　交叉效率矩阵

评价 DMU_d	待评价 DMU_j			
	1	2	…	n
1	h_{11}	h_{12}	…	h_{1n}
2	h_{21}	h_{22}	…	h_{2n}
⋮	⋮	⋮		⋮
n	h_{n1}	h_{n2}	…	h_{nn}
平均值	$\bar{h}_1$	$\bar{h}_2$	…	$\bar{h}_n$

对于DMU_j（$j=1,2,\cdots,n$），所有h_{dj}的平均值表示DMU_j的最终交叉效率。

实际上，传统 CCR 模型计算出的权系数并不唯一，这造成式（10-18）测算出的交叉效率值往往是随机产生的，不同的计算软件也会得到不同的交叉效率值。为此，在评价方法中引入不同的二次目标确定唯一的权系数成了主要的解决方法，其中排他型策略（Sexton et al.，1986）和利众型策略（Ertay and Ruan，2005）使用得最为广泛。该方法分为如下三步（以利众型策略为例）。

第一步：求解（CCR-f）模型，确定各自的效率值。

第二步：在保持自身效率不变的情况下，尽可能选择使其他决策单元效率最大的权系数。

$$\begin{cases}\max \dfrac{1}{n-1}\sum\limits_{j\neq d}\dfrac{\sum\limits_{r=1}^{s}\mu_{rd}y_{rj}}{\sum\limits_{i=1}^{m}\omega_{id}x_{ij}} \\ \sum\limits_{i=1}^{m}\omega_{id}x_{ij}-\sum\limits_{r=1}^{s}\mu_{rd}y_{rj}\geqslant 0, \quad j=1,2,\cdots,n \\ \sum\limits_{i=1}^{m}\omega_{id}x_{ij}=1 \\ \sum\limits_{r=1}^{s}\mu_{rd}y_{rj}=h_{dd} \\ \omega_{id}\geqslant 0，\ i=1,2,\cdots,m \\ \mu_{rd}\geqslant 0，\ r=1,2,\cdots,s\end{cases} \tag{10-19}$$

相反，在保持自身效率不变的情况下，尽可能选择使其他决策单元效率最小的权系数即排他型策略。虽然模型（10-19）能解决权系数不唯一的问题，但其属于非线性规划，为求解带来了困难。为此，可进一步将其转化为如下线性规划：

$$\begin{cases}\max \sum\limits_{r=1}^{s}\mu_{rd}\left(\sum\limits_{j=1,\,j\neq d}^{n}y_{rj}\right) \\ \sum\limits_{i=1}^{m}\omega_{id}\left(\sum\limits_{j=1,\,j\neq d}^{n}x_{ij}\right)=1 \\ \sum\limits_{i=1}^{m}\omega_{id}x_{ij}-\sum\limits_{r=1}^{s}\mu_{rd}y_{rj}\geqslant 0, \quad j=1,2,\cdots,n \\ \sum\limits_{r=1}^{s}\mu_{rd}y_{rj}-h_{dd}\sum\limits_{i=1}^{m}\omega_{id}x_{ij}=0 \\ \omega_{id}\geqslant 0，\ i=1,2,\cdots,m \\ \mu_{rd}\geqslant 0，\ r=1,2,\cdots,s\end{cases} \tag{10-20}$$

第三步：根据模型（10-20）求解出权系数后，运用式（10-18）计算DMU_j在决策单元DMU_d最优权系数下的交叉效率并进行平均运算，即可得到DMU_j最终的交叉效率值。

10.2.4　面板数据包络分析模型

经典 DEA 模型在处理截面数据方面有着良好的性能，适用于评价决策单元的静态效率，但无法评价决策单元的动态效率、无法体现决策单元的动态变化趋势。采用面板数据进行处理，是解决此类问题的有效方法之一。其中视窗 DEA 分析法是典型的面板 DEA 模型。

视窗 DEA 分析法由 Charnes 等（1984）提出。该方法的基本思想是将视窗期内所有的观测值均视为决策单元，即将同一个决策单元不同时期的观测值视为不同决策单元的投入产出。由此某个决策单元在某个时期的效率值不仅可以和该决策单元在其他时期的效率值进行比较，还可以和其他决策单元在其他时期的效率值进行比较。接下来给出具体的数学表达。

设有n个决策单元，每个决策单元有m种投入和s种产出，共T个观测时期，分析时期为t（$1 \leqslant t \leqslant T$）。令$x_{ij}^t = (x_{1j}^t, x_{2j}^t, \cdots, x_{mj}^t)^{\mathrm{T}}$（$j = 1, 2, \cdots, n$）为$\text{DMU}_j$在第$t$期的投入向量，$y_{rj}^t = (y_{1j}^t, y_{2j}^t, \cdots, y_{sj}^t)^{\mathrm{T}}$（$j = 1, 2, \cdots, n$）为$\text{DMU}_j$在第$t$期的产出向量。假设视窗宽度为$w$，则从第 1 期到第$w$期的数据构成第 1 个视窗，从第 2 期到第$w+1$期的数据构成第 2 个视窗，重复上述步骤，能构成$T-w+1$个视窗。那么第$k$个视窗的投入向量与产出向量如下：

$$x_j^{k,t} = \begin{pmatrix} x_{1j}^{k,t}, x_{2j}^{k,t}, \cdots, x_{mj}^{k,t} \\ x_{1j}^{k,t+1}, x_{2j}^{k,t+1}, \cdots, x_{mj}^{k,t+1} \\ \vdots \\ x_{1j}^{k,t-w+1}, x_{2j}^{k,t-w+1}, \cdots, x_{mj}^{k,t-w+1} \end{pmatrix}^{\mathrm{T}} \tag{10-21}$$

$$y_j^{k,t} = \begin{pmatrix} y_{1j}^{k,t}, y_{2j}^{k,t}, \cdots, y_{sj}^{k,t} \\ y_{1j}^{k,t+1}, y_{2j}^{k,t+1}, \cdots, y_{sj}^{k,t+1} \\ \vdots \\ y_{1j}^{k,t-w+1}, y_{2j}^{k,t-w+1}, \cdots, y_{sj}^{k,t-w+1} \end{pmatrix} \tag{10-22}$$

将新的投入产出向量代入经典 DEA 模型中，就可以得到视窗分析的评价结果。以投入型 CCR 模型为例，第k个视窗第t期第$j0$个决策单元的生产效率的计算模型为

$$
\begin{cases}
\min \theta_0^{k,t} \\
\sum_{j=1}^{n} \lambda_j^{k,t} x_j^{k,t} \leqslant \theta_0^{k,t} x_{i0}^{k,t}, & i=1,2,\cdots,m \\
\sum_{j=1}^{n} \lambda_j^{k,t} y_j^{k,t} \geqslant y_{r0}^{k,t}, & r=1,2,\cdots,s \\
\lambda_j^{k,t} \geqslant 0, & j=1,2,\cdots,n
\end{cases}
\tag{10-23}
$$

规模报酬可变假设下的 BCC 视窗分析模型为

$$
\begin{cases}
\min \theta_0^{k,t} \\
\sum_{j=1}^{n} \lambda_j^{k,t} x_j^{k,t} \leqslant \theta_0^{k,t} x_{i0}^{k,t}, & i=1,2,\cdots,m \\
\sum_{j=1}^{n} \lambda_j^{k,t} y_j^{k,t} \geqslant y_{r0}^{k,t}, & r=1,2,\cdots,s \\
\sum_{j=1}^{n} \lambda_j^{k,t} = 1, \lambda_j^{k,t} \geqslant 0, & j=1,2,\cdots,n
\end{cases}
\tag{10-24}
$$

当视窗宽度为 1 时，视窗 DEA 模型等同于经典 DEA 模型；当视窗宽度为 T 时，视窗 DEA 模型进化为全局 DEA（global DEA）模型。从本质上讲经典 DEA 模型与全局 DEA 模型是视窗 DEA 模型的两种极端模型。从而，确定视窗宽度是视窗 DEA 分析的重要问题。如果视窗宽度过窄，则会对决策单元的差异性造成影响，而过宽又会对决策单元的同质性造成影响。一般来说，视窗宽度的确定由式（10-25）决定：

$$
w = \begin{cases}
\dfrac{T+1}{2}, & T\text{为奇数} \\
\dfrac{T+1}{2} \pm \dfrac{1}{2}, & T\text{为偶数}
\end{cases}
\tag{10-25}
$$

尽管式（10-25）并未取得学者的一致认可，但它仍不失为一种有效方法。

10.2.5　不确定数据包络分析模型

经典 DEA 模型是数据敏感的模型，只能处理输入、输出数据为精确值的情况。然而，随着事物发展的复杂化，被评估决策单元的投入产出指标会受到属性制约、信息不完整性等因素的影响，获取的数据信息往往是不精确的，即可能是定性的、随机的或模糊的。为解决上述问题，学者提出了诸多不确定 DEA

模型。本章主要介绍随机 DEA 模型（Cooper et al.，1996）与模糊 DEA 模型（Guo and Tanaka，2001）。

1. 随机 DEA 模型建立

设有 n 个决策单元，每个决策单元有 m 种投入和 s 种产出。令 $\tilde{x}_j=(\tilde{x}_{1j},\tilde{x}_{2j},\cdots,\tilde{x}_{mj})^{\mathrm{T}}$，$\tilde{y}_j=(\tilde{y}_{1j},\tilde{y}_{2j},\cdots,\tilde{y}_{sj})^{\mathrm{T}}$，$j=1,2,\cdots,n$ 分别为 DMU_j 的随机投入和产出向量。$x_j=(x_{1j},x_{2j},\cdots,x_{mj})^{\mathrm{T}}$，$y_j=(y_{1j},y_{2j},\cdots,y_{sj})^{\mathrm{T}}$，$j=1,2,\cdots,n$ 分别为 DMU_j 的期望投入和产出向量。在随机的情况下，无法做到置信度为 100%的 DEA 有效，因此需设定置信水平 $1-\alpha$。根据确定性 DEA 模型，可平行建立随机 DEA 模型，其具体形式如下：

$$
\begin{cases}
\max\theta \\
p(\sum_{j=1}^{n}\tilde{x}_j\lambda_j\leqslant\tilde{x}_0)\geqslant 1-\alpha \\
P(\sum_{j=1}^{n}y_j\lambda_j\geqslant\theta y_0)\geqslant 1-\alpha \\
\lambda_j\geqslant 0,j=1,2,\cdots,n,\ \ s^-,s^+\geqslant 0
\end{cases}
\tag{10-26}
$$

其中，p 为概率；α 为预先设定的值。

假设存在松弛变量 δ，使 $p\left(\sum_{j=1}^{n}\tilde{x}_j\lambda_j\leqslant\tilde{x}_0\right)=1-\alpha+\delta$，那么对于连续的投入产出随机变量而言，必定存在 $s^-\geqslant 0$，使得 $p\left(\sum_{j=1}^{n}\tilde{x}_j\lambda_j+s^-\leqslant\tilde{x}_0\right)=1-\alpha$。显然，当且仅当 $s^-=0$ 时，$\delta=0$。

同理，必定存在 $s^-\geqslant 0$，使得 $P\left(\sum_{j=1}^{n}y_j\lambda_j+s^+\geqslant\theta y_0\right)=1-\alpha$。由此模型（10-26）可转化为模型（10-27）：

$$
\begin{cases}
\max\theta+\varepsilon(e^{\mathrm{T}}s^-+e^{-\mathrm{T}}s^+) \\
p(\sum_{j=1}^{n}\tilde{x}_j\lambda_j+s^-\leqslant\tilde{x}_0)=1-\alpha \\
P(\sum_{j=1}^{n}y_j\lambda_j+s^+\geqslant\theta y_0)=1-\alpha \\
\lambda_j\geqslant 0,j=1,2,\cdots,n,\ \ s^-,s^+\geqslant 0
\end{cases}
\tag{10-27}
$$

定义 10.9　若最优值$\theta^0=1$，且$s^{0-}=0$，$s^{0+}=0$，则称DMU_{j0}在置信水平$1-\alpha$下随机 DEA 有效。

2. 随机 DEA 模型求解

现实经济活动或生产过程中，随机数据一般服从正态分布或近似正态分布。因此可将情景简化，假设投入产出随机数据服从正态分布，且其联合概率分布已知。$P\left(\sum_{j=1}^{n}y_j\lambda_j+s^+\geqslant\theta y_0\right)=1-\alpha$可进一步改写为

$$\alpha=P\left(\sum_{j=1}^{n}y_j\lambda_j-\theta y_0\leqslant s^+\right)=p\left\{Z\leqslant\frac{s^+-\left(\sum_{j=1}^{n}y_j\lambda_j-\theta y_0\right)}{\sigma_0(\theta,\lambda)}\right\}\quad(10\text{-}28)$$

其中，$(\sigma_0(\theta,\lambda))^2=\sum_{i\neq0}\sum_{j\neq0}\lambda_i\lambda_j\operatorname{Cov}(\tilde{y}_{rj},y_{rj})+2(\lambda_0-\theta)\sum_{i\neq0}\operatorname{Cov}(\tilde{y}_{rj},\tilde{y}_{r0})+(\lambda_0-\theta)^2\operatorname{Var}(\tilde{y}_{r0})$；

$Z=\dfrac{\left(\sum_{j=1}^{n}\tilde{y}_j\lambda_j-\theta\tilde{y}_0\right)-\left(\sum_{j=1}^{n}y_j\lambda_j-\theta y_0\right)}{\sigma_0(\theta,\lambda)}$，显然$Z$服从标准正态分布。

由此式（10-28）可进一步转化为

$$\frac{s^+-\left(\sum_{j=1}^{n}y_j\lambda_j-\theta y_0\right)}{\sigma_0(\theta,\lambda)}=\psi^{-1}(\alpha)\quad(10\text{-}29)$$

其中，$\psi^{-1}(\alpha)$为标准正态分布函数的逆函数。

同理$p\left(\sum_{j=1}^{n}\tilde{x}_j\lambda_j+s^-\leqslant\tilde{x}_0\right)=1-\alpha$可转化为

$$\frac{\sum_{j=1}^{n}x_j\lambda_j+s^--x_0}{\sigma_0(\lambda)}=\psi^{-1}(\alpha)\quad(10\text{-}30)$$

其中，$(\sigma_0(\lambda))^2=\sum_{j\neq0}\sum_{k\neq0}\lambda_i\lambda_k\operatorname{Cov}(\tilde{x}_{ij},\tilde{x}_{ik})+2(\lambda_0-1)\sum_{j\neq0}\lambda_j\operatorname{Cov}(\tilde{x}_{ij},\tilde{x}_{i0})+(\lambda_0-1)^2\operatorname{Var}(\tilde{x}_{i0})$。

最终模型（10-27）可改写成如下形式：

$$
\begin{cases}
\max \theta + \varepsilon(e^{\mathrm{T}} s^{-} + e^{-\mathrm{T}} s^{+}) \\
\dfrac{s^{+} - (\sum\limits_{j=1}^{n} y_j \lambda_j - \theta y_0)}{\sigma_0(\theta, \lambda)} = \psi^{-1}(\alpha) \\
\dfrac{\sum\limits_{j=1}^{n} x_j \lambda_j + s^{-} - x_0}{\sigma_0(\lambda)} = \psi^{-1}(\alpha) \\
(\sigma_0(\theta, \lambda))^2 = \sum\limits_{i \neq 0} \sum\limits_{j \neq 0} \lambda_i \lambda_j \mathrm{Cov}(\tilde{y}_{rj}, y_{rj}) \\
\qquad + 2(\lambda_0 - \theta) \sum\limits_{i \neq 0} \mathrm{Cov}(\tilde{y}_{rj}, \tilde{y}_{r0}) + (\lambda_0 - \theta)^2 \mathrm{Var}(\tilde{y}_{r0}) \\
(\sigma_0(\lambda))^2 = \sum\limits_{j \neq 0} \sum\limits_{k \neq 0} \lambda_i \lambda_k \mathrm{Cov}(\tilde{x}_{ij}, \tilde{x}_{ik}) \\
\qquad + 2(\lambda_0 - 1) \sum\limits_{j \neq 0} \lambda_j \mathrm{Cov}(\tilde{x}_{ij}, \tilde{x}_{i0}) + (\lambda_0 - 1)^2 \mathrm{Var}(\tilde{x}_{i0}) \\
\lambda_j \geqslant 0,\ j = 1, 2, \cdots, n,\ \ s^{-}, s^{+} \geqslant 0
\end{cases}
\tag{10-31}
$$

模型（10-31）是目标函数为线性、约束条件的最高次数为二次的规划问题，可由 Lingo、GAMS 等软件求出。

3. 模糊 DEA 模型建立

设有 n 个决策单元，每个决策单元有 m 种投入和 s 种产出。令 $\widehat{x}_j = (\widehat{x}_{1j}, \widehat{x}_{2j}, \cdots, \widehat{x}_{mj})^{\mathrm{T}}$，$\widehat{y}_j = (\widehat{y}_{1j}, \widehat{y}_{2j}, \cdots, \widehat{y}_{sj})^{\mathrm{T}}$，$j = 1, 2, \cdots, n$ 分别为 DMU_j 的模糊投入和产出向量。

建立如下模糊 DEA 模型：

$$
\begin{cases}
\min \theta - \varepsilon(e^{\mathrm{T}} s^{-} + \overline{e}^{\mathrm{T}} s^{+}) \\
\sum\limits_{j=1}^{n} \widehat{x}_j \lambda_j + s^{-} = \theta \widehat{x}_0 \\
\sum\limits_{j=1}^{n} \widehat{y}_j \lambda_j - s^{+} = \widehat{y}_0 \\
\lambda_j \geqslant 0,\ j = 1, 2, \cdots, n,\ \ s^{-}, s^{+} \geqslant 0
\end{cases}
\tag{10-32}
$$

当决策单元的输入输出数据存在模糊数据时，不能以取均值的简单做法来评价决策单元的相对有效性。这样可能造成有效决策单元被视为无效，而无效决策单元被误判为有效的情况发生。前者将造成原本有效的决策单元错误地调整投入产出数量，打乱正常的生产运作管理；后者使无效的决策单元得不到应有的改善，继续维持其无效的生产状态。模糊 DEA 模型有别于经典 DEA 模型，它需要综合考虑所有模糊决策单元输入输出指标的所有可能取值的状况。接下来介绍具体的求解方法。

4. 基于α截集的模糊 DEA 求解方法

由于模糊数的特有性质，模糊 DEA 模型的最优解往往不是唯一的，这些解构成了一个闭区间。不论决策单元投入产出的实际值位于模糊数的左边界还是右边界，决策单元的效率值均位于上述闭区间内。模糊数在支撑集内取不同值的可能性不同，因此决策单元的效率值在上述闭区间内取不同解的可能性一般也不同。为了将决策单元取不同效率值的可能性清楚地展现给决策者，以便其根据自身风险态度在目标值和可能值之间自我均衡与折中，有必要在求解时考虑置信水平。

给定任意模糊数$\widehat{N}$，其α截集$N_\alpha=\{x\mid x\in R,\mu_{\tilde{N}}(x)\geqslant\alpha\}$是实数域上的一个封闭区间，记为$N_\alpha=[N_\alpha^L,N_\alpha^R]$，$N_\alpha^L$和$N_\alpha^R$分别表示区间的左右边界。根据模糊数截集的性质，随着α的增加，模型（10-32）的解的可行域减小，对应的最优解可能减小，反之则增大。α截集求解的基本思想是通过取截集，了解目标函数在置信水平下的变化范围。

不难判断，当以参考决策单元最大可能投入$x_{j\alpha}^R$、最小可能产出$y_{j\alpha}^L$为参考标准时，被评价决策单元的最大效率值必定对应于自身最小可能投入$x_{0\alpha}^L$、最大可能产出$y_{0\alpha}^R$。那么模型（10-32）可转化为确定性 DEA 模型，以计算决策单元的最大可能效率值：

$$\begin{cases}\min\theta\\ \sum\limits_{j=1,j\neq j0}^{n}x_{j\alpha}^R\lambda_j+x_{0\alpha}^L\lambda_{j0}+s^-=\theta x_{0\alpha}^L\\ \sum\limits_{j=1,j\neq j0}^{n}y_{j\alpha}^L\lambda_j+y_{0\alpha}^R\lambda_{j0}-s^+=y_{0\alpha}^R\\ \lambda_j\geqslant 0,\ j=1,2,\cdots,n,\ \ s^-,s^+\geqslant 0\end{cases}\tag{10-33}$$

类似地，当以参考决策单元最小可能投入$x_{j\alpha}^L$、最大可能产出$y_{j\alpha}^R$为参考标准时，被评价决策单元的最小效率值必定对应于自身最大可能投入$x_{0\alpha}^R$、最小可能产出$y_{0\alpha}^L$。那么模型（10-32）可转化为确定性 DEA 模型，以计算决策单元的最小可能效率值：

$$\begin{cases}\min\theta \\ \sum\limits_{j=1,j\neq j0}^{n} x_{j\alpha}^{L}\lambda_j + x_{0\alpha}^{R}\lambda_{j0} + s^{-} = \theta x_{0\alpha}^{R} \\ \sum\limits_{j=1,j\neq j0}^{n} y_{j\alpha}^{R}\lambda_j + y_{0\alpha}^{L}\lambda_{j0} - s^{+} = y_{0\alpha}^{L} \\ \lambda_j \geqslant 0, j=1,2,\cdots,n,\ s^{-},s^{+}\geqslant 0\end{cases} \tag{10-34}$$

模型（10-33）是以α为参数的普通线性规划，它定义了置信水平下决策单元最乐观的评价结果，记为$\theta_{0\alpha}^{R}$；模型（10-34）则给出了置信水平下决策单元最悲观的评价结果，记为$\theta_{0\alpha}^{L}$。由此模型（10-33）与模型（10-34）的最优值为原模糊DEA问题的目标值构成的α截集下的明确闭区间$[\theta_{0\alpha}^{L},\theta_{0\alpha}^{R}]$。这一解区间可以让决策者直观地感受到在一定置信水平下决策单元的效率变化情况。

定义 10.10　若模型（10-33）的最优值$\theta_{0\alpha}^{R}=1$，则称DMU_{j0}在置信水平$1-\alpha$下弱乐观模糊DEA有效。若$s^{0-}=0$，$s^{0+}=0$，则称DMU_{j0}在置信水平$1-\alpha$下乐观模糊DEA有效。

定义 10.11　若模型（10-34）的最优值$\theta_{0\alpha}^{L}=1$，则称DMU_{j0}在置信水平$1-\alpha$下弱悲观模糊DEA有效。若$s^{0-}=0$，$s^{0+}=0$，则称DMU_{j0}在置信水平$1-\alpha$下悲观模糊DEA有效。

显然，最优值$\theta_{0\alpha}^{R}$大于或等于最优值$\theta_{0\alpha}^{L}$，不难证明，若DMU_{j0}在置信水平$1-\alpha$下悲观模糊DEA有效，则必然为乐观模糊DEA有效，反之不一定成立。

10.3　基于数据包络分析的灾害风险建模案例分析

10.3.1　研究背景

我国是受自然灾害影响最为严重的国家之一，统计数据表明我国每年由自然灾害造成的直接经济损失占国民生产总值的3%～6%。为有效减少自然灾害带来的损失，学者针对减灾防灾展开了大量研究，其主要关注的内容包括自然灾害损失评估、灾情等级划分、自然灾害区划、自然灾害风险评估与脆弱性评价等。相比于其他内容，针对脆弱性的研究相对薄弱，从方法层面看，评价脆弱性常用的方法主要包括指标合成法和脆弱性函数法，但这两种方法均存在明显的主观性缺陷，为此本节将应用DEA模型对我国自然灾害的区域脆弱性水平进行评估（刘毅等，2010）。

10.3.2　建模过程

首先，根据区域灾害系统理论，围绕区域灾害危险性指数、区域承灾体暴露性水平构建投入指标，围绕区域灾害损失度构建产出指标，如表 10-3 所示。

表 10-3　指标体系

项目	区域灾害危险性指数	区域承灾体暴露性水平	区域灾害损失度
指标项解释	对区域自然灾害系统的孕灾环境和致灾因子这两个要素的综合反映，它主要由灾害的规模和频次决定	指在自然灾害发生时，受到危险因素威胁的人和财产，一个地区的暴露性程度越高，其可能遭受的潜在损失就越大	自然灾害发生后，对区域的破坏损失进行评价，如人员伤亡、农作物减产绝收、建筑物损坏等
指标选取	以我国主要的五种灾害类型（地震灾害、突发气象灾害、干旱、洪涝和地质灾害）进行危险性评价	用区域总人口、地区生产总值、人均地区生产总值水平、人口密度、耕地总面积、地区平均生产总值和区域城市化水平等指标来表示	成灾面积、绝收面积、绝收面积比重、受灾人口数、因灾死亡人口数、饮水困难人口数、倒塌房屋数、损坏房屋数、直接经济损失等
数据处理方法	均值加权求和，作为 DEA 模型的输入因素	因子分析方法，提取主成分因子，作为 DEA 模型的输入因素	因子分析方法，提取主成分因子，作为 DEA 模型的输出因素
数据来源	刘毅等（2010）	刘毅等（2010）	刘毅等（2010）

其次，根据指标体系搜集相关数据，并根据拟采取的数据处理方法对数据进行清洗，最终的数据如表 10-4 所示，其中密度暴露性、总量暴露性、区域灾害危险性指数为投入指标，人口财产损失与农业受灾损失为产出指标。

表 10-4　指标数据与测算结果

省区市	区域承灾体暴露性水平		区域灾害危险性指数	区域灾害损失度		成灾效率（脆弱性）
	密度暴露性	总量暴露性		人口财产损失	农业受灾损失	
北京	3.07	1.64	3.60	1.25	1.22	0.50
天津	2.79	1.40	3.40	1.17	1.55	0.64
河北	1.49	3.75	3.80	2.28	3.45	0.72
山西	1.36	2.29	3.40	2.12	3.20	0.85
内蒙古	1.32	2.47	2.20	1.46	5.00	1.00
辽宁	1.85	2.81	3.20	1.56	3.20	0.62
吉林	1.46	2.33	2.40	1.62	3.32	0.79
黑龙江	1.33	3.48	2.00	1.51	4.49	1.00
上海	5.00	2.00	2.20	1.45	1.00	0.46

续表

省区市	区域承灾体暴露性水平		区域灾害危险性指数	区域灾害损失度		成灾效率（脆弱性）
	密度暴露性	总量暴露性		人口财产损失	农业受灾损失	
江苏	2.24	4.34	3.20	2.72	2.14	0.56
浙江	2.25	3.07	3.00	3.25	1.97	0.67
安徽	1.32	3.20	3.20	3.40	3.38	0.92
福建	1.78	2.26	3.60	4.12	1.87	1.00
江西	1.32	2.34	2.20	3.62	2.23	1.00
山东	1.93	5.00	3.60	3.09	3.56	0.68
河南	1.38	4.50	2.80	3.00	3.83	0.92
湖北	1.48	3.12	3.20	3.59	2.97	0.81
湖南	1.37	3.10	3.20	5.00	3.02	1.00
广东	2.34	4.49	3.60	3.39	1.94	0.57
广西	1.19	2.61	3.20	3.74	2.33	0.89
海南	1.46	1.18	3.80	1.54	2.11	1.00
重庆	1.48	1.95	3.00	3.47	2.32	1.00
四川	1.19	3.79	3.60	4.68	2.64	1.00
贵州	1.00	2.30	2.80	3.39	2.26	0.97
云南	1.03	2.73	3.20	4.73	1.74	1.00
西藏	1.08	1.00	2.60	1.53	1.43	0.98
陕西	1.26	2.35	4.00	3.19	2.75	0.94
甘肃	1.02	2.09	3.60	1.80	2.85	0.87
青海	1.26	1.07	2.20	1.35	1.57	0.91
宁夏	1.31	1.15	2.60	1.00	2.49	1.00
新疆	1.23	1.95	2.00	1.99	1.96	0.77

最后，将全国 31 个省区市自然灾害的投入指标和输出指标的相关数据代入模型（10-11）中，如下（以测算北京成灾效率为例子）。

$$\begin{cases} \max 1.25\mu_1 + 1.22\mu_2 \\ 3.07\omega_1 + 1.64\omega_2 + 3.60\omega_3 - 1.25\mu_1 - 1.22\mu_2 \geqslant 0 \\ 2.79\omega_1 + 1.40\omega_2 + 3.40\omega_3 - 1.17\mu_1 - 1.55\mu_2 \geqslant 0 \\ \vdots \\ 1.23\omega_1 + 1.95\omega_2 + 2.00\omega_3 - 1.99\mu_1 - 1.96\mu_2 \geqslant 0 \\ 3.07\omega_1 + 1.64\omega_2 + 3.60\omega_3 = 1 \\ \omega \geqslant 0 \\ \mu \geqslant 0 \end{cases} \tag{10-35}$$

求解模型（10-35），各省区市自然灾害综合成灾效率的结果如表10-4最后一列所示。

10.3.3　结果分析

从表10-4可知，内蒙古、黑龙江、福建、江西、湖南、海南、重庆、四川、云南和宁夏的成灾效率值最高，这说明这些地区是受自然灾害影响最为显著的地区，其自然灾害脆弱性最高。这些省份分布于我国各个地区，并与自然灾害重灾区的地域分布一致。相对而言，上海、北京、江苏和广东为我国成灾效率值最低的地区，这表明上海、北京、江苏和广东的防灾抗灾能力最强。这一计算结果符合实际状况。由此可以看出基于DEA的脆弱性评价模型具有较好的分析效果。

为整体把握我国区域自然灾害脆弱性的状况，本书根据各地区的自然灾害成灾效率结果，将我国区域自然灾害的脆弱性水平划分成严重脆弱区（成灾效率大于0.8的区域）、中度脆弱区（成灾效率在0.6到0.8的区域）和轻度脆弱区（成灾效率小于0.6的区域）。那么我国区域自然灾害脆弱性较低的地区集中分布于东部沿海经济发达地区，严重脆弱区主要集中分布于中西部地区，且大部分中西部地区为中度脆弱或者严重脆弱区。这对我国区域自然灾害防灾规划的实践有重要的借鉴意义。目前我国自然灾害的减灾投入主要集中于东部沿海地区，这是出于对东部沿海地区自然灾害系统的高危险性、高暴露性特征的考虑。但相较于东部沿海地区，我国内陆地区自然灾害的脆弱性水平明显偏高，因此未来我国的区域防灾规划在以东部沿海地区为重点的同时，应该逐步向经济水平比较落后的中西部地区转移，以提高其抗灾能力，降低脆弱性。由于严重脆弱区在各大地域单元内均有分布，因此各地区的防灾工作要突出重点，加强对脆弱性较高区域防灾减灾的投入。

专业术语

1. 生产前沿（production frontier）：生产前沿由最有效的单元构成，较无效的单元均在此前沿之下。

2. 决策单元（decision making unit）：可以将一定的输入转化为相应的产出的运营实体。

3. 固定规模报酬（constant returns to scale）：产量增加（或减少）的比例等于各种生产要素增加（或减少）的比例。

4. 可变规模报酬（variable returns to scale）：产量增加（或减少）的比例不等于各种生产要素增加（或减少）的比例。

5. 技术效率（technical efficiency）：在给定投入的情况下，决策单元获取最大产出的能力。

6. 规模效率（scale efficiency）：反映决策单元是否在最合适的投资规模下进行生产决策。

7. 生产效率（productive efficiency）：也称整体效率，是技术效率与规模效率的乘积。

本 章 习 题

1. 分别写出产出 CCR 模型、BCC 模型的原模型与对偶模型。
2. 论述模型（10-19）转化为模型（10-20）的基本思路。
3. 论述模糊 DEA 模型与随机 DEA 模型的联系与区别。
4. 讨论 DEA 能否运用于非同质决策单元间的评价，给出理由或解决思路。

参 考 文 献

刘毅, 黄建毅, 马丽. 2010. 基于 DEA 模型的我国自然灾害区域脆弱性评价[J]. 地理研究, 29(7): 1153-1162.

Banker R D, Charnes A, Cooper W W. 1984. Some models for estimating technical and scale inefficiencies in data envelopment analysis[J]. Management Science, 30(9): 1078-1092.

Charnes A, Clark C T, Cooper W W, et al. 1984. A developmental study of data envelopment analysis in measuring the efficiency of maintenance units in the U.S. air forces[J]. Annals of Operations Research, 2: 95-112.

Charnes A, Cooper W W, Rhodes E. 1978. Measuring the efficiency of decision making units[J]. European Journal of Operational Research, 2(6): 429-444.

Cooper W W, Huang Z M, Li S X. 1996. Satisficing DEA models under chance constraints[J]. Annals of Operations Research, 66(1): 279-295.

Ertay T, Ruan D. 2005. Data envelopment analysis based decision model for optimal operator allocation in CMS[J]. European Journal of Operational Research, 164(3): 800-810.

Färe R, Grosskopf S. 1985. A nonparametric cost approach to scale efficiency[J]. The Scandinavian Journal of Economics, 87: 594-604.

Guo P J, Tanaka H. 2001. Fuzzy DEA: a perceptual evaluation method [J]. Fuzzy Sets and Systems, 119(1): 149-160.

Seiford L M, Thrall R M. 1990. Recent developments in DEA: the mathematical programming approach to frontier analysis[J]. Journal of Econometrics, 46: 7-38.

Sexton T R, Silkman R H, Hogan A J. 1986. Data envelopment analysis: critique and extensions[J]. New Directions for Program Evaluation, 32: 73-105.

第 11 章　多属性决策

学习目标

- 了解多属性决策问题的基本要素
- 掌握多属性随机决策方法并应用其解决实际问题
- 理解模糊多属性决策方法

11.1　基础理论

11.1.1　多属性决策问题的基本要素

多属性决策是在考虑多个属性的情况下对有限的方案进行择优排序，涉及的属性通常具有不同的量纲、不可公度性和冲突性。例如，考察某企业子公司的运营情况，可采用利润值、生产规模、设备投入、生产成本、竞争力、人才结构等属性来反映子公司运营情况的优劣，而它们之间没有统一的衡量标准，即具有不可公度性。这些属性还存在一定的冲突性，该子公司在改进某一属性的同时会使得另一属性变差，如提高竞争力势必需要增加生产成本。处理不同属性的不可公度性，协调冲突、消除量纲，是进行决策的首要任务。

在多属性决策问题中，各个方案在不同的属性下有不同的表现值，而各个属性的类型不同、量纲不同、权重大小不同，因此，如何确定决策者关于属性的偏好程度，集结各属性下的方案表现值是学者研究的主要内容，并由此产生了多种多属性决策方法。

多属性决策问题包含以下四个基本要素。

1. 决策人和决策单元

决策人可以是单人也可以是多人组成的某一群体。决策人提供各方案的属性值，根据属性值对方案进行择优排序。决策单元包含决策人、决策对象和决策辅助机器，也可以将它看成决策信息处理器。

2. 备选方案集

备选方案集表示为$S=\{s_1,s_2,\cdots,s_m\}$，它表示决策问题中有m个可供选择的方案。

3. 属性集和属性权重集

多属性决策往往是综合评价问题，属性集即评价指标体系，表示为$U=\{u_1,u_2,\cdots,u_n\}$，各属性本身是可度量的，属性的选择应客观、合理，在满足决策要求的前提下尽量控制个数，过多的属性会增加决策的难度。属性权重集表示为$W=\{\omega_1,\omega_2,\cdots,\omega_n\}$，反映各属性的重要程度，它满足归一化条件：$\sum_{j=1}^{n}\omega_j=1$，$\omega_j\geqslant 0$。方案$s_i$在属性$u_j$下的表现值记为$a_{ij}$，$A=(a_{ij})_{m\times n}$为多属性决策的评价矩阵。

4. 决策准则

用于判断各方案优劣次序的规则称为决策准则，它用于评判备选方案的可行性及优劣。决策准则一般分为最优化准则和满意准则，最优化准则即确定最优方案；满意准则是对备选方案进行类别划分，不考虑最优，只寻求满意方案。

11.1.2　属性值规范化处理

各属性指标间的不可公度性及冲突性导致各属性的量纲、数量级和类型的不同，为消除这些差异，需要对决策矩阵进行规范化处理。常用的规范化方法包括线性变换法、极差变换法、初值变换法、向量规范法等（郭鹏等，2016）。这里只介绍极差变换法。

属性分为效益型、成本型、区间型。分别对不同类型的属性进行如下的标准化处理。

效益型：

$$b_{ij}=\frac{a_{ij}-\min\limits_i\min\limits_j a_{ij}}{\max\limits_i\max\limits_j a_{ij}-\min\limits_i\min\limits_j a_{ij}} \tag{11-1}$$

成本型：

$$b_{ij}=\frac{\max\limits_i\max\limits_j a_{ij}-a_{ij}}{\max\limits_i\max\limits_j a_{ij}-\min\limits_i\min\limits_j a_{ij}} \tag{11-2}$$

区间型：

当$a_{ij}<a$时，

$$b_{ij}=\frac{a_{ij}-\min\limits_i\min\limits_j a_{ij}}{a-\min\limits_i\min\limits_j a_{ij}} \tag{11-3}$$

当$a_{ij}>a$时，

$$b_{ij}=\frac{\max\limits_{i}\max\limits_{j}a_{ij}-a_{ij}}{\max\limits_{i}\max\limits_{j}a_{ij}-a} \tag{11-4}$$

在对数据进行预处理后，即可根据多属性决策方法进行方案择优。本章主要介绍多属性效用决策、随机多属性决策、模糊多属性决策、粗糙多属性决策。

11.2　多属性决策建模

11.2.1　多属性效用决策

1. 效用的概念

效用的概念最早由伯努利提出，用来描述财富数量的增加给人们带来的满足感的差异。在决策中，效用需要通过决策者心理上的得益和损失来衡量、反映决策者对决策方案风险的态度。

例如，有两个方案：方案 A 以 0.5 的概率获利 2000 元，以 0.5 的概率损失 1000 元。方案 B 以 1 的概率获利 750 元。方案 A 的期望损益值为 1500 元，是方案 B 的收益 750 元的两倍。但是考虑到决策者的风险态度，很多决策者宁愿选择方案 B，得到 750 元的肯定收益，也不愿意冒 0.5 的风险损失 1000 元。虽然在决策当中，经常会根据期望损益值进行决策，但是通常只有在重复多次进行或者风险损失较小时，决策者的意愿才会与期望损益值大致一致。若决策只进行一次且风险较大，那么决策者的意愿与期望损益值之间会有很大的不同。

效用函数通常根据向决策者直接提问的方法确定，通过直角坐标系上的一条曲线来表示，以损益值为横坐标，以效用值为纵坐标。

沿用上例，设方案 A 获利 2000 元的效用值为 1，损失 1000 元的效用值为 0。通过向决策者提问，得到无条件获利 0 元与 0.5 概率获利 2000 元、0.5 概率损失 1000 元的心理感知相同，即两者的效用值相同，则 $\mu(0)=0.5\times\mu(2000)+0.5\times\mu(-1000)=0.5$。对心理区间进行划分，在$[-1000,0]$和$[0,2000]$内分别重复提问，得到收益 800 元与以 0.5 概率获利 2000 元、0.5 概率收益 0 元的效用值相同，则 $\mu(800)=0.5\times\mu(2000)+0.5\times\mu(0)=0.75$。同时得到损失 600 元与以 0.5 概率获利 0 元、0.5 概率损失 1000 元的效用值相同，则 $\mu(-600)=0.5\times\mu(-1000)+0.5\times\mu(0)=0.25$。采用相同的方法，可以得到许多这样的点，把它们连接起来，即可得到效用曲线（图 11-1）。

从图 11-1 可以看到效用值随着损益值的增加而递增。

如果决策者的效用值递增的速度越来越慢，说明决策者对于损失比较敏感，对于收益比较迟缓，这类决策者属于保守型决策者。

如果决策者的效用值与损益值自身成正比，完全根据期望损益值进行决策，这类决策者属于中间型决策者。

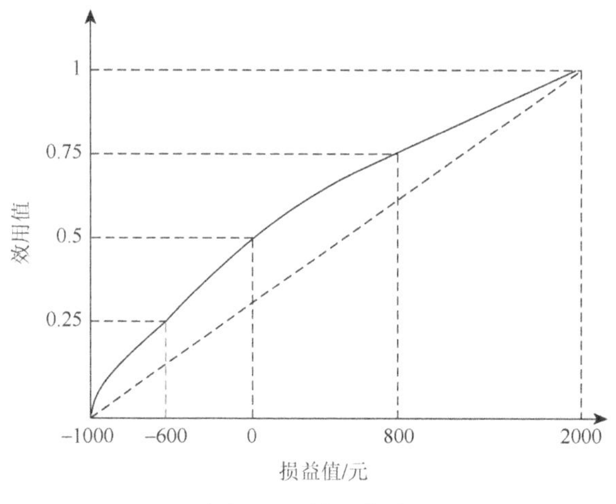

图 11-1　效用曲线

如果决策者的效用值递增的速度越来越快，说明决策者对于损失比较迟缓，对于收益比较敏感，这类决策者属于冒险型决策者。

三类决策者的效用曲线如图 11-2 所示。

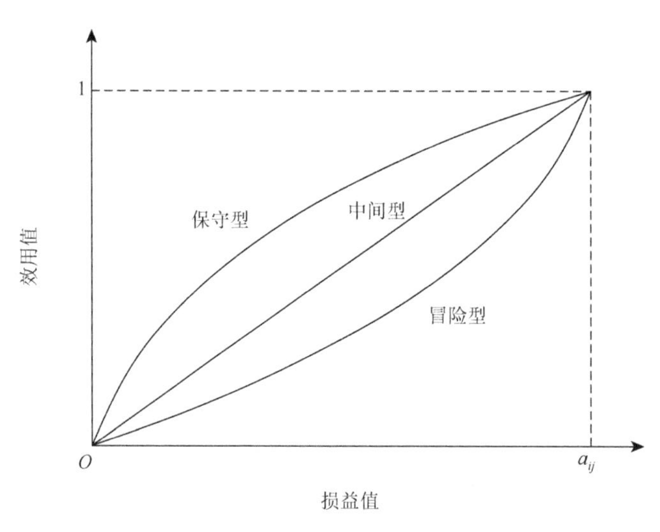

图 11-2　效用曲线类型

2. 多属性效用函数

多属性效用决策指将属性值转化为效用值 $u(a_{ij})$后，进行加权综合，根据综合

效用值 u_i 的大小对方案进行择优排序。

$$u_i = \sum_{j=1}^{n} \omega_j u(a_{ij}) \tag{11-5}$$

不同属性下的效用函数确定后，根据各属性的取值，确定对应的效用函数值。此类问题不需要对属性值进行标准化处理，确定好各属性的效用函数即可应用。

如某企业对供应商的产品进行评价，需要考虑产品的质量、费用和舒适性等，对于决策者来说，不同的属性值产生的效用是不同的，决策效用值是质量、费用、舒适性的函数。

建立效用函数时，确定属性及其数量是首要工作，确定的属性应全面可行，各属性不可再分解且相互独立，属性的数量应尽可能少。

例 11.1　某公司在制订营销方案时，考虑到不同的方案实施后会引起市场占有率和投资回报率的变化，具体数据如表 11-1 所示。

表 11-1　公司决策数据

决策方案	市场占有率 u_1/%	投资回报率 u_2/%	概率
s_1	4	12	0.6
	6	6	0.4
s_2	5	8	0.3
	3	13	0.5
	4	8	0.2

假设市场占有率和投资回报率的效用函数分别如图 11-3、图 11-4 所示。

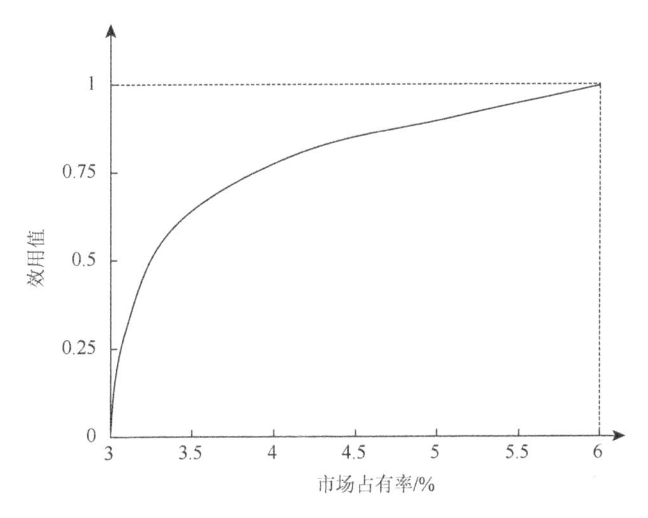

图 11-3　市场占有率的效用函数

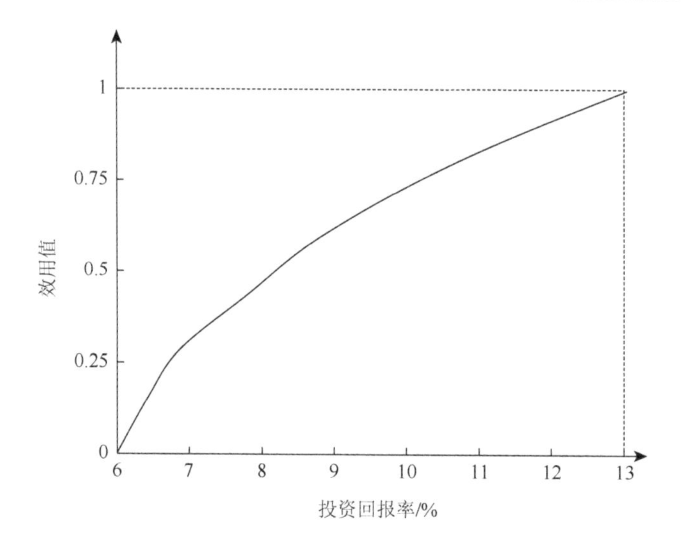

图 11-4　投资回报率的效用函数

图11-3和图11-4中市场占有率和投资回报率的边界分别是市场占有率和投资回报率的最大值和最小值。

决策者认为投资回报率比市场占有率更重要，并赋值 $\omega_1 = 0.3$， $\omega_2 = 0.7$ 。当然，权重值会随着决策者的效用函数的取值范围的变化而有所调整。

各结果分支的效用值可以计算如下。

结果 1： $U = 0.3 \times 0.75 + 0.7 \times 0.92 = 0.869$

结果 2： $U = 0.3 \times 1 + 0.7 \times 0 = 0.3$

结果 3： $U = 0.3 \times 0.92 + 0.7 \times 0.46 = 0.598$

结果 4： $U = 0.3 \times 0 + 0.7 \times 1 = 0.7$

结果 5： $U = 0.3 \times 0.75 + 0.7 \times 0.46 = 0.547$

因此，各决策方案的期望值分别如下所示。

方案 1： $E(U) = 0.6 \times 0.869 + 0.4 \times 0.3 = 0.6414$

方案 2： $E(U) = 0.3 \times 0.598 + 0.5 \times 0.7 + 0.2 \times 0.547 = 0.6388$

这表明决策方案 1 优于决策方案 2。

假设各属性的效用相互独立，由事件间的相互独立性可知，效用函数的结构可为加性结构形式，基于此，多属性效用决策问题就会变得简单。很多情况下，这种假设比较合理。但在使用加性结构效用函数决策之前，需要进行严谨的分析，确保各属性效用相互独立假设的合理性。如果基本满足加性结构效用函数的形式，但需要进行一些修正，可借鉴以下可行的修正模型：

$$U(X,Y) = k_1 U_1(X) + k_2 U_2(Y) + k_3 U_1(X) U_2(Y) \tag{11-6}$$

多属性效用函数还有其他形式，如乘积形式等，它们都在实践中具有较广的应用范围。

11.2.2　随机多属性决策

随机多属性决策是不确定多属性决策的一种重要类型，各方案在不同属性下的属性值具有不确定性，属性为服从一定概率分布的随机变量，在不同自然状态下取值不同。设自然状态集 $\Theta=\{\theta_s|s=1,2,\cdots,h\}$，各种自然状态发生的概率是已知的，满足 $P_s\geqslant 0$，$\sum_{s=1}^{h}P_s=1$。a_{ij}^s 为方案 s_i 在属性 u_j 下的自然状态为 θ_s 时的属性值。根据属性随机变量的类型，可以将随机多属性决策分为离散型和连续型随机多属性决策问题，本节主要介绍离散型随机多属性决策问题。

离散型随机多属性决策问题的决策矩阵如表 11-2 所示。

表 11-2　离散型随机多属性决策问题的决策矩阵

方案	u_1				…	u_n			
	θ_1	θ_2	…	θ_h	…	θ_1	θ_2	…	θ_h
s_1	a_{11}^1	a_{11}^2	…	a_{11}^h	…	a_{1n}^1	a_{1n}^2	…	a_{1n}^h
s_2	a_{21}^1	a_{21}^2	…	a_{21}^h	…	a_{2n}^1	a_{2n}^2	…	a_{2n}^h
⋮	⋮	⋮		⋮		⋮	⋮		⋮
s_m	a_{m1}^1	a_{m1}^2	…	a_{m1}^h	…	a_{mn}^1	a_{mn}^2	…	a_{mn}^h

值得注意的是，不同属性可能发生的状态数量可能不同。

随机多属性决策方法很多，本节主要介绍基于期望值法和基于累积前景理论的随机多属性决策方法。

1. 基于期望值法的随机多属性决策

在对决策矩阵进行规范化处理之后，求各方案的期望属性值

$$E(s_i)=\sum_{j=1}^{n}\omega_j\cdot\sum_{s=1}^{h}P_s b_{ij}^s \tag{11-7}$$

根据期望属性值的大小对方案进行排序。

下面采用案例的形式给出求解步骤。

例 11.2　我国商用大型飞机项目采用“主制造商—供应商”的管理模式，

大量关键组件的制造需要国际供应商的协作，作为复杂产品制造过程中的典型决策问题，对于某组件制造的供应商的选择通常通过招标投标的方式完成。在商用大型飞机某关键组件国际供应商的选择决策中，有 4 家国际供应商入围。设供应商集合 $S=\{s_1,s_2,s_3,s_4\}$，通过专家调查，确定以下 4 个决策指标：c_1质量、c_2价格（百万元）、c_3交货期（月）、c_4竞争力。评估专家组考察了这 4 家国际供应商在 4 个指标下的具体情况，其中，在各年度每个指标对应不同的自然状态。指标c_1质量下有两种自然状态：θ_1管理严格，θ_2管理懈怠。指标c_2价格下有三种自然状态：θ_1物价上涨，θ_2物价稳定，θ_3物价下跌。指标c_3交货期下有三种自然状态：θ_1生产良好，θ_2生产正常，θ_3生产异常。指标c_4竞争力下有两种自然状态：θ_1管理严格，θ_2管理懈怠。以下为决策矩阵。其中，c_1质量、c_4竞争力是效益型指标；c_2价格（百万元）是成本型指标；c_3交货期（月）的最优时间是 16 个月，属于固定型指标。4 个指标的权重分别为 $\omega_1=0.1564$，$\omega_2=0.1564$，$\omega_3=0.1564$，$\omega_4=0.5308$。决策数据如表 11-3 所示。

表 11-3　供应商选择各属性随机决策数据

方案	c_1		c_2			c_3			c_4	
	θ_1	θ_2	θ_1	θ_2	θ_3	θ_1	θ_2	θ_3	θ_1	θ_2
	0.8	0.2	0.1	0.5	0.4	0.2	0.4	0.4	0.8	0.2
s_1	9.6	9	15.6	15	14.5	14.5	15.5	16.2	9.7	9.3
s_2	9.4	9.2	15.2	14.7	14	15.7	16.3	16.8	9.6	9.3
s_3	9.2	8.5	16	15	14.2	15	16	17	9.2	8.8
s_4	9.5	8.9	15.2	14.5	13.8	15.5	16.5	17.2	9.4	8.9

第一步：对决策数据进行规范化处理，规范化处理后的数据见表 11-4。

表 11-4　规范化数据

方案	c_1		c_2			c_3			c_4	
	θ_1	θ_2	θ_1	θ_2	θ_3	θ_1	θ_2	θ_3	θ_1	θ_2
	0.8	0.2	0.1	0.5	0.4	0.2	0.4	0.4	0.8	0.2
s_1	1	0.454 5	0.181 8	0.454 5	0.681 8	0	0.666 7	0.833 3	1	0.555 6
s_2	0.818 2	0.636 4	0.363 6	0.590 9	0.909 1	0.8	0.75	0.333 3	0.888 9	0.555 6
s_3	0.636 4	0	0	0.454 5	0.818 2	0.333 3	1	0.166 7	0.444 4	0
s_4	0.909 1	0.363 6	0.363 6	0.681 8	1	0.666 7	0.583 3	0	0.666 7	0.111 1

第二步：求各方案各属性的期望值，得期望矩阵如下。

$$\begin{bmatrix} 0.8909 & 0.7818 & 0.5091 & 0.8 \\ 0.5182 & 0.6955 & 0.5545 & 0.7773 \\ 0.6 & 0.5933 & 0.5333 & 0.3667 \\ 0.9111 & 0.8222 & 0.3556 & 0.5556 \end{bmatrix}$$

对各方案各属性值进行线性加权后得各方案的期望值：

$E(s_1)=0.7978$，$E(s_2)=0.7603$，$E(s_3)=0.4385$，$E(s_4)=0.5958$。

由期望值大小排序可知 $s_1 \succ s_2 \succ s_4 \succ s_3$，则供应商 s_1 最优，其他依次是 s_2,s_4,s_3。

2. 基于累积前景理论的随机多属性决策

令 $F=\{f:S\to X\}$ 是所有前景集，F^+、F^- 分别为正、负前景集。不确定前景 f 是从自然状态集 S 到结果集 X 的一个函数，事件 A_i 发生时会产生结果 x_i，将每个前景的结果按递增顺序排列，排序结果为 $x_1 \leqslant x_2 \leqslant \cdots x_h \leqslant \cdots \leqslant x_n$，其中，$x_h$ 为参考点。累积前景理论提出，存在一个严格递增的价值函数 v，对于 f，使得前景 f 的值 $V(f)=V(f^+)+V(f^-)$，其中，$V(f^-)=\sum_{i=1}^{h}\pi_i^- v(\Delta x_i)$，$V(f^+)=\sum_{i=h+1}^{n}\pi_i^+ v(\Delta x_i)$，$\Delta x_i = x_i - x_h$，前景价值是由价值函数和决策权重函数共同决定的，具体形式如下。

1）价值函数

价值函数将表面价值转化为决策价值（Tversky and Kahneman，1992）。具体形式为

$$v(\Delta x_i)=\begin{cases}(\Delta x_i)^{\alpha}, & \Delta x_i > 0 \\ -\lambda(-\Delta x_i)^{\alpha}, & \Delta x_i < 0\end{cases} \tag{11-8}$$

其中，Δx 为表面价值的得失，得为正、失为负；α,β 为风险态度系数，$0<\alpha<1$，$0<\beta<1$，α,β 越大，表明决策者越倾向于冒险；λ 为损失规避系数，若 $\lambda>1$ 则决策者对损失更加敏感；$v(\Delta x_i)$ 为决策价值。

2）决策权重函数

权重函数将概率转化为决策权重，分别为

$$\omega^+(p_j)=\frac{p_j^{\gamma}}{(p_j^{\gamma}+(1-p_j^{\gamma})^{\gamma})^{1/\gamma}} \tag{11-9}$$

$$\omega^-(p_j)=\frac{p_j^{\delta}}{(p_j^{\delta}+(1-p_j^{\delta})^{\delta})^{1/\delta}} \tag{11-10}$$

γ,δ 小于 1 时，权重曲线呈倒“S”形，即小概率时权重大于概率，大概率时权重小于概率。

当参数 $\alpha=\beta=0.88$，$\lambda=2.25$，$\gamma=0.61$，$\delta=0.69$ 时决策权重与经验数据较为一致（Krohling and de Souza，2012）。

将各个规范化属性值从小到大进行排序，得到 $b_{ij}^{1'}\leqslant b_{ij}^{2'}\leqslant\cdots\leqslant b_{ij}^{h'}$，取均值 $\overline{b}_j=\frac{1}{mh}\sum_{s=1}^{mh}a_{ij}^{s'}$ 为指标 u_j 的参考值，求得前景值为

$$V_{ij}=\sum_{s=1}^{k}\omega^{-}(P_s)v(b_{ij}^{s'}-\overline{b}_j)+\sum_{s=k+1}^{h}\omega^{+}(P_s)v(b_{ij}^{s'}-\overline{b}_j) \tag{11-11}$$

根据各方案的综合前景值

$$V_i=\sum_{j=1}^{n}\omega_j V_{ij} \tag{11-12}$$

筛选方案，并对中选方案进行排序择优。

例 11.3 对例 11.2 的问题采用累积前景理论方法进行决策。

规范化数据见表 11-4，求得各属性的平均值 $\overline{c}_1=0.6023$，$\overline{c}_2=0.5417$，$\overline{c}_3=0.5111$，$\overline{c}_4=0.5278$，以平均值作为各属性的参考点，根据各属性在各自然状态下的属性值与平均值的大小确定价值函数和决策权重。价值函数矩阵如表 11-5 所示。

表 11-5 价值函数矩阵

方案	c_1		c_2			c_3			c_4	
	θ_1	θ_2	θ_1	θ_2	θ_3	θ_1	θ_2	θ_3	θ_1	θ_2
s_1	0.444 3	−0.148 0	−0.915	−0.263 0	0.177 4	−1.246 0	0.194 5	0.369 1	0.516 7	0.042 7
s_2	0.259 5	0.051 1	−0.493	0.070 7	0.414 3	0.335 3	0.283 7	−0.492 0	0.408 1	0.042 7
s_3	0.051 1	−1.440 0	−1.312	−0.263 0	0.322 6	−0.492 0	0.532 7	−0.881 0	−0.253 0	−1.282 0
s_4	0.306 8	−0.638 0	−0.493	0.177 4	0.503 3	0.194 5	0.099 0	−1.246 0	0.176 0	−1.417 0

针对不同的得失感知，各自然状态下的决策权重也不相同，决策权重矩阵如表 11-6 所示。

表 11-6 决策权重矩阵

方案	c_1		c_2			c_3			c_4	
	θ_1	θ_2	θ_1	θ_2	θ_3	θ_1	θ_2	θ_3	θ_1	θ_2
s_1	0.687 1	0.291 3	0.188 1	0.517 3	0.434 3	0.464 8	0.711 1	0.711 1	0.687 1	0.291 3
s_2	0.687 1	0.308 6	0.188 1	0.501 2	0.434 3	0.549 4	0.711 1	0.646 5	0.687 1	0.308 6
s_3	0.687 1	0.291 3	0.188 1	0.517 3	0.434 3	0.464 8	0.443 4	0.443 4	0.729 1	0.291 3
s_4	0.687 1	0.291 3	0.188 1	0.501 2	0.434 3	0.464 8	0.443 4	0.646 5	0.687 1	0.291 3

据此，求得各方案在各属性下的前景值矩阵为

$$\begin{bmatrix} 0.1834 & 0.1941 & -0.384 & 0.0571 \\ -0.229 & 0.1265 & -0.24 & 0.2194 \\ 3.6852 & 3.2942 & 1.2367 & 0.0439 \\ 0.3675 & 0.2935 & -0.558 & -0.182 \end{bmatrix}$$

根据各属性的权重值计算各方案的综合前景值：

$$V(s_1)=0.7642，V(s_2)=0.7212，V(s_3)=-0.2，V(s_4)=-0.047$$

由以上结果可知，s_3、s_4落选，s_1、s_2中选。$s_1 \succ s_2$，所以s_1最优。

排序结果与期望值法一致，不过此方法反映了人的风险态度，根据属性值和心理预期筛选方案，在中选方案中选择最优方案。期望值法是在默认所有方案中选的前提下进行排序择优，但如果方案众多，可能会有落选方案参与排序，无法较好地反映决策者的心理预期的情况，而累积前景理论法弥补了这一缺陷。

11.2.3　模糊多属性决策

在现实生活中有很多模糊的概念。比如，个子高矮，身高达多少厘米属于高个子，低于多少厘米属于矮个子，无明确的定义，不同的人有不同的界定。另外，如长得美丑、可靠性高低、稳定性强弱等概念也是模糊的，这些概念的内涵是明确的，外延是模糊的。基于此，模糊集理论在 1965 年诞生（Zadeh，1965）。Bellman 和 Zadeh（1970）将模糊集与决策问题联系起来。Baas 和 Kwakernaak（1977）提出了经典的模糊多属性决策方法，随后更多的模糊多属性决策方法被提出。目前模糊多属性决策方法已经成为决策领域广泛应用的工具。本节将介绍最简单实用的一种方法。

1. 模糊集合

定义 11.1（徐泽水，2008）　给定论域 U，对于集合 A 内的任一元素 x，都有闭区间[0, 1]上一个数 $\mu_A(x)\in[0,1]$ 与之对应，即存在映射 $\mu_A: X\to[0,1]$，集合 A 称为论域 U 上的模糊集，$\mu_A(x)$ 称为模糊集 A 的隶属函数。隶属函数 $\mu_A(x)$ 表示元素 x 相对于模糊集 A 的从属程度，当元素相对于模糊集的从属程度很高时，隶属函数趋近于 1；反之，当元素相对于模糊集的从属程度很低时，隶属函数趋近于 0，即模糊集完全由隶属函数描述。

定义 11.2（徐泽水，2008）　模糊集 A 中隶属度不小于 λ 的所有元素组成的普通集合，即 $A_\lambda=\{x|\mu_A(x)\geqslant\lambda\}$ 称为模糊集的 λ 截集。

定义 11.3（徐泽水，2008）　设给定集合 X,Y,Z，R_1 是 $X\times Y$ 上的模糊关系，

R_2 是 $Y \times Z$ 上的模糊关系，则 R_1 对 R_2 的合成是从 X 到 Z 的一个模糊关系，记为 $R_1 \circ R_2$，其隶属函数为

$$\mu_{R_1 \circ R_2}(x,z) = \vee_{y \in Y}(\mu_{R_1}(x,y) \wedge \mu_{R_2}(y,z)) \tag{11-13}$$

在模糊关系 R 中，每对元素 (x,y) 都对应一个介于 0 与 1 之间的数 $R(x,y)$，表示 x 对 y 有某种关系的程度，或称为 x 对 y 的关于关系 R 的相关程度。

2. 模糊综合评判法

对于含有模糊信息的综合评价问题，可构建模糊综合评判模型。根据模糊综合评判方法的解题思路和评价过程，可将其步骤总结如下。

（1）确定评价对象的因素论域 U，$U = \{u_1, u_2, \cdots, u_n\}$。

（2）确定评价等级论域 $V = \{v_1, v_2, \cdots, v_m\}$，如将某供应商的供货效率划分为：$V = \{$差, 较差, 一般, 良, 优$\}$。

（3）根据隶属度确定的方法，确定各指标的隶属度，建立模糊关系矩阵 R

$$R = \begin{bmatrix} r_{11} & r_{12} & \cdots & r_{1m} \\ r_{21} & r_{22} & \cdots & r_{2m} \\ \vdots & \vdots & & \vdots \\ r_{n1} & r_{n2} & \cdots & r_{nm} \end{bmatrix} (0 \leqslant r_{ij} \leqslant 1)$$

其中，r_{ij} 为 U 中因素 u_i 对于 V 中等级 V_j 的隶属关系。

（4）确定评判因素权向量 $W = \{\omega_1, \omega_2, \cdots, \omega_n\}$，$W$ 是 U 中各因素对被评事物的隶属关系，它取决于人们进行模糊综合评价时的侧重点，即根据评价时各因素的重要性分配权重。

（5）选择评价适宜的数学模型（称合成算子），通过将 W 与 R 合成得到模糊评价矩阵 $B = \{b_1, b_2, \cdots, b_m\}$。

$$B = W \cdot R = (\omega_1, \omega_2, \cdots, \omega_n) \begin{bmatrix} r_{11} & r_{12} & \cdots & r_{1m} \\ r_{21} & r_{22} & \cdots & r_{2m} \\ \vdots & \vdots & & \vdots \\ r_{n1} & r_{n2} & \cdots & r_{nm} \end{bmatrix} \tag{11-14}$$

（6）对模糊综合评价结果 B 做分析处理。

（7）将模糊评语量化。

下面通过一个实例来介绍模糊综合评判法的应用。

例 11.4　某公司在研发产品时，有两个方案待选：A 方案是生产甲型号产品，B 方案是生产乙型号产品。产品的性能考虑耐磨性、舒适性、可靠性三大功能，$U = \{u_1(\text{耐磨性}), u_2(\text{舒适性}), u_3(\text{可靠性})\}$。同一型号的产品针对不同的功能进行评

级，评级域设为：$V=\{v_1(\text{不好}),\ v_2(\text{一般}),\ v_3(\text{好}),\ v_4(\text{很好})\}$，将上述综合评判结果转换成得分值，取评判等级分值 $V=[v_1,v_2,v_3,v_4]$=[40, 60, 75, 100]，则转换之后的得分范围为[0, 100]，分值越大越好，反之则越差，不同的分值与级别，如表 11-7 所示。

表 11-7　分值与级别的对应关系

分值	[0, 40)	[40, 60)	[60, 75)	[75, 100]
级别	不好	一般	好	很好

由顾客对两种产品的功能进行评价，对于甲型号产品的耐磨性，顾客中有 30%认为“不好”，60%认为“一般”，10%认为“好”，无人认为“很好”，则产品甲的耐磨性的评价为（0.3，0.6，0.1，0）。类似地，对产品甲的其他两个功能和产品乙的三个功能分别进行评价，产品甲和产品乙的评价矩阵分别为

$$R_A=\begin{bmatrix}0.3 & 0.6 & 0.1 & 0\\0.3 & 0.6 & 0.1 & 0\\0.4 & 0.3 & 0.2 & 0.1\end{bmatrix},\quad R_B=\begin{bmatrix}0.1 & 0.2 & 0.6 & 0.1\\0.1 & 0.3 & 0.5 & 0.1\\0.2 & 0.2 & 0.3 & 0.3\end{bmatrix}$$

三个功能的权重向量 $W=(0.3,0.3,0.4)$，由此得到顾客对方案 A、B 的模糊综合评价：

$$\begin{aligned}B_A&=W\cdot R_A\\&=(0.3,0.3,0.4)\cdot\begin{bmatrix}0.3 & 0.6 & 0.1 & 0\\0.3 & 0.6 & 0.1 & 0\\0.4 & 0.3 & 0.2 & 0.1\end{bmatrix}\\&=(0.4,0.3,0.2,0.1)\end{aligned}$$

上式按最大最小规则求解，如

$$b_1=(0.3\wedge 0.3)\vee(0.3\wedge 0.3)\vee(0.4\wedge 0.4)=0.3\vee 0.3\vee 0.4=0.4$$

其中，$\wedge$表示取小值，$\vee$表示取大值，其余可类似求出。

综合评判得分值 $I_A=B_A\cdot V^{\mathrm{T}}=59$。

同理，

$$\begin{aligned}B_B&=W\cdot R_B\\&=(0.3,0.3,0.4)\cdot\begin{bmatrix}0.1 & 0.2 & 0.6 & 0.1\\0.1 & 0.3 & 0.5 & 0.1\\0.2 & 0.2 & 0.3 & 0.3\end{bmatrix}\\&=(0.2,0.3,0.3,0.3)\end{aligned}$$

因为$0.2+0.3+0.3+0.3=1.1\neq 1$，所以需要做归一化处理，得$B_B$=(0.1819,0.2727, 0.2727, 0.2727)。

综合评判得分值$I_B = B_B \cdot V^{\mathrm{T}} = 71.3605$。

根据评价等级对应表，甲型号产品的性能表现为“一般”，乙型号产品的性能表现为“好”，则根据综合评判得分，选择乙型号产品进行生产，即选择B方案。

11.2.4　粗糙多属性决策

1. 粗糙集理论

粗糙集理论是波兰数学家 Pawlak（1982）提出的，用于处理不精确性和不确定性问题。该理论不依赖先验信息，在属性约简和规则推导上具有优势。

粗糙集理论广泛用于研究多属性决策问题，相比其他理论有很大优势。首先，该理论由元素集和属性集构成，其研究对象是一个二维数据表，通常被称为信息系统，而多属性决策问题的决策表也是一个信息系统，两者在数学上能够自然整合；粗糙集理论的属性约简方法能够解决多属性决策中属性的冗余性问题，它可以在保持原数据集和分类能力（决策能力）不变的前提下，提取出系统中的冗余指标。其次，基于粗糙集的一系列拓展模型能够较好地解决多属性决策中的不一致和不完备问题，如评价信息不完全的多属性决策问题，基于有限的属性偏好信息，粗糙集模型能够给出方案排序规则。最后，粗糙集理论与其他处理不确定和不精确问题的理论最显著的区别是它无须所需处理的数据集合之外的任何先验信息，如统计学中的概率分布、模糊集理论中的隶属度等，所以它对问题的不确定性的描述或处理可以说是比较客观的。本书中粗糙集的部分参考菅利荣（2008）的研究。

以下简要介绍一些基本的粗糙集理论。

定义 11.4　设论域U上的一个等价关系为R，$U/R=\{X_1,X_2,\cdots,X_n\}$是$R$对论域$U$的一个划分，称为论域上的一个知识。知识体现区分不同对象的能力，即按照一定的规则或标准对论域中的元素进行分类。例如，要对某公司的工作人员进行分类，这些工作人员构成一个论域，设为$U=\{x_1,x_2,x_3,x_4,x_5\}$，将这些工作人员按性别分类：男性$\{x_1,x_2,x_3\}$，女性$\{x_4,x_5\}$。按组分类：一组$\{x_1,x_2\}$，二组$\{x_3,x_4,x_5\}$。按籍贯分类：湖北人$\{x_1,x_5\}$，山西人$\{x_2,x_3,x_4\}$。按照以上3种属性统一分类，$x_1$：男性、一组、湖北人。$x_2$：男性、一组、山西人。$x_3$：男性、二组、山西人。$x_4$：女性、二组、山西人。$x_5$：女性、二组、湖北人。显然单个属性难以区分这5名员工，但3种属性组合统一考虑，就可以说明知识越丰富，划分越精确。

定义 11.5　$R = X \times X$ 是 X 上的一个二元关系，若 R 满足自反性、对称性及传递性，则二元关系 R 为等价关系。$\forall x \in U$，x 的等价类定义为与元素 x 具有 R 关系的所有元素构成的集合，$[x]_R = \{y \in U | xRy\}$ 表示关系 R 下元素 x 的等价类。

经典粗糙集基于等价关系对论域进行划分。论域中的所有元素通过等价关系 R 被分类，给定一个等价关系 R，就确定了一个划分 U/R。若给定一个子集 X，它能表示为某些基本等价类的并集，则称 X 是可定义的（精确的）；反之，则称 X 是不可定义的（粗糙的）。粗糙集方法可以将那些不可定义的子集近似地分类。

定义 11.6　设 $S = (U, A, V, f)$ 为一个信息系统，其中 U 是对象的论域，A 是属性的非空有限集合，$A = C \cup D, C \cap D = \varnothing$，$C$ 为条件属性集，D 为决策属性集，$V = \bigcup_{a \in A} V_a$，$V_a$ 是属性 a 的值域。$f: U \times A \to V$ 称为信息函数，为每个对象的每个属性赋予一个信息值。S 也称为决策表。

对于每个属性子集 $B \subseteq A$，可定义一个不可分辨的二元关系 $\mathrm{IND}(B)$，即

$$\mathrm{IND}(B) = \{(x, y) \in U \times U \mid \forall r \in B, r(x) = r(y)\}$$

此二元关系 $\mathrm{IND}(B)$ 为等价关系，且 $\mathrm{IND}(B) = \bigcap_{r \in B} \mathrm{IND}(r)$，当 $\mathrm{IND}(B)$ 为一个等价关系 R_B 时，二元关系可表示为

$$\mathrm{IND}(B) = \{(x, y) \in U \times U \mid \forall a \in B, f(x, a) = f(y, a)\}$$

等价关系 R_B 把论域划分为若干个等价类，记为 $U/R_B = \{[x]_B | x \in U\}$。

用上近似集和下近似集近似地定义粗糙集。

定义 11.7　对于信息系统 $S = (U, A, V, f)$，R 是系统 S 上的一个等价关系，对于 $\forall X \subseteq U$，X 的 R 下近似集和 R 上近似集分别定义为

$$\underline{R}(X) = \bigcup \{Y \in U/R | Y \subseteq X\} = \{x \in U | [x]_R \subseteq X\}$$

$$\overline{R}(X) = \bigcup \{Y \in U/R | Y \cap X \neq \varnothing\} = \{x \in U | [x]_R \cap X \neq \varnothing\}$$

两者间的差集称为 X 的 $R-$边界域，即 $\mathrm{NBD}_R(X) = \overline{R}(X) - \underline{R}(X)$。

R 下近似集表示在知识 R 下 U 中一定能归入 X 的元素的集合；R 上近似集表示在知识 R 下 U 中可能归入 X 的元素的集合；X 的 $R-$边界域表示通过等价关系 R 既不能在 X 上分类，也不能在 $U - X$ 上分类的元素集。用两个精确集去近似逼近 X，即粗糙集理论的核心思想。

2. 属性约简与核

在决策问题中，往往需要从多个角度、多个指标对某方案进行评判。一般的多属性决策方法通常认为所有的属性指标都是必要的，只是属性权重有所不同，极少考虑到属性的冗余性问题。指标权重一般由决策专家根据自身的经验、知识

与偏好等主观给定，而不同专家的经验、知识、偏好等不同，这使得指标权重的客观性和公正性受到影响。因此，属性指标的约简很有必要。基于粗糙集的知识获取，可以在保持决策表信息之间的依赖关系不变的条件下，找出必要的条件属性，对原始决策表进行属性约简，采用约简之后的属性所做的决策与采用约简之前的属性所做的决策的结果保持一致。

定义 11.8　对于信息系统$S=(U,A,V,f)$，$A=C\cup D$，对$\forall a\in C$，若$U/(C-\{a\})=U/C$，则称a为不必要属性，即冗余属性；若对$\forall a\in C$，$U/(C-\{a\})\neq U/C$，则称a为必要属性；若$P\subseteq C$，满足$U/P=U/C$，$\forall a\in P$，$U/(P-\{a\})\neq U/C$，则称P是C的一个约简。

所有约简集合的交集称为属性的核，是约简集合最为重要的部分。在保证信息系统分类或决策能力不变的条件下，属性约简删除了条件属性中的冗余属性。决策表的属性约简往往不是唯一的，对于条件属性较多的决策表来说，其核往往也是不存在的。现代社会信息系统复杂多样，在挖掘复杂系统的过程中，获得一系列简单而又直观的规则是学者所期望的。粗糙集理论主要用于处理不确定信息问题，在多属性决策的属性约简及规则推导上有很大的优势。

3. 基于扩展优势粗糙集的多属性决策方法

经典粗糙集理论虽考虑到了属性值的可区分性，却没有发现决策表中属性原有的偏好信息，如在经济及金融决策问题中常遇到的属性：投资回报率、利润率、市场占有率及负债率等，这些属性是具有偏好信息的，为此产生了扩展的粗糙集理论（Greco et al.，1999），该理论用优势关系代替不可分辨关系，将决策者的偏好信息以知识的形式表现出来，通过决策规则来体现分类，以解决有偏好信息的决策问题。

定义 11.9　令C和D分别为信息系统$S=(U,A,V,f)$中的条件属性集和决策属性集，$A=C\cup D$，记$U=\{x_1,x_2,\cdots,x_k\}$，$C=\{a_1,a_2,\cdots,a_k\}$，$D:U\to\{1,2,\cdots,l\}$，V为属性值集，$V=V_C\cup V_D$，V_C和V_D有偏好次序，$f:U\times A\to V$是一个信息函数。

若至少有一个$\forall a_i\in C,V_{a_i}$中包含空值，则上述信息系统被称为不完全信息多属性决策系统。在决策表中，空值用*表示，并假设决策属性值V_D没有空值，$\forall x\in U$，至少存在一个$a_i\in C$，使得$f(x,a_i)\neq *$。

假设决策属性D把U分成有限的类，$\mathrm{Cl}=\{\mathrm{Cl}_t,t\in T\}$，$T=\{1,2,\cdots,l\}$，则对象中的$\forall x\in U$仅包含在一个$\mathrm{Cl}_t\in\mathrm{Cl}$内，并假定这种分类是有序的，即对所有的$r,s\in T$，若$r>s$，则$\mathrm{Cl}_r$中的对象优于$\mathrm{Cl}_s$中的对象。不可分辨关系在多属性决策问题中无法反映其偏好信息，则通过优势关系代替不可分辨关系获取粗糙集的上、下近似集，考虑到决策表中存在不完全信息，需要将优势关系放宽，由扩展的优势关系进行决策分析。

4. 扩展优势的粗糙近似

1）基本概念

定义 11.10 假设$x,y\in U$，$P\subseteq C$，定义P中的扩展优势关系$\mathrm{EDOM}(P)$为

$$\mathrm{EDOM}(P)=\left\{x,y\in U\times U\middle|\forall a_i\in P,f(x,a_i)\geqslant f(y,a_i)\right\},$$

也可能出现$f(x,a_i)=*$或$f(y,a_i)=*$，称为x扩展优势于y，简写为xD_P^*y。扩展优势关系D_P^*满足自反性及传递性。

定义 11.11 对于$x\in U$，$P\subseteq C$，$D_P^{+*}(x)=\left\{y\in U：yD_P^{+*}x\right\}$称为$P$扩展优势集。$D_P^{-*}(x)=\left\{y\in U：xD_P^{+*}y\right\}$称为$P$扩展被优势集。

不加证明地引入如下结论：考虑子集$x\subseteq U$在扩展优势关系下有

$$\bigcup_{x\in X}D_P^{+*}(x)=\left\{x\in U:D_P^{-*}(x)\cap X\neq\Phi\right\},\ \bigcup_{x\in X}D_P^{-*}(x)=\left\{x\in U:D_P^{+*}(x)\cap X\neq\varnothing\right\}$$

此结论表明了P的扩展优势集与扩展被优势集之间的关系。

可得基于扩展优势集的粗糙近似为

$$\underline{P}^*(\mathrm{Cl}_t^{\geqslant})=\left\{x\in U:D_P^{+*}(x)\subseteq \mathrm{Cl}_t^{\geqslant}\right\},\quad \overline{P}^*(\mathrm{Cl}_t^{\geqslant})=\left\{x\in U:D_P^{-*}(x)\cap \mathrm{Cl}_t^{\geqslant}\neq\varnothing\right\}$$

$$\underline{P}^*(\mathrm{Cl}_t^{\leqslant})=\left\{x\in U:D_P^{-*}(x)\subseteq \mathrm{Cl}_t^{\leqslant}\right\},\quad \overline{P}^*(\mathrm{Cl}_t^{\leqslant})=\left\{x\in U:D_P^{+*}(x)\cap \mathrm{Cl}_t^{\leqslant}\neq\varnothing\right\}$$

可得$\overline{P}^*(\mathrm{Cl}_t^{\geqslant})=\bigcup_{x\in \mathrm{Cl}_t^{\geqslant}}D_P^{+*}(x)$，$\overline{P}^*(\mathrm{Cl}_t^{\leqslant})=\bigcup_{x\in \mathrm{Cl}_t^{\geqslant}}D_P^{-*}(x)$，有$\underline{P}^*(\mathrm{Cl}_t^{\geqslant})\subseteq \mathrm{Cl}_t^{\geqslant}\subseteq\overline{P}^*(\mathrm{Cl}_t^{\geqslant})$，$\underline{P}^*(\mathrm{Cl}_t^{\leqslant})\subseteq \mathrm{Cl}_t^{\leqslant}\subseteq\overline{P}^*(\mathrm{Cl}_t^{\leqslant})$。

定义 11.12 设$P\subseteq C$，若满足$\mathrm{EDOM}(P)=\mathrm{EDOM}(C)$，且$\forall P'\subseteq P$，$\mathrm{EDOM}(P')\neq\mathrm{EDOM}(C)$，则称$P$是$C$的约简，记为$\mathrm{RED}(C)$，所有约简的交集称为核，记为$\mathrm{CORE}(C)$。

2）决策规则获取

利用粗糙集下近似表示形式，可得确定性决策规则：

若$f(x,a_1)\leqslant r_{a1},f(x,a_2)\leqslant r_{a2},\cdots,f(x,a_p)\leqslant r_{ap}$，那么$x\in\mathrm{Cl}_t^{\leqslant}$，其中$P=\{a_1,a_2,\cdots,a_p\}\subseteq C$，$\left\{r_{a1},r_{a2},\cdots,r_{ap}\right\}\in V_{a1}\times V_{a2}\times\cdots\times V_{ap}$，$t\in T$。

若$f(x,a_1)\geqslant r_{a1},f(x,a_2)\geqslant r_{a2},\cdots,f(x,a_p)\geqslant r_{ap}$，那么$x\in\mathrm{Cl}_t^{\geqslant}$，其中$P=\{a_1,a_2,\cdots,a_p\}\subseteq C$，$\left\{r_{a1},r_{a2},\cdots,r_{ap}\right\}\in V_{a1}\times V_{a2}\times\cdots\times V_{ap}$，$t\in T$。

利用边界定义，得到可能性决策规则：

若$f(x,a_1)\geqslant r_{a1},f(x,a_2)\geqslant r_{a2},\cdots,f(x,a_k)\geqslant r_{ak}$，而$f(x,a_{k+1})\leqslant r_{ak+1}$，$f(x,a_{k+2})\leqslant r_{ak+2},\cdots,f(x,a_p)\leqslant r_{ap}$，那么$x\in\mathrm{Cl}_s\cup\mathrm{Cl}_{s+1}\cup\cdots\cup\mathrm{Cl}_l$，其中，$A'=\{a_1,a_2,\cdots,$

$a_p\}\subseteq C$，$A''=\{a_{k+1},a_{k+2},\cdots,a_p\}\subseteq C$，$P=A'\cup A''$，$A'$与$A''$可以相交，$\{r_{a1},r_{a2},\cdots,r_{ap}\}\in V_{a1}\times V_{a2}\times\cdots\times V_{ap}$，$s,t\in T$，$s<t$。

例 11.5 某公司对 8 名员工进行综合测评，选择团队合作能力、沟通能力、专业知识能力、应急处理能力等 4 项技能作为评判标准，其中论域为 8 名员工 $U=\{x_1,x_2,\cdots,x_8\}$，条件属性 $C=\{u_1,u_2,u_3,u_4\}$ 与决策属性 $D=\{d\}$，具体信息见表 11-8，表中*表示未知的偏好信息。

表 11-8 决策信息

员工	属性				
	u_1	u_2	u_3	u_4	D
x_1	强	中	*	强	合格
x_2	*	弱	弱	强	不合格
x_3	中	中	弱	弱	合格
x_4	强	强	强	强	合格
x_5	弱	*	强	弱	不合格
x_6	中	好	弱	*	合格
x_7	中	中	*	强	不合格
x_8	弱	中	弱	弱	不合格

各属性值分别表示为 $a_1=\{强,中,弱\}=\{2,1,0\}$，$a_2=\{强,中,弱\}=\{2,1,0\}$，$a_3=\{强,弱\}=\{2,0\}$，$a_4=\{强,弱\}=\{2,0\}$，$D=\{合格,不合格\}=\{2,1\}$，则决策属性将对象分为两类，合格的对象集为 $\mathrm{Cl}_2^{\geqslant}=\{1,3,4,6\}$，不合格的对象集为 $\mathrm{Cl}_1^{\leqslant}=\{2,5,7,8\}$。

$\underline{P}^*(\mathrm{Cl}_1^{\leqslant})=\{2,5,8\}$，$\overline{P}^*(\mathrm{Cl}_1^{\leqslant})=\{2,3,5,7,8\}$，$B_n^*(\mathrm{Cl}_1^{\leqslant})=\{3,7\}$

$\underline{P}^*(\mathrm{Cl}_2^{\geqslant})=\{1,4,6\}$，$\overline{P}^*(\mathrm{Cl}_2^{\geqslant})=\{1,3,4,7\}$，$B_n^*(\mathrm{Cl}_2^{\geqslant})=\{3,7\}$

从而得到如下决策规则。

（1）若 $a_2\leqslant 0,a_3\leqslant 0$ 或$a_1\leqslant 0,a_4\leqslant 0$，则$x\in\mathrm{Cl}_1^{\leqslant}$。这说明如果沟通能力弱、专业知识能力弱或者团队合作能力弱、应急处理能力弱，则员工肯定不合格。

（2）若 $a_1\geqslant 1,a_2\geqslant 2$ 或$a_1\geqslant 2,a_2\geqslant 1,a_4\geqslant 1$，则$x\in\mathrm{Cl}_2^{\geqslant}$。这说明如果团队合作能力至少中、沟通能力强或者团队合作能力强、沟通能力至少中、应急处理能力强，则员工肯定合格。

（3）若 $a_1 \leqslant 1, a_2 \geqslant 1$ 或 $a_1 \geqslant 1, a_2 \leqslant 1$，则 $x \in Cl_1^{\leqslant}$ 或 $x \in Cl_2^{\geqslant}$。这说明如果团队合作能力至多为中、沟通能力至少为中或者团队合作能力至少为中、沟通能力至多为中，则员工可能合格也可能不合格。

11.3　基于多属性决策的灾害风险建模案例分析

11.3.1　案例背景介绍

黄河流域的水患灾害主要分为暴雨洪水和冰凌洪水。冰凌是我国北方冬季典型的自然现象，冰为水在零摄氏度或低于零摄氏度时凝结成的固体，积冰为凌。凌汛是由下段河道结冰或积成的冰坝引起河道不畅、河水上涨的一种水文现象。黄河凌汛灾害频发，其中宁蒙段，即宁夏、内蒙古段尤为严重，黄河流域呈“几”字形态分布在我国的国土上，而宁蒙河段位于黄河流域的最北端，受黄河特殊的弯曲河道和寒冷气候的影响，宁蒙河段冰封特殊，从下游至上游封冻，冰层下面的河道被冰花和碎冰阻塞，容易形成冰塞。冰塞使得河流过水断面缩小，导致上游水位被迫提高，若水位高于警戒洪水位，则极易造成灾害。宁蒙河段开河从上游向下游引流，释放的槽蓄水量会逐渐增大，下游未开河时容易形成冰坝，即冰块堆积体。冰坝极易堵塞河流断面，使上游水位抬高，水电站尾水位增高，发电量减少，也会造成上游城镇和工矿区被淹。当上游河段的水和冰的压力增加到冰坝承受不住时，便会自然溃决，给两岸人民造成生命、财产损失。因此，防凌减灾是我国黄河流域冬春季最重要的工作之一。

凌汛洪水持续时间长、突发性强，难以寻求其规律。近年来，极端气候频发，防凌工作形势越来越严峻。虽然近年来我国在冰凌灾害的风险评估、冰情预报技术及管理决策技术等方面积累了众多经验，但由于黄河冰凌生消演变规律复杂、冰情数据资料欠缺，冰凌灾害风险管理的研究仍需加强（吴佳林，2017）。

11.3.2　模型框架

按照图 11-5 构建模型框架。

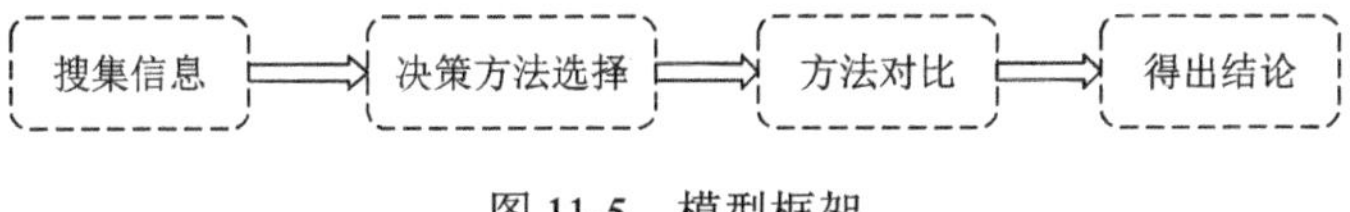

图 11-5　模型框架

11.3.3　实现途径

对黄河宁蒙河段的风险性进行分析。宁蒙河段分为 4 个分河段，分别为：青铜峡—石嘴山河段、石嘴山—巴彦高勒河段、巴彦高勒—三湖河口河段、三湖河口—头道拐河段，分别用 s_1、s_2、s_3、s_4 代表以上 4 个分河段。根据宁蒙河段河道封冻初期的流凌情况来判断 4 个分河段可能发生的冰塞状况，提前为防凌防汛做准备。选取 4 个分河段流凌期的流量、气温、河道弯度和过水断面 4 个指标的决策数据进行分析，具体数据见表 11-9。凌汛发生高的概率为 $P_1=[0.21,0.30]$，发生中的概率为 $P_2=[0.37,0.50]$，发生低的概率为 $P_3=[0.15,0.26]$。属性权重向量为 $W=(0.23,0.31,0.24,0.22)$。

表 11-9　黄河宁蒙河段凌汛决策数据

状态	分河段	流量	气温	河道弯度	过水断面
高	s_1	[351, 458]	[−14.4, −5.3]	[1.00, 1.45]	[1800, 4000]
	s_2	[340, 890]	[−12.7, −2.7]	[1.10, 1.26]	[1600, 5050]
	s_3	[270, 940]	[−11.1, −0.2]	[1.16, 1.50]	[1800, 4850]
	s_4	[126, 820]	[−15.5, −0.9]	[1.25, 1.60]	[1950, 4200]
中	s_1	[357, 533]	[−11.6, −3.0]	[1.00, 1.50]	[1200, 3600]
	s_2	[256, 582]	[−14.6, −6.5]	[1.16, 1.31]	[1600, 5000]
	s_3	[166, 535]	[−12.5, −4.8]	[1.16, 1.58]	[1740, 4800]
	s_4	[156, 498]	[−17.6, −8.0]	[1.25, 1.75]	[1950, 4000]
低	s_1	[360, 510]	[−16.9, −5.9]	[1.00, 1.50]	[1000, 3260]
	s_2	[363, 611]	[−16.4, −3.1]	[1.23, 1.31]	[1200, 4750]
	s_3	[198, 472]	[−16.3, −0.3]	[1.20, 1.60]	[1000, 4300]
	s_4	[189, 343]	[−13.1, −3.5]	[1.25, 1.75]	[1800, 3800]

11.3.4　模型结果展示

应用规范化公式（Yue，2012）对表 11-9 的数据进行规范化处理，得到的规范化决策矩阵见表 11-10，其中流量、气温、过水断面为效益型指标，河道弯度为成本型指标。

表 11-10　规范化决策矩阵

状态	分河段	流量	气温	河道弯度	过水断面
高	s_1	[0.11, 0.31]	[0.10, 1.58]	[0.19, 0.36]	[0.10, 0.56]
	s_2	[0.11, 0.70]	[0.05, 1.40]	[0.22, 0.33]	[0.09, 0.71]
	s_3	[0.09, 0.75]	[0.00, 1.22]	[0.19, 0.31]	[0.10, 0.68]
	s_4	[0.04, 0.64]	[0.06, 1.70]	[0.18, 0.29]	[0.11, 0.59]
中	s_1	[0.18, 0.57]	[0.05, 0.52]	[0.19, 0.38]	[0.07, 0.56]
	s_2	[0.13, 0.62]	[0.12, 0.65]	[0.22, 0.33]	[0.09, 0.77]
	s_3	[0.08, 0.57]	[0.09, 0.56]	[0.18, 0.33]	[0.10, 0.78]
	s_4	[0.08, 0.40]	[0.14, 0.79]	[0.16, 0.30]	[0.11, 0.62]
低	s_1	[0.19, 0.46]	[0.09, 1.37]	[0.20, 0.35]	[0.06, 0.65]
	s_2	[0.19, 0.56]	[0.04, 1.33]	[0.23, 0.31]	[0.07, 0.95]
	s_3	[0.10, 0.43]	[0.01, 1.33]	[0.19, 0.31]	[0.06, 0.86]
	s_4	[0.10, 0.31]	[0.06, 1.07]	[0.17, 0.30]	[0.11, 0.77]

采用期望理论求得各河段的期望值，详见表 11-11。

表 11-11　河段的期望矩阵

分河段	流量	气温	河道弯度	过水断面
s_1	[0.12, 0.50]	[0.05, 1.09]	[0.14, 0.39]	[0.04, 0.48]
s_2	[0.10, 0.67]	[0.06, 1.09]	[0.16, 0.34]	[0.04, 0.66]
s_3	[0.06, 0.62]	[0.03, 0.99]	[0.13, 0.34]	[0.05, 0.62]
s_4	[0.05, 0.47]	[0.06, 1.18]	[0.12, 0.32]	[0.06, 0.54]

可对各属性值进行加权集结，根据式（11-7）计算期望值，并根据期望值的大小进行排序。$E_1=[0.0855,0.6512]$，$E_2=[0.0888,0.7188]$，$E_3=[0.0653,0.6675]$，$E_4=[0.0721,0.6695]$。

$s_2 \succ s_4 \succ s_1 \succ s_3$。$s_2$ 分河段相对其他 3 个分河段来说，更易发生冰塞现象，冰情风险最高。从区间数的排序来看，s_1 稍微优于 s_3，两者的险情不相上下。以期望值为参考点，根据式（11-8）至式（11-11）求解前景矩阵，结果见表 11-12。

表 11-12　前景矩阵

分河段	流量	气温	河道弯度	过水断面
s_1	[−0.14, −0.02]	[−0.52, −0.13]	[−0.23, −0.13]	[−0.52, −0.22]
s_2	[0.00, 0.06]	[−0.22, 0.00]	[−0.25, −0.15]	[−0.72, −0.28]
s_3	[−0.09, 0.02]	[−0.37, −0.06]	[−0.21, −0.13]	[−0.64, −0.28]
s_4	[−0.12, 0.00]	[−0.34, −0.07]	[−0.20, −0.12]	[−0.56, −0.21]

根据式（11-12）求得各方案的综合前景值：$V_1=[-0.3630,-0.1245]$，$V_2=[-0.2866,-0.0838]$，$V_3=[-0.3266,-0.1068]$，$V_4=[-0.3042,-0.0967]$。

根据区间数排序可知：$s_2 \succ s_4 \succ s_3 \succ s_1$，从数值来看，4 个分河段的前景值都是负值，都达到了险情标准，需要有关部门引起高度重视。其中，s_2 分河段相对其他 3 个分河段来说，更易发生冰塞现象，冰情风险最高。由期望矩阵和前景矩阵的排序结果可知，s_1 和 s_3 河段的顺序发生了变化。期望矩阵得到的排序是由现状表现及风险发生程度的概率决定的，而由前景矩阵得到的排序描述了各分河段相对发生期望值的风险趋势，并能反应各分河段是否达到险情标准，指导决策部门有针对性地治理。

11.3.5 结论

本节对黄河流域冰凌灾害进行了风险性分析，采用 4 个分河段流凌期的流量、气温、河道弯度和过水断面等指标的表现值及凌汛发生状态的概率，根据期望值法和累积前景理论对 4 个分河段的凌汛风险进行了决策分析，判断了 4 个分河段的风险级别，向防控决策部门提供了灾害风险情报，有助于帮助决策部门进行高效的防范、治理。

专 业 术 语

1. 前景理论：把人们“高估低概率事件，低估高概率事件”的心理行为考虑到风险决策问题中，根据表面价值的得失构建价值函数，并将概率化为决策概率，通过集成算子求得综合前景值，根据前景值的大小对方案进行排序。

2. 粗糙集：用于处理不确定问题，不依赖先验信息，采用属性约简和规则推导进行决策。

3. 模糊集理论：对于内涵明确、外延模糊的问题，基于隶属函数进行信息的集结。

本 章 习 题

1. 在求解多属性决策问题时权重起什么作用？如何设定？

2. 如何确定效用曲线？效用决策与期望损益值决策的区别是什么？

3. 某企业决定生产一种新产品，有 3 种方案可供选择：d_1 大量生产，d_2 中量生产，d_3 小批量生产。考虑 3 个指标：u_1 效益，u_2 成本，u_3 污染损失。产品需求有 3 种可能状态：θ_1 畅销，θ_2 销路较差，θ_3 滞销。损益值表如下，试对该问题进行决策。

<table>
<tr><th rowspan="2">方案</th><th colspan="3">u_1</th><th colspan="3">u_2</th><th colspan="3">u_3</th></tr>
<tr><th>θ_1</th><th>θ_2</th><th>θ_3</th><th>θ_1</th><th>θ_2</th><th>θ_3</th><th>θ_1</th><th>θ_2</th><th>θ_3</th></tr>
<tr><td>d_1</td><td>80</td><td>40</td><td>−30</td><td>22</td><td>15</td><td>10</td><td>10</td><td>8</td><td>6</td></tr>
<tr><td>d_2</td><td>55</td><td>37</td><td>−15</td><td>14</td><td>9</td><td>5</td><td>8</td><td>6</td><td>4</td></tr>
<tr><td>d_3</td><td>40</td><td>25</td><td>9</td><td>10</td><td>6</td><td>3</td><td>6</td><td>4</td><td>4</td></tr>
</table>

4. 某公司经理收到了 10 个有关运输方案的建议。每个运输方案包括 4 个条件属性，条件属性集 $C=\{c_1,c_2,c_3,c_4\}$，1 个决策属性，决策属性集 $D=\{d\}$，其中，c_1 运输成本；c_2 批量规模；c_3 库存量成本；c_4 反应时间；d 运输方案评价。试对属性进行约简，并给出决策规则。

运输方案	c_1	c_2	c_3	c_4	d
N_1	高	低	高	慢	差
N_2	高	高	低	快	好
N_3	低	高	低	快	好
N_4	高	高	中	快	差
N_5	低	低	中	快	差
N_6	低	低	高	快	好
N_7	低	低	高	快	好
N_8	低	低	高	快	差
N_9	高	高	高	慢	差
N_{10}	低	低	高	快	好

5. 设 $R_1=\begin{bmatrix}0.4 & 0.6 & 0.3\\ 1 & 0 & 0.4\\ 0 & 0.5 & 1\\ 0.6 & 0.7 & 0.8\end{bmatrix}$，$R_2=\begin{bmatrix}0.1 & 0.9\\ 0.9 & 0.1\\ 0.6 & 0.4\end{bmatrix}$，求 R_1 对 R_2 的合成 R_3。

参 考 文 献

郭鹏，梁工谦，赵静，等. 2016. 数据、模型与决策[M]. 西安：西北工业大学出版社.
菅利荣. 2008. 面向不确定性决策的杂合粗糙集方法及其应用[M]. 北京：科学出版社.
吴佳林. 2017. 基于灰信息的黄河冰凌灾害风险评估研究[D]. 郑州：华北水利水电大学.
徐泽水. 2008. 直觉模糊信息集成理论及应用[M]. 北京：科学出版社.
Baas S M, Kwakernaak H. 1977. Rating and ranking of multiple-aspect alternatives using fuzzy sets[J]. Automatica, 13(1): 47-58.

Bellman R E, Zadeh L A. 1970. Decision-making in a fuzzy environment[J]. Management Science, 17(4): B141-B164.

Greco S, Matarazzo B, Slowinski R. 1999. Rough approximation of a preference relation by dominance relations[J]. European Journal of Operational Research, 117: 63-83.

Krohling R A, de Souza T T M. 2012. Combining prospect theory and fuzzy numbers to multi-criteria decision making [J]. Expert Systems with Applications, 39(13): 11487-11493.

Pawlak Z. 1982. Rough sets[J]. International Journal of Computer & Information Sciences, 11: 341-356.

Tversky A, Kahneman D. 1992. Advances in prospect theory: cumulative representation of uncertainty[J]. Journal of Risk and Uncertainty, 5(4): 297-323.

Yue Z L. 2012. Extension of TOPSIS to determine weight of decision maker for group decision making problems with uncertain information[J]. Expert Systems with Applications, 39(7): 6343-6350.

Zadeh L A. 1965. Fuzzy sets[J]. Information and Control, 8(3): 338-353.

第 12 章　灰色系统理论与方法

学习目标

- 理解灰色关联度的概念，熟悉灰色关联度的计算过程
- 熟悉均值 GM（1, 1）、Verhulst 模型、GM（1, N）模型
- 理解灰色决策的基本概念，了解灰色计量方法
- 熟悉灰靶决策

灰色系统理论主要针对概率统计、模糊数学难以解决的“小样本”“贫信息”不确定性问题，通过序列算子的作用进行数据挖掘，探索客观事物运动的规律（刘思峰等，2010，2017）。本章将主要从灰色关联、灰色预测、灰色决策和灰色计量四个方面简要介绍灰色系统建模；最后，将灰色系统建模方法应用于灾害风险，进行实例分析。

12.1　灰色系统建模

12.1.1　灰色关联方法

对系统进行分析时，在选择系统行为特征序列后，系统行为特征的主要影响因素还需进一步明确。在对系统进行量化分析时，需要对系统行为特征序列和各影响因素做适当的数据处理。利用算子对原始序列进行无量纲化处理，并且有时还可以将负相关因素转化为正相关因素。

定义 12.1　设 X_i 为系统因素，其在序号 k 上的观测数据为 $x_i(k)$（ $k=1,2,\cdots,n$ ）则称

$$X_i=\{x_i(1),x_i(2),\cdots,x_i(n)\}$$

为因素 X_i 的行为序列。

若 k 为指标序号， $x_i(k)$ 为因素 X_i 关于第 k 个指标的观测数据，则称

$$X_i=\{x_i(1),x_i(2),\cdots,x_i(n)\}$$

为因素 X_i 的行为指标序列。

若 k 为时间序号， $x_i(k)$ 为因素 X_i 在 k 时刻的观测数据，则称

$$X_i=\{x_i(1),x_i(2),\cdots,x_i(n)\}$$

为因素 X_i 的行为时间序列。

若k为观测对象序号，$x_i(k)$为因素X_i关于第k个对象的观测数据，则称

$$X_i = \{x_i(1), x_i(2), \cdots, x_i(n)\}$$

为因素X_i的行为横向序列。

定义 12.2　设$X_i = \{x_i(1), x_i(2), \cdots, x_i(n)\}$为因素$X_i$的行为序列，$D_1$为序列算子，且

$$X_i D_1 = \{x_i(1)d_1, x_i(2)d_1, \cdots, x_i(n)d_1\}$$

其中

$$x_i(k)d_1 = x_i(k) / x_i(1);\ x_i(1) \neq 0,\ k = 1, 2, \cdots, n \tag{12-1}$$

则称D_1为初值化算子，X_iD_1为X_i在初值化算子D_1下的像，简称初值像。

定义 12.3　设$X_i = \{x_i(1), x_i(2), \cdots, x_i(n)\}$为因素$X_i$的行为序列，$D_2$为序列算子，且

$$X_i D_2 = \{x_i(1)d_2, x_i(2)d_2, \cdots, x_i(n)d_2\}$$

其中

$$x_i(k)d_2 = \frac{x_i(k)}{\bar{x}_i};\ \bar{x}_i = \frac{1}{n}\sum_{k=1}^{n} x_i(k),\ k = 1, 2, \cdots, n \tag{12-2}$$

则称D_2为均值化算子，X_iD_2为X_i在均值化算子D_2下的像，简称均值像。

定义 12.4　设$X_i = \{x_i(1), x_i(2), \cdots, x_i(n)\}$为因素$X_i$的行为序列，$D_3$为序列算子，且

$$X_i D_3 = \{x_i(1)d_3, x_i(2)d_3, \cdots, x_i(n)d_3\}$$

其中

$$x_i(k)d_3 = \frac{x_i(k) - \min\limits_k x_i(k)}{\max\limits_k x_i(k) - \min\limits_k x_i(k)},\ k = 1, 2, \cdots, n \tag{12-3}$$

则称D_3为区间值化算子，X_iD_3为X_i在区间值化算子D_3下的像，简称区间值像。

定义 12.5　设$X_i = \{x_i(1), x_i(2), \cdots, x_i(n)\}$，$x_i(k) \in [0,1]$为因素$X_i$的行为序列，$D_4$为序列算子，且

$$X_i D_4 = \{x_i(1)d_4, x_i(2)d_4, \cdots, x_i(n)d_4\}$$

其中

$$x_i(k)d_4 = 1 - x_i(k),\ k = 1, 2, \cdots, n \tag{12-4}$$

则称D_4为逆化算子，X_iD_4为行为序列X_i在逆化算子D_4下的像，简称逆化像。

定义 12.6　设$X_i = \{x_i(1), x_i(2), \cdots, x_i(n)\}$为因素$X_i$的行为序列，$D_5$为序列算子，且

$$X_i D_5 = \{x_i(1)d_5, x_i(2)d_5, \cdots, x_i(n)d_5\}$$

其中

$$x_i(k)d_5 = 1/x_i(k)；\quad x_i(k) \neq 0，\quad k = 1,2,\cdots,n \tag{12-5}$$

则称 D_5 为倒数化算子，X_iD_5 为行为序列 X_i 在倒数化算子 D_5 下的像，简称倒数化像。

定义 12.7　设 $X_0 = \{x_0(1), x_0(2), \cdots, x_0(n)\}$ 为系统行为特征序列，且

$$X_1 = \{x_1(1), x_1(2), \cdots, x_1(n)\}$$
$$\vdots$$
$$X_i = \{x_i(1), x_i(2), \cdots, x_i(n)\}$$
$$\vdots$$
$$X_m = \{x_m(1), x_m(2), \cdots, x_m(n)\}$$

为相关因素序列。给定实数 $\gamma(x_0(k), x_i(k))$，若实数

$$\gamma(X_0, X_i) = \frac{1}{n}\sum_{k=1}^{n}\gamma(x_0(k), x_i(k))$$

满足规范性、接近性，则称 $\gamma(X_0, X_i)$ 为 X_i 与 X_0 的灰色关联度，$\gamma(x_0(k), x_i(k))$ 为 X_i 与 X_0 在 k 点的关联系数，并称规范性、接近性为灰色关联公理（邓聚龙，1985）。具体解释如下。

1）规范性

$$0 < \gamma(X_0, X_i) \leqslant 1，\ \gamma(X_0, X_i) = 1 \Leftarrow X_0 = X_i$$

2）接近性

$|x_0(k) - x_i(k)|$ 越小，$\gamma(x_0(k), x_i(k))$ 越大。

定理 12.1　设系统行为序列

$$X_0 = \{x_0(1), x_0(2), \cdots, x_0(n)\}$$
$$X_1 = \{x_1(1), x_1(2), \cdots, x_1(n)\}$$
$$\vdots$$
$$X_i = \{x_i(1), x_i(2), \cdots, x_i(n)\}$$
$$\vdots$$
$$X_m = \{x_m(1), x_m(2), \cdots, x_m(n)\}$$

对于 $\xi \in (0,1)$，令

$$\gamma(x_0(k), x_i(k)) = \frac{\min\limits_i \min\limits_k |x_0(k) - x_i(k)| + \xi \max\limits_i \max\limits_k |x_0(k) - x_i(k)|}{|x_0(k) - x_i(k)| + \xi \max\limits_i \max\limits_k |x_0(k) - x_i(k)|} \tag{12-6}$$

$$\gamma(X_0, X_i) = \frac{1}{n}\sum_{k=1}^{n}\gamma(x_0(k), x_i(k)) \tag{12-7}$$

则 $\gamma(X_0, X_i)$ 满足灰色关联公理，其中 ξ 称为分辨系数；$\gamma(X_0, X_i)$ 称为 X_0 与 X_i 的灰色关联度（邓聚龙，1985），该关联度也称为邓氏灰色关联度（刘思峰等，2017）。灰色关联度 $\gamma(X_0, X_i)$ 常简记为 γ_{0i}，k 点的关联系数 $\gamma(x_0(k), x_i(k))$ 简记为 $\gamma_{0i}(k)$。

按照定理 12.1 中定义的公式可得灰色关联度的计算步骤如下。

第一步：求各序列的初值像（或均值像）。令

$$X_i' = X_i / x_i(1) = \{x_i'(1), x_i'(2), \cdots, x_i'(n)\}, \quad i = 0, 1, 2, \cdots, m$$

第二步：求差序列。记

$$\Delta_i(k) = | x_0'(k) - x_i'(k) |, \quad \Delta_i = (\Delta_i(1), \Delta_i(2), \cdots, \Delta_i(n))$$

$$i = 1, 2, \cdots, m$$

第三步：求两极最大差与最小差。记

$$M = \max_i \max_k \Delta_i(k), \quad m = \min_i \min_k \Delta_i(k)$$

第四步：求关联系数。

$$\gamma_{0i}(k) = \frac{m + \xi M}{\Delta_i(k) + \xi M}, \xi \in (0,1)$$

$$k = 1, 2, \cdots, n; \ i = 1, 2, \cdots, m$$

第五步：计算关联度。

$$\gamma_{0i} = \frac{1}{n} \sum_{k=1}^{n} \gamma_{0i}(k), \quad i = 1, 2, \cdots, m$$

12.1.2 灰色预测方法

1. 均值 GM（1, 1）模型

定义 12.8 设 $X^{(0)} = \left\{x^{(0)}(1), x^{(0)}(2), \cdots, x^{(0)}(n)\right\}$ 为非负序列，其一次累加生成序列为 $X^{(1)} = \left\{x^{(1)}(1), x^{(1)}(2), \cdots, x^{(1)}(n)\right\}$，$X^{(1)}$ 的紧邻均值生成序列为 $Z^{(1)} = \left\{z^{(1)}(2), z^{(1)}(3), \cdots, z^{(1)}(n)\right\}$。称

$$x^{(0)}(k) + az^{(1)}(k) = b \tag{12-8}$$

为均值 GM（1, 1）模型的基本形式。

定理 12.2 设 $X^{(0)}$ 为非负序列，$X^{(1)}$ 为 $X^{(0)}$ 的一次累加生成序列，$Z^{(1)}$ 为 $X^{(1)}$ 的紧邻均值生成序列，若 $\hat{a} = (a, b)^{\mathrm{T}}$ 为参数列，且

$$B = \begin{pmatrix} -z^{(1)}(2) & 1 \\ -z^{(1)}(3) & 1 \\ \vdots & \vdots \\ -z^{(1)}(n) & 1 \end{pmatrix}, \qquad C = \begin{pmatrix} x^{(0)}(2) \\ x^{(0)}(3) \\ \vdots \\ x^{(0)}(n) \end{pmatrix}$$

则均值 GM（1, 1）模型参数列 $a=(a,b)^{\mathrm{T}}$ 的最小二乘估计为

$$\hat{a}=(a,b)^{\mathrm{T}}=(B^{\mathrm{T}}B)^{-1}B^{\mathrm{T}}C \tag{12-9}$$

定义 12.9　设 $X^{(0)}$ 为非负序列，$X^{(1)}$ 为 $X^{(0)}$ 的一次累加生成序列，$Z^{(1)}$ 为 $X^{(1)}$ 的紧邻均值生成序列，$\hat{a}=(a,b)^{\mathrm{T}}=(B^{\mathrm{T}}B)^{-1}B^{\mathrm{T}}C$，则称

$$\frac{\mathrm{d}x^{(1)}}{\mathrm{d}t}+ax^{(1)}=b \tag{12-10}$$

为均值 GM（1, 1）模型

$$x^{(0)}(k)+az^{(1)}(k)=b$$

的白化方程，也称影子方程。

定理 12.3　若 $\hat{a}=(a,b)^{\mathrm{T}}=(B^{\mathrm{T}}B)^{-1}B^{\mathrm{T}}C$ 如定理 12.2 所述，则：

（1）白化方程 $\dfrac{\mathrm{d}x^{(1)}}{\mathrm{d}t}+ax^{(1)}=b$ 在初始条件 $x^{(1)}(t)\big|_{t=0}=x^{(1)}(0)\triangleq x^{(1)}(1)$ 下的时间响应函数为

$$x^{(1)}(t)=\left(x^{(1)}(1)-\frac{b}{a}\right)\mathrm{e}^{-at}+\frac{b}{a}$$

（2）均值 GM（1, 1）模型 $x^{(0)}(k)+az^{(1)}(k)=b$ 的时间响应式为

$$\hat{x}^{(1)}(k+1)=\left(x^{(1)}(1)-\frac{b}{a}\right)\mathrm{e}^{-ak}+\frac{b}{a},\quad k=1,2,\cdots,n,n+1,n+2,\cdots$$

（3）还原值为

$$\begin{aligned}\hat{x}^{(0)}(k+1)&=\hat{x}^{(1)}(k+1)-\hat{x}^{(1)}(k)\\&=\left(x^{(1)}(1)-\frac{b}{a}\right)(1-\mathrm{e}^{a})\mathrm{e}^{-a(k-1)},\quad k=1,2,\cdots,n,n+1,n+2,\cdots\end{aligned}$$

2. Verhulst 模型

定义 12.10　设 $X^{(0)}=\left\{x^{(0)}(1),x^{(0)}(2),\cdots,x^{(0)}(n)\right\}$ 为非负序列，$X^{(1)}=\left\{x^{(1)}(1),x^{(1)}(2),\cdots,x^{(1)}(n)\right\}$ 为 $X^{(0)}$ 的一次累加生成序列，$Z^{(1)}=\left\{z^{(1)}(2),z^{(1)}(3),\cdots,z^{(1)}(n)\right\}$ 为 $X^{(1)}$ 的紧邻均值生成序列，则称

$$x^{(0)}(k)+az^{(1)}(k)=b(z^{(1)}(k))^{\alpha}$$

为 GM（1, 1）幂模型；称

$$\frac{\mathrm{d}x^{(1)}}{\mathrm{d}t}+ax^{(1)}=b(x^{(1)})^{\alpha}$$

为 GM（1, 1）幂模型的白化微分方程。

定义 12.11　当 $\alpha=2$ 时，称

$$x^{(0)}(k)+az^{(1)}(k)=b(z^{(1)}(k))^{2} \tag{12-11}$$

为灰色 Verhulst 模型；称

$$\frac{\mathrm{d}x^{(1)}}{\mathrm{d}t}+ax^{(1)}=b(x^{(1)})^2 \tag{12-12}$$

为灰色 Verhulst 模型的白化微分方程。

定理 12.4　设 $X^{(0)}$ 为非负序列，$X^{(1)}$ 为 $X^{(0)}$ 的一次累加生成序列，$Z^{(1)}$ 为 $X^{(1)}$ 的紧邻均值生成序列，若 $\hat{a}=(a,b)^{\mathrm{T}}$ 为参数列，且

$$B=\begin{pmatrix}-z^{(1)}(2) & (z^{(1)}(2))^2\\ -z^{(1)}(3) & (z^{(1)}(3))^2\\ \vdots & \vdots\\ -z^{(1)}(n) & (z^{(1)}(n))^2\end{pmatrix},\quad Y=\begin{pmatrix}x^{(0)}(2)\\ x^{(0)}(3)\\ \vdots\\ x^{(0)}(n)\end{pmatrix}$$

则灰色 Verhulst 模型参数列 $a=(a,b)^{\mathrm{T}}$ 的最小二乘估计为

$$\hat{a}=(B^{\mathrm{T}}B)^{-1}B^{\mathrm{T}}Y \tag{12-13}$$

定理 12.5　设 $\hat{a}=(a,b)^{\mathrm{T}}=(B^{\mathrm{T}}B)^{-1}B^{\mathrm{T}}Y$ 如定理 12.4 所示，则：

（1）灰色 Verhulst 模型的白化微分方程

$$\frac{\mathrm{d}x^{(1)}}{\mathrm{d}t}+ax^{(1)}=b(x^{(1)})^2$$

的解为

$$x^{(1)}(t)=\frac{ax^{(1)}(0)}{bx^{(1)}(0)+[a-bx^{(1)}(0)]\mathrm{e}^{at}}=\frac{ax^{(1)}(1)}{bx^{(1)}(1)+[a-bx^{(1)}(1)]\mathrm{e}^{at}}$$

（2）灰色 Verhulst 模型的时间响应式为

$$\hat{x}^{(1)}(k+1)=\frac{ax^{(1)}(1)}{bx^{(1)}(1)+(a-bx^{(1)}(1))\mathrm{e}^{ak}}$$

3. GM（1, N）模型

定义 12.12　设 $X_1^{(0)}=\left\{x_1^{(0)}(1),x_1^{(0)}(2),\cdots,x_1^{(0)}(n)\right\}$ 为系统特征数据序列，而

$$X_2^{(0)}=\left\{x_2^{(0)}(1),x_2^{(0)}(2),\cdots,x_2^{(0)}(n)\right\}$$
$$X_3^{(0)}=\left\{x_3^{(0)}(1),x_3^{(0)}(2),\cdots,x_3^{(0)}(n)\right\}$$
$$\vdots$$
$$X_N^{(0)}=\left\{x_N^{(0)}(1),x_N^{(0)}(2),\cdots,x_N^{(0)}(n)\right\}$$

为相关因素序列，$X_i^{(1)}$ 为 $X_i^{(0)}(i=2,3,\cdots,N)$ 的一次累加生成序列，$Z_1^{(1)}$ 为 $X_1^{(1)}$ 的紧邻均值生成序列，则称

$$x_1^{(0)}(k)+az_1^{(1)}(k)=\sum_{i=2}^{N}b_ix_i^{(1)}(k)$$

为 GM（1, N）模型。

定义 12.13　在 GM（1, N）模型中，$-a$ 称为系统发展系数，$b_ix_i^{(1)}(k)$ 称为驱动项，b_i 称为驱动系数，$a=(a,b_1,b_2,\cdots,b_N)^{\mathrm{T}}$ 称为参数列。

定理 12.6　设 $X_1^{(0)}$ 为系统特征数据序列，$X_i^{(0)}(i=2,3,\cdots,N)$ 为相关因素序列，$X_i^{(1)}$ 为 $X_i^{(0)}$ 的一次累加生成序列，$Z_1^{(1)}$ 为 $X_1^{(1)}$ 的紧邻均值生成序列，

$$B=\begin{pmatrix}-z_1^{(1)}(2) & x_2^{(1)}(2) & \cdots & x_N^{(1)}(2)\\ -z_1^{(1)}(3) & x_2^{(1)}(3) & \cdots & x_N^{(1)}(3)\\ \vdots & \vdots & & \vdots\\ -z_1^{(1)}(n) & x_2^{(1)}(n) & \cdots & x_N^{(1)}(n)\end{pmatrix},\quad Y=\begin{pmatrix}x_1^{(0)}(2)\\ x_1^{(0)}(3)\\ \vdots\\ x_1^{(0)}(n)\end{pmatrix}$$

则参数列 $a=(a,b_1,b_2,\cdots,b_N)^{\mathrm{T}}$ 的最小二乘估计为

$$\hat{a}=(B^{\mathrm{T}}B)^{-1}B^{\mathrm{T}}Y \tag{12-14}$$

定义 12.14　称

$$\frac{\mathrm{d}x^{(1)}}{\mathrm{d}t}+ax_1^{(1)}=\sum_{i=2}^{N}b_ix_i^{(1)}(k)$$

为 GM（1, N）模型

$$x_1^{(0)}(k)+az_1^{(1)}(k)=\sum_{i=2}^{N}b_ix_i^{(1)}(k)$$

的白化微分方程，也称影子方程。

定理 12.7　设 $\hat{a}=(a,b_1,b_2,\cdots,b_N)^{\mathrm{T}}=(B^{\mathrm{T}}B)^{-1}B^{\mathrm{T}}Y$ 如定理 12.6 所示，则

（1）GM（1, N）模型的白化微分方程

$$\frac{\mathrm{d}x^{(1)}}{\mathrm{d}t}+ax_1^{(1)}=\sum_{i=2}^{N}b_ix_i^{(1)}$$

的解为

$$\begin{aligned}x^{(1)}(t)&=\mathrm{e}^{-at}[\sum_{i=2}^{N}\int b_ix_i^{(1)}(t)\mathrm{e}^{at}\mathrm{d}t+x^{(1)}(0)-\sum_{i=2}^{N}\int b_ix_i^{(1)}(0)\mathrm{d}t]\\&=\mathrm{e}^{-at}[x_1^{(1)}(0)-t\sum_{i=2}^{N}b_ix_i^{(1)}(0)+\sum_{i=2}^{N}\int b_ix_i^{(1)}(t)\mathrm{e}^{at}\mathrm{d}t]\end{aligned}$$

（2）当 $X_i^{(1)}$ 的变化幅度很小时，可视 $\sum_{i=2}^{N}b_ix_i^{(1)}(k)$ 为灰常量，则 GM（1, N）模型

$$x_1^{(0)}(k)+az_1^{(1)}(k)=\sum_{i=2}^{N}b_ix_i^{(1)}(k)$$

的近似时间响应式为

$$\hat{x}_1^{(1)}(k+1)=(x_1^{(1)}(0)-\frac{1}{a}\sum_{i=2}^{N}b_i x_i^{(1)}(k+1))\mathrm{e}^{-ak}+\frac{1}{a}\sum_{i=2}^{N}b_i x_i^{(1)}(k+1)$$

其中，$x_1^{(1)}(0)$ 取为 $x_1^{(1)}(1)$。

（3）累减还原值为

$$\hat{x}_1^{(0)}(k+1)=\hat{x}_1^{(1)}(k+1)-\hat{x}_1^{(1)}(k)$$

12.1.3　灰色决策方法

1. 灰色决策的基本定义

决策指决定策略或方法，是人们为各种事件出主意、做决定的过程。决策的本质含义其实是人们在工作、学习和生活中普遍存在的一种行为及在管理中经常发生的一种活动。人们对决策的理解有着广义和狭义之分。从广义上讲，决策是信息搜集、加工，最后做出判断、得出结论的过程；从狭义上讲，决策仅指所有行动中的确定方案这一环节，通常意义上又被定义为拍板。也有人认为决策是决策者在个人经验、态度和决心的基础上，借助一定的工具、技巧和方法，在不确定条件下做出的抉择。

我们要进行决策，首先要弄清事件的定义。事件是需要研究、解决的问题或需要处理的事物及一个系统行为的现状的统称。

定义 12.15　事件、对策、目标、效果称为决策四要素。

定义 12.16　设 $a_i(i=1,2,3,\cdots,n)$ 为第 i 个事件，称某一研究范围内事件的全体为该范围内的事件集，记为

$$A=\{a_1,a_2,\cdots,a_n\}$$

设 $b_j(j=1,2,\cdots,m)$ 为第 j 种对策，与上述事件相应的所有可能的对策的全体称为对策集，记为

$$B=\{b_1,b_2,\cdots,b_m\}$$

定义 12.17　事件集 $A=\{a_1,a_2,\cdots,a_n\}$ 与对策集 $B=\{b_1,b_2,\cdots,b_m\}$ 的笛卡儿积

$$A\times B=\{(a_i,b_j)\mid a_i\in A,b_j\in B\}$$

称为决策方案集，记作 $S=A\times B$。对于任意的 $a_i\in A,b_j\in B$，称 (a_i,b_j) 为决策方案，记作 $s_{ij}=(a_i,b_j)$。

例如，在地震应对决策中，可把地震的强度作为事件集，记人有略微感觉的强度为 a_1，人与物体产生晃动的强度为 a_2，建筑物受损的强度为 a_3，则记事件集

$$A = \{a_1, a_2, a_3\}$$

将应对地震的措施看作不同的对策，记不采取措施为b_1，加固房屋为b_2，降低楼层高度为b_3，增加疏散通道为b_4，减小房屋间密集程度b_5，…则对策集为

$$B = \{b_1, b_2, \cdots, b_5, \cdots\}$$

于是决策方案集

$$S = A \times B = \{s_{11}, s_{12}, \cdots, s_{15}, \cdots, s_{21}, \cdots, s_{25}, \cdots, s_{31}, \cdots, s_{35}, \cdots\}$$

其中，$s_{ij} = (a_i, b_j)$。

这里的事件和对策都比较单纯，构成的决策方案也比较简单。在实际决策中，我们遇到的事件往往是由多种简单事件复合而成的复杂事件，对策也不那么单纯，而是十分复杂的，因而构成的决策方案也相当复杂。

我们仍以地震决策为例。

事件集实际上是由仪器记录的大小、人的感知程度、物体的晃动程度、房屋的破损程度等构成的复合体，对策也不是单纯的某一种应对措施，而是由多种措施根据不同的安排复合而成。

记“仪器的记录极小、人无明显感受、物体无明显晃动、房屋无破损”为a_1；“仪器的记录较小、人有明显震感、物体有明显晃动、房屋无破损”为a_2；“仪器的记录偏大、人不能正常站立、物体剧烈晃动、房屋轻微受损”为a_3；…则事件集$A = \{a_1, a_2, a_3, \cdots\}$。

记“不采取任何措施”为b_1；“公共区域建筑加固、楼房高度稍作降低、学校医院等公共区域增加疏散通道、房屋间密集程度不做改变”为b_2；“全体房屋加固、楼房高度增大限制、更多区域增加疏散通道、适当控制房屋间密集程度”为b_3；…则对策集$B = \{b_1, b_2, b_3, \cdots\}$。

决策方案$s_{11} = (a_1, b_1)$就是在仪器的记录极小、人无明显感受、物体无明显晃动、房屋无破损的地震强度下，不采取任何措施。

再如，在新冠肺炎疫情期间的教学计划安排中，可把某学校某学期开设的全部课程作为事件集，把该学校的专职和兼职教师及线上、线下、线上线下相结合等教学手段作为对策集。

给定决策方案$s_{ij} \in S$，在预定目标下对效果进行评估，根据评估结果决定取舍，这就是决策。

2. 灰靶决策

灰靶决策的实质是，在相对优化的意义下，满意效果所在的区域。在多数场合下，想要做出绝对满意的决策是很难的，因此，人们退而求其次，在众多决策

的比较下选择一个相对较优的决策。当然，在条件允许的情况下，根据需要亦可将灰靶决策逐步收缩，好中求好，最后收敛至一点，即为最优效果，与之相对应的决策方案则可被称为最优决策方案，相应的对策即为最优对策。

定义 12.18　设 $S=\left\{s_{ij}=(a_i,b_j)\mid a_i\in A,b_j\in B\right\}$ 为决策方案集，$u_{ij}^{(k)}$ 为决策方案 s_{ij} 在 k 目标下的效果值，R 为实数集，则称 $u_{ij}^{(k)}:S\mapsto \mathrm{R}$

$$s_{ij}\mapsto u_{ij}^{(k)}$$

为 S 在 k 目标下的效果映射。

定义 12.19

（1）若 $u_{ih}^{(k)}=u_{jh}^{(k)}$，则称事件 a_i 与 a_j 关于对策 b_h 在 k 目标下等价，记作 $a_i\cong a_j$，称集合

$$A_{jh}^{(k)}=\left\{a\middle|a\in A,a\cong a_j\right\}$$

为 k 目标下关于对策 b_h 的事件 a_j 的效果等价类。

（2）设 k 目标是效果值越大越好的目标，$u_{ih}^{(k)}>u_{jh}^{(k)}$，则称 k 目标下关于对策 b_h 事件 a_i 优于事件 a_j，记作 $a_i\succ a_j$，称集合

$$A_{j}^{(k)}=\left\{a\middle|a\in A,a\succ a_j\right\}$$

为 k 目标下关于对策 b_h 的事件 a_j 的优势类。

类似地，可以定义效果值适中为好，或越小越好情况下的事件优势类。

定义 12.20

（1）若 $u_{ij}^{(k)}=u_{ih}^{(k)}$，则称对策 b_j 与 b_h 关于事件 a_i 在 k 目标下等价，记作 $b_j\cong b_h$，称集合

$$B_{ih}^{(k)}=\left\{b\middle|b\in B,b\cong b_h\right\}$$

为 k 目标下关于事件 a_i 对策 b_h 的效果等价类。

（2）设 k 目标是效果值越大越好的目标，$u_{ij}^{(k)}>u_{ih}^{(k)}$，则称 k 目标下关于事件 a_i 对策 b_j 优于 b_h，记作 $b_j\succ b_h$，称集合

$$B_{h}^{(k)}=\left\{b\middle|b\in B,b\succ b_h\right\}$$

为 k 目标下关于事件 a_i 对策 b_h 的优势类。

类似地，可以定义效果值适中为好，或越小越好情况下的对策优势类。

定义 12.21

(1)若 $u_{ij}^{(k)}=u_{hl}^{(k)}$，则称决策方案 s_{ij} 在 k 目标下等价于决策方案 s_{hl}，记作 $s_{ij}\cong s_{hl}$ 称集合

$$S_{hl}^{(k)}=\left\{s\middle|s\in S,s\cong s_{hl}\right\}$$

为 k 目标下决策方案 s_{hl} 的效果等价类。

(2) 设 k 目标是效果值越大越好的目标，若 $u_{ij}^{(k)}>u_{hl}^{(k)}$，则称决策方案 s_{ij} 在 k 目标下优于决策方案 s_{hl}，记作 $s_{ij}\succ s_{hl}$，称集合

$$S^{(k)}=\left\{s\middle|s\in S,s\succ s_{hl}\right\}$$

为 k 目标下决策方案 s_{hl} 的效果优势类。

效果值适中为好，或越小越好情况下的决策方案效果优势类也可以类似地定义。

定义 12.22 设 $d_1^{(k)},d_2^{(k)}$ 为决策方案 s_{ij} 在 k 目标下效果值的上、下临界值，则称 $S^1=\left\{r\mid d_1^{(k)}\leqslant r\leqslant d_2^{(k)}\right\}$ 为 k 目标下的一维决策灰靶，并称 $u_{ij}^{(k)}\in[d_1^{(k)},d_2^{(k)}]$ 为 k 目标下的满意效果，称相应的 s_{ij} 为 k 目标下的可取方案，b_j 为 k 目标下关于事件 a_i 的可取对策。

以上是单目标的情况，多目标情形下的决策灰靶 b_j 也可以类似地讨论。

定义 12.23 称

$$S^2=\left\{(r^{(1)},r^{(2)})\mid d_1^{(1)}\leqslant r^{(1)}\leqslant d_2^{(1)},d_1^{(2)}\leqslant r^{(2)}\leqslant d_2^{(2)}\right\}$$

为二维决策灰靶，其中 $d_1^{(1)},d_2^{(1)}$ 为目标 1 的决策方案效果的临界值，$d_1^{(2)},d_2^{(2)}$ 为目标 2 的决策方案效果的临界值。若决策方案 s_{ij} 的效果向量 $u_{ij}=\left\{u_{ij}^{(1)},u_{ij}^{(2)}\right\}\in S^2$，则称 s_{ij} 为目标 1 和目标 2 下的可取方案，b_j 为目标 1 和目标 2 下关于事件 a_i 的可取对策。

定义 12.24 称 s 维超平面区域

$$S^s=\left\{(r^{(1)},r^{(2)},\cdots,r^{(s)})\mid d_1^{(1)}\leqslant r^{(1)}\leqslant d_2^{(1)},d_1^{(2)}\leqslant r^{(2)}\leqslant d_2^{(2)},\cdots,d_1^{(s)}\leqslant r^{(s)}\leqslant d_2^{(s)}\right\}$$

为 s 维决策灰靶，其中，$d_1^{(1)},d_2^{(1)};d_1^{(2)},d_2^{(2)};\cdots;d_1^{(s)},d_2^{(s)}$ 分别为目标$1,2,\cdots,s$ 下决策方案效果的临界值。若决策方案 s_{ij} 的效果向量

$$u_{ij}=\left\{u_{ij}^{(1)},u_{ij}^{(2)},\cdots u_{ij}^{(s)}\right\}\in S^s$$

其中 $u_{ij}^{(k)}(k=1,2,\cdots,s)$ 为决策方案 s_{ij} 在 k 目标下的效果值，则称 s_{ij} 为目标$1,2,\cdots,s$ 下的可取方案，b_j 为事件 a_i 在目标$1,2,\cdots,s$ 下的可取对策。

定义 12.25 称

$$R^s=\left\{(r^{(1)},r^{(2)},\cdots,r^{(s)})\mid(r^{(1)}-r_0^{(1)})^2+(r^{(2)}-r_0^{(2)})^2+\cdots+(r^{(s)}-r_0^{(s)})^2\leqslant R^2\right\}$$

为以 $r_0=\left\{r_0^{(1)},r_0^{(2)},\cdots,r_0^{(s)}\right\}$ 为靶心，以 R 为半径的 s 维球形灰靶。称 $r_0=\left\{r_0^{(1)},r_0^{(2)},\cdots,r_0^{(s)}\right\}$ 为最优效果向量。

定义 12.26 设 $r_1=\left\{r_1^{(1)},r_1^{(2)},\cdots,r_1^{(s)}\right\}\in R$，称

$$\left|r_1-r_0\right|=\left[(r_1^{(1)}-r_0^{(1)})^2+(r_1^{(2)}-r_0^{(2)})^2+\cdots+(r_1^{(s)}-r_0^{(s)})^2\right]^{\frac{1}{2}}$$

为向量 r_1 的靶心距。靶心距的数值反映了决策方案效果向量的优劣。

定义 12.27 设 s_{ij}，s_{hl} 为不同的决策方案，$u_{ij}=\left\{u_{ij}^{(1)},u_{ij}^{(2)},\cdots,u_{ij}^{(s)}\right\}$，$u_{hl}=\left\{u_{hl}^{(1)},u_{hl}^{(2)},\cdots,u_{hl}^{(s)}\right\}$ 分别为 s_{ij} 与 s_{hl} 的效果向量。若 $\left|u_{ij}-r_0\right|\geqslant\left|u_{hl}-r_0\right|$，则称决策方案 s_{hl} 优于 s_{ij}，记作 $s_{hl}>s_{ij}$。当式中等号成立时，亦称 s_{ij} 与 s_{hl} 等价，记作 $s_{hl}\cong s_{ij}$。

定义 12.28 若最优决策方案不存在，但存在 h,l，使任意 $i=1,2,\cdots,n$ 与 $j=1,2,\cdots,m$，都有 $\left|u_{hl}-r_0\right|\leqslant\left|u_{ij}-r_0\right|$，即对任意的 $s_{ij}\in S$，有 $s_{hl}>s_{ij}$，则称 s_{hl} 为次优决策方案，并称 a_h 为次优事件，b_l 为次优对策。

12.1.4 灰色计量方法

1. 运用灰色关联模型确定系统的主要变量

在对一个系统进行分析时，由于对系统的变化产生影响的因素多种多样，且这些因素的贡献率参差不齐，因此在对系统进行分析之初，首先要解决的问题就是如何选取适当的系统因素进入模型。这一问题的解决一方面依赖于决策者做出的合理的定性分析；另一方面需要运用工具做出准确的定量分析。灰色关联正是解决此类问题最为有效的方法之一。

记 y 为计量经济系统中的被解释变量（对于系统中存在多个被解释变量的情况，可以逐个进行研究），$x_1,x_2,\cdots,x_n$ 为待进入系统的解释变量。首先，根据灰色关联的分析方法，研究 y 与 $x_i(i=1,2,\cdots,n)$ 的关联度 ε_i，给定阈值 ε_0，对变量 x_i 进行筛选。定义函数 $g(\varepsilon_i)=\varepsilon_i-\varepsilon_0$，若 $g(\varepsilon_i)<0$，则删去该变量 x_i；若 $g(\varepsilon_i)\geqslant 0$，则保留变量 x_i 进行下一步甄选。其次，将保留下来的 p 个解释变量重新排序，记为 $x_{i1},x_{i2},\cdots,x_{ip}$，利用灰色关联矩阵，分析得到各变量之间的关联度 $\varepsilon_{i_j,i_k}(i_j,i_k=i_1,i_2,\cdots,i_p)$。给定阈值 ε_0'，当 $\varepsilon_{i_j,i_k}\geqslant\varepsilon_0'$ 时，将 x_{i_j} 与 x_{i_k} 视为同类变量，由此可将保留变量分为若干个子类。进一步在每个子类中选择其中的一个代表变量作为计量经济系统中的解释变量。该方法可以在不影响解释力的情况下简化计量经济学模型，同时还可以在一定程度上消除模型中存在的多重共线性问题。

2. 灰色计量经济学模型的建模机理

对于计量经济学模型的参数估计可能存在的问题，其主要原因可大致分为以下三种：①观测期内系统的结构发生较大变化；②解释变量之间存在多重共线性问题；③观测数据存在较大的随机波动或误差。对于原因①可以更新模型，选择更加合适的计量经济学模型进行建模；对于原因②，则可以利用上文中的灰色关联分析方法，对解释变量重新研究、调整；对于原因③，则可以考虑利用均值 GM（1, 1）模型对观测数据做预处理，将得到的模拟结果，作为后续计量经济学模型的初始数据，以消除观测数据的随机波动或误差对模型的干扰。将灰色系统理论应用到计量经济学模型中，能够更加准确地反映系统变量之间的关系，所得到的预测结果也具有更为坚实的理论基础。灰色计量经济学模型的建模步骤可概括如下。

第一步：理论模型设计。对所研究的经济系统进行深入分析，根据灰色关联模型选择合适的变量进入模型，在理论经验的基础上，结合样本数据所呈现出来的变量间的关系，建立合理的数学表达式，即理论模型。

第二步：消除观测数据的随机波动或误差。对给定的各变量的观测数据分别建立均值 GM（1, 1）模型，将得到的模拟值作为计量经济模型的建模初始序列。

第三步：参数估计。计量经济模型选定后，根据均值 GM（1, 1）模型的模拟结果对模型的参数进行估计。模型的参数主要用来描述解释变量对被解释变量的影响程度。通常情况下，采用 OLS 对模型的参数进行估计，此外还有加权最小二乘法、岭回归法等。参数一旦确定，模型中各变量之间的相互影响关系就确定了，模型也随之确定。

第四步：模型检验。为了讨论模型的合理性，需要对模型的结果进行检验。检验通常分为两方面，一方面是经济意义上的检验，即结合实际情况，判断参数的解释是否符合实际规律；另一方面是统计意义上的检验，可以利用统计推断的原理，对各种经济计量假设的合理性、参数估计的可靠性、数据序列的模拟效果及模型总体结构预测功能进行检验。只有当模型通过上述各项检验时，才能继续进行深入具体的实际应用。如果检验没有通过，则需对模型做进一步修正。

第五步：模型应用。灰色计量经济模型主要用来进行经济结构分析、政策决策评价、经济系统仿真及经济发展预测。模型的应用过程，也是一个模型和理论的检验过程。如果预测误差小，则表明模型的预测精度高，模型效果好，对现实的解释能力强，理论符合实际；反之则需要对模型及建模所依据的经济理论进行修正。

灰色计量经济学组合模型不仅可用于系统结构已知的情形，还特别适用于系统结构有待于进一步研究、探讨的情形。

12.2 基于灰色系统的灾害风险建模案例分析

12.2.1 案例分析一

1. 案例背景介绍

江西省的地形相比于我国其他地区比较特殊，三面环山，只有北面敞开，水系与长江相连。当流域在短时间内集中降水，洪水从三面向中心聚集时，极容易产生洪水灾害。通过查询中华人民共和国水利部网站 http://www.mwr.gov.cn，得到了江西省 2010～2019 年水灾带来的相关损失的数据，具体数据见表 12-1。

表 12-1 江西省 2010～2019 年水灾的相关数据

年度	水灾直接经济总损失/亿元	受灾人口/万人次	农作物受灾面积/$10^3hm^2$①	年平均降水/mm
2010	502.12	1878.95	1784.15	2132.00
2011	91.39	553.49	437.04	1297.90
2012	107.99	732.73	451.51	2174.90
2013	46.08	397.86	344.54	1642.00
2014	56.18	412.56	358.13	1600.00
2015	68.77	450.15	444.16	2015.00
2016	104.18	587.03	446.29	658.30
2017	106.74	543.42	411.29	1658.90
2018	29.87	195.29	154.60	1487.60
2019	268.20	958.60	671.00	1710.00

2. 模型框架

将江西省水灾直接经济总损失作为系统行为序列 X_0，受灾人口、农作物受灾面积、年平均降水分别作为相关因素序列 X_1、X_2、X_3。根据式（12-6）和式（12-7）构建灰色关联模型，计算步骤如下。

第一步：求系统行为序列 X_0 和各相关因素序列 X_1、X_2、X_3 的初值像（或均值像）。令

$$X_i' = X_i / x_i(1) = \{x_i'(1), x_i'(2), \cdots, x_i'(n)\}$$

$$i = 0, 1, 2, \cdots, m$$

① $10^3hm^2 = 10^7m^2$。

第二步：求差序列。记

$$\Delta_i(k)=|x_0'(k)-x_i'(k)|,\quad \Delta_i=(\Delta_i(1),\Delta_i(2),\cdots,\Delta_i(n))$$
$$i=1,2,\cdots,m$$

第三步：求两极最大差与最小差。记

$$M=\max_i\max_k\Delta_i(k),\quad m=\min_i\min_k\Delta_i(k)$$

第四步：求关联系数。

$$\gamma_{0i}(k)=\frac{m+\xi M}{\Delta_i(k)+\xi M},\xi\in(0,1)$$
$$k=1,2,\cdots,n;\ i=1,2,\cdots,m$$

第五步：计算关联度。

$$\gamma_{0i}=\frac{1}{n}\sum_{k=1}^{n}\gamma_{0i}(k),\ i=1,2,\cdots,m$$

3. 实现途径

本节使用灰色系统软件或 Excel 即可实现。

4. 模型结果展示

江西省水灾直接经济总损失（X_0）与受灾人口（X_1）、农作物受灾面积（X_2）、年平均降水（X_3）之间的灰色关联度如下：

$$\gamma_{01}=0.8318,\ \gamma_{02}=0.8699,\ \gamma_{03}=0.5120。$$

5. 结论

从模型结果展示中可以看出，江西省水灾直接经济总损失与受灾人口、农作物受灾面积、年平均降水之间的灰色关联度分别为 0.8318、0.8699 和 0.5120，由此可知农作物受灾面积与水灾直接经济总损失的关联度最大，受灾人口的关联度次之，年平均降水的关联度最小。

12.2.2　案例分析二

1. 案例背景介绍

我国地势广阔，高山环抱平原，绝大部分地区属季风气候，降水量年际年内变化大，时空分布不均，这造成我国每年都有或重或轻的干旱灾害，给城乡居民的生活、生态环境、工农业生产均造成了不同程度的影响。为减轻干旱灾害造成的损失，保障重点城市、生态脆弱区和工农业的用水需求，本案例对干旱灾害的发生规律、可调度的抗旱水源进行分析，提出了应急抗旱保障措施，对保障经济社会全面、协调和可持续发展具有重要意义。通过查询国家统计局网站 http://www.stats.gov.cn/，可得到我国 2012～2019 年干旱受灾面积的数据，具体数据见表 12-2。

表 12-2　我国 2012～2019 年干旱受灾面积

年份	受灾面积/$10^3 hm^2$
2012	9 339.8
2013	14 100.4
2014	12 271.7
2015	10 609.7
2016	9 872.7
2017	9 874.8
2018	7 711.8
2019	7 838.0

2. 模型框架

通过表 12-2 中的数据，可知 2012～2019 年的数据为光滑数据，能够运用均值 GM（1, 1）模型预测未来几年的干旱受灾面积。

拟将 2012～2017 年我国干旱受灾面积的数据作为建模数据，对 2012～2017 年的数据进行模拟，并对 2018～2019 年的数据进行预测，建立的均值 GM（1, 1）模型如下：

$$\frac{\mathrm{d}x^{(1)}(t)}{\mathrm{d}t}+ax^{(1)}(t)=b$$

根据最小二乘法得到模型的发展系数及灰作用量。

3. 实现途径

本节使用计算机软件 MATLAB、灰色系统软件或 Excel 即可实现。

4. 模型结果展示

模拟预测值和相对误差见表 12-3。

表 12-3　模拟预测值和相对误差

年份	真实值	模拟值	相对误差/%
2012	9 339.80	9 339.80	0.00
2013	14 100.40	13 686.05	2.94

续表

年份	真实值	模拟值	相对误差/%
2014	12 271.70	12 392.93	0.99
2015	10 609.70	11 221.99	5.77
2016	9 872.70	10 161.68	2.93
2017	9 874.80	9 201.55	6.82
平均相对模拟误差/%			3.24
年份	真实值	预测值	相对误差/%
2018	7 711.80	8 332.15	8.04
2019	7 838.00	7 544.89	3.74
平均相对预测误差/%			5.89

5. 结论

从表 12-3 的结果中可以看出，均值 GM（1, 1）模型较为准确地模拟预测出了我国近年来干旱受灾面积的变化趋势。均值 GM（1, 1）模型的平均相对模拟误差为 3.24%，平均相对预测误差为 5.89%，故均值 GM（1, 1）模型的模拟预测效果良好。

利用灰色预测模型对灾害风险相关指标进行模拟预测，能为相关部门进行风险评估和决策提供技术支撑和理论依据。因此，采用灰色系统建模方法对灾害风险的评估和决策，具有一定的理论意义和应用价值。

专 业 术 语

1. 灰色系统理论（grey system theory）：针对“小样本”“贫信息”不确定性问题，通过序列算子的作用进行数据挖掘，探索客观事物运动的规律。

2. 灰色关联分析（grey correlation analysis）：根据序列曲线几何形状的相似程度来判断不同序列之间的联系是否紧密。

3. 决策方案集（decision scheme set）：事件集与对策集的笛卡儿积构成的集合。

4. 灰色计量方法（grey measurement method）：灰色系统理论与计量经济学相结合的一种组合分析方法。

本 章 习 题

1. 简述灰色计量经济学模型的建模步骤。

2. 我国 2010～2015 年森林火灾的具体次数如下表所示。

2010～2015 年我国森林火灾的发生次数

年份	2010	2011	2012	2013	2014	2015
发生次数/次	7723	5550	3966	3929	3703	2936

试利用 2010～2014 年的数据建立均值 GM（1, 1）模型，对 2010～2014 年森林火灾的发生次数进行模拟，并对 2015 年森林火灾的发生次数进行预测。

3. 江苏省 2010～2018 年洪涝灾害经济总损失、受灾人口、农作物成灾面积及年降水总量的相关数据如下表所示。

江苏省 2010～2018 年洪涝灾害的相关数据

年度	洪涝灾害经济总损失/亿元	受灾人口/万人次	农作物成灾面积/10^3hm^2	年降水总量/亿 m^3
2010	30.30	233.37	91.97	20 686.40
2011	27.48	183.62	75.55	16 603.30
2012	76.91	314.64	194.18	20 664.20
2013	9.28	116.31	40.20	1 8354.00
2014	1.99	30.82	18.75	1 100.60
2015	148.68	586.32	208.32	20 223.20
2016	107.40	256.77	195.27	1 205.30
2017	4.54	29.14	21.07	1 121.80
2018	22.26	252.71	101.57	1 086.30

试以洪涝灾害经济总损失为行为特征序列，其余变量为相关因素序列，利用灰色关联方法分析洪涝灾害经济总损失与各因素之间的灰色关联性。

4. 设 2006～2014 年黄河宁蒙段冰凌灾害的实际风险值如下表所示。

年份	2006	2007	2008	2009	2010	2011	2012	2013	2014
$X^{(0)}$	0.253	0.256	0.277	0.271	0.267	0.242	0.249	0.267	0.267

试利用 2006～2012 年的数据建立 Verhulst 模型，对 2006～2012 年的灾害实际风险值进行模拟，并对 2013～2014 年的实际风险值进行预测。

参 考 文 献

邓聚龙. 1985. 灰色系统(社会 • 经济)[M]. 北京: 国防工业出版社.

刘思峰, 等. 2017. 灰色系统理论及其应用[M]. 8 版. 北京: 科学出版社.

刘思峰, 党耀国, 方志耕, 等. 2010. 灰色系统理论及其应用[M]. 5 版. 北京: 科学出版社.

第 13 章　不确定系统

学习目标

- 了解不确定理论的公理化体系
- 掌握不确定测度与变量的概念
- 掌握不确定建模的基本方法
- 掌握不确定规划的基本方法
- 熟悉不确定风险分析方法
- 理解不确定可靠性分析方法
- 掌握不确定理论在应急物资配送问题中的应用

在运筹学、管理科学、决策科学、信息科学、系统科学、计算机科学、工业工程学等众多领域都存在着客观的或人为的不确定性，其表现形式多种多样，如随机性、模糊性、粗糙性及多重不确定性。不确定系统的研究对象主要是不确定性的数学理论、不确定规划、算法及应用。本章首先介绍不确定理论的基础理论；其次在此基础上介绍不确定建模的基本方法、不确定风险分析方法、不确定可靠性分析方法；最后将不确定理论应用于应急物资配送问题。

13.1　基 础 理 论

13.1.1　不确定理论的公理化

不确定理论是用来描述不确定性的一种新测度（Liu，2007）。不确定理论分为广义不确定理论和狭义不确定理论，含有广义不确定性信息的理论称为广义不确定理论。广义不确定理论是内涵最深、外延最广的系统概念。从内涵上讲，它是意义最深、描述能力最强的系统概念。从外延上讲，它包括了客观上人们已经研究过的一切系统：确定系统、不确定系统，它们包括自然系统、人为系统、随机系统、模糊系统、粗糙系统、灰色系统、未确知系统、泛灰系统。狭义不确定理论研究的不确定现象既没有随机性也没有模糊性，该理论是以规范性、自对偶性、可列次可加性及乘积测度四条公理为基础的数学系统。不确定测度、不确定变量及不确定分布是不确定理论三个最为核心的知识点。不确定理论在这三个概念的基础上，逐步发展成一个重要的研究不确定性的数学分支，接下来我们逐一介绍不确定理论的核心概念及运算法则（Liu，2007）。

定义 13.1 假设Ω是一个非空集合，T为设定在Ω上的σ代数，则称T中包含的元素$A \in T$为事件。假定M为设定在T上的集函数，如果集函数$M(A)$满足下面的四条公理，则称集函数$M(A)$为不确定测度。

公理 1 （规范性）$M(\Omega)=1$。

公理 2 （自对偶性）对于任意的事件A总是有$M(A)+M(A^c)=1$成立。

公理 3 （可列次可加性）对于任意的可列举事件的集合$\{A_t\}$有下式成立

$$M\left(\bigcup_{t=1}^{\infty} A_t\right) \leqslant \sum_{t=1}^{\infty} M(A_t)\text{。}$$

公理 4 （乘积测度）假定M_K为定义在一个非空集合Ω_K下的不确定测度，$K=1,2,\cdots,n$，那么定义在σ代数下$T=T_1 \times T_2 \times \cdots \times T_n$的乘积不确定测度$M$总是满足

$$M\left(\prod_{t=1}^{n} A_t\right) = \min_{1 \leqslant t \leqslant n} M_t(A_t)\text{。}$$

从而对于任意一个事件$A \in T$，有下面的式子成立

$$M(A)=\begin{cases} \sup\limits_{A_1 \times A_2 \times \cdots \times A_n \subset A} \min\limits_{1 \leqslant i \leqslant n} M_i(A_i), & \text{如果} \sup\limits_{A_1 \times A_2 \times \cdots \times A_n \subset A} \min\limits_{1 \leqslant i \leqslant n} M_i(A_i) > 0.5 \\ 1-\sup\limits_{A_1 \times A_2 \times \cdots \times A_n \subset A^c} \min\limits_{1 \leqslant i \leqslant n} M_i(A_i), & \text{如果} \sup\limits_{A_1 \times A_2 \times \cdots \times A_n \subset A^c} \min\limits_{1 \leqslant i \leqslant n} M_i(A_i) > 0.5 \\ 0.5, & \text{其他} \end{cases}$$

定义 13.2 假设Ω是一个非空集合，T为设定在Ω上的σ代数，M为不确定测度，则称三元组(Ω,T,M)为一个不确定空间。

定义 13.3 设(Ω,T,M)为一个不确定空间，从一个不确定空间到实数集$\Re$的可测函数ξ称为一个不确定变量，即对任意博雷尔集$B \in \Re$，$\{\xi \in B\}=\{\varUpsilon \in \Omega | \ \xi(\varUpsilon) \in B\} \in T$是一个事件。

定义 13.4 不确定变量是定义在不确定空间(Ω,T,M)上的实值可测函数。对任意博雷尔集B中的实数，集合$\{\xi \in B\}=\{\varUpsilon \in \Omega | \ \xi(\varUpsilon) \in B\} \in T$的含义是$\{\xi \in B\}$是一个可能出现的事件，通常情况下我们可以用$\{\xi \geqslant \tau\}$或$\{\xi \leqslant \tau\}$来表示，其中$\tau$为实数（Liu，2007）。

13.1.2 不确定变量运算法则

不确定测度具有单调性、非负有界性和零可加性（Liu，2010）。

定理 13.1 设A_1,A_2是T中的两个事件，如果$A_1 \subseteq A_2$，那么$M\{A_1\} \leqslant M\{A_2\}$。

定理 13.2　设 M 是一个不确定测度，对空集 $\varnothing$，有 $M\{\varnothing\}=0$。

定理 13.3　设 M 是一个不确定测度，对任意集合 A，有 $0\leqslant M\{A\}\leqslant 1$。

定理 13.4　设 $\{A_1,A_2,\cdots\}$ 是一个事件列且满足 $\lim_{t\to\infty}M\{A_i\}=0$。对任意集合 A，有 $\lim_{t\to\infty}M\{A\cup A_i\}=\lim_{t\to\infty}M\{A\setminus A_i\}=M\{A\}$。

在概率论体系下，随机变量是通过概率分布函数或者概率密度函数来刻画的，同理，在不确定理论体系下，不确定变量是用不确定分布函数来描述的。

定义 13.5　假定 ξ 是一个不确定变量，Φ 为实数集上的一个函数，对于任意实数 x，如果 $\Phi(x)=M(\xi\leqslant x)$ 都成立，那么 $\Phi(x)$ 定义为 ξ 的不确定分布函数（Liu，2007）。

不确定变量通常服从线性不确定分布或者正态不确定分布。

定义 13.6　如果不确定变量 ξ 服从下列的不确定分布函数，

$$\Phi(t)=\begin{cases}0, & t\leqslant a\\ \dfrac{t-a}{b-a}, & a\leqslant t\leqslant b\\ 1, & t\geqslant b\end{cases}$$

则称不确定变量 ξ 为线性不确定变量（Liu，2007）。需要指出的是，其服从的分布函数记为 $\xi\sim\mathcal{L}(a,b)$，其中 a 和 b 都为实数且 $a<b$。

根据不确定变量的定理及性质，若 $\xi_1,\xi_2,\cdots,\xi_n$ 都是线性不确定变量，则加权求和之后获得的变量仍为线性不确定变量。可用数学符号表达如下：

若 $\xi_k\sim\mathcal{L}(\alpha,\beta)$，$k=1,2,\cdots,n$，令 $\eta=\sum_{k=1}^{n}\lambda_k\xi_k$，则 $\eta\sim\mathcal{L}\left(\sum_{k=1}^{n}\lambda_k\alpha_k,\sum_{k=1}^{n}\lambda_k\beta_k\right)$，对于任意的 $\lambda_k\geqslant 0$，$k=1,2,\cdots,n$。

不确定变量具有下列运算性质（Liu，2010）。

定理 13.5　假定 $\xi_1,\xi_2,\cdots,\xi_n$ 是相互独立的不确定变量，并且它们所对应的不确定分布函数分别是 $\Phi_1,\Phi_2,\cdots,\Phi_n$。若 $f(r_1,r_2,\cdots,r_n)$ 是 $r_1,r_2,\cdots,r_n$ 的严格递增函数，那么 $\xi=f(\xi_1,\xi_2,\cdots,\xi_n)$ 是一个不确定变量，并且在 α 处的不确定分布函数的逆函数为 $\Psi^{-1}(\alpha)=f(\Phi_1^{-1}(\alpha),\Phi_2^{-1}(\alpha),\cdots,\Phi_n^{-1}(\alpha))$。

定理 13.6　假定 $\xi_1,\xi_2,\cdots,\xi_n,\xi_{n+1},\cdots,\xi_{n+m}$ 是相互独立的不确定变量，并且它们对应的不确定分布函数分别是 $\Phi_1,\Phi_2,\cdots,\Phi_n,\Phi_{n+1},\cdots,\Phi_{n+m}$。假定 $f(r_1,r_2,\cdots,r_n)$ 是关于 $r_1,r_2,\cdots,r_n$ 的严格递增函数，同时是关于 $r_{n+1},r_{n+2},\cdots,r_{n+m}$ 的严格递减函数，则 $\eta=f(\xi_1,\xi_2,\cdots,\xi_n,\xi_{n+1},\cdots,\xi_{n+m})$ 同样是一个不确定变量，并且在 α 处的不确定分布函数的逆函数为

$$\Psi^{-1}(\alpha)=g(\Phi_1^{-1}(\alpha),\Phi_2^{-1}(\alpha),\cdots,\Phi_n^{-1}(\alpha),\Phi_{n+1}^{-1}(1-\alpha),\cdots,\Phi_{n+m}^{-1}(1-\alpha))。$$

定义 13.7　设 ξ 为一个不确定变量，则该不确定变量的期望值可由下式给出

$$E[\xi]=\int_0^{\infty}M(\xi\geqslant\tau)\mathrm{d}\tau-\int_{-\infty}^{0}M(\xi\leqslant\tau)\mathrm{d}\tau$$

上式右边两项至少满足有一项积分是有限的。

通过计算，当不确定变量ξ服从正态不确定分布时，可用数学表达式$\xi\sim N(\mathrm{e},\sigma^2)$表示，该不确定变量的期望值$E[\xi]=\mathrm{e}$；当不确定变量$\xi$服从线性不确定分布时，可用数学表达式$\xi\sim\mathcal{L}(\alpha,\beta)$表示，该不确定变量的期望值$E[\xi]=\dfrac{\alpha+\beta}{2}$。

定理 13.7 设ξ是一个不确定变量，其服从的不确定分布函数为$\Phi(x)$，如果该不确定变量存在数学期望，则有$E[\xi]=\int_0^1\Phi^{-1}(\alpha)\mathrm{d}\alpha$。

定义 13.8 假定ξ是一个不确定变量，并且其期望值为 e，则该不确定变量的方差为$\mathrm{Var}[\xi]=E[(\xi-\mathrm{e})^2]$；若$\xi$服从的不确定分布函数为$\Phi(x)$，则该变量的方差计算公式为

$$\mathrm{Var}[\xi]=\int_{\mathrm{e}}^{\infty}2(t-\mathrm{e})(1-\Phi(t)+\Phi(2\mathrm{e}-t)\mathrm{d}t\text{。}$$

对于服从正态不确定分布的变量$\xi\sim N(\mathrm{e},\sigma^2)$，其方差为$\mathrm{Var}[\xi]=\sigma^2$；对于服从线性不确定分布的变量$\xi\sim\mathcal{L}(a,b)$，其方差为$\mathrm{Var}[\xi]=\dfrac{(b-a)^2}{12}$。

定理 13.8 若ξ_1和ξ_2是两个相互独立的不确定变量且有确定的期望值，则对于任意的实数a_1和a_2，有$E[a_1\xi_1+a_2\xi_2]=a_1E[\xi_1]+a_2E[\xi_2]$。

13.2 不确定系统建模

13.2.1 不确定规划方法

不确定规划是不确定环境下的优化理论，本小节主要介绍一般不确定规划与不确定多层规划。假设x是决策向量，ξ是一个不确定变量，由于不确定目标函数$f(x,\xi)$不能直接最小化，因此我们需要最小化其期望值$\min\limits_x f(x,\xi)$，另外给定置信水平$\alpha_1,\alpha_2,\cdots,\alpha_n$和不确定约束函数$g_j(x,\xi)$，则有机会约束集$M\{g_j(x,\xi)\leqslant 0\}\geqslant\alpha_j$，$j=1,2,\cdots,n$。

为了得到在机会约束下的最小的目标期望值，Liu（2007）提出了下列不确定规划模型：

$$\begin{aligned}&\min_x E[f(x,\xi)]\\&\text{s.t.}\{M\{g_j(x,\xi)\leqslant 0\}\geqslant\alpha_j,\ j=1,2,\cdots,n\end{aligned}\tag{13-1}$$

定义 13.9　向量 x 是不确定规划模型(13-1)一个可行解，若满足 $M\{g_j(x,\xi)\leqslant 0\}\geqslant\alpha_j$，对 $j=1,2,\cdots,n$。

定义 13.10　向量 x^* 是不确定规划模型（13-1）一个最优解，则对任意的可行域 x，满足 $E\left[f(x^*,\xi)\right]\leqslant E\left[f(x,\xi)\right]$。

定理 13.9　假定目标函数 $f(x,\xi_1,\xi_2,\cdots,\xi_n)$ 是关于 $\xi_1,\xi_2,\cdots,\xi_m$ 的严格递增函数，是关于 $\xi_{m+1},\xi_{m+2},\cdots,\xi_n$ 的严格递减函数，如果 $\xi_1,\xi_2,\cdots,\xi_n$ 是相互独立的随机变量，且其相对应的累积分布函数为 $\Phi_1,\Phi_2,\cdots,\Phi_n$，则其目标函数的期望值为

$$E[f(x,\xi_1,\xi_2,\cdots,\xi_n)]=\int_0^1 f(x,\Phi_1^{-1}(\alpha),\Phi_2^{-1}(\alpha),\cdots,\Phi_m^{-1}(\alpha),\Phi_{m+1}^{-1}(1-\alpha),\cdots,\Phi_n^{-1}(1-\alpha))\mathrm{d}\alpha\text{。}$$

定理 13.10　假定约束函数 $g(x,\xi_1,\xi_2,\cdots,\xi_n)$ 是关于 $\xi_1,\xi_2,\cdots,\xi_m$ 的严格递增函数，且是关于 $\xi_{m+1},\xi_{m+2},\cdots,\xi_n$ 的严格递减函数。如果 $\xi_1,\xi_2,\cdots,\xi_n$ 是相互独立的随机变量，且其相对应的累积分布函数为 $\Phi_1,\Phi_2,\cdots,\Phi_n$，则约束 $M\left\{g_j(x,\xi)\leqslant 0\right\}\geqslant\alpha_j$，$j=1,2,\cdots,n$ 的充要条件是

$$g\left(x,\Phi_1^{-1}(\alpha),\Phi_2^{-1}(\alpha),\cdots,\Phi_m^{-1}(\alpha),\Phi_{m+1}^{-1}(1-\alpha),\cdots,\Phi_n^{-1}(1-\alpha)\right)\leqslant 0\text{。}$$

定理 13.11　假定目标函数 $f(x,\xi_1,\xi_2,\cdots,\xi_n)$ 是关于 $\xi_1,\xi_2,\cdots,\xi_m$ 的严格递增函数，是关于 $\xi_{m+1},\xi_{m+2},\cdots,\xi_n$ 的严格递减函数，同时约束函数 $g(x,\xi_1,\xi_2,\cdots,\xi_n)$ 是关于 $\xi_1,\xi_2,\cdots,\xi_m$ 的严格递增函数，是关于 $\xi_{m+1},\xi_{m+2},\cdots,\xi_n$ 的严格递减函数。如果 $\xi_1,\xi_2,\cdots,\xi_n$ 是相互独立的随机变量，且其相对应的累积分布函数为 $\Phi_1,\Phi_2,\cdots,\Phi_n$，则不确定目标规划

$$\min_x E\left[f(x,\xi)\right]$$
$$\text{s.t.}\left\{M\left\{g_j(x,\xi)\leqslant 0\right\}\geqslant\alpha_j,\quad j=1,2,\cdots,n\right.$$

等价于下列数学规划

$$\min_x\int_0^1 f(x,\Phi_1^{-1}(\alpha),\Phi_2^{-1}(\alpha),\cdots,\Phi_m^{-1}(\alpha),\Phi_{m+1}^{-1}(1-\alpha),\cdots,\Phi_n^{-1}(1-\alpha))\mathrm{d}\alpha$$
$$\text{s.t.}\begin{cases}g(x,\Phi_1^{-1}(\alpha_j),\Phi_2^{-1}(\alpha_j),\cdots,\Phi_m^{-1}(\alpha_j),\Phi_{m+1}^{-1}(1-\alpha_j),\cdots,\Phi_n^{-1}(1-\alpha_j))\leqslant 0\\ j=1,2,\cdots,n\end{cases}$$

13.2.2　不确定多层规划

不确定多层规划提供了解决分散决策系统的一种方法，分散决策系统包含一个领导者和多名追随者及其目标函数，领导者仅可以用其决策变量来影响追随者的相互反应，而追随者可以根据领导者和其他追随者的决策来优化其目标函数。

假设一个两层分散决策系统包含一个领导者和 m 个追随者，令 x 和 y_i 分别表示领导者和第 i 个追随者的控制决策向量，假设领导者和第 i 个追随者的目标函数分别是 $F(x,y_1,y_2,\cdots,y_m,\xi)$ 和 $f_i(x,y_1,y_2,\cdots,y_m,\xi)$, $i=1,2,\cdots,m$，其中 ξ 是不确定向量。

领导者的可行控制决策向量集 x 满足下列机会约束 $M\{G(x,\xi)\leqslant 0\}\geqslant\alpha$，其中 G 是一个约束函数，α 是一个预设的置信水平。对于领导者的每一个控制决策向量 x，第 i 个追随者的控制决策向量 y_i 不仅独立于 x 还独立于 $(y_1,y_2,\cdots,y_{i-1},y_{i+1},\cdots,y_m)$，一般用如下的机会约束表示 $M\{g_i(x,y_1,y_2,\cdots,y_m,\xi)\leqslant 0\}\geqslant\alpha_i$，其中 g_i 是一个约束函数，α_i 是一个预设的置信水平，$i=1,2,\cdots,m$。现领导者先决策控制向量 x，追随者再决策其控制向量列 $(y_1,y_2,\cdots,y_m)$，以最小化领导者的期望目标函数，Liu 和 Yao（2015）提出了下列多层不确定规划：

$$
\begin{aligned}
&\min_x E[F(x,y_1^*,y_2^*,\cdots,y_m^*,\xi)]\\
&\text{s.t.}\begin{cases}
M\{G(x,\xi)\leqslant 0\}\geqslant\alpha\\
(y_1^*,y_2^*,\cdots,y_m^*)\ \text{为最优解}\\
\min\limits_{y_i} E[f_i(x,y_1^*,y_2^*,\cdots,y_m^*,\xi)]\\
\text{s.t.}\begin{cases}M\{g_i(x,y_1,y_2,\cdots,y_m,\xi)\leqslant 0\}\geqslant\alpha_i\\ i=1,2,\cdots,m\end{cases}
\end{cases}
\end{aligned}
\tag{13-2}
$$

定义 13.11　令 x 表示领导者的控制决策向量，追随者的纳什均衡解 $(y_1^*,y_2^*,\cdots,y_m^*)$ 相对于 x 满足如下条件，对任意的 $(y_1^*,\cdots,y_{i-1}^*,y_i,y_{i+1}^*\cdots,y_m^*)$，$i=1,2,\cdots,m$，有 $E[f_i(x,y_1^*,\cdots,y_{i-1}^*,y_i,y_{i+1}^*\cdots,y_m^*,\xi)]\geqslant E[f_i(x,y_1^*,\cdots,y_{i-1}^*,\ y_i^*,y_{i+1}^*,\cdots,y_m^*,\xi)]$。

定义 13.12　假设 x^* 是领导者的控制向量而 $(y_1^*,y_2^*,\cdots,y_m^*)$ 是追随者相对于 x^* 的纳什均衡解，如果任意可行向量 $\overline{x}$ 及 $\overline{x}$ 的纳什均衡解 $(\overline{y}_1,\cdots,\overline{y}_m)$ 满足 $E[F(\overline{x},\overline{y}_1,\cdots,\overline{y}_m,\xi)]\geqslant E[F(x^*,y_1^*,y_2^*,\cdots,y_m^*,\xi)]$，则 $(x^*,y_1^*,y_2^*,\cdots,y_m^*)$ 称为多层不确定规划（13-2）的 Stackelberg 纳什均衡解。

13.3　不确定风险分析

不确定变量是描述不确定性的主要工具之一。由于风险来源于不确定性，因而风险可直接用不确定变量来表示，用不确定变量表示的风险简称不确定风险。

风险一词在不同的文献里表达不同的含义，这里的风险定义为“意外损失”及“此类损失的不确定度量”，不确定风险分析可以利用不确定性理论对风险进行量化。本小节不确定风险的主要特点是不可预知性，这里将介绍风险指标的定义，并提供一些有用的公式来计算风险指标；还将讨论不确定环境下的结构风险分析和投资风险分析。

自从 Morgan 银行提出在险值（value at risk，VaR）以来，它被作为一种风险管理标准广泛应用于经济、金融风险分析。为了研究不确定风险分析，Peng（2013）提出了基于不确定理论的两种风险度量，即在险值和尾在险值（tail value at risk，TVaR）。

13.3.1 串并联系统

系统通常受一些因素的影响，记为$\xi_1,\xi_2,\cdots,\xi_n$，这些因素可以理解为系统的寿命、强度、需求、产率、成本、利润和财力等。一般来说，某些特定的损失取决于这些因素，虽然损失是一个依赖于问题的概念，通常这样的损失可以用损失函数来表示。

定义 13.13 （损失函数）考虑系统由部件$\xi_1,\xi_2,\cdots,\xi_n$构成，一个函数f记为损失函数，某些特定的损失发生的充要条件是$f(\xi_1,\xi_2,\cdots,\xi_n)>0$。

例 13.1 考虑一个串联系统，其中有n个部件，每个部件的寿命是不确定变量$\xi_1,\xi_2,\cdots,\xi_n$，当所有部件都能工作时整个系统才能正常工作，则此系统的寿命为$\xi=\xi_1\wedge\xi_2\wedge\cdots\wedge\xi_n$。如果损失被理解为系统在时间$T$前故障的情况，那么损失函数为$f(\xi_1,\xi_2,\cdots,\xi_n)=T-\xi_1\wedge\xi_2\wedge\cdots\wedge\xi_n$，此时系统故障的充要条件是$f(\xi_1,\xi_2,\cdots,\xi_n)>0$。

例 13.2 考虑一个并联系统，该系统有n个部件，每个部件的寿命是不确定变量$\xi_1,\xi_2,\cdots,\xi_n$，并联系统只要至少一个部件能工作，整个系统就能正常工作，从而系统寿命为$\xi=\xi_1\vee\xi_2\vee\cdots\vee\xi_n$，如果损失被理解为系统在时间$T$前发生故障的情况，则损失函数$f(\xi_1,\xi_2,\cdots,\xi_n)=T-\xi_1\vee\xi_2\vee\cdots\vee\xi_n$，此时系统故障的充要条件是$f(\xi_1,\xi_2,\cdots,\xi_n)>0$。

例 13.3 考虑一个 k-out-n 系统，该系统有n个部件，每个部件的寿命是不确定变量$\xi_1,\xi_2,\cdots,\xi_n$，该系统n个部件至少有k个能工作时，整个系统才能正常工作，此时该系统的寿命为$\xi=k-\max[\xi_1,\xi_2,\cdots,\xi_n]$。如果系统在时间$T$前发生故障的情况记为损失，则损失函数为$f(\xi_1,\xi_2,\cdots,\xi_n)=T-\max[\xi_1,\xi_2,\cdots,\xi_n]$。因此，系统故障的充要条件是$f(\xi_1,\xi_2,\cdots,\xi_n)>0$。需要注意的是串联系统是 n-out-n 系统，并联系统是 1-out-n 系统。

例 13.4 考虑一个备用系统，其中有n个备用部件，每个部件的寿命为ξ_1，$\xi_2,\cdots,\xi_n$，对于这个系统，只有在正常部件发生故障时备用部件才开始工作，此时系统的寿命为$\xi=\xi_1+\xi_2+\cdots+\xi_n$。如果损失理解为系统在时间$T$前发生故障的情况，则损失函数记为$f(\xi_1,\xi_2,\cdots,\xi_n)=T-[\xi_1+\xi_2+\cdots+\xi_n]$。因此，系统发生故障的充要条件是$f(\xi_1,\xi_2,\cdots,\xi_n)>0$。

13.3.2　风险指标

在实践生产中，系统受不确定因素$\xi_1,\xi_2,\cdots,\xi_n$的影响，通常这些因素是不确定变量，而不是已知常数，因此风险指标被定义为某些损失发生的不确定度量。

定义 13.14　假设一个系统包含不确定因素$\xi_1,\xi_2,\cdots,\xi_n$，并且具有损失函数f，则风险指标可以度量系统的不确定正损失，即 风险$=M\{f(\xi_1,\xi_2,\cdots,\xi_n)>0\}$（Liu，2007）。

定理 13.12　假设系统包含部件$\xi_1,\xi_2,\cdots,\xi_n$，并且具有损失函数f。如果$f(\xi_1,\xi_2,\cdots,\xi_n)$具有累积分布$\Phi$，则风险指标为 风险$=1-\Phi(0)$。

定理 13.13　假设系统包含相互独立的不确定变量$\xi_1,\xi_2,\cdots,\xi_n$并且这些不确定变量分别具有不确定性分布$\Phi_1,\Phi_2,\cdots,\Phi_n$，如果损失函数$f(\xi_1,\xi_2,\cdots,\xi_n)$是连续函数且关于$\xi_1,\xi_2,\cdots,\xi_n$严格递增，那么风险指标就是下列关于$\alpha$的方程的根

$$f(\Phi_1^{-1}(1-\alpha),\cdots,\Phi_m^{-1}(1-\alpha),\Phi_{m+1}^{-1}(\alpha),\cdots,\Phi_n^{-1}(\alpha))=0$$

$f(\Phi_1^{-1}(1-\alpha),\cdots,\Phi_m^{-1}(1-\alpha),\Phi_{m+1}^{-1}(\alpha),\cdots,\Phi_n^{-1}(\alpha))$是连续的且关于$\alpha$严格递减，它的根可以用下列二分法求解。

第一步：令$a=0,b=1$且$c=\dfrac{a+b}{2}$。

第二步：若$f(\Phi_1^{-1}(1-c),\cdots,\Phi_m^{-1}(1-c),\Phi_{m+1}^{-1}(c),\cdots,\Phi_n^{-1}(c))>0$，则令$a=c$；否则令$b=c$。

第三步：若$|b-a|>\varepsilon$（ε是一个预设精度），则令$c=\dfrac{a+b}{2}$，同时返回第二步；否则c即为方程的根。

下面分别介绍串并联系统、不确定结构风险、投资风险分析和在险值。

1. 串联系统

考虑一个串联系统，该系统包含n个元件，每个元件的寿命都是相互独立的不确定变量$\xi_1,\xi_2,\cdots,\xi_n$并且分别具有累积分布$\Phi_1,\Phi_2,\cdots,\Phi_n$，如果损失被理解为系统在时间$T$前发生故障的情况，则损失函数为

$$f(\xi_1,\xi_2,\cdots,\xi_n)=T-\xi_1\wedge\xi_2\wedge\cdots\wedge\xi_n$$

风险可以表示为$M\{f(\xi_1,\xi_2,\cdots,\xi_n)>0\}$。

因为损失函数$f(\xi_1,\xi_2,\cdots,\xi_n)$是关于$\xi_1,\xi_2,\cdots,\xi_n$的严格递减函数，由风险指标定理可知，风险指标恰好是下列关于α的方程的根$\Phi_1^{-1}(\alpha)\wedge\Phi_2^{-1}(\alpha)\wedge\cdots\wedge\Phi_n^{-1}(\alpha)=T$，易证：风险$=\Phi_1(T)\vee\Phi_2(T)\vee\cdots\vee\Phi_n(T)$。

2. 并联系统

考虑一个并联系统，该系统包含 n 个元件，每个元件的寿命都是相互独立的不确定变量 $\xi_1,\xi_2,\cdots,\xi_n$ 并且分别具有累积分布 $\Phi_1,\Phi_2,\cdots,\Phi_n$，如果损失理解为系统在时间 T 前发生故障的情况，则损失函数为 $f(\xi_1,\xi_2,\cdots,\xi_n)=\ T-\xi_1\vee\xi_2\vee\cdots\vee\xi_n$，风险指标 $=M\{f(\xi_1,\xi_2,\cdots,\xi_n)>0\}$。

因为损失函数 $f(\xi_1,\xi_2,\cdots,\xi_n)$ 是关于 $\xi_1,\xi_2,\cdots,\xi_n$ 的严格递减函数，由风险指标定理可知，风险指标恰好是下列关于 α 的方程的根 $\Phi_1^{-1}(\alpha)\vee\Phi_2^{-1}(\alpha)\vee\cdots\vee\Phi_n^{-1}(\alpha)=T$，易证：风险 $=\Phi_1(T)\wedge\Phi_2(T)\wedge\cdots\wedge\Phi_n(T)$。

考虑一个 k-out-n 系统，该系统有 n 个元件，每个元件的寿命都是相互独立的不确定变量 $\xi_1,\xi_2,\cdots,\xi_n$ 并且分别具有规则的不确定性分布 $\Phi_1,\Phi_2,\cdots,\Phi_n$，如果损失理解为系统在时间 T 前发生故障的情况，则损失函数为 $f(\xi_1,\xi_2,\cdots,\xi_n)=T-k-\max[\xi_1,\xi_2,\cdots,\xi_n]$，此时风险可以表示为 $M\{f(\xi_1,\xi_2,\cdots,\xi_n)>0\}$。

因为损失函数 $f(\xi_1,\xi_2,\cdots,\xi_n)$ 是关于 $\xi_1,\xi_2,\cdots,\xi_n$ 的严格递减函数，由风险指标定理可知，风险指标恰好是下列关于 α 的方程的根 $k-\max[\Phi_1^{-1}(\alpha),\Phi_2^{-1}(\alpha),\cdots,\Phi_n^{-1}(\alpha)]=T$，易证：风险 $=k-\min[\Phi_1(T),\Phi_2(T),\cdots,\Phi_n(T)]$。

值得注意的是，串联系统实质上是 n-out-n 系统，并联系统是 1-out-n 系统。

3. 不确定结构风险

Liu（2015）首次提出不确定结构系统风险分析框架，假定一个结构系统，它的强度和荷载为不确定变量，现假设一个结构系统在载荷变量超过其强度变量时会失效，如果结构风险指标定义为结构系统失效的不确定性度量，则风险 $=M\left\{\bigcup_{i=1}^{n}\xi_i<\eta_i\right\}$，其中 $\xi_1,\xi_2,\cdots,\xi_n$ 是强度变量，$\eta_1,\eta_2,\cdots,\eta_n$ 是 n 节点的载荷变量。

4. 投资风险分析

Liu（2015）首次研究了不确定投资风险分析。假设一个投资者有 n 个项目，它们的回报 $\xi_1,\xi_2,\cdots,\xi_n$ 是不确定变量，如果总的回报 $\xi_1+\xi_2+\cdots+\xi_n$ 低于一个预设的固定值 c（如利率），则投资者的风险指标为风险 $=M\{\xi_1+\xi_2+\cdots+\xi_n<c\}$。

如果 $\xi_1,\xi_2,\cdots,\xi_n$ 是相互独立的不确定变量且对应的分布函数为 $\Phi_1,\Phi_2,\cdots,\Phi_n$，则投资风险指标是下列关于 α 的方程的根 $\Phi_1^{-1}(\alpha)+\Phi_2^{-1}(\alpha)+\cdots+\Phi_n^{-1}(\alpha)=c$。

5. 在险值

定义 13.15　设 ξ 是一个不确定风险，$\alpha\in(0,1)$ 是预设的风险置信水平，则

$$\xi_{\text{VaR}}(\alpha)=\inf\left\{x\middle|M\{\xi\leqslant x\}\geqslant\alpha\right\}$$

叫作不确定风险ξ的在险值（Peng，2013）。

由定义 13.15 可知，$\xi_{\text{VaR}}(\alpha)$是不确定风险ξ的不确定分布的α分位点。当不确定风险是正则不确定变量时，有$\xi_{\text{VaR}}(\alpha)=\inf\left\{x\middle|\Phi(x)\geqslant\alpha\right\}=\Phi^{-1}(\alpha)$。

例 13.5 线性不确定风险$\xi\sim\mathcal{L}(a,b)$的在险值为$\xi_{\text{VaR}}(\alpha)=(1-\alpha)a+\alpha b$。

例 13.6 正态不确定风险$\xi\sim N(\mathrm{e},\sigma^2)$的在险值为$\xi_{\text{VaR}}(\alpha)=\mathrm{e}+\frac{\sqrt{3}\sigma}{\pi}\ln\frac{\alpha}{1-\alpha}$。

定义 13.16 设ξ是一个不确定风险，$\alpha\in(0,1)$是预设的风险置信水平，则

$$\xi_{\text{TVaR}}(\alpha)=\frac{1}{1-\alpha}\int_{\alpha}^{1}\xi_{\text{VaR}}(\beta)\,\mathrm{d}\beta$$

叫作不确定风险ξ的尾在险值（Peng，2013）。

13.3.3 不确定可靠性分析

不确定可靠性分析是处理不确定理论下的系统可靠性的有力工具，本小节将介绍可靠性指标的定义及提供一些计算可靠性指标的有用公式。

现实中很多系统都可以简化成布雷尔（Boolean）系统，即系统只存在两种状态，工作状态和故障状态，我们可以用布雷尔变量表示零件的工作状态：

$$x_i=\begin{cases}1,\ 零件i工作状态\\0,\ 零件i故障状态\end{cases},\quad i=1,2,\cdots,n$$

事实上我们完全可以用布雷尔变量$X=\begin{cases}1,\ 系统工作状态\\0,\ 系统故障状态\end{cases}$表示系统的状态，通常情况下系统的状态完全由部件的状态来确定，即由结构函数来确定。

定义 13.17 假设X是布雷尔系统，包含n个零件$\{x_1,x_2,\cdots,x_n\}$，如果一个布雷尔函数f称为系统的结构函数（structure function），则f满足：

$$X=\begin{cases}1, & f(x_1,x_2,\cdots,x_n)=1\\0, & f(x_1,x_2,\cdots,x_n)=0\end{cases}$$

事实上布雷尔系统可以用一个布雷尔不确定变量来表示：

$$\xi=\begin{cases}1, & 以不确定测度a\\0, & 以不确定测度1-a\end{cases}$$

此时我们称不确定零件的可靠性为 a，可靠性指标是不确定变量的系统工作的可靠性测度。

定义 13.18 假设布雷尔系统包含n个部件$\{\xi_1,\xi_2,\cdots,\xi_n\}$同时系统的结构函数为$f$，那么可靠性指标为衡量系统工作可靠性的不确定测度，可靠性$=M\{f(\xi_1,\xi_2,\cdots,\xi_n)=1\}$。

定理 13.14　假设布雷尔系统包含n个部件$\{\xi_1,\xi_2,\cdots,\xi_n\}$同时系统的结构函数为$f$，如果$\xi_1,\xi_2,\cdots,\xi_n$是相互独立的不确定变量，且其相对应的可靠度为$a_1$，$a_2,\cdots,a_n$，则系统的可靠性计算公式如下：

$$
\text{可靠性}=\begin{cases}\sup\limits_{f(x_1,x_2,\cdots,x_n)=1}\ \min\limits_{1\leqslant i\leqslant n}\nu_i(x_i), & \text{如果}\ \sup\limits_{f(x_1,x_2,\cdots,x_n)=1}\ \min\limits_{1\leqslant i\leqslant n}\nu_i(x_i)<0.5\\ 1-\sup\limits_{f(x_1,x_2,\cdots,x_n)=0}\ \min\limits_{1\leqslant i\leqslant n}\nu_i(x_i), & \text{如果}\ \sup\limits_{f(x_1,x_2,\cdots,x_n)=1}\ \min\limits_{1\leqslant i\leqslant n}\nu_i(x_i)\geqslant 0.5\end{cases}
$$

其中，x_i取值为 0 或 1，对任意的$i=1,2,\cdots,n$，$\nu_i(x_i)$定义为$\nu_i(x_i)=\begin{cases}1, & \text{若}x_i=1\\ 0, & \text{若}x_i=0\end{cases}$。

13.4　基于不确定理论的应急物资配送问题案例分析

13.4.1　单出救中心应急物资配送的问题描述

应急物资运输的目的是在自然灾害或者突发事件发生后把应急物资从出救中心运送到物资需求点，以最大限度地减少自然灾害或者突发事件造成的损失，应急物资运输问题通常以最短运输时间为目标。应急物资运输的特性为突发性和不确定性，即缺少了以往的经验历史数据。本节将以专家估计参数作为不确定变量，研究以运输时间最小化为目标函数的车辆路径问题。在本节中由专家根据经验和现实条件估计得出参数，参数包含各物资需求点对于应急物资的需求量、出救中心到各物资需求点的运输时间及不同物资需求点之间的运输时间，这些参数在不确定规划模型的建立、转化和求解过程中被视为不确定变量。

现假设有一个负责n个物资需求点的应急物资保障工作的出救中心，该中心有m辆车。由于自然灾害或者突发事件的突然性和不确定性，出救中心通过专家在综合了各种情况以后给出的估计数据来安排应急物资运输任务。专家给出的估计数据包括下列内容。

（1）各物资需求点对于应急物资的需求量。

（2）出救中心到各物资需求点的运输时间。

（3）各物资需求点间的运输时间。

已知该中心的车辆数为m，需要应急物资的需求点的数目为n，有如下假设。

（1）每一辆车在运送应急物资的过程中只参与一条路径。

（2）任一物资需求点都只被一辆物资运输车辆服务。

（3）当物资运输车辆到达物资需求点后，会马上卸载物资需求点需要的应急物资。

（4）每一辆物资运输车辆都起始和终止于同一个出救中心。

（5）为了尽快开始物资运送，每一辆物资运输车辆都已经做好了随时出发的准备。即如果车辆运输路径的起始时间为t_0，则运输车辆从出救中心出发的时间为$t_0=0$。

为了让物资运输车辆在最短时间内将应急物资送到物资需求点，现设定了一个比较高的置信度β，用数学的方法来解释就是求车辆路径到达每一个物资需求点i的时间总和$\sum_{i=1}^{n} f_i(x,y)$在置信度β下的最小值。因此目标函数可以设置为到达每个物资需求点的时间和的最小值，其数学表达式可以写为

$$\inf\left\{t \mid M\left\{\sum_{i=1}^{n} f_i(x,y) \leqslant t\right\} \geqslant \beta\right\}$$

其中，车辆到达第i个物资需求点的时间$f_i(x,y)$也是不确定变量；(x,y)为车辆的路径计划。

由于每个物资需求点的物资需求量$\tilde{d}_i$，$i=1,2,3,\cdots,n$, 是不确定变量（由专家估计参数），因此可以设置一个足够高的置信度β'，要求车辆j承载的应急物资的总量必须小于等于该车辆的最大承载重量Q_j，即满足车辆最大承载重量要求的可能性不得低于设置的置信水平β'，故车辆载重约束可以表达为$M\left\{\sum_{i=y_j-1}^{y_j} \tilde{d}_{x_i} \leqslant Q_j\right\} \geqslant \beta'$, $j=1,2,\cdots,m$。

13.4.2 单出救中心应急物资配送的模型框架

基于上述描述，车辆从单出救中心出发的应急物资运输的数学模型可以表示为

$$\min_{x,y} \min_{T} T$$
$$\text{s.t.}\begin{cases} M\left\{\sum_{i=1}^{n} f_i(x,y) \leqslant T\right\} \geqslant \beta \\ M\left\{\sum_{i=y_j-1}^{y_j} \tilde{d}_{x_i} \leqslant Q_j\right\} \geqslant \beta' \\ 1 \leqslant x_i \leqslant n，i=0,1,2,\cdots,n \\ x_i \neq x_k，i \neq k，k=0,1,2,\cdots,n \\ 0 \leqslant y_1 \leqslant y_2 \leqslant \cdots \leqslant y_{m-1} \leqslant n \\ x_i, y_j，i=0,1,2,\cdots,n，j=0,1,2,\cdots,m-1，\text{整数} \end{cases} \tag{13-3}$$

13.4.3　单出救中心应急物资配送的模型实现

模型（13-3）是一个复杂的整数规划模型，通常情况下很难通过传统的方法求解，但可以利用下列定理进行转化。

定理 13.15（宋鹂影，2018）　当不确定车辆运输时间 $\tilde{T}_{ik}$ ，$i,k=0,1,2,\cdots,n$ 是独立的正态不确定变量，其分布服从正态不确定分布 Φ_{ik} ，且该分布函数随 $\tilde{T}_{ik}$ 严格递增；不确定需求 $\tilde{d}_i$ ，$i=1,2,3,\cdots,n$ 为独立的正态不确定变量，其分布服从正态不确定分布 Φ' ，且该分布函数随 $\tilde{d}_i$ 的增长而严格增长时，模型（13-3）就可以转化为

$$
\min\sum_{i=1}^{n}\Psi_i^{-1}(x,y,\beta)
$$

$$
\text{s.t.}\begin{cases}\displaystyle\sum_{i=y_j-1}^{y_j}\Phi'^{-1}_{x_i}(\beta')\leqslant Q_j, & j=0,1,2,\cdots,n\\ 1\leqslant x_i\leqslant n，\ i=0,1,2,\cdots,n\\ x_i\neq x_k，\ i\neq k，\ k=0,1,2,\cdots,n\\ 0\leqslant y_1\leqslant y_2\leqslant\cdots\leqslant y_{m-1}\leqslant n\\ x_i,\ i=0,1,2,\cdots,n\\ y_j,\ j=0,1,2,\cdots,m-1,\ \text{整数}\end{cases}\tag{13-4}
$$

模型（13-4）采用带元胞自动机的遗传算法（cellular automata genetic algorithm，CGA）进行求解，这是因为 CGA 可以更好地提高遗传算法的全局搜索能力。

13.4.4　单出救中心应急物资配送的模型实例展示

现有一个出救中心，负责 16 个物资需求点的应急物资运输工作。当出现紧急灾情或突发事件时，该中心必须迅速选择出救的车辆并给每一辆被派出的运输车辆分配运送应急物资的运输路线，包括该运输路线上的物资需求点、运送顺序及各物资需求点相应应急物资的需求量等信息。假设每个物资需求点的物资需求量和车辆在路上的运输时间都为正态不确定变量，并且专家都已经给出了估计值，详见表 13-1 和表 13-2。在表 13-1 中，物资需求点用数字“$1,2,\cdots,16$”表示，出救中心用数字“0”表示。出救中心有 4 辆车，每辆车的载重量为 Q_j ，$j=1,2,3,4$ ，其载重量依次为 900、1000、1200、1500，单位为 kg。单位物资的卸载时间为 $\mu=0.1$ ，

表 13-1 出救中心到物资需求点和各物资需求点之间的正态不确定运输时间 (μ,σ)

物资需求点	0	1	2	3	4	5	6	7	8	9	10	11	12	13	14	15
1	(50, 20)															
2	(40, 15)	(75, 30)														
3	(45, 10)	(60, 25)	(80, 35)													
4	(40, 10)	(80, 35)	(75, 30)	(65, 20)												
5	(60, 25)	(65, 30)	(26, 6)	(70, 30)	(85, 30)											
6	(35, 10)	(75, 35)	(80, 30)	(85, 40)	(75, 20)	(60, 20)										
7	(60, 15)	(30, 5)	(70, 25)	(95, 30)	(25, 5)	(80, 30)	(70, 25)									
8	(55, 20)	(60, 25)	(90, 35)	(28, 8)	(85, 30)	(75, 20)	(80, 20)	(90, 35)								
9	(50, 20)	(80, 30)	(95, 35)	(90, 40)	(90, 30)	(90, 30)	(26, 6)	(80, 30)	(55, 27)							
10	(65, 20)	(90, 40)	(95, 45)	(85, 40)	(100, 35)	(60, 25)	(80, 35)	(75, 30)	(30, 10)	(45, 20)						
11	(50, 20)	(85, 40)	(85, 40)	(110, 45)	(90, 40)	(80, 30)	(75, 25)	(90, 25)	(50, 20)	(90, 30)	(60, 25)					
12	(65, 20)	(70, 30)	(100, 40)	(95, 40)	(85, 35)	(95, 42)	(70, 30)	(95, 40)	(65, 25)	(60, 25)	(75, 30)	(50, 22)				
13	(60, 15)	(95, 35)	(120, 50)	(100, 40)	(80, 30)	(110, 40)	(90, 40)	(75, 30)	(70, 25)	(50, 20)	(30, 5)	(65, 25)	(28, 8)			
14	(65, 15)	(95, 30)	(85, 30)	(120, 50)	(65, 25)	(10, 30)	(80, 35)	(90, 35)	(55, 20)	(25, 5)	(45, 20)	(30, 5)	(50, 20)	(85, 35)		
15	(55, 25)	(65, 25)	(95, 40)	(95, 40)	(95, 30)	(90, 30)	(80, 35)	(95, 30)	(60, 25)	(60, 22)	(95, 30)	(55, 25)	(25, 6)	(90, 40)	(75, 25)	
16	(50, 20)	(70, 30)	(55, 25)	(55, 25)	(90, 30)	(25, 10)	(90, 30)	(80, 25)	(60, 20)	(80, 30)	(65, 25)	(55, 20)	(70, 25)	(95,40)	(70, 30)	(80, 25)

出救中心将置信度设置为$\beta = 0.1$和$\beta' = 0.95$。出救中心建立了车辆运输路线的模型，如式（13-5）所示：

$$
\min \sum_{i=1}^{16} \Psi_i^{-1}(x, y, \beta)
$$
$$
\text{s.t.}\begin{cases}
\sum_{i=y_j-1}^{y_j} \Phi_{x_i}'^{-1}(\beta') \leqslant Q_j, \; j = 0,1,2,3,4 \\
1 \leqslant x_i \leqslant 16, \; i = 0,1,2,\cdots,16 \\
x_i \neq x_k, \; i \neq k, \; k = 0,1,2,\cdots,16 \\
0 \leqslant y_1 \leqslant y_2 \leqslant y_3 \leqslant 16 \\
x_i, \; i = 0,1,2,\cdots,16 \\
y_j, \; j = 0,1,2,3,4
\end{cases} \tag{13-5}
$$

表 13-2　物资需求点对应的正态不确定物资需求量(μ', σ')

物资需求点	物资需求量	物资需求点	物资需求量
1	(230, 20)	9	(240, 25)
2	(210, 21)	10	(220, 25)
3	(215, 25)	11	(300, 35)
4	(220, 30)	12	(195, 25)
5	(190, 25)	13	(200, 20)
6	(190, 35)	14	(260, 30)
7	(410, 35)	15	(210, 20)
8	(220, 30)	16	(375, 30)

根据 CGA 可得每辆运输车辆的路线的最优解，详见表 13-3。将 16 个需求点所需的应急物资送到物资需求点的最短的车辆运输时间的和为 954.7min，约为 15.9h。

表 13-3　应急物资配送的最优车辆路径

车辆	应急物资配送的车辆路径
车辆 1	$0 \to 2 \to 5 \to 16 \to 0$
车辆 2	$0 \to 4 \to 7 \to 1 \to 0$
车辆 3	$0 \to 6 \to 9 \to 14 \to 11 \to 0$
车辆 4	$0 \to 3 \to 8 \to 10 \to 13 \to 12 \to 5 \to 0$

13.4.5　单出救中心应急物资配送的模型结论

本节将专家估计参数作为不确定变量，研究以应急物资运输时间最小化为目标函数的车辆路径问题。在本节中首先由专家根据经验和现实条件估计出各物资需求点对于应急物资的需求量、出救中心到各物资需求点的运输时间及不同物资需求点之间的运输时间；其次，应用不确定理论推导并证明了不确定应急物资配送车辆路线规划模型的等价形式；最后，应用 CGA 对模型进行求解，得出了应急物资配送的最优车辆路径，并验证了 CGA 的鲁棒性和效率均优于遗传算法。

专 业 术 语

1. 不确定性（uncertainty）：事先不能准确知道某个事件或某种决策的结果，或者说只要事件或决策的可能结果不止一种，就会产生不确定性。

2. 不确定系统（uncertain system）：在运筹学、管理科学、决策科学、信息科学、系统科学、计算机科学、工业工程学等众多领域都存在着客观的或人为的不确定性，其表现形式多种多样，如随机性、模糊性、粗糙性及多重不确定性。不确定系统的研究对象主要是不确定性的数学理论、不确定规划、算法及应用。

3. 公理化方法（axiomatic approach）：数学中的重要方法，它的主要精神是从尽可能少的几条公理及若干原始概念出发，推导出尽可能多的命题。

4. 可靠性（reliability）：产品、系统在规定的条件下、规定的时间内，完成规定功能的能力。

5. VaR（value at risk）：在市场的正常波动下，某一金融资产或证券组合的最大可能损失。更为确切地是指，在一定的概率水平（置信度）下，某一金融资产或证券组合的价值在未来特定时期内的最大可能损失。

本 章 习 题

1. 设Γ是一个非空集合，对于Γ中的任何一个子集Λ，定义

$$M\{\Lambda\}=\begin{cases}0, & \Lambda=\phi \\ 1, & \Lambda=\Gamma \\ 0.5, & \text{其他}\end{cases}$$

试证明M是一个不确定测度。（提示：验证M满足三条公理）

2. 定义一个不确定空间(Γ,Λ,M)到$[0,1]$的映射，其中Γ是博雷尔集和Λ的Lebesgue测度，试证明不确定变量$\xi(\gamma)=\gamma^2$，$\forall\gamma\in[0,1]$，具有如下的不确定分布函数：

$$\Phi(x)=\begin{cases}0, & x\leqslant 0\\ \sqrt{x}, & 0<x\leqslant 1\\ 1, & x>1\end{cases}$$

3. 假设$x_1,x_2,\cdots,x_n$是非负决策变量，$L(a_1,b_1),L(a_2,b_2),\cdots,L(a_n,b_n),L(a,b)$是关于$\xi_1,\xi_2,\cdots,\xi_n,\xi$独立的线性不确定变量，试证明对于任意的置信水平$\alpha\in(0,1)$，下列机会约束$M\left\{\sum_{i=1}^{n}x_i\xi_i\leqslant\xi\right\}\geqslant\alpha$成立的充要条件是$\sum_{i=1}^{n}((1-\alpha)a_i+\alpha b_i)x_i\leqslant(1-\alpha)b+\alpha a$。

4. 简述多层不确定规划和一般不确定规划的区别和联系。

5. 查阅资料了解CGA的基本原理和步骤。

参考文献

宋鹂影. 2018. 基于不确定理论的应急物资配送问题研究[D]. 北京：北京科技大学.

Liu B D. 2002. Theory and Practice of Uncertain Programming [M]. Berlin: Physica-Verlag.

Liu B D. 2007. Uncertainty Theory[M]. 2nd ed. Berlin: Springer-Verlag.

Liu B D. 2010. Uncertainty Theory: A Branch of Mathematics for Modeling Human Uncertainty[M]. Berlin: Springer-Verlag.

Liu B D. 2015. Uncertainty Theory[M]. 4th ed. Berlin: Springer-Verlag.

Liu B D, Yao K. 2015. Uncertain multilevel programming: algorithm and applications[J]. Computers & Industrial Engineering, 89: 235-240.

Peng J. 2013. Risk metrics of loss function for uncertain system[J]. Fuzzy Optimization and Decision Making, 12: 53-64.

第三篇　灾害风险决策支持与管理篇

第 14 章　灾害风险区划与地图

学习目标

- 理解灾害风险区划与地图的相关概念
- 了解灾害风险区划的原理与方法
- 了解灾害风险数据库
- 熟悉各类灾害风险地图和地图集

灾害风险区划可以明晰不同区域灾害风险的来源、程度及主要特征，帮助人们客观地认识区域内及区域之间灾害风险分布的相似性和差异性；从综合角度揭示灾害风险的区域分异规律，从而确定风险管理的优先管理顺序，有效地实现灾害风险的分区管理。特别是为风险管理的地域分工、区域战略、区域措施的制定提供了理论依据，为区域内的生产和生活活动的决策提供了所需的风险信息。灾害风险信息的地图化更能促进各种灾害信息组织、储存、表达和传递的高质、高效。综合灾害风险地图不仅有十分显著的社会经济减灾效益，而且可为其他领域提供强有力的科学决策依据。

14.1　基 础 理 论

14.1.1　灾害风险区划的相关概念

区划（regionalization 或 zoning）是研究某种事物在时间上的演替和空间上的分布规律，对其空间范围进行区域划分的过程。区划一词在我国统称为分区划片，是揭示陆地表层地域分异规律的重要手段，它在社会经济发展中一直起着重要作用（吴绍洪等，2017）。根据服务目标的差异，区划又可以细分为行政区划、自然区划（郑度和傅小锋，1999；全国农业区划委员会和《中国自然区划概要》编写组，1984）、经济区划（汤红美，2014；高丽娜等，2014）、生态区划（傅伯杰等，2001；郑度等，2008）、气候区划（刘晓琼等，2020；史培军等，2014）、农业区划（Jiang et al.，2018；刘彦随等，2018）、旅游区划（潘竟虎和从忆波，2014；杨文凤等，2016）、灾害区划（周成虎等，2000；唐川和朱静，2005；吴东丽等，2011），以及结合自然与社会经济要素的综合功能区划（郑度和傅小锋，1999；樊杰，2007；郑景云等，2011；林浩曦等，2020）等。

对灾害风险区划概念的理解，首先需要厘清以下两个方面的问题。

（1）灾害区划与灾害风险区划。因早期对灾害和风险两个概念的混淆，学术界经常将灾害区划和风险区划混为一谈。事实上，灾害区划是根据过去发生过的灾害事件，按照时间上的演替和空间上的分布规律，对空间范围进行区域划分，它并不涉及灾害的未来情景和出现概率；灾害风险区划则是通过对历史灾害事件的分布规律的分析，反映未来灾害可能达到的风险程度，即区域可能发生某种灾害的概率或超越某一概率的灾害的最大等级。因此，可以将灾害风险区划看成灾害区划的延伸或拓展，两者既相互联系，又存在区别。

（2）灾害风险区划包括自然灾害风险和社会经济风险。自然灾害事件的发生具有显著的区域特征，时空规律性较强，可以根据其特征和规律进行区域划分；人为事件的人为性是它区别于自然灾害事件的重要属性，其发生往往具有较高的人为主观性和随机性，虽然也存在一定的空间分布规律，但是由于其较高的不确定性，对其进行区划的难度较大。因此，本章讨论的灾害风险区划主要面向自然灾害风险，仅涉及少部分社会经济风险。

综上所述，我们认为，灾害风险区划是基于灾害风险理论及灾害风险形成机制，通过对致灾因子的危险性、承灾体的暴露度和脆弱性等多方面进行综合分析，构建灾害风险评价框架、指标体系、方法与模型，对灾害风险程度进行评价和等级划分，借助 GIS 软件绘制相应的风险区划地图，并加以分析。

14.1.2 灾害风险地图的相关概念

地图是按照一定的数学法则，用规定的图式符号和颜色，把地球表面的自然和社会现象有选择地缩绘在平面图纸上而形成的图形（胡圣武，2008）。例如，普通地图、各类专题地图、各种比例尺地形图及影像地图、立体地图等。现代地图是将地球表面上地理信息事物的空间分布与联系及其随时间发展变化的状态，遵循一定的数学法则，经过科学概括，表示在一定载体上而形成的图形。例如，缩微地图、数字地图、电子地图、全息影像等（王静爱等，2011）。因此，地图是一种传递信息的方式，即利用人类的形象思维来传达空间信息。

风险地图绘制是人们在一定的数学基础上，用特定的图示符号和颜色将空间范围内对客观事物认识的不确定性结果的概率进行表达的过程，即利用地图表达环境中的风险信息。随着人们对风险的认识的不断深入和对风险量化的研究的不断发展，人们对风险的管理水平不断提高，风险管理工具也不断丰富，风险地图是在灾害风险区划的基础上，对灾害风险进行管理的重要内容，是各级政府减少灾害影响的一个很重要的工具（苗天宝，2010；潘东华等，2019）。各国专家通过对灾害规律的研究一致认识到，灾害的风险性有着明显的地域差异和动态变化，因此，为了制订减灾规划、土地利用规划和科学地确定保险费率，必须编制灾害风险区划图。

综上可以看出，灾害风险地图实际上是灾害风险区划结果的一种展现形式，风险区划是绘制灾害风险地图的基础，它们都服务于风险管理，是区域灾害风险评估和应急管理的重要技术手段。

14.2　灾害风险区划

灾害风险区划的目的是防灾减灾，做好灾害风险区划必须要回答好以下两方面的问题：①哪些地方是灾害的高风险区域，不适合发展规划；②人类社会已经涉足的高风险区域，应当采取哪些措施进行预防，如何为工程标准提供参考依据，以防风险的发生（章国材，2013）。为了解决上述问题，有必要先从理论上对灾害风险区划的原理和方法做进一步了解。

14.2.1　灾害风险区划的原理与方法

灾害风险区划是在灾害风险评估的基础上完成的，因此，有必要从灾害风险区划的需求角度出发，了解灾害风险评估的相关理论、内容和方法。严格意义上讲，风险评价（risk evaluation）是根据一定的标准或管理措施对风险的危害大小做出判断；风险评估（risk assessment）是对风险发生的强度和形式进行评定和估计。进行风险评估时，相应的参数均有定义域，其边界可以看作某种标准，所以风险评估常常被视为风险评价。因为我们并不是用某种标准对风险进行评价，而是对风险进行评定和估计。因此，这里统称为风险评估。

灾害风险评估是围绕灾害风险的定义展开的，虽然不同学术背景的学者对风险的定义并没有完全达成共识（马保成，2015），但是，对风险的本质还是取得了一致性见解，研究者普遍认为风险是对未来损失的不确定性的一种描述。虽然我们很难对风险做出一个可以让大家普遍接受的定义，但可以确定的是，风险包含了三个科学问题：①有害事件；②有害事件发生的可能性；③如果有害事件发生了，后果是什么。要回答这三个问题，风险评估应归纳为三个变量的函数，用 $R=f(E, P, C)$ 表示，其中，E 代表某个有害事件（event），P 代表此有害事件发生的概率（probability），C 代表此有害事件发生所造成的后果（consequence），有了这三个变量，灾害风险的评估就可以归结到灾害风险程度的求解问题上。当针对特定的灾害事件时，风险度就变成了可能性与后果的函数，用概念模型 $R=f(P, C)$ 表示（Kaplan and Garrick，1981；李宁等，2016）。近年来，国内外风险评估技术迅速发展，积累了大量的模型。一般而言，灾害风险的评估模型可以归纳为综合指标法和期望损失法两大类。

1. 综合指标法

灾害风险受多种因素的综合影响，需要考虑多方面的指标构建指标体系对其进行综合评估。风险评估的核心技术不是综合各种各样的信息和方法对风险进行评估，而是用有限的信息对错综复杂的综合风险进行评估。换言之，不是综合的风险评估，而是对综合风险的评估。由于大多数风险都是综合风险，所以综合风险评估模型也可以简称为风险评估模型。一个完整的风险评估模型包括致灾因子危险性分析和承灾体易损性分析（黄崇福，2008）。联合国开发计划署建议的风险表达式为

$$R = H \times V \tag{14-1}$$

其中，R 为风险；H 为致灾因子危险性，是致灾因子在某强度条件下的发生概率；V 为承灾体易损性，表示易于遭受自然灾害的破坏和损害，这是使用最广泛的定义。对于风险评估模型而言，虽然依据的原理千差万别，但大多数模型都是统计意义上的模型，研究的都是风险概率，即可以用大量数据和概率模型对与特定不利事件有关的未来情景进行统计预测（黄崇福，2008；北京师范大学减灾与应急管理研究院，2021）。

风险概率的评估模型是以研究对象的指标样本（也称历史事件观测样本）为基础，通过对样本进行分析，建立指标之间的关系。例如，在地震危险性分析领域，若想研究某一潜在地震区域未来 10 年内发生震级大于 6 级的地震的超越概率，就必须了解该区域的历史地震震级记录。通过分析得出的概率分布，就是以震级为输入，以相应概率为输出的震级指标和概率指标之间的关系。此时，能否获得大样本的数据支持，是决定我们采用什么样的模型的关键。如果我们想采用传统的概率统计模型进行风险评估，就必须得到大样本的支持。然而，在很多时候，我们只能获得小样本数据。此时，为了获得更可靠的风险评估结果，需要使用能有效处理小样本的风险评估模型。从模型所依赖的样本的完备度来看，所有的模型可以分为完备样本的模型和不完备样本的模型。换言之，如果提供的数据是完备样本，则依据其选用的风险评估模型称为完备样本的风险评估模型；能够处理不完备样本的风险评估模型称为不完备样本的风险评估模型（黄崇福，2008）。

根据统计概率分布理论，要想获得一个最优的一元分布函数，至少需要 30 个样本。如果要得到一个较为可靠的二元分布函数（联合概率分布），最低限度应该有 900（30×30）个样本。即如果完全从条件概率的角度来认识两个参数间的因果关系，至少需要有 900 个样本，其统计结果才是可行的。常用的一些概率分布类型（如正

态分布、指数分布、伽马分布、韦伯分布、泊松分布等），可以根据经验（大量信息集成）大大降低对样本容量的要求（北京师范大学减灾与应急管理研究院，2021）。

需特别注意的是，经验常常并不可靠。例如，当两个参数之间存在线性关系时，只需数十个样本，就可以统计归纳出线性关系。线性假设成立的条件是，相应的二元分布函数服从联合正态概率分布。然而，风险评估中涉及的易损性曲线等关系大多是非线性的，相应的联合概率分布也不是正态分布。可见，用经验给出的概率分布类型将不完备样本的风险问题转化为完备样本的风险问题时，要格外小心评估结果的可靠性是否达到要求。灾害事件本身的极端性和灾害受损记录的不完备性，常常造成统计样本不满足常规统计分析的信度检验要求，使损失概率的求解难度较大，因而实际应用中更多的是对公式（14-1）进行转化，采用满足求解的指数综合数学模式：

$$R = H \times V \times E \tag{14-2}$$

其中，R 和 H 的含义同式（14-1）；V 则不同，为承灾体的脆弱性指数；E（exposure）为某承灾体在该致灾因子作用下的暴露度指数。各个因子还要根据其对风险度的贡献的大小乘以权重系数（张继权等，2005；张继权等，2004）。式（14-2）中的风险是这三个指标综合作用的结果，要得到风险值，首先要建立包括式（14-2）中的三个指标在内的指标体系，致灾因子危险性指数主要由致灾因子的活动规模（强度）和活动频次（频率）决定。一般认为致灾因子的强度越大，频次越高，灾害所造成的破坏损失越严重，灾害的风险也越大。承灾体的脆弱性指数是指危险地区存在的所有的生命财产，潜在的危险因素受到不利影响的程度、趋势和大小与其物质成分、结构有关，也与防灾力度有关。一般脆弱性愈低，灾害损失愈小，灾害风险也愈小。暴露度指数是指可能受到致灾因子威胁的所有人和财产，如人员、房屋、农作物、生命线等。一个地区暴露于致灾因子的人和财产越多，受灾财产的价值密度越高，其可能遭受的潜在损失就越大，灾害风险也越大（李宁等，2016）。

鉴于不同承灾体的抗灾性能和脆弱程度不同，模型需要同时考虑灾害系统包含的三个要素，对致灾因子的危险性和承灾体的脆弱性、暴露度等多个指标进行综合考虑，利用相加或相乘方法集成得到的综合结果表达风险。这个风险的数值反映了灾害系统内部相互作用的复杂过程中可能产生的综合结果，间接地表示了致灾因子作用下产生破坏的可能性，既满足了灾害系统的全面综合性，也突破了损失数据不足导致无法求解损失概率的瓶颈。获取的评价单元的风险是相对的风险等级，可以用来反映灾害风险在空间上的分布情况及区域差异，而且可以通过对指标的分析得到造成灾害风险度差异的具体原因，有利于从宏观角度认识、了解灾害风险，为国家政府机构制订土地利用规划、社会经济发展规划提供参考（李宁等，2016）。

此类模型也存在一些缺陷：①评价指标的选择主观性强，研究者在指标选取的原则上除强调其科学性、综合性外，还会加上可获得性这一条，它大大增加了评估的主观性；②在综合集成时需要确定指标的权重系数，尚未有统一的指标权重的确定方法，这导致评估结果的客观性出现差异。

2. 期望损失法

风险源造成的承灾体的期望损失的评价数学模型：

$$R = P \times E \times L \tag{14-3}$$

其中，R 为灾害风险，也称损失概率；P 为某一特定强度的致灾因子的发生概率；E 为某承灾体在特定致灾因子作用下的暴露度，同式（14-2）；L（loss）为相应承灾体的损失或损失率（Tiedemann，1991；唐川和师玉娥，2006）。该方法关注的是灾害事件引起的生命财产和经济活动的期望损失值，因此它通常以经济损失的货币价值为度量对象。根据式（14-3）可以求出某个承灾体在特定强度的致灾因子的作用下产生损失的概率，可以采取的方法有求解损失的超越概率和损失评估两种。

风险评估的方法受风险理论、风险种类、风险评价指标、风险数据完备程度等的影响，虽然遵循着基本规律，但表征各不相同。例如，一些灾害的研究历史悠久、理论完善、数据完备，可以对风险系统的各个组成部分用量化方法进行高空间分辨率的评估。另外一些灾害，特别是新风险种类，由于研究历史比较短、方法尚在发展之中、数据不齐，常常采用半量化或者定性的方法来评估。一些灾害机制不清或数据基础不好的风险类型，常直接利用灾害损失数据通过统计分析等手段评估未来风险。

综上所述，各种评估方法有着各自的优势和缺点，能够解决防灾减灾的不同问题，它们根据风险评估的结果进行等级划分，并在此基础上进行相应的风险制图。综合风险评估结果的可靠性不仅依赖于相关人员的专业能力，而且依赖于他们有什么样的数据资料，不同的数据资料，采用的模型是不一样的。因此，为了方便灾害风险评估，有效提高评估的可靠性和精确度，构建灾害风险数据库就显得至关重要了。

14.2.2　灾害风险数据库

灾害风险数据库一般包括基础地理信息数据库、卫星遥感数据库、社会经济数据库、灾情数据库、决策知识和模型库，以及灾害风险区划示范数据库等。

1. 基础地理信息数据库

基础地理信息数据库包括不同比例尺的地形数据库、地名数据库、数字高程模型，重点地区高精度的基础地理信息数据库、不同等级的行政边界、水系分布、流域分布、地面气象观测数据库、洋面气象观测数据库、历史水文水位资料、历史水文流量资料、土地利用数据、数字化土壤图、植被图和农作物田间观测数据等。

2. 卫星遥感数据库

卫星遥感数据库包括 NOAA AVHRR NDVI 数据、MODIS IB 数据、MODIS NDVI 数据、Landsat MSS 遥感影像、Landsat TM 遥感影像、Landsat ETM+遥感影像、SPOT VGT 数据、区域 SPOT-HRV 影像数据、区域 QuickBird 影像数据、区域 IKNOS 影像数据、区域 IRS-P5 影像数据、区域 HJ-1（环境减灾小卫星）影像数据和 RADARSAT-1 卫星雷达数据等。

3. 社会经济数据库

不同分辨率和时间序列的人口分布数据、人口普查数据、人口统计资料、栅格 GDP 分布数据、不同区域尺度的社会经济统计年鉴、城市统计年鉴、人口住房抽样调查数据、房屋普查数据等。

4. 灾情数据库

根据资助机构、组织实施单位的性质，是否定量刻画灾情等，当前世界上具有重要影响力的以定量为主的自然灾情数据库有：①联合国机构相关灾情数据库；②国际组织及研究机构相关数据库，收集了比利时 EM-DAT 灾情数据库、HotSpots 项目及亚洲减灾中心对自然灾害的数据库等；③商业保险公司自然灾害相关数据库，主要收集了再保险领域世界排名前两位的慕尼黑再保险公司的自然灾害保险数据库 NatCat 及瑞士再保险公司的自然灾害保险数据库；④应急救援快速简述信息库，主要面向快速人道主义援助建立的信息平台，但是灾情信息多不定量。

目前，我国主要的灾情数据库是民政系统集成的灾情数据库，包括年/月/日灾情数据库、灾害案例库、因灾死亡人口库和灾害信息产品库等，主要涉及受灾人口、死亡人口、失踪人口、紧急转移安置人口、农作物受灾面积、农作物绝收面积、倒塌房屋、损坏房屋和直接经济损失等主要灾情指标；典型灾害案例数据库，以及保险专业数据库，包含：①财产保险数据库；②农业保险数据库（含农村住房保险、种植业保险、养殖业保险和林业保险数据），包括区域农业保险数据；③保险统计数据库，包括各年保险年鉴、各财产保险公司的保费收入数据、全国各地区的保费收入数据等（方伟华等，2011）。

5. 决策知识和模型库

决策知识和模型库主要指的是与灾害风险评估相关的知识、专家经验、数理模型、决策方案和报告等。这些数据既有最基本的数据记录，也有用定量方式表述为数学模型或者其他形式的模型。此库主要针对重点相关术语、法律法规、预案、国家/行业标准和灾害相关评估模型等进行收集、整理和入库工作，包括灾害种类和灾害统计指标等相关术语；自然灾害、事故灾难、公共卫生事件和社会安全事件等相关法律法规文本；国家总体预案、专项和部门预案文本；风险评估、灾害损失评估、救灾工作评估等评估模型等（方伟华等，2011）。

6. 灾害风险区划示范数据库

灾害风险区划示范数据库是在以上各数据库的基础上建立的，具体包括三部分：一是在已建成的全国基础地理信息数据库、卫星遥感数据库、社会经济数据库、灾情数据库、决策知识和模型库的基础上，进一步建立了示范区孕灾环境/致灾因子数据库、承灾体数据库、灾情数据库和救灾工作数据库等原始数据库；二是采用致灾因子危险性相关指标和灾害风险理论等构建灾害危险性数据库、典型灾害过程致灾因子和灾害损失数据库，以及基于数学模型构建灾害脆弱性数据库；三是在已建成的决策知识和模型库的基础上，进一步构建风险监测预警评估等的模型，并编制一系列示范区典型灾害风险图（方伟华等，2011）。

下面以珠江三角洲地区的风暴潮灾害为自然灾害的代表，以全国各省（自治区、直辖市）及广东省各地级市的经济贸易灾害为社会灾害的代表，分别介绍其相应的风险数据库。

（1）珠江三角洲地区风暴潮基础数据库。该数据库基于风暴潮灾害风险评估和区划的需要，根据广东省各市的统计年鉴、珠江水利委员会及广东省气象局提供的潮位站和灾情数据及相关的遥感影像资料，整理生成了珠江三角洲地区社会经济、风暴潮潮位及灾情的基础数据库，可对全球变化不同情景下珠江三角洲地区的风暴潮风险进行模拟。数据来源主要包括五个方面：①1957～1988 年风暴潮最高潮位，根据珠江水利委员会提供的潮位站数据录入生成，数据已经过校正；②1984～2006 年广东省灾情普查，根据广东省气象局提供的灾情普查数据录入生成；③2006 年珠江三角洲地区的社会经济数据，根据珠江三角洲地区各县市统计年鉴录入生成；④珠江三角洲地区的基础地理信息数据，包括珠江三角洲地区的地形、水系、土地；⑤珠江三角洲地区风暴潮风险评价。珠江三角洲地区风暴潮风险评价成果主要包括风暴潮的危险性、易损性等，主要运用风暴潮数据模拟计算生成。

该数据库主要包括以下具体内容（方伟华等，2011）：①受灾人口；②死亡人口；③受伤人口；④农作物受灾面积；⑤损坏房屋；⑥倒塌房屋；⑦公路损失；⑧电力损失；⑨市政损失；⑩农业经济损失；等。

（2）全国各省（自治区、直辖市）及广东省各地级市经济风险数据库。基于全球化贸易风险研究的需要，经济风险数据库需要建立贸易与区域经济风险等级动态变化的基础数据库，它包括全国各省（自治区、直辖市）不同时期的贸易与区域经济风险等级的数据，以及广东省各地级市不同时期的贸易与区域经济风险等级的数据。数据主要来源于《中国统计年鉴》及《广东省统计年鉴》。人们通过对省（自治区、直辖市）级和地市级经济、贸易、就业和产业数据的整理和分析，特别是在贸易与经济和就业经典回归模型的基础之上，形成了对于区域经济外向性及贸易变化对区域经济和就业影响的风险程度的基本判断。基于该数据库，相关学者可以对全球经济环境变化情形下各省（自治区、直辖市）及广东省各地市级经济所受影响的程度进行模拟，并根据设定的临界值提供预警信息，便于相关政府部门及时制定、调整政策，避免贸易带来的风险及冲击。数据来源具体包括：中国各省（自治区、直辖市），以及广东各地级市的贸易、经济与就业数据。主要指标包括：贸易依存度、进口依存度、FDI（foreign direct investment，外国直接投资）增长指数、出口增长指数、进口增长指数、就业增长指数、GDP 结构指数等。其主要数据来源于《中国统计年鉴》历年相关各省（自治区、直辖市）的统计数据，如进口总值、出口总值、进出口总值、地区生产总值、GDP 分产业数据、各产业就业人数、外商直接投资额和固定资产投资总值等。

为了便于年度之间及地区之间的比较，相关数据均做了调整，如地区生产总值采用 GDP 缩减指数加以调整，进出口相关数据根据历年汇率加以换算等。GDP 产业结构及就业结构数据根据相关统计数据加以计算。按照五级分类法，将贸易风险值由低到高分为五类，用不同颜色标出，浅色代表低风险、深色代表高风险（方伟华等，2011）。

14.2.3　灾害风险信息的系统平台

风险信息集成平台往往立足于行业应用部门或者研究部门，由专业方法、模型、核心应用程序、数据、网络信息传输系统、网络信息展示系统组成，具有对数据的组织、存储、浏览、查询、更新和删除，对基础数据的挖掘、处理，以及对由数据生成的相关成果进行整理、转换、集成、输出和共享等功能。下面以全球风险评估（数据）平台、美国的 PAGER 系统平台，以及全球灾害数据平台（中文版）为例，进行介绍。

1. 全球风险评估（数据）平台（GAR 平台）

GAR（The GAR Atlas Risk Data Platform）平台（http://risk.preventionweb.net）是由联合国国际减灾战略在欧盟委员会提供的资金援助下，联合世界银行、CIMNE、ERN 和 Ingeniar 共同开发的，它不仅提供全球自然灾害风险的空间数据信息，也可共享空间基础数据和网页地图服务，是一个免费、开放的互联网资源平台。用户可以在网站上查看、下载、提取过去发生的灾害事件、社会经济暴露度及自然灾害风险的数据。该平台涵盖了主要灾害种类，包括热带气旋、地震、风暴潮、干旱、洪水、滑坡、海啸和火山爆发等。GAR 平台的风险评估结果均以全球风险地图的形式展示，主要包括以下内容。

全球灾害风险分布：包括多灾种、分灾种的年均经济损失和年均相对经济损失，以及风险评估有关社会经济的其他衍生产品。

全球灾害主要灾种的风险分布。①地震：1970 年至 2014 年震级（矩震级在 6.0 级以上）、不同年份地震峰值地面加速度（peak ground acceleration，PGA）等的全球分布。②海啸：不同级别海啸的全球分布。③热带气旋：全球热带气旋的历史路径，不同重现期、不同海洋区域的风力强度分布。④风暴潮：不同年份风暴潮浪高的全球分布。⑤河道洪水：不同年份河道洪水上涨高度的全球分布。

全球暴露度分布：包括人口、资本存量、社会性支出、生产资本、固定资本形成总额、GDP 等的全球分布。

此外，GAR 平台可以提供损失频率曲线、脆弱性曲线等的评估结果，并可以下载矢量文件形式的评估结果，如年均人口死亡率、资本存量、台风历史路径等。GAR 平台上风险评估结果的展示具有直观、易操作、可读性强等特点（王曦和周洪建，2017）。

2. 美国的 PAGER 系统平台

PAGER（Prompt Assessment of Global Earthquakes for Response）系统（https://earthquake.usgs.gov）是为应急而设计的全球地震快速评估的自动化业务系统。在地震发生后，它可以迅速评估受灾的人口、城市和地区，第一时间为应急机构、政府机构和媒体提供受灾范围信息。该系统被美国地质调查局用于美国国内和世界地震的实时监测和自动记录，以及及时反馈地震受灾信息。

PAGER 系统能够通过震后的快速评估，为政府机构、媒体提供重要的地震灾害信息，为启动灾后应急响应和规划紧急救助提供帮助。其所提供的信息主要有两部分，一是该系统的核心部分，即通过仪器测定的及时、准确的地震参数，包括地震位置、震级和震源深度；二是利用快速评估模型得到的灾区范围和灾情评估，包括不同烈度下的受灾人口及一些反映灾害潜在影响的指标。对于各个特定区域，PAGER 系统还会自动生成该区域的基础设施脆弱性说明及可能发生的次生灾害，如滑坡、海啸、火灾等。此外，该系统还会生成人口密集区的烈度表及烈度——人口分布图。PAGER 系统一般在重大地震发生后的 30min 之内就会给出地震的位置和震级信息。但是，地震范围在震后短时间内很难完全确认。因此，该系统给出的结果具有一定的不确定性。

风险信息集成平台面向的用户既包括研究人员、政府风险部门等专业用户，也包括基层社区、学校、医院、志愿者、非政府组织与普通公众等非专业用户。因此，这些系统除了专业的方法与模型外，还具备一些鲜明的特点（方伟华等，2011）：①重视基础数据库的建设，不需要用户提供额外的输入数据，即可运行并输出完整的结果；②一般都基于互联网络，保证应急时信息的快速获取；③在表达形式上，直观易懂地将核心指标表达出来。

3. 全球灾害数据平台（中文版）

全球灾害数据平台（中文版）由北京师范大学减灾与应急管理研究院、中国灾害防御协会、应急管理部国家减灾中心联合创办建设而成（https://www.gddat.cn），于 2021 年 5 月 12 日正式上线发布。全球灾害数据平台（中文版）通过收集、整理与集成应急管理部国家减灾中心、中国地震台网中心、中国气象局国家气候中心、中国地震应急搜救中心、全球灾害警报和协调系统（global disaster alert and coordination system，GDACS）、比利时鲁汶大学国家灾害流行病研究中心管理的 EM-DAT、红十字与红新月会国际委员会（International Federation of Red Cross and Red Crescent Societies，IFRC）、联合国世界银行（World Bank，WB）及知名媒体等权威网站的数据形成全球灾害数据库。该平台主要涵盖全球灾害实况、重大灾害、灾害评估报告、灾害特征分析、中国灾害数据库五大版块，可以实时采集和发布全球灾害数据、共享全球灾害分析评估产品、提供全球灾害风险管理决策支持。

该平台收录进数据库的灾害事件至少需要满足以下 3 个条件之一。①人口损失：报道中有 5 人或以上人口因灾死亡，受影响人口不计。②经济损失：因灾损失达到当地生产总值的 0.1%（相对值）及以上。③政府针对灾害事件宣布过国家处于紧急状态或请求过国际援助。

该平台数据库中所涉数据的单位与时间统一为：①中国灾害数据库中经济损失的单位为人民币（万元），全球灾害数据库中经济损失的单位为美元（10 000 USD）；②中国灾害数据库中灾害发生的时间为北京时间，全球灾害数据库中灾害发生的时间为世界标准时间（universal time coordinated，UTC）（北京师范大学减灾与应急管理研究院，2021）。

14.3　灾害风险地图

灾害风险地图是以直观、可视化的方式反映承灾体在特定致灾强度与孕灾环境下可能损失大小或概率的一种技术手段，是有效开展区域风险管理的前提和基础（葛全胜等，2008）。由于区域地理环境的差异及经济社会发展程度的不同，世界各国和地区的灾害风险水平也有较大差异。世界银行牵头的灾害风险热点区研究计划（Hotspots Projects）的相关研究结果表明非洲、亚洲大部分地区、中美洲等不发达地区依旧是自然灾害造成人员伤亡和经济损失的高风险区；此外，美国南部墨西哥湾沿岸、欧洲东部地区、日本中南部濑户内海沿岸等发达和人口密集区亦是财产损失的高风险区（史培军等，2007）。因此，灾害风险地图对于灾害风险识别和灾害管理中区域尺度的把握有重要的指导意义。

“十二五”期间和“十三五”规划中，编制自然灾害风险地图在国家重大自然灾害风险综合评估与预案中均有体现（史培军等，2017）。由此可见，自然灾害风险地图作为一项重要的非工程性措施，对高风险区的隐患排查、风险治理、防灾减灾救灾辅助决策等具有重要作用。自然灾害风险地图作为提升防灾减灾救灾能力的一项基础性工作，不仅具有显著的经济、社会、生态效益，而且可为国土规划、工程选址等相关领域提供强有力的科学决策依据（潘东华等，2019）。

总体来看，世界各国已经意识到了灾害风险地图的重要性，随着人们对风险认识的不断深入和风险数量化研究的不断发展，人们对风险的管理水平必将不断提高，风险管理工具也将不断丰富。对灾害进行风险区划并编制风险区划地图是灾害风险管理的一个重要研究内容，是各级政府减少灾害影响的一个很重要的工具。各国专家通过对自然灾害规律的研究一致认识到，由于自然灾害的风险性有着明显的地域差异和动态变化，因此，为了制订减灾规划、土地利用规划和科学确定保险费率，必须编制灾害风险区划地图。

14.3.1 灾害风险等级划分

灾害风险等级划分是灾害风险区划制图要解决的关键问题。对风险评估结果进行合理分级，对灾害风险水平进行等级划分，既要反映出本区域风险水平的差别，又要体现出本区域与其他区域风险水平的差别，往往需要参考研究成功区域的分级标准进行适当修改，有时还需要进行相对和绝对风险的划分。前者是针对区域内部的风险差异而进行的分级；后者则强调与其他区域的风险进行比较（王军等，2013）。

灾害风险等级划分是灾害风险制图的重要步骤，风险分级的原则和方法决定了分级结果的适用性和可应用性。不同空间尺度的灾害风险评估的目的不同导致风险分级的标准和方法亦不相同。全球、大洲和国家级大尺度区域灾害风险评价的目的是超宏观把握灾害损失的绝对大小和潜在高风险区域的空间分布，风险分级要把握“简洁易懂，可比性强”的原则。省/市/地区级尺度灾害风险等级划分的目的是明确高风险区域的分布状况，为城市防灾减灾的总体规划提供必要的科学指导，故而风险等级划分要把握“量级不错、分布合理、等值划分”的原则。县/县级市/区级尺度灾害风险等级划分侧重于反映区域内部的空间差异和时间差异，风险等级划分的基本原则为“强调区域差异，突出概率因素，多为不等值划分”。

乡/镇/街道/社区级小尺度灾害风险等级划分的意义在于确定类似灾害情景下灾害风险程度的高低，用于区域个案数据库累积和时间序列分析，风险等级划分的原则包括“符合区域特征、注重案例积累、建立长期记录”（刘耀龙，2011）。

14.3.2 单灾种风险地图

在单灾种风险地图的研究中，洪水风险图的绘制发展最早也最完备。欧美等发达国家和地区从 20 世纪 70 年代开始采用水文、水力学数值模拟方法绘制全国洪水风险图。例如，美国的洪水风险图的主要应用目标是开展洪水保险，因此洪水保险风险区是风险地图的主要内容。它以城镇、社区、郡为基本单位，分为洪水保险费率图和洪水淹没边界及洪水通道图。除国家管理部门外，一些研究所和公司也组织编制了洪水风险图，如斯坦福大学巨灾风险管理公司制作完成的欧洲洪水风险图展示了欧洲大陆五种类型洪水的综合风险，包括河流、洪水、山洪、溃坝、风暴潮及海啸。对于城区，可以通过综合风险分析模型，模拟得到各种洪水灾害的平均风险度（方伟华等，2011）。

国家层面的单灾种风险制图项目主要包括美国、日本、法国和其他一些欧洲国家绘制的地震、洪涝灾害风险区划图等。美国联邦应急管理局的 HAZUS-MH 提供了地震、洪水、飓风的风险与损失制图；斯坦福大学、京都大学、巨灾风险管理公司等一些科研机构和公司也组织编制了相关专题的灾害风险图，主要应用于保险、农业估产等领域。此外，其他相关的风险地图也得到了较快的发展，如美国国家昆虫与传染病风险地图等（方伟华等，2011）。区域层面上的单灾种风险制图包括飓风、干旱、风暴潮、森林火灾、滑坡与泥石流、高温热浪、大风、沙尘暴、龙卷风、大雾、雪灾、低温霜冻等。

我国早期也开展了部分单灾种的灾害风险区划工作，主要包括地震、洪水、地质灾害、气象灾害等。水利部在 20 世纪 80 年代开展了洪水风险地图的编制研究和试点工作；20 世纪 90 年代中后期，国家防汛抗旱总指挥部办公室要求各流域机构、各省防汛办组织七大江河、部分重点水库和重要防洪城市的洪水风险地图的编制工作；“十一五”“十二五”期间水利部均将洪水风险地图的编制作为重要建设任务。1988 年，联合国成立国际减灾十年委员会，提出把自然灾害研究和减灾防灾研究作为 20 世纪最后十年的重要议题，极大地促进了我国对自然灾害的研究，自然灾害区划研究也得以迅速开展，单灾种区划取得了不少成果。例如，王静爱、冯丽文、王劲峰、陶夏新、张旭等对我国的旱灾、暴雨、洪水、地震、雪灾、台风等单灾种从不同的角度进行了区划研究和制图（陶夏新，1986；王静爱等，1994；冯丽文和郑景云，1994；王劲峰等，1995；张旭等，1997）。

进入 21 世纪后，单灾种的风险区划及制图研究的开展更为广泛和综合。

例如，2018 年，由河北省气象灾害防御中心与北京师范大学减灾与应急管理研究院联合编制的《河北省气象灾害风险地图集》正式出版（《河北省气象灾害风险地图集》编辑委员会，2018）。该图集系我国首部省级气象灾害风险地图集，描绘了暴雨洪涝、台风、冰雹、雷电、干旱、高温热浪、大风、沙尘暴、龙卷风、大雾、雪灾、低温霜冻等 12 种河北省主要气象灾害的时空分布特点和规律，从致灾因子危险性、承灾体脆弱性、年遇型风险三个方面对不同灾种、不同承灾体（人口、地区生产总值等）进行了全面评估。该地图集包括 12 个灾种的 497 幅图，对不同的灾种和承灾体进行了不同的颜色设计。

14.3.3　多灾种风险地图

由于灾害风险信息具有多样性与复杂性，并且人们在运用风险地图进行应用决策时和决策过程中的各个阶段对风险信息的需求是有差异的，所以用一幅图来表述所有的风险信息是不可能的。灾害风险地图应是服务于不同需求目标的一组风险特征地图的组合，它是由不同的致灾因子风险图构成的一个整体，或称为风险图集，它完整地表述了区域多灾种综合风险的特征。

区域多灾种综合风险制图是采用特定的方式将各单一致灾因子的风险损失综合起来，以反映综合灾害损失在区域内的空间差异。早在 1994 年举行的世界减轻自然灾害大会上，人们就已经认识到了要在单灾种风险地图的基础上，采用综合与系统分析的方法编制综合灾害风险地图，进而提出了区域综合减灾对策。目前国内外对于区域多灾种风险的综合评价尚缺乏系统的理论与方法体系的总结，需进一步深入探讨。

Hotspots Projects 项目中曾提及多灾种的风险评价可采取对单灾种风险度求和的办法（潘东华等，2019）。欧洲的多重灾害综合风险评价是通过综合自然与技术致灾因子来评价区域风险的一种典型综合风险制图方法，包括致灾因子、潜在危害、脆弱性和风险四个部分，其中脆弱性是风险的关键因素，又包括风险暴露程度和应对能力两个要素。评价结果主要包括总体致灾因子、综合脆弱性和总体风险图三个部分。

自 20 世纪 70 年代以来，一些发达国家开始进行比较系统的多灾种灾害风险评估及相关理论和方法的研究。当今国际的灾害风险评估正逐步趋于标准化和模型化。Hotspots Projects 的主要目的是在全球范围，特别是在国家和地方尺度上识别多种灾害的高风险区，为降低灾害风险的政策和措施提供决策依据。其评估体系主要从经济损失、死亡风险两个角度刻画自然灾害风险。其根据不同的灾害类型（洪水、龙卷风、干旱、地震、滑坡和火山六种灾害）绘制了全球灾害风险地图。此外，欧洲空间规划观测网络的自然和技术致灾因素的总体空间影响及与气候变化的关系项目中详细阐述了多重风险评估方法，并在欧洲范围内得到了广泛应用。评估的主要输出结果包括总体致灾因子、综合脆弱性图和总体风险图（方伟华等，2011）。

我国在发展单灾种研究的同时，多灾种灾害综合风险的研究也开始起步。例如，早期的马宗晋、李炳元、王劲峰、王平、任鲁川等对多灾种综合区划方面进行了研究（李炳元等，1996；王劲峰等，1995；国家科委国家计委国家经贸委和自然灾害综合研究组，1998；任鲁川，1999；王平，1999）。2000年以来，越来越多的学者开展了大量的综合灾害风险评估工作。例如，高庆华等在分析中国的洪水、地震、气象、地质和风暴潮5类、16种自然灾害的时空分布与发展趋势的基础上进行了综合风险区划图的研究（高庆华等，2007）；王静爱等选取地震、洪水、滑坡泥石流、台风、沙尘暴等灾害，通过构建城市化水平和综合自然灾害强度指标，绘制了城市综合自然灾害风险区划图（王静爱等，2006）；黄崇福提出了综合自然灾害模糊风险的概念，并建立了城市综合自然灾害风险评价的多级模型（黄崇福，2005）。

中国第一代灾害风险地图（或称为第三代自然灾害地图）的问世，标志着我国综合灾害风险区划和制图迈向了全新阶段。中国第一代灾害风险地图表达的是自然灾害风险（《中国自然灾害风险地图集》），为中国从宏观角度制定发展的空间布局提供了新的依据，为制订全国防灾减灾规划、确定综合自然灾害风险纯费率提供了科学的依据，为实现全国综合风险防范提供了科技支撑，为全国重大自然灾害灾情的快速评定提供了参考依据。该地图集由北京师范大学主持编制，是"十一五"国家科技支撑计划重点项目"综合风险防范关键技术研究与示范"的重要成果。

14.3.4　综合灾害风险地图的发展趋势

综合灾害风险地图的发展趋势可以概括为制图过程的规范化、标准化、智能化，制图对象的虚拟化，制图功能的多极化，制图者和读图者的主客同一化及制图技术的集成化等。

制图过程的规范化和标准化是自然灾害风险制图的必然趋势。统一的制图规范、统一的符号体系、统一的制图流程，是自然灾害风险学科自身发展的需要，也是传播灾害知识、巩固学科发展、提高自然风险管理的重要手段。全球一体化数字地球战略的实施和推进，将实现全球化的地图无缝拼接和万维网联通，标准化的风险地图表达必将对世界共同抵御灾害风险、防范灾害风险和管理起推动作用。

制图过程的智能化意味着人为参与的灾害风险制图环节不断减少，制图效率大幅提高，而科学性、艺术性、明辨性又能满足用户需求，包括灾害数据获取、数据处理过程、地图制作过程和地理信息表达等的智能化。制图过程智能化的实现，可以提高制图效率，实现风险地图的时效性，为灾情的准确识别、应急管理提供科学依据。

制图对象虚拟化主要是指自然灾害风险地图学将来表达的制图对象不一定都是实体的客观存在，很多内容将是虚拟的、模拟的、多维仿真式的。目前基于计算机的发展及风险学科的自身特征，很多灾害风险可以通过灾害发生机理模型模拟不同情境下的风险分布，地图所表达的内容是虚拟的、仿真的、未来一定时期内的可能损失。

制图功能多极化指自然灾害风险地图的功能从表达地理客体的规律特征，扩展到灾害风险识别、风险空间分析、风险动态监测、灾情综合评价、灾害实时预警等。灾害风险地图的功能借助信息技术的发展开始趋于多极化，并为经济社会的发展提供了更科学、更准确、更及时的决策依据，从而最大限度地减少了灾害带来的可能损失。

制图技术集成化是指未来的自然灾害风险地图是在多学科共同支持下，技术集成化的一种灾害信息综合表现方式。灾害数据库是链接数字地图、RS（remote sensing，遥感）、GIS、GPS（global positioning system，全球定位系统）技术的共有基础，科技手段的不断发展，使其在信息科学的范畴内不断融合并趋向一体化，为地球信息科学、数字地球的完善发挥作用，灾害系统将在这一集成技术的支持下实现完美表达。

随着科技的发展，地图制作技术的不断改进和创新，地图制作将越来越简单，用户既是地图的制作者又是地图的使用者，即主客同一化将渐趋普遍，这也是未来灾害风险地图的一个趋势。美国的 HAZUS-MH 灾害风险评估平台已经可以按用户需求选择区域，并对该区域进行灾害风险评估制图。主客体的共同参与将对灾害风险制图提出新的要求（方伟华等，2011；潘东华等，2019）。

14.4　灾害风险地图集

14.4.1　中国自然灾害风险地图集

基于区域灾害系统论，《中国自然灾害风险地图集》的内容结构设计有五项原则：第一，通过致灾因子危险性和承灾体脆弱性评价，定量刻画灾害系统的内涵；第二，制图区域尺度选择多级序，以中国全域为主，部分为省区和小区域等，并在每幅地图的图名中体现出来；第三，制图内容体现综合性，通过多角度和多层次实施，体现在图例说明中，可以从三个方面综合，一是从单灾种到综合灾害的致灾因子图层综合，二是从单指标到综合指标的评价模型综合，三是从单要素到综合要素的承灾体类型综合；第四，制图时间尺度，通过过去时段和年遇型情景来实施，体现在图名和图例说明中；第五，风险评价等级是各风险地图内容表达的核心，从高风险到低风险等级通常为 5 级或 10 级。

基于上述内容，《中国自然灾害风险地图集》由序图组、中国主要自然灾害风险图组和中国综合自然灾害风险等级图组三部分组成（图 14-1）。

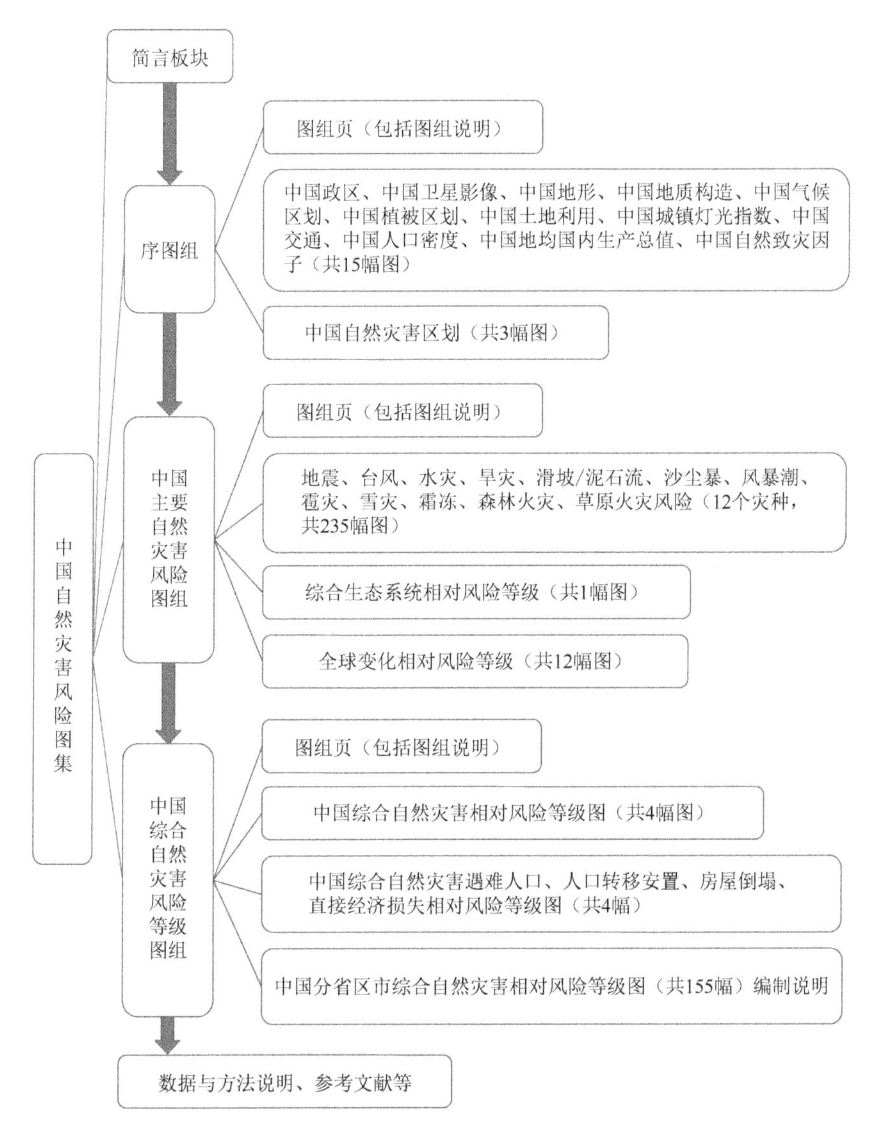

图 14-1　中国自然灾害风险地图集的结构组成（史培军，2011）

第一部分序图组，是对形成中国自然灾害风险的孕灾环境、承灾体和致灾因子的综合介绍，以及对中国自然灾害区划成果的展示。其包括中国政区（2007）、中国卫星影像、中国地形、中国地质构造、中国气候区划、中国植被区划、中国土地利用、中国城镇灯光指数（2009）、中国交通（2007）、中国人口密度（2007）、中国地均国内生产总值（2007）、中国自然致灾因子与中国自然灾害区划等18幅图。

第二部分中国主要自然灾害风险图组的内容体系比较复杂，其设计思路有以下三方面。

（1）传统的地震灾害、台风灾害、水灾、旱灾、滑坡/泥石流灾害、沙尘暴灾害、风暴潮灾害、雹灾、雪灾、霜冻灾害、森林火灾、草原火灾等致灾种类，加上两个新风险：综合生态系统风险、全球变化风险，排列出了14个图组，按照评价指标或者承灾体类型或致灾时段制图，再分全国和区域编制综合风险地图。

（2）根据数据信息的完备程度和评价方法的可行性，12个图组的内容规模有一定的差异，其中地震、洪水、旱灾、台风等主要灾害风险地图的内容尽可能详细，风暴潮、草原火灾等灾害风险地图的内容相对较少。

（3）根据风险的评价精度，分别命名为风险图、风险等级图、相对风险等级图。例如，地震灾害、台风灾害、湖南和浙江的水灾、小麦及玉米和典型区域水稻的旱灾、畜牧业及高速公路和机场的雪灾、小麦霜冻灾害、森林和草原火灾的风险达到了定量估计的相关标准，将这部分系列图命名为风险图；水灾、综合旱灾、沙尘暴灾害、风暴潮灾害、雹灾、主要作物霜冻灾害的风险达到了半定量估计的相关标准，将这部分系列图命名为风险等级图；滑坡与泥石流灾害、综合生态系统风险和全球变化风险是定性估计，命名为相对风险等级图。

中国主要自然灾害风险图组由地震灾害风险(3幅图)、台风灾害风险(34幅图)、水灾风险（37幅图）、旱灾风险（38幅图）、滑坡/泥石流风险（5幅图）、沙尘暴灾害风险（12幅图）、风暴潮灾害（3幅图）、雹灾风险（49幅图）、雪灾风险（25幅图）、霜冻灾害风险（15幅图）、森林火灾风险（9幅图）、草原火灾风险（5幅图）、综合生态系统风险（1幅图）和全球变化风险（12幅图）共14种248幅图组成。这些图全面地反映了中国自然灾害风险及生态安全与全球变化风险的时空格局。

第三部分中国综合自然灾害风险等级图组，是整个地图集中综合程度最高的风险图，它以中国综合自然灾害相对风险等级图为核心，从风险管理中的遇难人口、人口转移安置、房屋倒塌、直接经济损失四方面，分别给出了全国和各省（自治区、直辖市）的遇难人口相对风险等级、人口转移安置相对风险等级、房屋倒塌相对风险等级、直接经济损失相对风险等级系列地图。

中国综合自然灾害风险等级图组由中国综合自然灾害风险图组（8幅图）和中国各省区市综合自然灾害风险等级（155幅图）等共163幅图组成。

14.4.2 世界自然灾害风险地图集

2015年*World Atlas of Natural Disaster Risk*（《世界自然灾害风险地图集》英

文版，以下简称《图集》）正式出版。该图集是国际全球环境变化人文因素计划/未来地球——综合风险防范项目（IHDP/future earth—integrated risk governance）系列出版物之一。该图集由北京师范大学地表过程与资源生态国家重点实验室主任、减灾与应急管理研究院副院长史培军教授和北京师范大学综合灾害风险管理创新引智基地海外学术大师、美国两院院士、克拉克大学罗杰·卡斯曼教授共同主编，由斯普林格出版社和北京师范大学出版社共同出版。

《图集》是第一部基于区域灾害系统理论，包括了地震、火山、滑坡、洪水、风暴潮、沙尘暴、台风、高温、低温、干旱和野火 11 种自然灾害和综合灾害在内的英文版世界自然灾害风险地图集。它系统地对世界 197 个国家的地震、台风、暴雨洪水、火山、旱灾、崩塌滑坡、寒潮、热浪、风暴潮、沙尘暴、森林火灾、草原火灾等 12 种主要自然灾害进行了 0.5°×0.5°网格单元的风险分析，并对国家单元进行了制图和排名。它利用网格单元和国家单元的总风险指数和多灾害风险指数，创新性地对上述 12 种灾害的多灾害风险进行了评价，并将其映射到网格单元和国家单元。它史无前例地推导和排序了世界上这 12 种灾害和多种灾害的预期年死亡率和/或受影响的人口风险和预期年经济损失和/或受影响的财产风险。

《图集》总共有 316 幅地图，包括世界政治地图、全球卫星图像、16 幅环境和暴露度地图、285 幅包含 11 种灾害的风险地图（其中：15 幅地震地图、18 幅火山地图、6 种滑坡地图、46 幅洪水地图、6 幅风暴潮地图、51 幅沙尘暴地图、17 幅热带气旋地图、26 幅热浪地图、23 幅寒潮地图、60 幅干旱地图，以及 17 幅野火地图）和 13 幅多种灾害风险的地图（Shi and Kasperson，2015）。

《图集》提出了总风险指数 TRI（total risk index）和多灾种风险指数 MhRI（multi-hazard risk index）。其中，TRI 是对单灾种风险评价结果的加权叠加，权重为各灾种损失占总损失的比重；MhRI 是对致灾因子的加权叠加，权重为各灾种频次占总频次的比重。TRI 针对每一个单灾种均进行了致灾因子和暴露空间的分析，得到的综合风险结果反映了全球自然灾害风险的空间分布。MhRI 对风险要素进行空间制图，再依照概念公式进行地理信息因子叠加得到相应的风险图，强调风险源、承灾体和社会系统的空间差异，能够直观地表现风险空间的格局分布，便于研究灾害风险在空间上的形成机制（潘东华等，2019）。

14.5　案例分析：北京市暴雨洪涝灾害风险区划及地图

14.5.1　背景介绍

案例选自轩春怡等（2020）的研究，北京 2004～2015 年暴雨洪涝灾害损失占全部气象灾害的 75%，自 2012 年北京“7·21 特大暴雨”造成重大灾害以来，北京城市灾害应急管理开始向风险管理转变，其防灾减灾能力明显提升，人员伤亡、城市积涝风险得到了明显改善，暴雨灾害的空间分布有所变化，山区洪涝及次生衍生灾害已成为防范重点。在气候变暖与城市化的背景下，北京的年降水量和降水日数总体虽然呈减小趋势，但降水强度呈增加趋势。因此，对北京的暴雨洪涝灾害开展精细化的风险评估与区划对提升城市应对气候变化的能力及合理制订城市发展规划具有重要意义。

14.5.2 模型框架

1. 暴雨灾害风险评估指标

按照自然灾害风险评估理论，灾害风险模型可以表示为

$$\mathrm{DRI} = f(H,S,V) \tag{14-4}$$

$$V = V_e V_d (1 - C_d) \tag{14-5}$$

其中，DRI 为风险；H 为致灾因子的危险性；S 为孕灾环境的敏感性；V 为承灾体的易损性。其中易损性 V 可分解为承灾体的物理暴露度 V_e、承灾体的灾损敏感性 V_d 和人类防灾减灾的能力 C_d。针对北京地区，该案例分别从暴雨致灾因子危险性、孕灾环境敏感性、承灾体暴露度、承灾体灾损敏感性等来选择指标开展暴雨风险区划研究。致灾因子危险性考虑暴雨过程降雨量和短历时（1～6h）暴雨频次；孕灾环境敏感性主要从地形、水系、不透水面方面选择地面高程、地形起伏度、河网密度、不透水盖度等指标；承灾体易损性分别从人员、财产和公路交通等承灾体方面选择人口密度、地区平均生产总值和路网密度等指标。

2. 暴雨灾害风险区划模型

（1）孕灾环境敏感性评估。基于不透水盖度、地形影响因子和河网密度，应用加权求和模型进行暴雨孕灾环境敏感性指数（S）的估算：

$$S = T_e w_1 + R_i w_2 + I_m w_3 \tag{14-6}$$

其中，T_e、R_i、I_m 分别为标准化的地形影响因子、河网密度和不透水盖度；w_1、w_2、w_3 分别为相应指标的权重。各评估指标的标准化方法如下：

$$D = 0.5 + 0.5\frac{A - A_{\min}}{A_{\max} - A_{\min}} \tag{14-7}$$

其中，D 为标准化的指标值；A、$A_{\max}$、$A_{\min}$ 分别为风险评估指标的实际值、最大值和最小值；地形、河网密度和不透水盖度的权重 w_1、w_2、w_3 分别为 0.5、0.1 和 0.4。

（2）致灾因子危险性评估。基于年均暴雨量和年均暴雨频次，应用乘积模型可进行暴雨危险性指数（H）的估算：

$$H = R_{tD} R_n \tag{14-8}$$

其中，R_{tD} 为标准化的年均暴雨量；R_n 为年均暴雨频次。为了将 R_{tD} 与 R_n 限定在同一量级，年均暴雨量的标准化方法如下：

$$R_{tD} = \frac{R_t - R_{t\min}}{R_{t\max} - R_{t\min}} \left(R_{n\max} - R_{n\min} \right) + R_{n\min} \tag{14-9}$$

其中，R_t、$R_{t\max}$、$R_{t\min}$ 分别为年均暴雨量的实际值、最大值和最小值；$R_{n\max}$、$R_{n\min}$ 分别为年均暴雨频次的最大值、最小值。

（3）承灾体易损性评估。根据式（14-5），不考虑防灾减灾能力，承灾体易损性指数（V）的计算如下：

$$V = V_e V_d \tag{14-10}$$

$$V_e = G w_4 + P w_5 + T_r w_6 \tag{14-11}$$

其中，V_e 为承灾体暴露指数；V_d 为承灾体灾损敏感系数；G、P、T_r 分别为标准化的地区平均生产总值、人口密度和路网密度的系数；w_4、w_5、w_6 分别为相应指标的权重。各评估指标的标准化方法见式（14-7）。权重确定：考虑到城市交通安全的重要性，并参考已有研究确定的北京暴雨风险各评估因子的权重，确定地区平均生产总值、人口密度和路网密度系数的权重 w_4、w_5、w_6 分别为 0.3、0.2 和 0.5。

（4）暴雨洪涝风险综合区划。根据式（14-4），结合暴雨洪涝灾害风险评价指标，建立北京暴雨洪涝灾害风险指数（D）的模型：

$$D = (10H)^{w_7} (10S)^{w_8} (10V)^{w_9} \tag{14-12}$$

其中，H、S、V 分别为标准化的致灾因子危险性指数、孕灾环境敏感性指数和易损性指数；w_7、w_8、w_9 分别为相应指标的权重，分别为 0.5、0.2 和 0.3。

14.5.3　实现途径

1. 资料来源

①气象资料。北京地区 2006～2017 年 293 个区域自动气象站的逐时降水资料，来源于北京气象信息中心。②卫星遥感资料。北京地区 2016 年 8 月 8 日晴空 Landsat8 OLI 传感器数据，来源于中国科学院遥感与数字地球研究所的对地观测数据共享计划。③基础地理信息资料。北京地区 2015 年 1∶25 万公众版地形数据，来源于国家基础地理信息中心；地形数据来源于 NASA 发布的 30m 空间分辨率的 STRM1 DEM 数据。④暴雨灾情资料。北京地区 2006～2018 年暴雨灾情资料，来源于《中国气象灾害年鉴》。⑤社会经济资料。1km 网格分辨率 2010 年北京地区的地区平均生产总值数据和人口密度数据，数据来源于中国“全球变化科学研究数据出版系统”。

2. 评估指标计算

首先，估算年均短历时暴雨发生频次与暴雨量。基于北京地区 2006～2017 年 293 个自动气象站的逐时降水资料计算年均短历时暴雨发生频次，求多年平均值作为年均暴雨量，并用 ArcMap 中的反距离平均插值功能得到 1km 分辨率的年均短历时暴雨发生频次与暴雨量空间分布图。其次，估算地形起伏度及地形影响因子。基于北京地区的 30m 网格空间分辨率数字高程影像，重采样后的空间分辨率为 25m，估算该网格与周边 8 个网格之间的最大高度差，所得结果即为该网格的地形起伏度，再用图像重采样技术生成 1km 分辨率北京地区地形起伏度。再次，估算不透水盖度。利用 2016 年 8 月 8 日北京地区晴空 30m 分辨率 Landsat8 OLI 影像，应用线性光谱混合模型可有效提取城市不透水盖度，再用重采样图像处理技术生成 1km 分辨率北京地区不透水盖度。最后，估算河网密度与路网密度。基于 2015 年北京 1∶25 万公众版地形数据中的水系图层信息，估算 1km 网格分辨率河网密度。基于 2015 年北京地区 1∶25 万基础地理信息中的路网信息，估算 1km 范围内的道路长度，然后利用 GIS 空间分析技术得到 1km 分辨率的河网密度与路网密度的空间分布图。

3. 暴雨灾害风险区划

孕灾环境敏感性的区划采用自然断点法将孕灾环境敏感性指数划分成低敏感、次低敏感、中等敏感、次高敏感和高敏感等 5 个等级。致灾因子危险性区划采用自然断点法将暴雨危险性指数划分成低危险、次低危险、中等危险、次高危险和高危险等 5 个等级。暴露度和易损性风险区划采用自然断点法分别将暴露度指数和易损性指数划分为低风险、次低风险、中等风险、次高风险和高风险等 5 个等级。综合风险区划采用自然断点法将暴雨综合风险指数划分成低风险、次低风险、中等风险、次高风险和高风险等 5 个等级。

14.5.4　模型结果与分析

根据式（14-12），对以上暴雨灾害单项区划的结果进行叠加计算，获得北京暴雨洪涝综合风险区划（结果图见文献：轩春怡等，2020），图中显示：暴雨洪涝灾害综合风险等级在较高以上的风险区域主要位于 3 个地区：东北平谷、平谷与密云交界及相邻的顺义东北部；密云与怀柔交界及怀柔中部一带；城区及北京西山东侧的海淀—石景山—房山一带；此外，各郊区的城中心、重要高速路段、城市环路和山区国道及部分省道的综合风险也较高。西部和北部山区及延庆地区一般风险较低；密云水库地区虽然致灾危险性高，但由于其承灾体易损性低，故综合风险也较低；昌平中东部及通州东南部由于致灾危险性和承灾体易损性低，综合风险也较低；其他地区则为中等风险区。

专 业 术 语

1. 灾害区划（disaster regionalization）：根据过去发生过的灾害事件，按照时间上的演替和空间上的分布规律，对其空间范围进行区域划分。

2. 灾害风险区划（disaster risk regionalization）：基于灾害风险理论及灾害的风险形成机制，通过对致灾因子的危险性、承灾体的暴露度和脆弱性等方面进行综合分析，构建灾害风险评价框架、指标体系、方法与模型，对灾害风险程度进行评价和等级划分，借助GIS软件绘制相应的风险区划地图，并加以分析。

3. 区域分异规律（rule of regional differentiation）：也称空间区域规律，是指自然地理环境整体及其组成要素在某个确定方向上保持特征的相对一致性，而在另一确定方向上表现出差异性，因而发生更替的规律。

4. 风险地图（risk map）：按照一定的数学基础，用特定的图示符号和颜色将空间范围内行为主体对客观事物认识的不确定性所导致的结果的概率进行表达的过程，即利用地图表达环境中的风险信息。

5. 灾害风险等级划分（disaster risk classification）：对风险评估结果进行合理分级，对灾害风险水平进行等级划分，既要反映出本区域风险水平的差别，又要体现出本区域与其他区域风险水平的差别，是灾害风险区划制图要解决的关键问题。

本 章 习 题

1. 灾害区划与灾害风险区划的区别与联系是什么？
2. 灾害风险区划与风险地图之间的关系是什么？
3. 灾害风险等级划分对风险制图的意义是什么？
4. 谈一谈你了解的其他灾害风险数据库及系统平台。
5. 如何合理地进行区域灾害风险区划？
6. 灾害风险区划与地图有哪些应用？

参 考 文 献

北京师范大学减灾与应急管理研究院. 2021. “全球灾害数据平台(中文版)”5月12日上线，《2020年全球自然灾害评估报告(中文版摘要)》同步发布[EB/OL]. (2021-05-11)[2021-08-02]. http://adrem.bnu.edu.cn/xwkx/231044.html.

樊杰. 2007. 我国主体功能区划的科学基础[J]. 地理学报, 62(4): 339-350.

方伟华, 王静爱, 史培军, 等. 2011. 综合风险防范: 数据库、风险地图与网络平台[M]. 北京: 科学出版社.

冯丽文, 郑景云. 1994. 我国气象灾害综合区划[J]. 自然灾害学报, 3(4): 49-56.
傅伯杰, 刘国华, 陈利顶, 等. 2001. 中国生态区划方案[J]. 生态学报, 21(1): 1-6.
高丽娜, 朱舜, 颜姜慧. 2014. 基于城市群协同发展的中国经济区划[J]. 经济问题探索, (5): 31-36.
高庆华, 马宗晋, 张业成, 等. 2007. 自然灾害评估[M]. 北京: 气象出版社.
葛全胜, 邹铭, 郑景云, 等. 2008. 中国自然灾害风险综合评估初步研究[M]. 北京: 科学出版社.
国家科委国家计委国家经贸委, 自然灾害综合研究组. 1998. 中国自然灾害区划研究进展[M]. 北京: 海洋出版社.
《河北省气象灾害风险地图集》编辑委员会. 2018. 河北省气象灾害风险地图集[M]. 北京: 科学出版社.
胡圣武. 2008. 地图学[M]. 北京: 清华大学出版社.
黄崇福. 2005. 自然灾害风险评价: 理论与实践[M]. 北京: 科学出版社.
黄崇福. 2008. 综合风险评估的一个基本模式[J]. 应用基础与工程科学学报, 16(3): 371-381.
李炳元, 李矩章, 王建军. 1996. 中国自然灾害的区域组合规律[J]. 地理学报, 51(1): 1-11.
李宁, 王烨, 张正涛. 2016. 从科技论文数量和内容看自然灾害风险度评估方法的转变[J]. 灾害学, 31(3): 8-14.
林浩曦, 黄金川, 效存德, 等. 2020. 冰冻圈服务综合区划理论与方法[J]. 地理学报, 75(3): 631-646.
刘晓琼, 孙曦亮, 刘彦随, 等. 2020. 基于 REOF-EEMD 的西南地区气候变化区域分异特征[J]. 地理研究, 39(5): 1215-1232.
刘彦随, 张紫雯, 王介勇. 2018. 中国农业地域分异与现代农业区划方案[J]. 地理学报, 73(2): 203-218.
刘耀龙. 2011. 多尺度自然灾害情景风险评估与区划——以浙江省温州市为例[D]. 上海: 华东师范大学.
马保成. 2015. 自然灾害风险定义及其表征方法[J]. 灾害学, 30(3): 16-20.
苗天宝. 2010. 面向城市应急管理的风险地图研究[D]. 兰州: 兰州大学.
潘东华, 贾慧聪, 贺原惠子. 2019. 自然灾害风险制图研究进展与展望[J]. 地理空间信息, 17(7): 6-10.
潘竟虎, 从忆波. 2014. 基于景点空间可达性的中国旅游区划[J]. 地理科学, 34(10): 1161-1168.
全国农业区划委员会,《中国自然区划概要》编写组. 1984. 中国自然区划概要[M]. 北京: 科学出版社.
任鲁川. 1999. 自然灾害综合区划的基本类别及定量方法[J]. 自然灾害学报, 8(4): 41-48.
史培军. 2011. 中国自然灾害风险地图集[M]. 北京: 科学出版社.
史培军, 邵利铎, 赵智国, 等. 2007. 论综合灾害风险防范模式: 寻求全球变化影响的适应性对策[J]. 地学前缘, 14(6): 43-53.
史培军, 孙劭, 汪明, 等. 2014. 中国气候变化区划(1961～2010 年)[J]. 中国科学: 地球科学, (10): 2294-2306.
史培军, 王季薇, 张钢锋, 等. 2017. 透视中国自然灾害区域分异规律与区划研究[J]. 地理研究, 36(8): 1401-1414.
汤红美. 2014. 中国经济区划改革及经济发展模式分析[J]. 北方经贸, (6): 92.
唐川, 师玉娥. 2006. 城市山洪灾害多目标评估方法探讨[J]. 地理科学进展, 25(4): 13-21.
唐川, 朱静. 2005. 基于 GIS 的山洪灾害风险区划[J]. 地理学报, 60(1): 87-94.
陶夏新. 1986. 京津唐地区地展区划图编制方法的研究[D]. 哈尔滨: 中国地震局工程力学研究所.
王劲峰, 等. 1995. 中国自然灾害区划——灾害区划, 影响评价, 减灾对策[M]. 北京: 中国科学技术出版社.
王静爱, 史培军, 王平, 等. 2006. 中国自然灾害时空格局[M]. 北京: 科学出版社.
王静爱, 史培军, 朱骊. 1994. 中国主要自然致灾因子的区域分异[J]. 地理学报, 49(1): 18-26.
王静爱, 武建军, 王平, 等. 2011. 综合风险防范: 搜索、模拟与制图[M]. 北京: 科学出版社.
王军, 叶明武, 李响, 等. 2013. 城市自然灾害风险评估与应急响应方法研究[M]. 北京: 科学出版社.
王平. 1999. 中国农业自然灾害综合区划研究的理论与实践[D]. 北京: 北京师范大学.
王曦, 周洪建. 2017. 全球 10 大灾害风险评估(信息)平台(四)[J]. 中国减灾, (19): 60-61.
吴东丽, 王春乙, 薛红喜, 等. 2011. 华北地区冬小麦干旱风险区划[J]. 生态学报, 31(3): 760-769.
吴绍洪, 潘韬, 刘燕华, 等. 2017. 中国综合气候变化风险区划[J]. 地理学报, 72(1): 3-17.

轩春怡, 刘勇洪, 杨晓燕, 等. 2020. 基于 1km 网格的北京暴雨洪涝灾害风险区划[J]. 气象科技, 48(4): 579-589.

杨文凤, 段晶, 宋连久, 等. 2016. 基于主体功能区的西藏生态旅游区划[J]. 中国农业资源与区划, 37(6): 106-114.

章国材. 2013. 自然灾害风险评估与区划原理和方法[M]. 北京: 气象出版社.

张继权, 冈田宪夫, 多多纳裕一. 2005. 综合自然灾害风险管理[J]. 城市与减灾, (2): 2-5.

张继权, 赵万智, 冈田宪夫, 等. 2004. 综合自然灾害风险管理的理论、对策与途径[J]. 应用基础与工程科学学报, (S1): 263-271.

张旭, 万群志, 程晓陶, 等. 1997. 关于全国推广洪水风险图的认识与设想[J]. 自然灾害学报, 6(4): 61-67.

郑度, 等. 2008. 中国生态地理区域系统研究[M]. 北京: 商务印书馆.

郑度, 傅小锋. 1999. 关于综合地理区划若干问题的探讨[J]. 地理科学, 19(3): 193-197.

郑景云, 吴文祥, 胡秀莲, 等. 2011. 综合风险防范: 中国综合能源与水资源保障风险[M]. 北京: 科学出版社.

周成虎, 万庆, 黄诗峰, 等. 2000. 基于 GIS 的洪水灾害风险区划研究[J]. 地理学报, (1): 15-24.

Jiang Y, Zhang Q F, Zhao X N, et al. 2018. A geogrid-based framework of agricultural zoning for planning and management of water & land resources: a case study of northwest arid region of China[J]. Ecological Indicators, 89: 874-879.

Kaplan S, Garrick B J. 1981. On the quantitative definition of risk[J]. Risk Analysis, 1(1): 11-27.

Shi P J, Kasperson R. 2015. World Atlas of Natural Disaster Risk[M]. Berlin: Springer.

Tiedemann H. 1992. Earthquakes and Volcanic Eruptions：A Handbook[M]. Zurich: Swiss Reinsurance Company.

第15章 系 统 仿 真

学习目标

● 了解系统和系统模型的基本概念，掌握系统仿真的定义、分类和实现形式

● 了解系统仿真在系统研究方法中的地位，了解蒙特卡罗模拟，掌握系统仿真的一般步骤

● 理解离散模拟技术和连续模拟技术的基本概念和主要技术手段

● 掌握多 Agent 建模的过程及如何基于数据建立多 Agent 模型

15.1 基 础 理 论

15.1.1 基本概念介绍

1. 系统

关于系统的定义很多，目前国内比较认可的系统的定义来自钱学森先生，他认为系统是由相互作用和相互依赖的若干组成部分结合成的具有特定功能的有机整体。理论上，万事万物都可以看作系统，因为每一个事物都具有一定的功能和作用，并且有可能划分为有机联系的各个部分。比如，人体系统可以划分为神经系统、器官系统、血液循环系统等多个子系统，每一个子系统都有各自的功能，各个子系统的功能有机配合起来，能够完成人的各个操作。各个子系统又可以进一步划分，直至微观的细胞等，细胞的生长代谢支撑着各个子系统的功能。而细胞又由更加微观的分子、原子组成。现代研究表明，原子又可以进一步划分，由夸克组成。可以说，上至宏观宇宙，下至微观分子、原子，任何事物都可以视为系统的范畴。

需要注意的是，尽管任意一个系统都可以不断地划分为若干个子系统，但是系统并不是各个子系统的简单拼合。比如，仅仅简单地将会计信息系统、生产信息系统、库存信息系统等运用在各个部门，并不代表这个企业完成了信息系统的建设，还必须要各个子信息系统能够便利、顺畅地进行信息流动，实现系统集成，此时信息系统建设才能有效地给企业带来增值，否则难以达到理想的效果。同样，如果只是简单地将人体的各个器官拼合好，并不代表一个人的

产生，必须要各个器官之间有机地联系起来，才能形成一个整体。另外，各个子系统间的联系并不是一成不变的，而是不断地随着系统自身状态和外部环境的变化而变化。

从信息的角度来看，一个系统涉及系统输入、系统输出和系统加工三个环节，系统加工是将输入转化为输出的过程，与系统结构、内部子系统的状态和外部环境密切相关。以企业为例，企业作为一个系统，其系统输入可以视为投资，系统输出可以视为盈利，系统加工就是企业的运营过程，企业运营过程的效果受员工状态、组织结构等多种因素的影响，因此同一种类型的企业即便业务模式相似，由于其企业文化、组织结构、员工素质及与外部各要素的关系不同，其盈利能力也会产生极大的差异。

近年来，复杂系统成为一个研究热点。系统的复杂性来源于两个层面。第一个层面，如果用传统的数学方程（组）来描述一个系统，很有可能这个系统是难以解析的。方程组通过转化，最后可能变成一个高次方程，从而难以得到解析解。第二个层面，一个复杂系统，其子系统间的相互作用过于复杂，难以用数学模型准确地进行描述。比如，一个耗散系统，其运行模式不断变化，始终偏离均衡态。系统仿真方法主要用于分析后一类系统，它运用模拟的方法来描述子系统间复杂的相互作用。

2. 系统模型

系统模型是用一定的方式或语言对某个系统进行抽象描述，这个系统可以是真实存在的，也可以是在蓝图中尚未建成的。一个优秀的系统模型，能够准确地反映系统的特征和变化规律，通过运行系统模型，可以查看系统的运行状态，了解不同环境或因素对系统运行的影响，以便人们深入地研究系统的特性。

系统模型可以分为实体模型和符号模型两类。

1）实体模型

实体模型是以某系统为原型，构造一个真实的实体系统出来。实体模型包含直观模型和物理模型两种类型。直观模型是对真实系统的复制，按原系统进行放大或者缩小。比如，在一些博物馆，会有对某一块区域等比例缩放的沙盘，通过展示沙盘，可以介绍清楚该区域的现状、特色等。总之，直观模型的作用是让人一目了然地了解该系统。

另一种实体模型是物理模型。直观模型侧重对系统外形的复现；物理模型则侧重基于系统的运行规律构建与系统相似的物理模型，而非对某一系统的直接模仿。物理模型由于具有这一特性，可以用来进行模拟实验，根据物理模型在不同仿真环境中表现出来的特性，探索物理模型所对应系统的性能。比如，在水箱中，通过一定的设备模拟水浪，可以考察船舰模型在波浪中的航行性能。

2）符号模型

符号模型是借助专门的符号来表达、描述某一个系统，这里的符号包括数字、公式、图形等。典型的符号模型有电路图、化学表达式、数学表达式等。人们可以通过分析符号模型来考察系统的状态。以电子设计领域的电路图为例，大家通过对电路图进行分析，计算电路中各主要端口的电压、电流，来判断电路的优劣；也可以将电路图导入到如 PROTEL 软件中，仿真该电路的性能。

在系统仿真领域，最常用的符号模型包括定量模型（如数学模型）、定性模型及相应的计算机代码。这部分的介绍详见 15.1.2 小节。

3. 系统仿真

系统仿真也称为系统模拟，它建立在符号模型的基础上，通过计算机实验，描述系统如何按照一定的决策原则或作业规则，随着时间的推移，从一个状态变换为另一个状态，进而对系统这一动态行为进行分析（肖人彬等，2009）。与传统的博弈论方法相比，系统仿真比较关注系统的状态及其随时间的变化情况。不同的系统仿真技术使用的符号模型也是有区别的，如系统动力学方法使用一组数学表达式来描述系统，多 Agent 模型则使用一组计算机程序来描述系统中各 Agent 的行为。

在系统仿真中，使用计算机程序描述系统的方法统称为计算机模拟，计算机模拟经常用于管理系统的研究。因为对于管理系统而言，其系统元素往往是人。人的决策具有非理性、情绪化等特点，具有非常强的不确定性，因此人的行为模型如果用数学模型表达，往往难以解析。另外，由于人的社会性，人与人之间的关系和交互是无法忽略的，所以人际关系具有显著的复杂网络特征，一般用邻接矩阵描述，通常使用概率公式来描述人际关系网络度分布的特点，但是这会遗漏网络的很多重要信息。目前，还没有一个统一的数学模型能够描述网络的所有特性。故而，近年来，一些学者尝试利用数学模型获取社会网络背景下决策问题的解析特性时，往往是将网络简化后再进行分析（Carroni et al.，2020），而使用计算机模拟则不存在上述问题，它可以将社交网络与个体决策连接起来，分析相关问题（Hu et al.，2018）。

按照时间变化进行分类，系统仿真可以分为离散模拟和连续模拟。两者的划分标准是输出/输入变量的类型。如果输出/输入变量是一组连续的值，则为连续模拟；反之，如果输出/输入变量为一组离散的值，则为离散模拟。在连续模拟中，系统状态的变化往往是用微分方程表示的，而在离散模拟中，系统状态的变化往往是用差分方程表示的。

最后，从模型形式来看，任何一个仿真模型都可以视为从输入到输出的转化过程。即将相关的输入变量输入到系统仿真模型后，仿真模型经过计算演化，得到并输出一组输出变量。比如，在研究病毒的扩散过程时，输入变量为个体的接触网络结构、个体的相关病理特性（如个体的感染康复概率）等，输出变量为一组随时间变化的感染人数、康复人数等。一般而言，输入变量一般是环境参数、初始状态等，不随着仿真模型的演变而变化。在仿真模型的演变过程中，会产生一系列随迭代变化的变量，可分为中间变量和输出变量。输出变量是研究的目标变量，而中间变量是产生输出变量所必须生成的变量，如个体决策变量。在利用系统仿真方法研究问题时，往往是通过观察输出变量发现现象，然后参考中间变量的变化规律来解释现象的产生原因。

15.1.2　系统仿真方法概述

1. *系统研究方法*

总体而言，研究方法可以分为归纳和演绎这两个流派。如图 15-1 所示，归纳法包括直接对系统进行试验和采用实体模型试验两种方式。前者包括现场试验，如直接在购物网站上添加测试模块，以分析消费者对此的反应。后者则类似实验室试验，如假定某种场景，记录下试验个体对不同环境或信息的响应。目前对于系统的研究主要使用演绎法，包括解析模型和模拟模型。

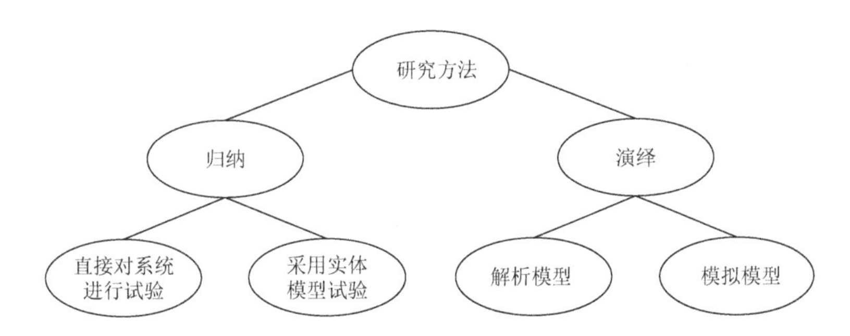

图 15-1　研究与分析系统的方法和模型的种类

1）解析模型

解析模型，即先列出系统对应的数学模型，然后通过一定方法求解均衡解，最后通过分析比较均衡解的特性来研究系统的方法。通过数学计算，可以获得均衡解的确定值或者是均衡解所服从的概率分布。比如下面的方程：

$$Y = aX^2 + bX + c + \varepsilon,\ \varepsilon \sim N(\mu, \sigma^2)。$$

在上式中，Y 由两部分组成，$aX^2 + bX + c$ 为确定部分，$\varepsilon \sim N(\mu, \sigma^2)$ 为不确定部分。对于任意的参数组合 (a, b, c, μ, σ)，均可以获得均衡解的概率分布。但是解析模型的问题在于当系统十分复杂时，系统要么难以解析，不能通过推理计算的方法得出理论解。比如，即便简单得只有几个成员的双渠道供应链问题，在求解过程中也可能产生一元高次函数，从而无法准确列出最终均衡解的表达式①。要么难以构建数学模型来准确地描述系统，如社交网络中的扩散问题，单纯使用数学模型是难以描述一个具体网络的所有信息的。对于复杂系统，解析模型往往需要对大量的假设进行简化后，才可以进行后续的分析。

2）模拟模型

模拟模型基于真实系统的运行机理，是一个计算机模型，由计算机语言编写的逻辑模型与输入数据组合而成（胡斌和胡晓琳，2017）。使用模拟模型进行分析时，有两种主要的方式。一种是运行模型，产生一系列的中间数据和输出数据，通过这些数据初步分析系统在不同环境下的运行规律；另一种是选择关键状态数据作为因变量，选择若干关键参数作为自变量，在一定的参数空间内运行模拟模型，对不同参数空间内对应的关键状态数据利用多元统计方法，分析不同环境参数对系统运行的影响。

与解析模型相比，模拟模型更偏向自然语言表达，不受模型场景形式的约束，因此它可以比较方便地描述各种复杂场景，并且只要程序给定，总是可以算出结果。但是模拟模型也有其缺陷：①个体决策/状态调整机制往往缺乏有效支撑和借鉴；②当采用参数空间运行仿真模型时，可能需要花费很高的时间成本。

2. 蒙特卡罗模拟

蒙特卡罗模拟属于计算数学的分支，它采用随机抽样的方法解决一些工程问题。一个经典的例子为π值的计算。接下来，我们以π值的计算为例，讲解利用蒙特卡罗模拟求解相关问题的大致步骤。

（1）构建新变量，令其等于目标解的值。如图 15-2 所示，在区间 $(0 \leqslant x \leqslant 1, 0 \leqslant y \leqslant 1)$ 上，横轴 $y=0$、纵轴 $x=0$ 和圆弧 $x^2+y^2=1$ 围成的扇形的面积为 $\pi/4$，这样就将π值（目标值）转化为扇形面积的 4 倍（可求解的变量）。

（2）设计随机试验，找出获取新变量值的方案。随机生成 10 000 个点 (x_i, y_i)，其中 $x_i \sim U(0,1)$，$y_i \sim U(0,1)$，且 $\forall x_i, y_i$ 彼此间相互独立。则落在横轴 $y=0$、纵轴 $x=0$ 和圆弧 $x^2+y^2=1$ 所构成的扇形区域内的点所占的比例，即为扇形的面积，扇形面积的 4 倍即为π值。

（3）最后进行计算实验，求解最终结果。实验结果如图 15-3 所示，图中共有 7891 个点落在扇形区域内，则扇形面积为 7891/10 000 = 0.7891，$\pi = 0.7891 \times 4 = 3.1564$。

---

① 事实上，在进行博弈分析时，即便中间过程产生一元三次函数，也很可能导致无法求出理论上的均衡解。

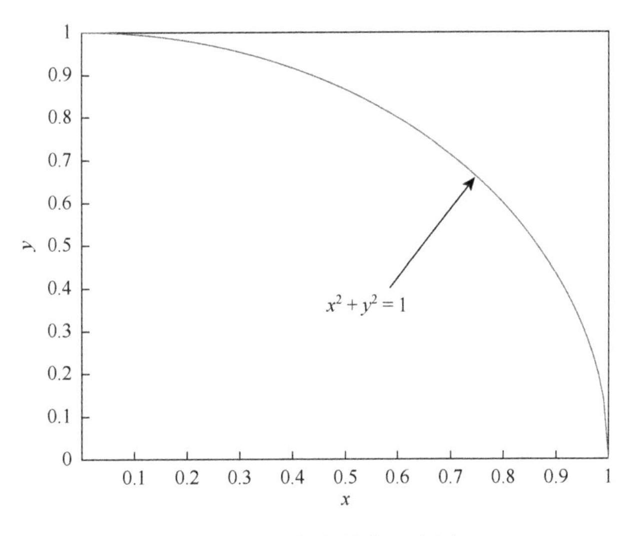

图 15-2　目标解转化示意图

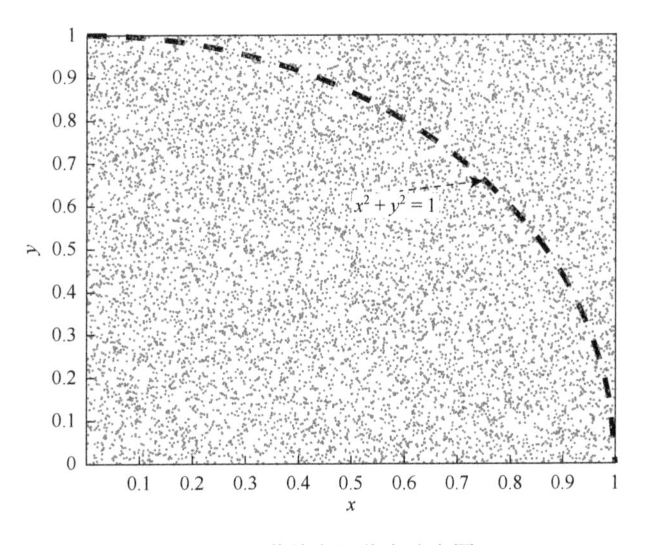

图 15-3　蒙特卡罗落点分布图

3. 系统仿真的一般步骤

系统仿真的一般步骤如图 15-4 所示（胡斌和胡晓琳，2017）。总体而言，系统仿真可以划分为四步。首先是进行系统分析，明确要研究的问题和系统边界；其次是系统建模，构建模型并反复进行改进；再次是计算实验，进行实验设计，得到关键性结论；最后是在结论的基础上，设计方案并实施。接下来对各个步骤进行简单必要的说明。

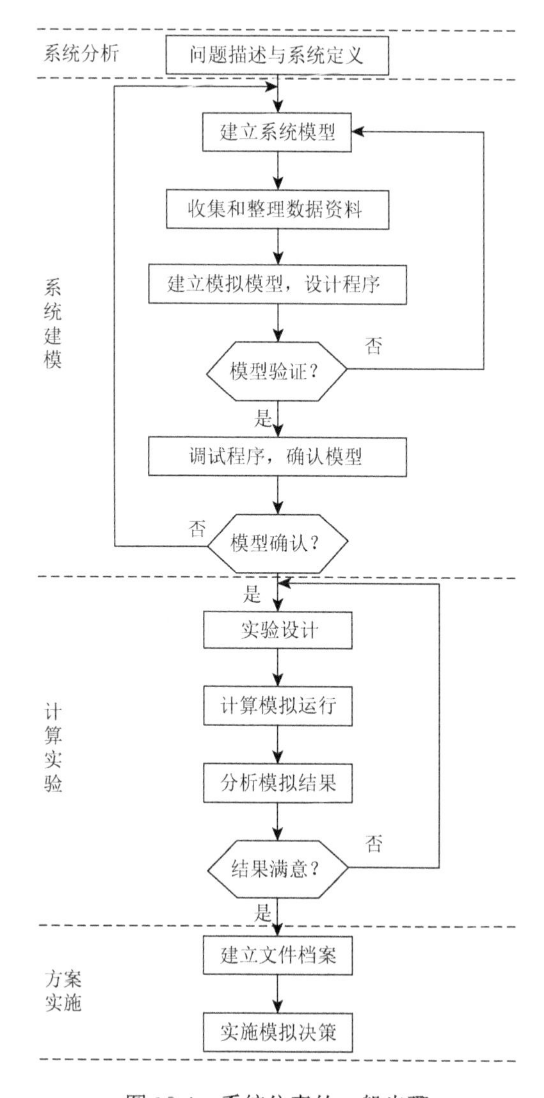

图 15-4　系统仿真的一般步骤

1）系统分析

这是系统仿真的首要阶段。在进行系统仿真前，必须弄清楚要研究的问题，理清系统内部与该问题相关的要素，明确系统的边界，确定系统仿真的主要任务。

2）系统建模

这一部分主要是根据系统结构、系统特性及要研究的问题构建系统模型。在建模时，需要搜集与系统相关的数据和信息来确定相关的参数和初始状态。然后根据建立的模型编写相关代码，对代码进行一定的优化以提升运行效率，便于后续进行大规模的计算实验。在一定的环境下，运行仿真模型，产生模型的输出结果，将结果与实际情况做比较，验证模型的合理性，如果无法验证，则需要回到建模阶段，重新设计模型细节，直到模型结果符合现实情况。

3）计算实验

在这一部分，首先选择核心参数，确定核心参数的参数空间；在不同的参数条件下，运行仿真程序，得到实验结果；利用多元统计等方法，分析实验结果，明确不同核心参数在研究问题中的作用。在分析过程中，需要不断分析核心参数作用的影响机制，有时候实验设计不佳，可能导致结论存在偏误，这时就需要重新调整实验设计，直到所得结论能够获得一定的逻辑支持。

4）方案实施

在执行完上面几步后，可以根据研究结果设计合理的方案，供决策使用。

15.2 系统仿真技术

15.2.1 离散模拟技术

1. 离散模拟的基本概念

1）离散模拟的含义

在任意一类模拟模型中，都存在自变量和状态变量这两类主要变量。在模拟模型中，自变量一般指时间变量，系统状态变量随时间（即自变量）变化。系统状态变量随时间的变化可以分为两种类型。一种类型中，系统状态随时间连续变化，以新冠肺炎疫情为例，确诊病例数量在任意一个时间都有可能发生变化，故而在离散模拟中称其随时间连续变化；在另一种类型中，系统状态不随时间连续变化，而是呈现出显著的离散性，在某些时间点上显现突变现象（胡斌和蒋国银，2010）。依旧以新冠肺炎疫情为例，不同地区有着不同的疫情风险等级，地区风险等级的变化不是连续变化的，而是可能随着时间出现突变，在某个时间节点突然从一个风险等级跳到另一个风险等级。但是应当看到地区风险等级和地区新冠确诊数量的时间特性有着密切的关系，变量如何设置应当取决于具体研究的问题。

接下来以一个排队系统为例进行详细说明。该排队系统中，只有一个服务员为到来的顾客理发，理发馆的营业时间为上午8:00至下午7:00。期间每一个时刻，顾客的到达都是随机的，服从某一概率，很多文献假设单位时间内到达顾客的数量服从泊松分布。另外，服务员为每个顾客服务的时间是不一样的，服务时间因顾客发型和顾客需求而异。设置两个该系统的系统状态变量，分别是服务员状态（繁忙或空闲）和顾客队列长度。显然，这两个状态变量的变化存在突变现象。

首先，状态变量在离散的随机时间点变化，而不是时时刻刻变化。一方面，顾客不是连续不断地到达，而是随机到达，这意味着顾客队列的长度不是一直增加，而是在离散的时间点增加；另一方面，服务员服务好一个顾客的时间也是随机的，这意味着顾客队列长度的减少也发生在离散的时间点上。

其次，状态变量是突然发生变化的，即以突变的形式发生变化。比如，第一个顾客到达理发店时，服务员的状态是突然从空闲状态转变为繁忙状态，中间不存在缓慢的变化状态；如果服务员的状态是繁忙的，那么顾客队列的长度立刻增加 1 人，而不会缓慢地增加 1 人。

从上面两点分析可以发现，分析离散系统的一大障碍是其天生具有的随机性，尽管目前经典的概率统计理论及随机过程理论为分析离散系统提供了理论基础，并能够基于这些理论工具获取解析解，但是不难发现，这类系统的解析存在一定的困难，尤其是在现实生活中，条件场景发生变化，可能解的形式也会发生很大变化，即需要重新进行推导，这在现实工作中可能是不允许的。因此，对于这类离散系统，需要借助计算机模拟技术进行分析，以获得具有一定普适性的解决问题的框架。

下面介绍离散模拟所涉及的相关术语。

2）相关术语

（1）实体（entity）。实体是位于系统外部并能与系统内部的元素进行交互的个体，实体与系统的交互会导致系统的状态发生变化。比如，上文所述的理发馆系统中的顾客，他不属于理发馆，因为对于一个具体顾客而言，他是否存在并不影响理发馆系统是否存在。在理发馆系统处于歇业状态时，并不存在顾客，任意一个顾客的最终归属都是离开理发馆。但是顾客的到来会导致系统的状态发生变化，增加顾客队列的长度，并且导致服务员由空闲状态转化为繁忙状态。

（2）资源（resource）。资源是位于系统内部的个体，资源与实体的交互会推动系统状态的变化。以理发馆系统为例，服务员就是资源，服务员服务顾客（即资源与实体交互的过程）推动着系统状态的动态变化。

（3）事件（event）。能驱动系统状态发生变化的事实称为事件，发生事件的时刻则称为事件时间。在理发馆系统中，顾客到达可以被视为一类事件，顾客到达能够引起系统状态的变化，如当无人排队时，顾客达到后，资源（服务员）的状态就会从空闲状态转变为繁忙状态；顾客到达也有可能使顾客队列长度发生变化（队列长度从 n 变为 $n+1$）。同理，顾客离开也可以被视为一类事件，即某个顾客在接受完服务员的服务后，就会离开（理发馆）系统。当顾客队列长度≥1 时，顾客离开事件会直接导致顾客队列长度减 1；当顾客队列长度 = 0 时，会令资源（即服务员）的状态由繁忙变成空闲。时间到达下午 7:00 也可以视为一个事件，因为此时系统不再接受新的顾客或者不会有新的顾客到来，这就在源头上导致系统状态仅会受顾客离开的影响，会令事件时间的分布发生变化。综上所述，离散系统的演化是受事件驱动的，对这类系统的模拟称为离散事件模拟。

一个系统中会有各种各样的事件，这些事件会与某一个实体相关。如上所述，顾客到来和顾客离开这两类事件都与顾客相关。一类事件还会导致另一类事件的发生，或者是另一类事件发生的条件，如时间到达早上 7 点是顾客到达的前提条件。为了有效、准确地管理系统事件，必须在模拟模型中建立事件表，在表中将每一个已经发生的或即将发生的事件的相关信息记录下来，这些信息包括事件类型、对应的事件时间，以及该事件中涉及的实体或资源。

（4）属性（attributer）。属性是系统实体和资源的特性。比如，理发馆系统中，顾客队列的长度就属于顾客的属性之一，服务员的忙闲状态则属于服务员的属性。系统仿真的主要手段是通过观察实体和资源的属性变化来分析系统的特性，研究系统的运行规律，找出相应的管理决策。因此，准确认识实体和资源的属性是系统仿真的一项重要工作。

（5）模拟时钟（simulation clock）。模拟时钟可以用来控制模拟模型中时间的演变。在离散模拟中，事件发生的时间和概率都是随机的，而系统状态的变化是由事件驱动的，这就意味着系统状态的变化与事件时间一样也是随机的；考虑到相邻两个事件之间的系统状态不会发生变化，因而模拟时钟可以从一个事件时间跳过“不活动”周期，直接推进到下一个事件时间。因此模拟时钟需要采用必要的时间控制方法，来避免模拟时钟的随机跳跃性对模型分析的影响。

2. 模拟时间推进机理

系统仿真的一个核心环节是将系统状态随时间变化的动态过程描述出来。系统状态的特性受模拟时间的影响巨大，并且机制复杂，因此需要一个专门的机制来管理时间推进，这个机制为模拟时钟，即设置一个变量来代表系统时间，并规定该时间变量的迭代机制，从而管理系统时间的推进机理。时间的推进方式主要有下次事件法和固定时间步长法两种基本形式。

1）下次事件法

在大部分离散模型中，主要采用下次事件法作为时间推进方法。这种方法下，模拟时间是从一个事件时间跳转到下一个紧接着的事件时间。这意味着，系统时间的更新演化速度受事件发生频率的影响。

图 15-5（a）展示了下次事件法的机理，系统时间随着事件的发生而改变，两个事件之间的时间段由于没有事件发生而不会产生变化，因此两个事件之间不会产生更多的时间迭代。

图 15-5（a）中，e_1、e_2、e_3、e_4、e_5是按先后次序发生的事件，其中e_4、e_5所对应的事件时间重合。s_1、s_2、s_3、s_4、s_5为模拟时钟依次推至的离散时间点，

即 $e_1 = s_1$、$e_2 = s_2$、$e_3 = s_3$、$e_4 = s_4$、$e_5 = s_5$。使用这一方法需要注意的一个问题是，当多个事件在同一时刻发生时，需要设置合理的规则，以确定事件发生的先后次序，如供应链仿真模拟研究中，市场上的每个个体都需要做出决策（即每个个体对应同一个事件），每个个体行动的先后顺序需要有一定规则，否则仿真模拟无法进一步进行。

2）固定时间步长法

固定时间步长法是指模拟时间每次以相同的时间间隔向前推进，在一个时间间隔内可能同时发生多个事件[图 15-5（b）$s_1' \to s_2'$ 期间]，也可能没有发生事件[图 15-5（b）$s_3' \to s_4'$ 期间]。图 15-5（b）展示了固定时间步长法的机理，图 15-5（b）中，s_1'、s_2'、s_3'、s_4' 为模拟时钟按顺序等步长推至的时间点，即 $s_1' = \Delta t$、$s_2' = 2\Delta t$、$s_3' = 3\Delta t$、$s_4' = 4\Delta t$。在某次模拟时钟往后推进一步后，需要检查这一个时步内是否有事件发生，如果有事件发生，则需要根据事件的特点，分析系统状态如何更新，并做出相应的改变。

此外，从图 15-5（b）中不难发现，尽管 e_2、e_3 不在同一时刻发生，但是采用固定时间步长法，会强行令两者在同一时刻 s_2' 进行处理，中间可能会导致一些误差，这是固定时间步长法的缺陷。

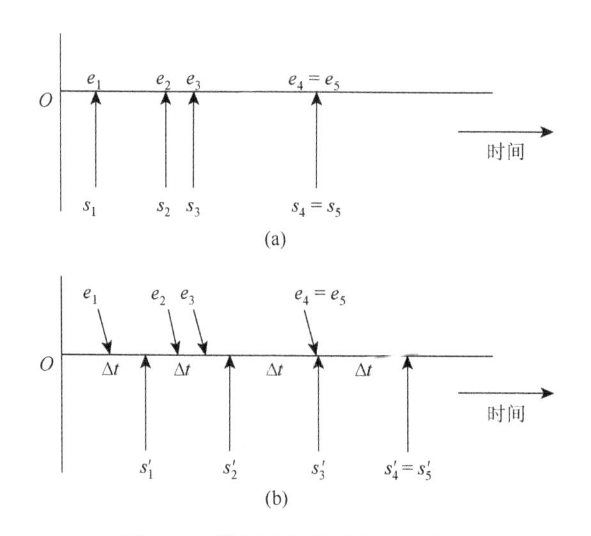

图 15-5　模拟时间推进机理示意图

15.2.2　连续模拟技术

1. 基本概念

如 15.1 节所述，连续系统的状态会随着时间的演变不断地变化，而离散系统的状态则会呈现突变现象。假如模拟时钟采用固定时间步长法，随着随机固定时间越来越小，连续系统会呈现动态变化，并且细节越来越清晰，而离散系统只会在事件时间发生状态变化。按照这一划分原则，可以区分连续模拟和离散模拟。总之，我们称那些状态变量随时间变量连续变化的模拟为连续模拟（胡斌和胡晓琳，2017）。与离散模拟一样，连续模拟也是通过计算实验获取系统状态的动态变化的过程，并通过对比分析等方式考察系统的特性。

由于连续模拟和离散模拟存在差异，因而两者的术语表达也有差别，下面简单介绍几个重要的变量。

1）状态变量

状态变量是反映系统状态的变量，与离散模拟中的属性相似。状态变量通过两类变量表现，分别是水平变量和速率变量。水平变量直接描述系统的当前状态，而速率变量反映系统状态的变化情况。比如，GDP 值可以视为水平变量，而 GDP 增加率则是速率变量。

2）模拟时间

连续模拟中模拟时间的概念与离散模拟一致，仍为自变量。连续模拟的模拟时间可以是连续的，也可以是离散的。连续模拟中的模拟时间与离散模拟中的模拟时间的差异在于，连续模拟中随着模拟时间间隔变小，连续模拟中的状态变量不断地细化，而离散模拟中，模拟时间间隔变小对系统状态是否有影响取决于能否分离出更多的事件。因此，连续模拟状态变量的输出结果既可以是连续变化的光滑曲线也可以是连续变化的间断曲线，如图 15-6 所示。

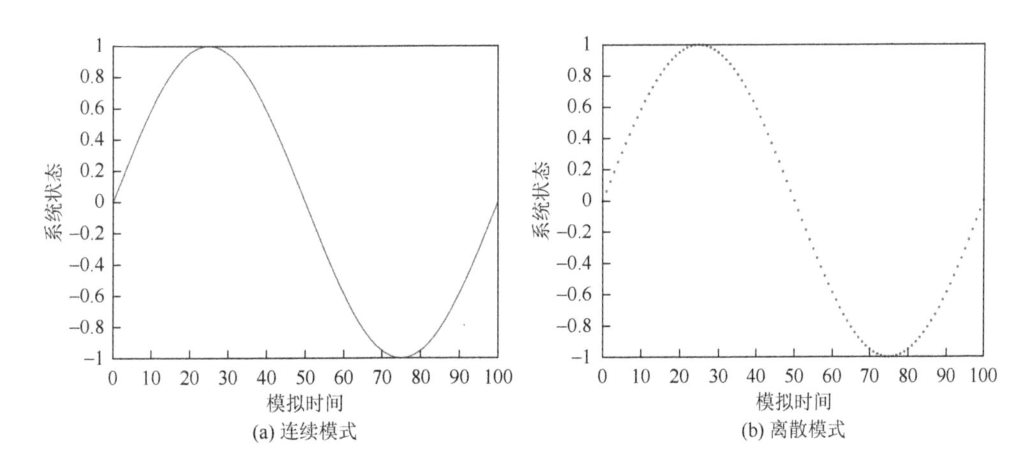

(a) 连续模式　(b) 离散模式

图 15-6　连续模拟的连续模式和离散模式示意图

值得注意的是，对于连续模拟，无论是离散模式还是连续模式，都需要考虑时间推进机理。离散模拟更多地使用下次事件法，连续模拟则更偏好使用固定时间步长法。时间步长的设置需要根据研究的具体问题的性质而定。例如，建模模拟人口增长时，可以将时间步长固定为 1 年；建模模拟供应链时，时间步长设置为1周更为妥当。

3）状态方程

连续模拟中使用状态方程来描述连续系统，通常采用数学模型的形式，如微分方程或者差分方程。在状态方程中，通常包括状态变量、模拟时间。方程左边为系统状态速率变量向量，方程右边是一组系统状态表达式。

根据速率变量表达形式的差异，状态方程可分为连续时间模型（微分方程组）和离散时间模型（差分方程模型）。如果系统模型的输入量 $u(t)$和输出量 $y(t)$是关于时间的连续函数，则使用连续时间模型；反之，如果输入量 $u(t)$和输出量 $y(t)$是关于时间的离散函数，则使用离散时间模型来描述系统。

系统的连续时间模型有多种表示方式，如微分方程、传递函数、权函数和状态空间等。离散时间模型也有差分方程、传递函数、权序列、离散状态空间模型四种形式。接下来主要介绍微分方程和差分方程这两种形式。

2. 常见的连续模拟的建模方式

1）微分方程模型

微分方程又分为常微分方程和偏微分方程。常微分方程描述的系统通常称为集中参数系统，在管理系统中，主要表现为以时间参数为自变量的系统。偏微分方程描述的系统通常称为分布参数系统，在管理系统中，主要表现为具有多个自变量的系统。

（1）常微分方程

在管理系统中有大量可以用常微分方程描述的系统。以人口增长问题为例，最早的人口增长模型认为，一代人平均每人生育 α 人，则模拟人口增长的模型为

$$\frac{\mathrm{d}x}{\mathrm{d}t} = \alpha x,\ x(0) = x_0 \tag{15-1}$$

其中，x 为人口数量；x_0 为初始人口数量；α 为人口固有增长率；t 为时间。但是式（15-1）只适用于自由增长模式，随着人口的不断增长，越来越受到资源环境的制约，即人口增长到一定程度后就会受到制约，人口越多制约越大。这时候就需要新的模型来体现这一特点，即阻滞增长模型：

$$\frac{\mathrm{d}x}{\mathrm{d}t} = \alpha x\left(1 - \frac{x}{x_m}\right),\ x(0) = x_0 \tag{15-2}$$

其中，x、x_0 和 α 依旧分别为人口数量、初始人口数量和人口固有增长率；x_m 为考虑各种环境资源因素时的人口最大数量。

（2）偏微分方程

依旧以人口增长问题为例，式（15-2）的人口划分过于粗略。一方面人口生育率会受年龄的影响，不同年龄段的生育率是不一样的；另一方面人类也面临生老病死的问题，年龄越大死亡率越高。基于这一考虑，就需要将年龄因素纳入到人口增长模型中，故引入人口的分布函数 $F(r,t)$，其含义为 t 时刻年龄小于等于 r 的人口的分布函数。$P(r,t)=\partial F/\partial r$ 表示 t 时刻年龄为 r 的人口的数量。考虑年龄分布的人口增长模型如式（15-3）所示：

$$\begin{cases}\dfrac{\partial P}{\partial r}+\dfrac{\partial P}{\partial t}=-\mu(r,t)P(r,t)\\ P(r,0)=p_0(r)\\ P(0,t)=f(t)\end{cases}\tag{15-3}$$

其中，$\mu(r,t)$ 为 t 时刻年龄为 r 的个体的死亡概率；$P(r,0)=P_0(r)$ 为初始人口密度函数；$P(0,t)=f(t)$ 为单位时间出生的婴儿数，称为婴儿出生率。

2）差分方程模型

差分方程的一般表达式为

$$a_0y(n+k)+a_1y(n+k-1)+\cdots+a_ny(k)=b_1\mu(n+k-1)+\cdots+b_n\mu(k)\tag{15-4}$$

例如，差分形式的人口自由增长模型为

$$x_{k+1}-x_k=\alpha x_k,\ k=0,1,2,\cdots\tag{15-5}$$

其中，x_k 为 k 时刻的人口数量；α 为生育率。其阻滞增长模型为

$$x_{k+1}-x_k=\alpha x_k\left(1-\frac{x_k}{x_m}\right),\ k=0,1,2,\cdots\tag{15-6}$$

15.2.3　多 Agent 模拟技术

1. 基本概念

多 Agent 模拟，又称多主体建模或多智能体建模，是将系统的各个部分看作一个智能体（Agent），每一个 Agent 具有一定的属性和行动，Agent 之间存在非常密切的互动，Agent 之间的互动推动着系统的演变。以创新扩散模型为例，市场上存在着若干个个体（即 Agent），每个个体会有一些属性，如易感性、偏好度、交互性等，市场上出现一个新产品后，如果有个体购买这个新产品，就会和朋友交流新产品，新的个体获得新产品的信息后，会根据其易感性、偏好性等属性做出是否购买的决策，如果购买则该个体会进一步和其他人进行交流，这样新产品的信息就会慢慢地在整个市场中扩散。

多 Agent 模型中，Agent 往往只是遵守一些非常简单的规则，但是通过交互（非线性过程）能够引发一些比较复杂的模式，这种方式通常称为涌现，这往往是传统数理解析模型难以实现的。多 Agent 建模最大的优势就是能够将微观机制与宏观特性通过涌现联系起来。比如，为什么有些产品扩散很快，而有些很慢甚至难以扩散，除了产品本身的特性外，还与扩散所处的市场网络结构有关，这些都可以通过多 Agent 模拟来进行分析。

多 Agent 模拟通常使用计算机模拟实现，既可以通过基本的语言实现，也可以通过专门的模拟仿真程序实现。理论上讲，所有的计算机语言都能够胜任这一工作，可以用常见的基础语言如 C、JAVA 等编写多 Agent 模型的程序，这类语言的特点是运行速度快；也可以用 MATLAB、R、Python 等语言实现多 Agent 模型，这些语言集成了丰富的数理统计、矩阵计算及绘图等功能，在分析仿真模型结果时存在很大的便利。当然也可以将多 Agent 模型分为两步，第一步是仿真模型运行，这部分可以使用基础语言，利用其运行速度快的优势；第二步是仿真结果分析，这部分可以利用 MATLAB 或 R 等语言，利用其已经集成好的数理统计和绘图等功能。

2. 多 Agent 建模过程

从面向对象的角度来看，一个个体就是一个对象，个体可以分为若干类，每一个类就是面向对象语言中的类。一个类和对象具有属性、行为。参考这个角度，多 Agent 建模的步骤可以包含以下几个方面。

1）确定 Agent 的类型和数目

根据要研究的问题，明确系统边界，分析被模拟对象的基本组成，根据个体的属性和行为进行划分，分析子系统可以划分为哪几类。接下来以创新产品扩散为例进行讲解。首先分析要研究的问题，如果只研究扩散过程，则个体全部为消费者，在基本的扩散模型中，消费者是同质的，这时构建一个类即可；如果是研究消费者的忠诚度对扩散的影响，则将消费者划分为忠诚型消费者和非忠诚型消费者，这时可以考虑设计两个类，一类对应忠诚型消费者，另一类对应非忠诚型消费者，每一类分别具有不同数量的对象。如果要研究的问题是产品定价对扩散的影响，那么系统就会涉及生产商、零售商和消费者这三类个体，需要分别设置三个类型的 Agent 来对应。

2）确定 Agent 的属性和行为

当确定 Agent 的类型个数后，需要针对每一类 Agent 确定其属性和行为细节。依旧以基本的创新产品扩散为例进行讲解。若系统中只存在一类 Agent，是消费者，则创新产品扩散研究的输出为不同时刻的新产品接受者，这就需要 Agent 具有是否接受新产品这个属性，以便于统计市场上的接受者。

至于行为，在计算机模拟中，分析确认 Agent 的行为是非常重要的一个环节。

比如，在创新扩散模型中，一个消费者 Agent 是否接受创新这个行为必然是建模的关键环节。一般来说，Agent 的行为与 Agent 的属性相关，起源于属性，结束于属性。起源于属性是指 Agent 要根据其属性确定其行为，如 Agent 接受创新与否和其易感性有关，易感性越高越容易接受创新。结束于属性是指 Agent 行为的最终结果要表现在属性上，如 Agent 是否接受创新这个行为的结果就是是否会改变 Agent 是否接受新产品这个属性。

除此之外，Agent 之间的交互行为是 Agent 仿真中的一个特色环节，这与数理解析模型有着很大的区别。在进行多 Agent 建模时，需要考虑清楚一个 Agent 需要与哪些 Agent 产生交互，以及交互效果是什么。比如，在创新扩散模型中，交互效果就是 Agent 之间的交互如何影响一个 Agent 接受创新这一行为。而哪些 Agent 之间存在交互则与 Agent 结构相关。

3）明确 Agent 的结构

可以用网络来表达 Agent 的结构，任意一个 Agent 为一个节点，如果两个 Agent 之间可以交互，则这两个 Agent 之间存在连边。在现有文献中，除了考虑真实网络外，也可以用一些标准网络来表示 Agent 的结构，如无标度网络、小世界网络、随机网络。通过比较 Agent 在不同网络上的仿真结果，确定治理策略。图 15-7 分别展示了无标度网络和小世界网络。无标度网络具有比较明显的中心节点，个别点与很多点相连，而小世界网络具有更高的簇系数。

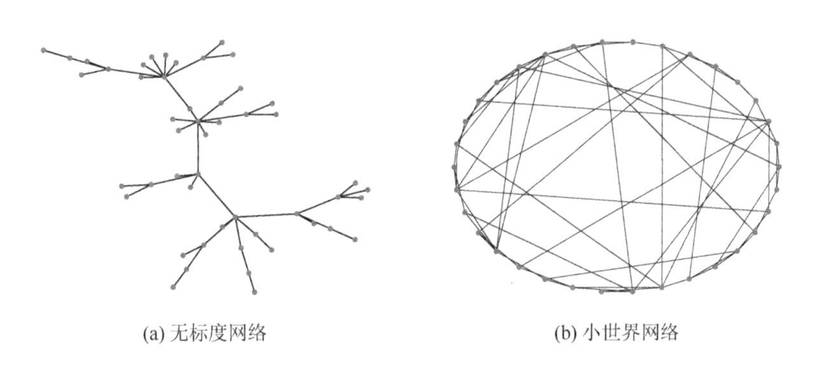

(a) 无标度网络　　(b) 小世界网络

图 15-7 常见的网络结构

4）编写代码，搭建平台

建立一个模仿现实系统中 Agent 的相互影响、相互作用的平台，它类似于沙盘模型的一个台面，模拟运行时，Agent 就在该台面上活动。

目前，已出现的多 Agent 建模与模拟软件有很多种，Swarm 就是其中久负盛名的，还有借鉴 Swarm 的原理，但比 Swarm 的使用更灵活的 Reparst，以及 AnyLogic，都可以实现多 Agent 模型。

3. 元胞自动机简介

元胞自动机是多 Agent 仿真模型的一个特例。在元胞自动机模型中，元胞散布在栅格（lattice）中，元胞存在有限的几个离散状态，并且随着时间的变化，每个元胞遵守相似的规则，不断地更新自己的状态。元胞之间的相互作用规则是简单的，但通过简单的相互作用却能够实现系统整体行为的动态演化。

元胞自动机最基本的组成为元胞、状态、元胞空间、邻居、规则及时间六部分。

1）元胞

元胞是元胞自动机最基本的组成部分。它分布在离散的一维、二维或多维欧几里得空间上。

2）状态

状态可以是$\{0, 1\}$的二进制形式，也可以是如集合$\{s_0, s_1, \cdots, s_i, \cdots, s_n\}$类型的离散集。元胞只能有一个状态变量，但在实际应用中，也可使每个元胞拥有多个状态变量。

3）元胞空间

处于分布状态的元胞的集合就是元胞空间。最为常见的是二维元胞空间，它通常为四方形网格排列。

4）邻居

在二维元胞自动机中，邻居的定义较为复杂，但其形式通常（以最常用的规则四方网格划分为例）为摩尔（Moore）型，如图 15-8 所示，黑色元胞为中心元胞，灰色元胞为其邻居，灰色元胞的状态会影响下一时刻中心元胞的状态。

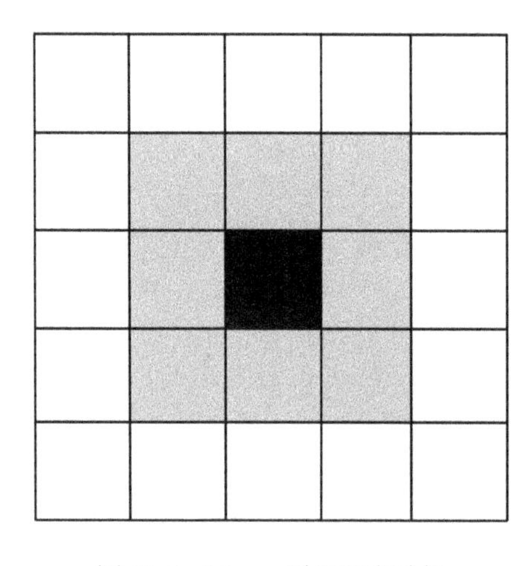

图 15-8　Moore 型元胞自动机

5）规则

根据元胞当前的状态及其邻居的状态确定下一时刻该元胞的状态的动力学函数，即状态转移函数，该函数包括元胞的所有状态及元胞状态的变换规则这两个部分。该函数可以记为

$$f: s_i^{t+1} = f(s_i^t, s_N^t)$$

其中，s_N^t 为 t 时刻的邻居状态的组合；我们称 f 为元胞自动机的局部映射或局部规则。

6）时间

元胞自动机在时间维上的变化是离散的，即时间 t 是一个整数值，而且连续等间距。假设时间间距 $\mathrm{d}t = 1$，若 $t = 0$ 为初始时刻，那么 $t = 1$ 为其下一时刻。

总之，元胞自动机是隶属于多 Agent 模拟方法的。与一般的多 Agent 模拟相比，元胞自动机的每个元胞（即 Agent）的行为规则都是一样的，而一般多 Agent 模拟中，Agent 的方法和规则可能会存在差异。

15.3　基于 Agent 仿真的飓风疏散出行案例分析[①]

15.3.1　背景介绍

飓风疏散是一个高度复杂和动态的过程，通常使用基于优化和模拟的工具对其进行建模（Pel et al.，2012）。疏散过程的模拟抽象需要对疏散需求进行精确的表示，而疏散需求受许多因素的影响，如飓风轨迹、警报系统和住户特征。

在疏散过程中，每个家庭会遇到一系列相关的决策：是否疏散、何时疏散、疏散到何处、以何种方式疏散等。这些决策导致了最终的疏散行程，这些行程在疏散需求中占很大比例。在没有通知的情况下，准备活动对疏散时间和交通模式有重要影响，预计飓风疏散也会产生这种影响。因此，在疏散需求的表示中应考虑疏散前的活动行程。此外，纳入这些活动可以评估供应短缺的影响，如加油站的燃料耗尽。

由于 ABMS（agent based model simulation，多主体模型仿真）框架能够很方便地描述个体行为的差异性、个体决策与出行行为的一致性及内外部个体的交互行为，因此通过 Yin 等（2014）的研究来介绍如何使用 ABMS 处理应急疏散问题。

15.3.2　模型框架

1. 模型流程介绍

疏散问题的建模框架包含两个部分：疏散决策模块和疏散前活动模块。疏散

① 本小节（含图表）主要根据 Yin 等（2014）的研究进行整理。

决策模块描述了一个家庭在疏散过程中通常会做出的重要决定（Murray- Tuite and Wolshon，2013）。在建模框架中，决策顺序如下，是否在飓风来临时撤离、住宿类型选择、疏散目的地选择、疏散方式选择及最终疏散行程的出发时间选择。如果一个家庭使用私人车辆作为疏散方式，他们还需要选择乘坐的车辆的数量。疏散前活动模块包括三个子模块：活动生成子模块、旅店分配子模块和活动调度子模块，记录了家庭参与准备活动（如购买食品、天然气和供应品）的决策。具体而言，活动生成子模块记录了家庭关于是否参与任何外出准备活动的决定。如果一个家庭参与了这样的活动，则活动生成子模块模拟家庭对旅游次数的决定及其在这些旅行中进行的活动，如给汽车加油和接朋友。然后将活动生成子模块的决策结果用于旅店分配子模块。由于一些家庭依靠其朋友或亲属到达他们的疏散目的地，因此此子模块将自驾乘客家庭与搭便车家庭进行了匹配，然后通过仿真为这些活动分配特定的活动日期、时间和地点。在活动调度子模块中，家庭将决定旅行的形式和模式，并对旅行时长做出决定。

2. 数据在 ABMS 模型中的使用

ABMS 模型属于数理模型的范畴，传统的数理解析模型难以将数据纳入模型中，这是大数据时代传统解析模型（如博弈论）所需要克服的问题之一。而 ABMS 模型可以很便利地将数据纳入到模型之中。这一小节将以疏散/停留决策为例，介绍如何在 Agent 行为建模中使用数据。

疏散决策模块从决定是否因即将到来的飓风而撤离开始。这里使用一个基于伊万飓风的调查，使用随机参数模型估计相关参数，以确定人员的撤离/停留行为。根据经验或现有研究，找出影响人员撤离/停留决策的因素有 winprote、bizown、childu17、mobile、inco80k、lthighsc、pgrad、pet、reldist、statefl 等，各影响因素的具体含义见表 15-1。通过调查部分人员，找出各因素对撤离/停留决策的影响（见表 15-1 第三列）。之后可以根据各影响因素的分布及相关性，生成虚拟人口变量，再通过表 15-1 的影响系数，估算整体区域内个体的疏散/撤离决定。

表 15-1　疏散/停留决策模型的估计结果

变量	描述	疏散/停留模型
非随机参数		系数（标准差）
[winprote][a]	这户人家有窗户保护	-0.309^{***}（0.077）
[bizown][a]	这户人家有一家企业	-0.198^{*}（0.104）
[childu17]	未成年儿童数量	0.105^{***}（0.034）
[mobile][a]	家庭住在流动住宅	1.078^{***}（0.171）

续表

变量	描述	疏散/停留模型
[inco80k][a]	家庭年收入超过 8 万美元	0.202** （0.088）
[lthighsc][a]	家庭文化程度低于高中	−0.396** （0.183）
[pgrad][a]	家庭文化程度为研究生	0.355*** （0.106）
[pet][a]	家庭拥有宠物	−0.201** （0.081）
[reldist]	家庭与海岸的相对距离	−0.530** （0.231）
[statefl][a]	家庭住在佛罗里达州	−0.805*** （0.100）
[Constant]		1.470*** （0.164）
随机参数平均值		
[haswkdut][a]	这户人家的成员在撤离前有工作值班	−0.197** （0.083）
[noevacnt][a]	这户人家没有收到疏散通知	−1.428*** （0.163）
[nonmandn][a]	这户人家收到了非强制性疏散通知	−0.667*** （0.113）

观测点数量为 2679，对数似然性 = −1183.348，outcome = 1 代表家庭选择疏散。$\chi^2 = 29.56$，卡方检验的 p 值为 0.003。表 15-1 中的星号符号的含义为，*** 表示 $p<0.01$，**表示 $p<0.05$，*表示 $p<0.1$。[a] 表示变量为 0-1 离散变量。

15.3.3 实施方式

基于 Agent 的出行需求模型系统的实现包括两个部分：生成分解预测的仿真算法和协调各模块的软件体系结构。

1. 生成分解预测的仿真算法

建模系统的主要目标是通过逐步完成上面概述的每个模块来预测相应的选择结果，从而为给定研究区域内的每个家庭生成模拟活动旅行计划。预测过程有两个方面：为每个单独的组成部分生成分解预测，以及将决策结果整合到每个家庭最后的活动旅行计划中。

预测个体决策结果的一种方法是为每个具有离散结果的模型组件选择概率最高的方案，并使用模型预测每个选项所对应的效用期望值。然而，这种方法在每个建模步骤的结果中引入了系统偏差，并与决策模型的概率性质相矛盾。因此，对于一个大的模型系统来说，累积的预测误差是非常重要的。

另一种方法包括一棵完整的决策树，其中所有选择的概率都被转移到根节点上。通过在决策树中提取概率最高的路径，可以确定所选择的方案集。但是，对于许多决策结果来说，这种方法可能是计算密集型的。更重要的是，决策树不能处理具有连续选择结果的模型。

这里采用的一般模拟机制与 Bhat 等（2004）提出的机制相似。它消除了第一种方法的偏差，同时又避免了后一种方法的计算复杂性。在离散选择的情况下，选择的方案是通过确定备选方案的分布来确定的，这些方案的概率由模型中家庭特征和相关协变量值综合生成。随后，生成一个服从均匀分布的随机数，根据这个随机数字是否小于某一个值，决定替代方案是否成为所选方案。对于连续性的选择，结果是随机抽取的概率分布，与经济计量模型定义的结果和各种影响因素有关。因此，对于具有相似特征的所有要素，所选择的连续结果并不相同。

模型组成部分的计量经济学规范包括常规和随机参数二元 logit 模型、多元 logit 模型、基于连续和离散风险的持续时间模型、右截尾 poisson 模型和简单概率模型。Bhat 等建立了规则二元 logit 模型、多项式 logit 模型和简单概率模型选择结果概率分布的识别算法。

2. 协调各模块的软件体系结构

模型系统采用面向对象的方法进行开发，通过面向对象分析，确定了参与活动旅行计划模拟的主要实体。系统体系包括输入输出数据库、数据实体（如家庭、人员、旅游和车站）及计量经济学模型等建模模块，还嵌入了一个 GIS 引擎，以提供活动停止位置决策模型所需的地理空间查询功能。该程序是用 C++编写的。平均而言，为一个家庭生成活动计划大约需要 0.3s。

15.3.4 仿真模型结果展示

为了证明模型系统的效果，将其应用于迈阿密-戴德地区，假设 4 级飓风将于星期三登陆（第 5 天），疏散警报将在周六早上 8 点发布（第 1 天）。迈阿密-戴德应急管理局根据飓风强度确定了疏散区。在迈阿密-戴德地区发生 4 级飓风时，整个迈阿密岛海滩和部分沿海地区处于疏散区。总体规划期为周六午夜（零点）至周四午夜(第 6 天零点)。之所以将撤离通知发布前和飓风登陆后的时间包括在内，是因为一些调查对象表示他们将在这两个时间段内撤离。借助 TRANSIMS 软件包中提供的合成人口生成器将总人口统计数据转换为迈阿密-戴德地区家庭和家庭内个人的虚拟人口，共产生 551 329 户家庭。然后根据迈阿密-戴德应急管理局提供的数据确定了真空区。利用这些输入，该程序在一台 16GB 内存的桌面上，在大约 6h 内生成了所有家庭的活动计划。

模拟疏散决策分布与调查响应之间的比较记录在表 15-2 中。对比发现，模拟结果与调查结果是一致的。

表 15-2 疏散决策比较

决策	仿真结果	调查结果
疏散/停留	疏散比例：88.98%（官方疏散区），22.85%（阴影疏散区）	疏散：85.71%
住宿类型	朋友：65.82%；旅店：24.59%；官方庇护所：9.59%	朋友：67.15%；旅店：24.40%；官方庇护所：8.45%
疏散模式	汽车：90.61%；搭车：5.89%；公共交通：3.49%	汽车：73.3%；搭车：9.9%；公共交通：16.8%
本地目的地比例	36.45%	41.58%
汽车使用	1 辆汽车：71.78%；2 辆汽车：21.51%；3 辆汽车：3.82%	1 辆汽车：66.71%；2 辆汽车：25.91%；3 辆汽车：5.16%

疏散区模拟疏散家庭所占的比例为 88.98%，略高于迈阿密调查报告中的 85.71%。但受访者不知道当前的疏散计划中是否有不安全的疏散计划。阴影疏散率为 22.85%，与现有研究平均 26%的水平相当。

住宿类型选择结果的模拟分布与迈阿密调查报告中的非常相似，绝对误差小于 1%。选择自己的车辆作为疏散方式的模拟家庭所占的比例为 90.61%，高于迈阿密调查报告中的比例。然而，在以前的研究中也有类似的报道。迈阿密的调查中约 16%的受访者表示他们会使用公共交通工具，这比现有的研究要高。飓风伊万的调查结果表明，所有撤离人员没有自己的车辆。不幸的是，迈阿密调查没有询问一个家庭是否拥有任何车辆。因此，没有车辆的撤离人员有可能被过度抽样，这导致使用公共交通工具撤离的人员所占的比例较高。此外，迈阿密的调查不包括来自大陆的受访者，这可能是造成这种差异的原因，还有一种原因是目的地选择结果和车辆选择的分布不一致。

模拟的发车时间曲线与报告中的发车时间曲线的比较如图 15-9 所示。模拟的分流曲线与报告中的曲线紧密一致。更重要的是，由于上午和下午的集中发车，以及出行时间选择模型的基线风险具有非参数性质，因此可以很好地生成多重“S”形曲线。

15.3.5 结论

基于 Agent 的飓风疏散模拟出行需求模型系统，能够生成综合的家庭活动出行计划。该系统集成了计量经济学和简单的概率模型，代表了整个疏散过程中的出行和决策行为。它生成了模拟样本中所有家庭的预测活动的出行模式。模型系统的预期用途不是准确地预测单个家庭的每一个决策，而是模拟总体结果，并提供一个工具来生成其他情景。交通分配方法可以用来确定网络上的交通模式。该系统考虑了六种典型的疏散决策，即疏散/停留、住宿类型、疏散目的地、方式、车辆使用和出发时间，以及预疏散活动的生成和调度。该系统具有以下主要优点。

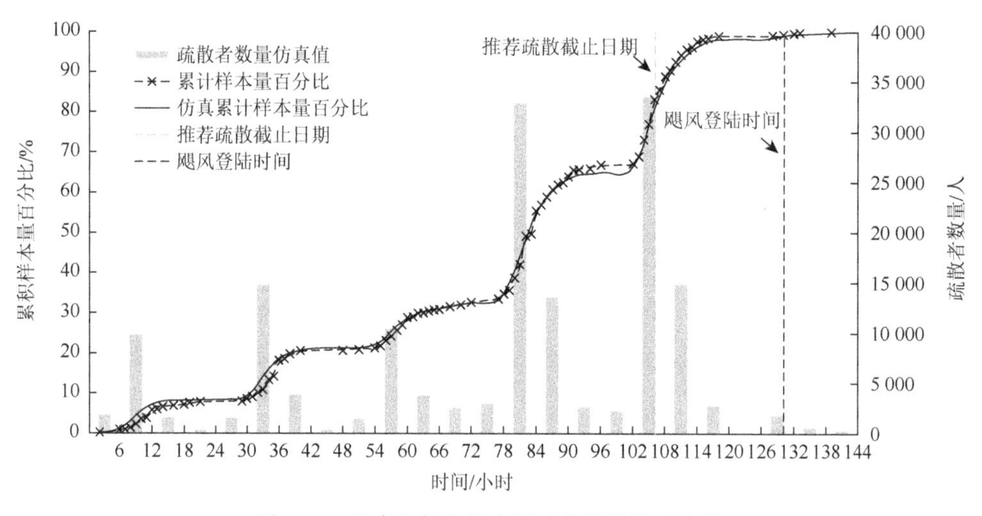

图 15-9　仿真和报告的离开时曲线比较示意图

（1）与以往大多数模型不同的是，该系统明确地捕捉了阴影疏散人口，并产生了接近于先前研究报告的阴影疏散需求的百分比。

（2）该系统再现了疏散出发时间的期望模式，并将疏散时间选择与家庭特征联系起来。

（3）该系统是最早通过模拟调度范式明确捕捉撤离前准备活动的系统之一。

这种新的基于 Agent 的需求建模系统允许对疏散行为及其影响进行大量的未来研究。了解当地的交通状况及其在发布疏散通知和飓风登陆之间的变化情况，可以制定疏散管理策略，明确承认当地模式，促进而不是阻碍活动参与。模型也可以稍做修改，以检查资源短缺的影响。例如，如果一些加油站出现短缺，可以将疏散的家庭重新分配到其他加油站，并评估交通影响。类似地，食品杂货店和药店供应不足，或银行/自动取款机缺钱，可能会导致旅游站重新分配，并改变当地的交通模式。这些暗示以前还没有被捕捉到。

模型系统的另一个扩展涉及特殊人群，如住院的病人和游客。此外，理想情况下，家庭在整个疏散计划范围内的完整活动——旅行顺序将被记录下来，包括工作和学校旅行等正常活动如何与疏散准备活动相一致。然而，要求撤离人员在撤离期间记下旅行日记似乎不切实际。因此，需要新的数据采集方法来获取完整的行程记录，以便对疏散前的活动进行全面的建模。

专 业 术 语

1. 系统（system）：由相互作用和相互依赖的若干组成部分结合成的具有特定功能的有机整体。

2. 系统仿真（system simulation）：也称为系统模拟，它建立在符号模型的基础上，通过计算机实验，描述系统如何按照一定的决策原则或作业规则，随着时间的推移，从一个状态变换为另一个状态，进而对系统这一动态行为进行分析。

3. 蒙特卡罗模拟（Monte Carlo simulation）：属于计算数学的分支，它采用随机抽样的方法解决一些工程问题。

4. 多 Agent 建模（multi-Agent model）：又称多主体建模或多智能体建模，是将系统的各个部分看作一个智能体（Agent），每一个 Agent 具有一定的属性和行动，Agent 之间存在非常密切的互动，Agent 之间的互动推动着系统的演变。

本 章 习 题

1. 系统论的主要内涵是什么？
2. 系统仿真的研究方法有哪些？
3. 多 Agent 建模的过程包含哪些内容？
4. 元胞自动机相比于多 Agent 建模的独特性是什么？

参 考 文 献

胡斌, 胡晓琳. 2017. 管理系统模拟[M]. 北京：科学出版社.

胡斌, 蒋国银. 2010. 管理系统集成模拟原理与应用[M]. 北京：高等教育出版社.

肖人彬, 龚晓光, 张新辉, 等. 2009. 管理系统模拟[M]. 北京：电子工业出版社.

Bhat C R, Guo J Y, Srinivasan S, et al. 2004. A comprehensive econometric micro-simulator for daily activity-travel patterns[J]. Transportation Research Record: Journal of the Transportation Research Board, 1894(1): 57-66.

Carroni E, Pin P, Righi S. 2020. Bring a friend！ Privately or publicly？ [J]. Management Science, 66(5): 2269-2290.

Hu S, Hu B, Cao Y. 2018. The wider, the better? The interaction between the IoT diffusion and online retailers' decisions[J]. Physica A: Statistical Mechanics and its Applications, 509: 196-209.

Liu S R, Murray-Tuite P, Schweitzer L. 2014. Incorporating household gathering and mode decisions in large-scale no-notice evacuation modeling[J]. Computer-Aided Civil and Infrastructure Engineering, 29(2): 107-122.

Murray-Tuite P, Wolshon B. 2013. Evacuation transportation modeling: an overview of research, development, and practice[J]. Transportation Research Part C: Emerging Technologies, 27: 25-45.

Pel A J, Bliemer M C J, Hoogendoorn S P. 2012. A review on travel behaviour modelling in dynamic traffic simulation models for evacuations[J]. Transportation, 39(1): 97-123.

Yin W H, Murray-Tuite P, Ukkusuri S V, et al. 2014. An agent-based modeling system for travel demand simulation for hurricane evacuation[J]. Transportation Research Part C: Emerging Technologies, 42: 44-59.

第 16 章　综合风险管理

学习目标

- 理解灾害综合风险管理的概念及特点
- 理解灾害综合风险管理的过程
- 了解灾害综合风险管理体系的构建与推进思路
- 熟悉灾害综合风险管理的架构

现代社会的灾害风险较之传统的灾害风险更具有多样性、复杂性、不可感知性、不确定性、不可预测性和全球性等。在全球化的背景下，现代灾害风险的影响范围更大，因果关系更为复杂，表现出了极强的跨门类、跨学科、跨领域的综合性。传统的单一风险管理已经不足以将风险高效地化解，因此，综合风险管理显得十分必要。

16.1　基本概念及特点

灾害风险管理比灾害管理涉及更多的因素和方法，参与风险管理的团队需要协调开展工作，而不是各自为战（Gheorghe，2005）。协调开展工作的过程中，足够且及时的信息是促进协调的最基本的要求。值得注意的是，风险管理计划有时从经济、技术、环境和健康等指标方面看似是可行的，但是如果没有综合风险管理协调的过程，极有可能在现实中是不可行的。

传统上把有某种协调的风险管理称为综合风险管理（郑洪涛，2014）。综合风险管理的概念有狭义和广义两种不同的解释。狭义的解释为：对各种风险统一进行管理；协调各种资源和力量对某种风险进行管理。前者注重研究不同风险的相关性，重视不同灾种的叠合作用；后者注重研究某种风险涉及的方方面面。广义的综合风险管理是一种大综合，既重视不同灾种的叠合作用，也强调协调各种资源和力量。综合风险管理这一概念更多地涉及多种类型的风险，而单一类型风险的综合管理更准确的表述应该是风险综合管理（石岳等，2008）。

纵观国际风险分析和风险管理领域，灾害风险管理的发展从时间和内容上大体可分为三个阶段。第一阶段是从人类开始关注风险问题开始至 1970 年，可称为技术风险阶段。这一阶段人们主要研究重大工程项目的可靠性和相关风险问题。自 1970 年到 2001 年，美国庆祝第一个地球日并设立环境保护署、科学家研究如何在不确定的条件下进行合理决策是风险管理的第二个阶段，称为综合风险管理探索阶段（黄崇福，2012a）。这一阶段的主要特征是，大量的环保、法律、政策、心理研究人员，大量的官员、非技术人员等，参与到风险管理的工作中来。美国911恐怖袭击事件以来，国际风险分析和风险管理领域进入了第三阶段，可称为政府风险管理能力提升阶段（许志平，2016）。

当社会结构比较简单时，自然灾害风险是人类的主要敌人。当社会结构稍许复杂时，人们必须面对技术风险、战争、传染病风险等。当社会结构较为复杂时，人们分门别类地管理各种风险。在社会结构高度复杂、不确定性极高的今天，牵一发而影响全局，综合风险管理所管理的现代风险具有以下四大特点（黄崇福，2012b）。

（1）影响面大。过去，受到经济与科技的限制，区域间物质、能量、信息的交流有限，各种风险事件只在有限的范围内产生影响。在全球化的背景下，现代风险所造成的影响已经不再限制在传统国家的疆界之内，而是会迅速地波及其他国家甚至全世界，从而导致所谓的全球化风险或世界风险。

（2）高度不确定。过去由于风险源单一，影响比较简单，各种风险的不确定度比较低。而现代风险中的因果关系已经不再是简单的线性关系，风险事件已经由单因果的形式发展为多因果的形式，风险形成机制及其复杂性导致风险难以控制且不宜预测。

（3）综合性突出。现代风险是复杂的非线性系统，多因果特征使其表现出极强的跨门类、跨学科、跨领域的综合性。过去对风险事件分门别类的防范措施已经不能适应现代风险管理的需求。只有从综合的角度研究和管理现代风险，才能更有效地提高防范风险的能力。

（4）回旋余地小。现代风险不易预测，难以控制；现代社会的承载力、自然资源与生态环境的承载力都已经接近极限；人类在风险事件面前表现出高脆弱性和低恢复能力。这些特点使人们在风险面前避无可避，只有面对。

基于灾害综合风险管理的基本概念及特点，可以发现综合风险管理是基于风险科学政策的社会行为，也是当前世界各国政府普遍关注的共同问题。面对全社会日益增加的各种风险，我国正在建立转型期间的政府风险管理体系，以增强政府的风险管理能力。转型期间是一个加速发展的黄金时期，同时也是各类社会矛盾凸显的危险期。经济增长所付出的社会成本和代价不断增加，各类突发性公共事件相互交织、影响复杂、蔓延迅速、危害严重，这对社会稳定构成了极大的威胁。要做到社会的平稳转型与国家的和平崛起，就要对各种风险进行研究，提高综合风险管理能力，为国家经济和社会的发展保驾护航。因此，灾害综合风险管理是今后灾害管理的最佳模式，优化组合工程与非工程的灾害综合风险管理措施将成为今后防灾减灾和灾害管理的主要措施。

16.2　体系构想及推进思路

根据国际社会灾害综合风险管理的发展趋势，针对新型系统风险管理的特点，结合我国灾害综合风险管理的现状，可以认为适应未来发展的灾害综合风险管理的体系构想及其推进思路应该大致包括以下内容（王绍玉，2008）。

（1）法律法规体系方面。自 1803 年美国联邦政府为应对新罕布什尔州朴茨茅斯港的火灾，出台第一份联邦政府关于灾害救助的法律条文至今 200 多年的时间里，世界各国先后颁布了多种有关灾害管理的法律和法规。从基本法的角度看，在这众多有关灾害管理的法律和法规中，有三项基本内容构成了国家灾害管理法律体系的骨架，即灾害管理法、灾害救助法和灾害应对法（各国对此的称谓并不一致）。从各国灾害管理立法的实践来看，灾害立法这三个方面内容的架构，涵盖了从灾害发生前的减灾准备到灾害发生后的应急响应，以及灾害过后的恢复重建整个过程，使得灾害风险管理的每一步骤、每一环节、每一层面都以立法的形式明确了责任主体的法律地位和责任，使灾害风险管理成为所有责任主体不可推卸的法律责任，形成了全社会灾害风险管理的法律覆盖网络。

（2）组织管理体系方面。近些年，学术界对国家灾害风险管理组织体系建设问题的讨论十分激烈，但目前学界的理论设计与现行组织架构之间仍存在不小的差距。目前我国灾害风险管理的组织形式既有合理的一面，也有过渡性的成分。其合理方面的表现是：目前分灾种、分部门的灾害风险管理机制。就众多专项灾害的监测、预报来说，因每一灾种的性质、生成机制、爆发形式及破坏机理并不一样，因此对具体灾种进行技术层面的管理必须按专业、按种类进行，对此实行统一管理既不现实，也不科学。其过渡性的表现是：就灾害风险管理的灾前准备、灾时应急救援和灾后恢复重建来说，不同灾种所做的工作基本上是相同的，如果这些基本相似的管理工作，按灾种分散到各个专业灾害管理部门进行管理，必然会形成重复建设和资源浪费，这也是目前灾害风险管理体制的痼疾。解决这一问题的办法是将内容相同的灾害风险管理工作集中到中央和地方政府的相关部门进行集中管理，建立中央和地方统一的灾害综合风险管理部门。

灾害综合风险管理的组织体系一方面是在专业和技术层面，对特定灾种实施分部门、分灾种的管理；另一方面是在管理层面，对内容相同的灾害风险管理工作实施集中管理。因此，灾害综合风险管理组织体系的设计目标应是逐步集中那些分散在专业灾害管理部门的非专业管理任务，并在此基础上有计划、分步骤地实现对灾前准备、灾时应急和灾后重建各个阶段的管理任务的集中管理，以最大限度地发挥灾害管理资源的效益，提高全社会灾害综合风险管理的水平。

（3）目标任务体系方面。传统灾害风险管理体制的突出问题是分部门、按灾种建立全过程的灾害管理体系，其结果必然是分散社会的灾害管理资源，导致重复建设和管理对象的单一化。因此，从管理目标和任务的角度讲，灾害综合风险管理首先应是全灾害风险管理（all types of disaster risk management）。全灾害风险管理的含义是其目标任务必须涵盖社会可能面临的所有灾害的种类，尽管这些灾害的成因不同、特点各异，但从灾害生命周期发展的阶段看，其不同阶段的管理目标和任务基本相似，加之现代灾害风险致因之间的连通性和互动性日益加强，只有实施全灾害风险管理，制定统一的防灾减灾战略、构建统一的组织管理体系、建立统一的资源保障系统，才能最大限度地发挥有限资源的作用。其次是全过程灾害风险管理（full process of disaster risk management）。即灾害综合风险管理应当贯穿灾害生命周期发展的各个阶段，包括灾害发生前的预防和准备、灾害发生时的应急响应及灾害过后的恢复和重建，并且应将工作重点放在灾害发生前的预防和准备上，而不是像传统灾害风险管理那样只注重灾害发生时的应急响应，救灾时不惜血本，防灾时蜻蜓点水，结果导致社会总是从一个灾害走向另一个灾害，陷入年年抗灾，灾害风险年年加重的恶性循环之中。再次是整合性的灾害风险管理（integrated disaster risk management）。综合风险管理必须具备聚众效应，即它不只是政府部门的单一责任，而是需要吸引全社会的力量共同参与，这些力量包括政府部门、社会公众、公共部门、私人部门、非政府组织和国际组织等利益相关者，积极创造统一领导、分工协作、利益共享、责任共担的综合减灾协调机制，推动利益相关者之间广泛的沟通和对话，全方位、多层次、跨领域地整合社会防灾减灾资源，努力降低灾害风险。最后灾害综合风险管理应是全面风险的灾害管理（total risk of disaster management）。当代灾害管理的一个重要的趋向是从单纯的危机管理转向风险管理。风险管理是用系统的方式，确认、分析、评价、处理、监控风险的过程。灾害管理的风险管理是把风险的管理与政府的政策管理、计划和项目管理、资源管理等政府日常公共管理的方方面面有机整合在一起（张继权等，2006）。

（4）信息共享体系方面。灾害综合风险管理体系的技术支撑是建立大型信息共享平台。实践证明，无论是灾前备灾，还是灾时应急，抑或是灾后恢复重建，从战略规划到组织实施、从制订计划到选择方案、从应急决策到现场指挥、从资源调度到工程建设等，灾害综合风险管理都需要准确的、及时的、实时的历史涉灾信息作为辅助，缺乏充足信息支撑的灾害风险管理决策，其后果将是灾难性的。然而现实中，一方面是涉及灾害综合风险管理的信息很难及时、全面地获取；另一方面是部门分割式的管理体制使不同涉灾部门之间形成了一个个信息孤岛，致使涉灾信息很难共享。因此，必须建立跨部门、跨领域、跨学科的灾害综合风险管理信息共享平台，一方面从技术层面解决不同涉灾部门的整合问题，借助技术手段实现信息孤岛之间的资源共享；另一方面可以解决综合灾害管理部门与专业部门之间的横向协调问题，在信息共享平台上实现灾害风险管理的协同与配合。灾害综合风险管理信息共享平台的主要功能首先是实现不同专业的灾害管理部门之间的信息共享及专业部门与综合部门之间的信息共享；其次是实现灾害风险管理信息公开化服务，使政府部门的灾害风险管理受到社会的监督；最后是帮助公众了解灾害风险信息，以便他们积极参与灾害风险管理。

16.3　综合风险管理架构

综合风险管理架构内运行的是一系列有机组成的物理结构（黄崇福，2012b），它们的功能是完成一系列目标明确的任务。纵向上看，简单的子结构必须是复杂的母结构的必要组成部分，各子结构必须能独立开展基本的工作；横向上看，各种结构之间要能有机组合，形成功能强大的结构，完成复杂的综合风险管理任务。每一个基本的结构都是一个实际的物理系统，大到政府部门、研究机构、天地一体的监测网络、江河流域等；小到参与工作的人、工作场地、个人用的计算机、一座危险物仓库、抢险器材等。基本结构组成的复杂结构可能千变万化，组成什么样的结构，具有什么样的功能，应依据综合风险管理不同层次的任务而定。

事实上，综合风险管理是一种架构（framework），其功能是：①为提升风险管理中的合作效率提供保障；②致力于组成对风险保持警觉的工作团队和营造一个环境，以利于风险科学和技术的创新，并负责分担风险，同时还要确保相关行动的合法性，以保护公众利益、维护公共信任、确保恪尽职守；③针对不同部门和要求，指定一系列能实施或适应的风险管理业务。

综合风险管理的合理架构为达到风险管理的目标提供了必要的保障，综合风险管理的合理结构则进一步为实施风险管理提供了具体的操作对象。对结构中的物理系统进行操作的方式，称为综合风险管理模型。所有模型可分为三大类：管理模型、系统模型和量化分析模型（黄崇福，2005）。最常见的管理模型是阶段划分模型，如国际风险管理理事会推荐使用的风险管理四阶段模型（图 16-1）和加拿大政府推荐使用的综合风险九阶段管理模型（图 16-2）。

显然，风险管理重在减少损失，主要工作是管理；综合风险管理重在提高有效减少损失的可能性，主要工作是维护良好的风险管理环境。综合管理的基本环境要求民众和政府有较高的风险意识。各自为政的社会机构和不完善的法治体系等，均不利于开展综合风险管理工作。风险意识是综合风险管理的“根”。综合风险管理的基本技术是风险系统的监测、分析和防灾减灾中的量化分析技术。凭经验认识风险系统、对风险水平只进行定性分析、防灾减灾技术和装备过于原始等，均无法正确认识高度复杂而又极为不确定的风险系统，也无法有效地开展防灾减灾工作。量化分析是综合风险管理的“体”。综合风险管理的根本目的是规避风险进行优化决策，并采取相应的行动。没有法理依据就没有优化目标，没有对风险系统认识的事实根据就不可能达到优化目标。优化决策是综合风险管理的“头脑”部分。将综合风险管理的根、体和头脑部分组合起来，就形成了一个架构，称之为综合风险管理的梯形架构（图16-3）（黄崇福，2005）。

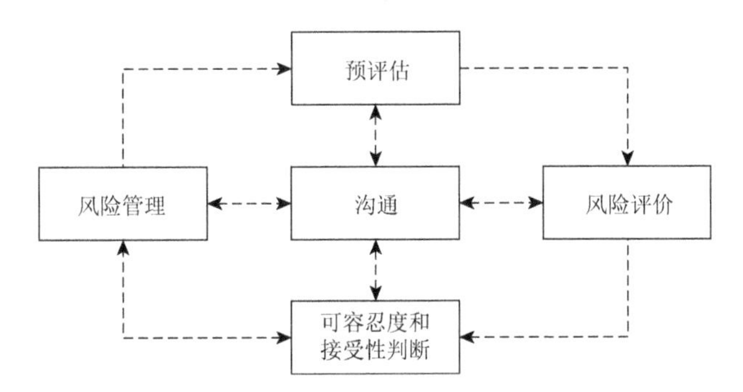

图16-1　国际风险管理理事会推荐使用的风险管理四阶段模型（黄崇福，2005）

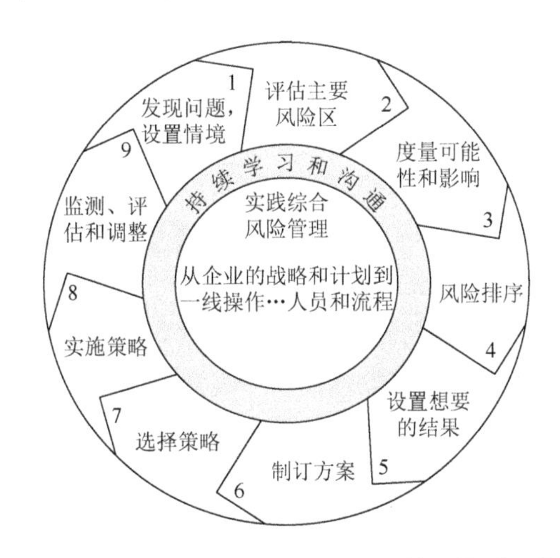

图16-2　加拿大政府推荐使用的综合风险九阶段管理模型（黄崇福，2005）

它从下而上分别由风险意识块、量化分析块和优化决策块构成。风险意识块涉及文化观念、社会结构和立法等，是综合风险管理的社会基础；量化分析块涉及风险分析的所有科学和技术研究内容，是综合风险管理的科学支撑；优化决策块涉及风险管理的决策体系和目标，是综合风险管理的终端动作部分。梯形结构是一个社会架构，属社会组织学范畴，支撑其运行的是一系列有机组成的物理结构，量化分析块内的工作质量由相关数学模型的品质来决定（鲁品越，1992）。

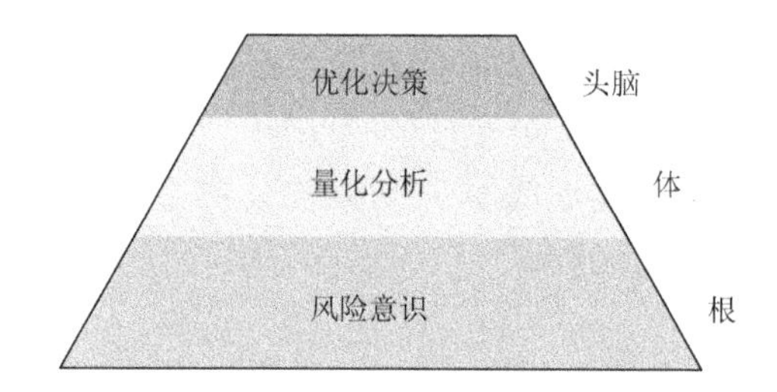

图 16-3　综合风险管理的梯形架构（黄崇福，2005）

梯形架构突破了传统上认为综合风险管理是将灾前降低风险、灾时应急救助和灾后恢复三个阶段融为一体的管理模式，揭示了综合风险管理不限于某种模式，而是有三个层次：架构层次、结构层次和模型层次。依据管理目标和相关条件，人们可以构建必要的综合风险管理体系。

16.4　综合风险管理过程

综合风险管理过程可分解为环节综合和手段综合两大部分（王绍玉，2008）。所谓环节综合，就是对风险系统随时间变化的各个环节均进行管理；所谓手段综合，就是在各个环节尽可能多地使用各种监测技术、各种信息资源、各种分析方法和多种管理手段。

一个典型的环节综合模式就是灾害管理周期模式：防灾→减灾→备灾→灾害侵袭→响应→恢复→发展→防灾。这种模式又可简略为三个阶段模式：灾害发生前的风险管理，即灾前降低风险阶段；灾害发生过程中的风险管理，即灾中应急风险管理；灾害发生后的风险管理，即灾后恢复阶段。

考察当前关于风险评估和管理的“综合”概念，人们更感兴趣的是评估和管理方法过程的综合，而非风险本身。在风险研究领域，对综合概念需要提供全新的视角和内容，这个全新的视角和内容称为综合风险管理，任何一个由以上因素决定的风险都可以称为综合风险。在灾害综合风险管理的过程中，需根据综合风险评估的结果来进行管理。理论上讲，风险评估是要定量或定性地估计出所涉及的具体对象的风险大小。自然地，风险评估的通盘考虑方法优于局部的方式。特别地，当风险问题较为复杂或模糊不清时，人们更加强调要从整个过程来全面地考虑相关问题。

专 业 术 语

1. 风险管理（risk management）：通过风险分析的手段，对尚未发生的灾害进行评定和估计，以确定有效的防范措施，包括对风险的量度、评估和应变策略等。

2. 综合风险管理（comprehensive risk management）：狭义上是指对各种风险统一进行管理；协调各种资源和力量对某种风险进行管理。广义的综合风险管理是一种大综合，既重视不同灾种的叠合作用，也强调协调各种资源和力量。

3. 信息孤岛（information island）：相互之间在功能上不关联互助、信息不共享互换及信息与业务流程和应用相互脱节的计算机应用系统。

4. 量化分析（quantitative analysis）：将一些不具体、模糊的因素用具体的数据来表示，从而达到分析比较的目的。

5. 手段综合（methods comprehensive）：在各个环节尽可能多地使用各种监测技术、各种信息资源、各种分析方法和多种管理手段。

6. 风险评估（risk assessment）：在风险事件发生之前或之后（但还没有结束），对该事件给人们的生活、生命、财产等各个方面造成的影响和损失的可能性进行量化评估的工作。

7. 聚众效应（crowd effect）：社会经济活动因空间聚集所产生的各种影响和效果，主要有经济效益、社会效益、环境效益。

本 章 习 题

1. 什么是灾害综合风险管理？它有哪些特点？
2. 综合风险管理体系建设需要考虑哪些方面？
3. 综合风险管理架构的功能是什么？
4. 如何从过程角度进行灾害的综合风险管理？

参 考 文 献

黄崇福. 2005. 综合风险管理的梯形架构[J]. 自然灾害学报, 14(6): 8-14.

黄崇福. 2012a. 从应急管理到风险管理若干问题的探讨[J]. 行政管理改革, (5): 72-75.

黄崇福. 2012b. 自然灾害风险分析与管理[M]. 北京: 科学出版社.

鲁品越. 1992. 社会组织学原理与中国体制改革[M]. 北京: 中国人民大学出版社.

石岳, 李宁, 张鹏, 等. 2008. 新型灾害催生新型管理机制[J]. 防灾科技学院学报, 10(2): 85-90.

王绍玉. 2008. 中国构建和谐社会条件的综合灾害风险管理研究[J]. 中国人口・资源与环境, 18(4): 1-9.

许志平. 综合风险管理的意义[EB/OL]. (2016-12-13)[2021-06-20]. https://www.osgeo.cn/post/84d2e.

张继权, 冈田宪夫, 多多纳裕一. 2006. 综合自然灾害风险管理——全面整合的模式与中国的战略选择[J]. 自然灾害学报, 15(1): 29-37.

郑洪涛. 2014. 内部控制与廉政建设机制研究[J]. 会计与控制评论, 4: 55-62.

Gheorghe A V. 2005. Integrated Risk and Vulnerability Management Assisted by Decision Support Systems[M]. Berlin: Springer.